H. Schöne

Standortplanung, Genehmigung und Betrieb umweltrelevanter Industrieanlagen

Springer-Verlag Berlin Heidelberg GmbH

H. Schöne

Standortplanung, Genehmigung und Betrieb umweltrelevanter Industrieanlagen

Rechtliche Grundlagen

Mit 13 Abbildungen und 27 Tabellen

Springer

Doz. Dr.-Ing. Heralt Schöne

Institut für Verfahrenstechnik
und Umwelttechnik
Technische Universität Dresden
01062 Dresden

E-mail: hschoene@rcs.urz.tu-dresden.de

ISBN 978-3-642-64043-8

Die Deutsche Bibliothek - CIP-Einheitsaufnahme
Schöne, Heralt: Standortplanung und Betrieb umweltrelevanter Industrieanlagen: rechtliche Grundlagen /
Heralt Schöne. -Berlin; Heidelberg; New York; Barcelona; Hongkong; London; Mailand; Paris;
Singapur; Tokio: Springer, 2000
    VDI-Buch
    ISBN 978-3-642-64043-8   ISBN 978-3-642-59599-8 (eBook)
    DOI 10.1007/978-3-642-59599-8

Satz: Satzerstellung durch Autor
Einband: Struve & Partner, Heidelberg
Gedruckt auf säurefreiem Papier   SPIN: 10676536   07/3020 hu - 5 4 3 2 1 0

Vorwort

Dieses Buch geht auf eine Vorlesung über Umweltschutzvorschriften zurück, die ich seit dem Wintersemester 1997/98 für Studenten der Verfahrenstechnik an der Technischen Universität Dresden halte.

Es faßt das für Unternehmen wichtige Ingenieurwissen auf den Gebieten Standortsuche, Altlasten, Genehmigungsverfahren, Vorschriften und Haftung zusammen.

Dem Ziel, als Lehrbuch für Studenten hauptsächlich ingenieurwissenschaftlicher Studiengänge – insbesondere der Verfahrenstechnik und des Maschinenbaus – zu dienen, folgt die Gliederung. Dem Praktiker, der eine Lösung seines Problems sucht, sei ein Einstieg ab Kapitel 4 empfohlen.

Kapitel 2 enthält eine Übersicht über den Staatsaufbau und das Verwaltungshandeln. Da der größte Teil des Umweltrechts öffentliches Recht ist, das die Verhältnisse zwischen dem Staat und dem Individuum (auch dem Unternehmen) regelt, ist dieses Kapitel eine wichtige Grundlage für den juristischen Laien. Es stammt von meiner Ehefrau, Frau Regierungsdirektorin Yvonne Olivier, der ich hierfür und für die kritische Durchsicht des gesamten Buches sehr dankbar bin.

Kapitel 3 zeigt die Strukturen und Strategien des Umweltrechts und versucht, hier einen Gesamtüberblick zu geben.

Die übrigen Kapitel folgen der „Logik" der industriellen Standortansiedlung und -entwicklung. Kapitel 4 behandelt die Standortplanung von Industrieanlagen und ist für jeden Unternehmer wichtig, der einen Industriestandort erwerben oder einen vorhandenen Standort entwickeln will. Ich habe versucht, dabei sämtliche wesentlichen Aspekte, einschließlich der Vertragsgestaltung bei Grundstückskäufen, der Altlastenfrage und des Bauplanungsrechts zu behandeln. Ich danke hierbei insbesondere Herrn Rechtsanwalt Rudolf von Raven/Dresden für die Durchsicht des bauplanungsrechtlichen Teils.

Kapitel 5 erläutert das Vorschriftenwerk bei der technischen Planung der Industrieanlagen und der Durchführung bzw. Begleitung der behördlichen Genehmigungsverfahren. Hierbei konnte ich meine persönlichen Erfahrungen bei der Betreuung behördlicher Genehmigungsverfahren im Konzernbereich der RWE Entsorgung AG besonders gut nutzen.

Kapitel 6 stellt schließlich die aus umweltrechtlichen und verwandten Vorschriften herrührenden Unternehmerpflichten im Betrieb einschließlich der immer bedeutender werdenden Haftungsfragen dar.

Ich bin verschiedenen Kollegen und meinen Studenten des Sommersemesters 1999 zu Dank verpflichtet. Hervorheben möchte ich meine Beitragsautoren, die jeweils auch zur kritischen Durchsicht übriger Teile beigetragen haben, und meinen Vater, Herrn Universitätsprofessor Dr.-Ing. Armin Schöne, der aus jahrzehntelanger Erfahrung in der chemischen Industrie besonders wertvolle Ratschläge aus dem Betrieb großer Industrieanlagen beisteuern konnte. Ich danke auch Herrn Direktor Dr. Eberhard Spittler, Heidelberger Zement AG, herzlich für die nützlichen Hinweise zu den Unternehmerpflichten im Betrieb.

Für Anregungen aus dem Leserkreis für spätere Ausgaben bin ich dankbar.

Ausdrücklich möchte ich darauf hinweisen, daß dieses Buch keine Rechtsberatung darstellt, sondern rechtliche Sachverhalte des Umweltschutzes aus Ingenieursicht kommentiert. Ich übernehme keinerlei Haftung für die in diesem Buch getroffenen Aussagen einschließlich der Aussagen der Beitragsautoren. Jedem Anwender sei empfohlen, zur Lösung praktischer rechtlicher Aufgaben einen Rechtsanwalt zu Rate zu ziehen.

Dem Buch liegt einheitlich die Rechtslage des Juni 1999 zugrunde.

Moritzburg, im Juli 1999   Heralt Schöne

Inhaltsverzeichnis

Beitragsautoren

Dipl.-Ing. Arno Flörke   Abschnitt 5.7.2
afi Ingenieurbüro
Nordwall 14
45721 Haltern
e-mail: afi.a.flörke@cityweb.de

Dr. rer. nat. Lutz Jatzwauk   Abschnitt 6.4.3
Krankenhaushygieniker des Universitätsklinikums Dresden

Dr.-Ing. Achim Lohmeyer   Abschnitt 5.7.1
Ingenieurbüro Dr.-Ing. Achim Lohmeyer Karlsruhe und Dresden
Mohrenstr. 14
01445 Radebeul
e-mail: LohmeyerA@aol.com

Regierungsdirektorin Yvonne Olivier   Abschnitte 2, 3.6
Sächsischer Landtag
Verwaltung, Abteilung Parlamentsdienste

Prof. Dr. rer. pol. habil. Hans Wiesmeth   Abschnitt 3.4.1
Technische Universität Dresden
Lehrstuhl für VWL, insbesondere Allokationstheorie
e-mail: hans.wiesmeth@t-online.de

1 Vorbemerkungen

In Deutschland ist der vom Gesetzgeber geforderte Umweltschutz für ein Unternehmen inzwischen zu einem kritischen Standortfaktor geworden. Dies bedeutet, daß die Entwicklungsmöglichkeiten eines Werksstandortes entscheidend davon beeinflußt werden, daß das Unternehmen die gegenwärtig und zukünftig geltenden Umweltschutzvorschriften an diesem Standort einhalten kann. Werden diese Entwicklungsmöglichkeiten eines Standortes falsch beurteilt, so kann sich – eventuell erst nach Jahren! – herausstellen, daß für die Anlage oder das Werk ein anderer Standort gesucht werden muß. Der hierbei entstehende Zeitverlust kann wettbewerbsentscheidend sein, abgesehen davon, daß dann die Planungs- und Investitionskosten am alten Standort abgeschrieben werden müssen.

Auch wenn ein entwicklungsfähiger Standort vorliegt, können sich die für die Betriebsgenehmigungen erforderlichen Genehmigungsverfahren in die Länge ziehen, mit ähnlichen negativen Konsequenzen.

Dabei genügt es für ein Unternehmen nicht, die Vorschriften nur zu kennen und passiv anzuwenden, sondern es muß die gebotenen Möglichkeiten, eigene Rechte wahrzunehmen, erkennen und effizient nutzen.

Viele Vorschriften enthalten nämlich partizipative Elemente. Dies gilt zum Beispiel für die Bauleitplanung, innerhalb der die Städte und Gemeinden die Nutzung ihres Gebietes ordnen können und dabei auch sog. Industriegebiete ausweisen können. Dies sind Gebiete, die uneingeschränkt der gewerblichen Nutzung zur Verfügung stehen. Bei der Bauleitplanung werden die ortsansässigen Bürger ebenso wie die örtliche Wirtschaft beteiligt. Auch bei der Durchführung von behördlichen Genehmigungsverfahren für größere Industrieanlagen wird, je nach gesetzlicher Regelung, die Öffentlichkeit beteiligt. Schließlich haben auch bei laufendem Gewerbebetrieb dieser Betrieb, die Nachbarschaft und die Öffentlichkeit gegenseitig Rechte. So kann zum Beispiel jeder bei den Behörden die dort vorliegenden Umweltinformationen anfordern, sofern diese nicht gerade Geschäftsgeheimnisse berühren. Kommt durch eine Umwelteinwirkung, die möglicherweise von einer Anlage stammt, ein Nachbar zu Schaden, so muß sogar der Inhaber der Anlage, falls seine Anlagenkategorie unter das sog. Umwelthaftungsgesetz fällt, den Ursachenverdacht entkräften.

Im Ergebnis fordert der Umgang mit Umweltschutzvorschriften von einem Unternehmen aktives Verhalten.

Das rechtliche Regelwerk des Umweltschutzes ist unübersichtlich geworden. Dies hat in der Vergangenheit schon häufig zu politisch vorgetragenen Beschwerden von Wirtschaftsverbänden mit dem Ruf nach Vereinheitlichung und Straffung des Vorschriftenwesens geführt. Inzwischen treten in immer dichterer Folge auch

EG-Vorschriften hinzu. Diese sind entweder EG-Verordnungen und gelten dann unmittelbar, oder sie sind EG-Richtlinien. Diese müssen in deutsche Gesetze und Rechtsverordnungen umgesetzt werden. Da die EG-Vorschriften meistens anders strukturiert sind als die in Deutschland vorliegenden Gesetze, trägt dies nicht gerade zur Übersichtlichkeit bei.

Eine Straffung des Umweltrechts wäre sicher nötig und wird schon seit einem Jahrzehnt diskutiert. Hierzu wurden Entwürfe eines sog. Umweltgesetzbuches vorgelegt. Allerdings muß man einschränkend sagen, daß

- in einer komplexen Welt nicht erwartet werden kann, daß die Regeln zum Umgang mit ihr besonders einfach sind;
- viele technische Vorschriften des Umweltschutzes ingenieurtechnische Lösungen enthalten, die, wenn es diese Vorschriften nicht gäbe, jedes Mal individuell nachvollzogen werden müßten. Zu denken ist hier beispielsweise an die Verordnung über brennbare Flüssigkeiten (VbF) zum Gerätesicherheitsgesetz mit ihren zahlreichen Technischen Regeln für brennbare Flüssigkeiten (TRbF) (mit z.B. ganz ausführlichen Dimensionierungsanweisungen für Tankläger).

Schließlich ist es gelungen, in einem dicht besiedelten Industrieland, der Bundesrepublik Deutschland, die Industrie und ihre Nachbarschaft in einem Ausmaß zu versöhnen, daß Beschwerden inzwischen die Ausnahme sind. Dies ist eine herausragende Leistung des Umwelt- und Planungsrechts der letzten Jahrzehnte und verdient es, in die Betrachtung der Umweltschutzkosten von seiten der standortsuchenden Unternehmen einbezogen zu werden.

Nicht zuletzt stellt das allgemeine Umweltschutzniveau einen wichtigen Teil der Lebensqualität aller dar, somit auch der Beschäftigten eines Unternehmens.

Dieses Buch will deshalb das vorliegende Regelwerk nicht kritisieren. Solche Kritik ist und bleibt das gute Recht der Wirtschaftsverbände. Vielmehr soll es dem planenden und entscheidenden Ingenieur, der normalerweise keine oder nur geringe juristische Kenntnisse hat, als Handbuch und Nachschlagewerk dienen. Mit diesem Ansinnen möchte ich nicht zuletzt auch einen positiven Beitrag für den Wirtschaftsstandort Deutschland leisten.

2 Staatsaufbau und Verwaltungshandeln [1]

2.1
Staatsaufbau

2.1.1
Grundlagen, Föderalismus und Gewaltenteilung, Rechtssystem

Die Bundesrepublik Deutschland ist ein demokratischer und sozialer Bundesstaat (Art. 20 Abs. 1 Grundgesetz [GG]).

„Bundesstaat" bedeutet, sie setzt sich aus einem Bund von Ländern zusammen (= *Föderation*). Aus dem *Bundestaatsprinzip* folgt, daß sowohl der Bund als auch die Länder als Gliedstaaten eigene unabgeleitete (= originäre) Staatsgewalt besitzen.

Das *Demokratieprinzip* ist in Art. 20 Abs. 2 Satz 1 GG niedergelegt „Alle Staatsgewalt geht vom Volk aus" und wird als *repräsentative Demokratie* verwirklicht.

Die wichtigsten Merkmale des *Rechtstaatsprinzips* sind die Gesetzmäßigkeit der Verwaltung, der Gerichtsschutz, die Gewaltenteilung und das Übermaßverbot. Gesetzmäßigkeit der Verwaltung heißt, daß in die Rechte der Bürger nur auf Grund eines Gesetzes eingegriffen werden darf. Verankert ist dies in Art. 20 Abs. 3 GG, wonach die vollziehende Gewalt und die Rechtsprechung an Gesetz und Recht gebunden sind. Die Einhaltung des Grundsatzes der Gesetzmäßigkeit der Verwaltung unterliegt gerichtlicher Kontrolle. Nach Art. 19 Abs. 4 GG steht jedem der Rechtsweg offen, wenn jemand durch die öffentliche Gewalt in seinen Rechten verletzt wird (Gerichtsschutz). „Die Richter sind unabhängig und nur dem Gesetz unterworfen. Die ... Richter können wider ihren Willen nur kraft richterlicher Entscheidung und nur aus Gründen und unter Formen, welche die Gesetze bestimmen, vor Ablauf ihrer Amtszeit entlassen oder dauernd oder zeitweise ihres Amtes enthoben oder ... versetzt werden." heißt es in Art. 97 GG. Die Richter sind – im Gegensatz zu Beamten – in ihrer rechtsprechenden Tätigkeit keinen Weisungen oder auch nur Empfehlungen von Seiten der Exekutive oder Legislative oder Dienstvorgesetzten unterworfen. Zudem werden die Verfahren bei den einzelnen Gerichten nach einem im voraus festgelegten Geschäftsverteilungsplan verteilt; die Zuweisungen bestimmter Verfahren an einen bestimmten Richter, z.B. durch den Gerichtspräsidenten, ist also ausgeschlossen. Gewaltenteilung bedeutet die Teilung der staatlichen Funktionen in die drei Bereiche

---

[1] von Regierungsdirektorin Yvonne Olivier

Gesetzgebung   (Rechtsetzung = Legislative),   Verwaltung   (Gesetzesvollzug = Exekutive) und Gerichte (Rechtsprechung = Judikative) und die wechselseitige Hemmung und Kontrolle dieser Gewalten. Das sogenannte Übermaßverbot bindet die öffentliche Verwaltung bei ihrer Tätigkeit an die allgemeinen Grundsätze der Erforderlichkeit und Verhältnismäßigkeit. Die öffentliche Verwaltung hat im Rahmen ihrer gesetzlichen Befugnisse unter mehreren möglichen und geeigneten Maßnahmen diejenige zu treffen, die den Einzelnen und die Allgemeinheit am wenigsten beeinträchtigt (Erforderlichkeit). Eine Maßnahme muß unterbleiben, wenn die zu erwartende Beeinträchtigung erkennbar außer Verhältnis zu dem beabsichtigten Erfolg steht (Verhältnismäßigkeit).

Das *Sozialstaatsprinzip* ist in Art. 20 Abs. 1 GG („sozialer Bundesstaat") und in Art. 28 Abs. 1 GG („sozialer Rechtsstaat") verankert und kommt u.a. in der Garantie der freien Berufswahl, der Verpflichtung zum gemeinnützigen Gebrauch des Eigentums, in den Möglichkeiten der Enteignung, in der Pflicht der Verwaltung zur Beratung der Bürger etc. zum Ausdruck.

2.1.2
Kompetenzverteilung zwischen Bund, Ländern und Gemeinden

Die staatlichen Ebenen sind vielfältig miteinander verwoben. Prinzipiell hat weder der Bund gegenüber den Ländern noch diese gegenüber dem Bund Weisungsrecht. Allerdings sind Bund und Länder zu „bundestreuem" Verhalten verpflichtet, das heißt, sie sind gehalten, dem Wesen des Bündnisses entsprechend zusammenzuwirken und zur Festigung und Wahrung der wohlverstandenen Belange des Bundes und seiner Glieder beizutragen, vertrauensvoll zusammenzuarbeiten und die verfassungsmäßige Kompetenzverteilung einzuhalten. Die sogenannten Bundestreue ist in der Rechtsprechung des Bundesverfassungsgerichts als verfassungsrechtlicher Grundsatz anerkannt.

Art. 30 GG verleiht den Ländern eine allgemeine Kompetenz zur Ausübung von Staatsgewalt: „Die Ausübung der staatlichen Befugnisse und die Erfüllung der staatlichen Aufgaben ist Sache der Länder, soweit diese Grundgesetz keine andere Regelung trifft oder zuläßt." Genau diese Ausnahmen sind zahlreich. In der Gesetzgebung ist durch ausdrückliche Zuweisungen ein deutliches Übergewicht des Bundes gegeben, der Schwerpunkt der Verwaltungskompetenzen liegt bei den Ländern. Die Rechtsprechung wird durch das Bundesverfassungsgericht, die Bundesgerichte und die Gerichte der Länder ausgeübt.

Hieraus ergibt sich ein auf den ersten Blick kaum durchschaubares System von Zuständigkeiten verschiedener staatlicher Ebenen und damit auch verschiedener staatlicher Organe, Stellen und Behörden.

2.1.2.1
Gesetzgebungskompetenz – Verteilung Bund - Länder

Die Gesetzgebungskompetenz, das heißt die Befugnis, Gesetze zu erlassen, ist zwischen dem Bund und den Ländern aufgeteilt.

In Art. 70 Abs. 1 GG heißt es zwar: „Die Länder haben das Recht der Gesetzgebung, soweit dieses Grundgesetz nicht dem Bunde Gesetzgebungsbefugnisse verleiht. Die Abgrenzung der Zuständigkeit zwischen Bund und Ländern bemißt sich nach den Vorschriften dieses Grundgesetzes über die ausschließliche und die konkurrierende Gesetzgebung." In der Praxis liegt das Schwergewicht jedoch beim Bund, da ihm die meisten und bedeutsamsten Sachgebiete zugewiesen sind. Für Straf- und Zivilrecht ist der Bund zuständig, im Bereich des öffentlichen Rechts ist die Zuständigkeit zwischen Bund und Ländern geteilt.

„Im Bereich der *ausschließlichen Gesetzgebungsbefugnis* des Bundes haben die Länder die Befugnis zur Gesetzgebung nur, wenn und soweit sie hierzu in einem Bundesgesetz ausdrücklich ermächtigt werden." (Art. 71 GG). Die zur ausschließlichen Kompetenz des Bundes gehörenden Gesetzgebungsgegenstände sind in Art. 73 GG aufgezählt. Von diesen haben Luft- und Eisenbahnverkehr Einfluß auf die Umwelt.

„Im Bereich der *konkurrierenden Gesetzgebung* haben die Länder die Befugnis zur Gesetzgebung, solange und soweit der Bund von seiner Gesetzgebungszuständigkeit nicht durch Gesetz Gebrauch gemacht hat." (Art. 72 Abs. 1 GG). Die einzelnen zur konkurrierenden Gesetzgebungszuständigkeit des Bundes zählenden Gegenstände sind in Art. 74 GG aufgelistet.

Eine besondere Art dieser konkurrierenden Gesetzgebung ist die *Rahmengesetzgebungskompetenz* nach Art. 75 GG. Hier hat der Bund unter der Voraussetzung des Art. 72 GG die Kompetenz, Rahmenvorschriften zu erlassen, die durch die Landesgesetze ausgefüllt werden.

„Umwelt" oder „Umweltrecht" werden in den Artikeln 73 bis 75 GG nicht erwähnt. Das Thema Umwelt hat in das Grundgesetz erst mit der Verfassungsreform 1994 Einzug gefunden. Der eingefügte Art. 20 a GG lautet: „Der Staat schützt auch in Verantwortung für die künftigen Generationen die natürlichen Lebensgrundlagen im Rahmen der verfassungsmäßigen Ordnung durch die Gesetzgebung und nach Maßgabe von Gesetz und Recht durch die vollziehende Gewalt und die Rechtsprechung." Eine generelle Zuständigkeit des Bundes für Umweltfragen wurde hierdurch aber nicht geschaffen.

Im Katalog der konkurrierenden Gesetzgebung (Art. 74 GG) werden in den Ziff. 11 (Recht der Wirtschaft), Ziff. 11 a (Kernenergierecht), Ziff. 17 (Land- und Forstwirtschaft, Fischerei und Küstenschutz), Ziff. 24 (Abfallbeseitigung, Luftreinhaltung, Lärmbekämpfung) und Ziff. 26 (Gen- und Biotechnologie) umweltrelevante Rechtsgebiete genannt.

Auch bei der Rahmenkompetenz hat der Bund umweltrechtliche Zuständigkeit, so nach Art. 75 Ziff. 3 GG „das Jagdwesen, den Naturschutz und die Landschaftspflege" und nach Ziff. 4 „die Bodenverteilung, die Raumordnung und den Wasserhaushalt".

2.1.2.2
Exkurs: Satzungsautonomie der Gemeinden

Art. 28 GG verlangt eine politische Vertretung des Volkes auch auf der Ebene der Gemeinden. Zudem folgt aus ihm für die Gemeinden das Recht, die Angelegenheiten der örtlichen Gemeinschaft im Rahmen des eigenen Wirkungskreises durch Satzungen zu regeln. Satzungen bedürfen immer einer gesetzlichen Grundlage, wie sie z.B. in den Gemeinde- und Landkreisordnungen zu finden ist. Als Beispiele seien Abwassersatzungen oder Abfallwirtschaftssatzungen genannt.

2.1.2.3
Verwaltungskompetenzen

Die Gesetzgebungskompetenz sagt allerdings nichts darüber aus, wer für die Ausführung und Überwachung der Gesetze zuständig ist. In den meisten Fällen, das heißt immer dann, wenn das GG nichts anderes bestimmt oder zuläßt, werden auch die Bundesgesetze von den Ländern als eigene Angelegenheiten ausgeführt (Art. 84 GG). Daneben gibt es die Bundesauftragsverwaltung (Art. 85 GG) und die bundeseigene Verwaltung (Art. 86, 87 Abs. 1 GG). Obwohl im Umweltrecht die Gesetzgebung weitgehend durch den Bund erfolgt, sind die Behörden, die für Genehmigungen und Kontrolle zuständig sind, fast ausschließlich Landesbehörden.

Allerdings gibt es auf bestimmten Gebieten trotz Länderzuständigkeit für die Verwaltung in Bundesämtern konzentrierte spezielle Verwaltungsaufgaben: auf dem Gebiet des Umweltrechts z.B. Umweltbundesamt, Bundesamt für Naturschutz, Bundesamt für Strahlenschutz, Biologische Bundesanstalt. Diese Bundesämter haben aber nur eng begrenzte Zuständigkeiten, vgl. §§ 21c Abs. 1 Nr. 2 und Abs. 2, 21g, 30 Abs. 4, 31 Abs. 2 BNatSchG und §§ 12c Abs. 1, 23 AtG, sowie für das UBA, z.B. § 9 WRMG, § 13 AbfVerbrG, § 2 Abs. 2 BenzinbleiG sowie für die Biologische Bundesanstalt etwa § 15 PflSchG. Weitgehend sind dies aber Aufgaben, die mit Genehmigungsverfahren für Betriebe nichts zu tun haben.

2.1.2.3.1
Landeseigene Verwaltung

Die landeseigene Verwaltung umfaßt neben der Ausführung der Landesgesetze auch die *Ausführung der Bundesgesetze, die nicht eine andere Verwaltungsart anordnen.*

Festgelegt ist die Verwaltungskompetenz in Art. 84 Abs. 1 GG: „Führen die Länder die Bundesgesetze als eigene Angelegenheit aus, so regeln sie die Einrichtung der Behörde und das Verwaltungsverfahren, soweit nicht die Bundesgesetze mit Zustimmung des Bundesrates etwas anderes bestimmen."

Nach Art. 84 Abs. 3 GG unterstehen sie dabei nur einer Rechtsaufsicht. Sie sind nicht an fachliche Weisungen gebunden, die Zweckmäßigkeit der Verwaltungsmaßnahmen ist nicht Gegenstand der Rechtsaufsicht. Die ausführenden Verwaltungen sind zwar an die Gesetze gebunden, entscheidend sind hier aber die von

den Gesetzen gegebenen Spielräume, die bei den Entscheidungen Gestaltungs-
möglichkeiten lassen. Diese Spielräume sind es, die der Verwaltung ermöglichen,
nicht nur schematisch bei Genehmigungsverfahren vorzugehen, sondern die Anforderungen nach dem Einzelfall zu richten. Als Beispiel aus dem Freistaat Sachsen seien die Staatlichen Umweltfachämter genannt.

2.1.2.3.2
Bundesauftragsverwaltung der Länder

Art. 85 GG legt die sogenannte Bundesauftragsverwaltung fest: „Führen die Län-
der die Bundesgesetze im Auftrage des Bundes aus, so bleibt die Einrichtung der
Behörden Angelegenheit der Länder, soweit nicht Bundesgesetze mit Zustimmung
des Bundesrates etwas anderes bestimmen." (Art. 85 Abs. 1 GG) „Die Landesbehörden unterstehen den Weisungen der zuständigen obersten Bundesbehörden. ..."
(Art. 85 Abs. 3 GG) „Die Bundesaufsicht erstreckt sich auf Gesetzmäßigkeit und
Zweckmäßigkeit der Ausführung. ..." (Art. 85 Abs. 4 GG).
　　Bundesauftragsverwaltung gibt es für den Bau von Atomanlagen, den Bundes-
fernstraßenbau und den Flughafenbau.

2.1.2.3.3
Bundeseigene Verwaltung

Die bundeseigene Verwaltung (Art. 86 GG) erfolgt durch Bundesbehörden oder
durch bundesunmittelbare Körperschaften oder Anstalten des öffentlichen Rechts.
Der Bund regelt die Einrichtung der Behörden und erläßt die allgemeinen Verwaltungsvorschriften (z.B. für den Auswärtigen Dienst, die Bundeswehr und den
Bundesgrenzschutz).

2.1.2.4
Gerichtsbarkeit

Auch für die Rechtsprechung gilt die Kompetenzverteilung und -vermutung des
Art. 30 GG. Grundsätzlich ist die Rechtsprechung Sache der Länder. Das Grundgesetz schreibt die verschiedenen Gerichtszweige vor (Art. 95 Abs. 1 GG): Ordentliche Gerichtsbarkeit, allgemeine Verwaltungs-, Finanz-, Sozial- und Arbeits-
gerichtsbarkeit. Hinzu kommen noch die spezifischen Gerichtsbarkeiten des
Art. 96 GG. Die ordentliche Gerichtsbarkeit umfaßt die Zivil- und die Strafge-
richtsbarkeit sowie die freiwillige Gerichtsbarkeit (Vormundschaftsangelegenhei-
ten, Grundbuch, Vereinsregister, Handelsregister etc.). Die Arbeitsgerichte sind
zuständig für Streitigkeiten zwischen Tarifparteien, Tarifparteien und Dritten,
Arbeitgebern und Arbeitnehmern. Die Verwaltungsgerichte entscheiden grundsätzlich öffentlich-rechtliche Streitigkeiten, sofern dafür nicht besondere Verwaltungsgerichte zuständig sind. Solche besonderen Verwaltungsgerichte sind die
Sozialgerichte und die Finanzgerichte. Neben dieser horizontalen Gliederung
schreibt das Grundgesetz auch eine vertikale Gliederung vor: Oberste Bundesgerichte sind Bundesgerichtshof, Bundesverwaltungsgericht, Bundesfinanzhof, Bun-

desarbeitsgericht und Bundessozialgericht. Die unteren und mittleren Instanzen sind in aller Regel Gerichte der Länder. Sie werden von den Ländern errichtet und unterhalten; die bei ihnen tätigen Richter stehen im Landesdienst. Schließlich existieren noch das Bundesverfassungsgericht und die Verfassungsgerichte (sog. Staats- und Verfassungsgerichtshöfe) der Bundesländer, denen die rechtsstaatliche Kontrolle über die Einhaltung der Verfassung durch die staatliche Gewalt übertragen ist.

2.2
Gesetzgebung – Normsetzung

Rechtsvorschriften sind zu unterscheiden in *Gesetze im formellen Sinne*, die von der Legislative beschlossen werden, und *Gesetze im materiellen Sinne;* dies sind alle Rechtsnormen, also auch Gesetze im formellen Sinne, aber auch Rechtsverordnungen und Satzungen. Neben den Rechtsvorschriften stehen die Verwaltungsvorschriften.

2.2.1
Rechtsvorschriften

2.2.1.1
Formelle Gesetze

Die Gesetze werden vom Parlament verabschiedet, je nach Zuständigkeit von einem Länderparlament oder vom Bundestag. Gesetzesvorlagen werden „aus der Mitte des Parlaments" (durch Fraktionen oder Abgeordnete), durch die Regierung und – aber nur in einigen Bundesländern möglich – aus der Mitte des Volkes durch Volksanträge und Volksbegehren eingebracht und durch das Parlament verabschiedet oder abgelehnt.

Die Gesetzgebung auf Bundesebene erfolgt durch den Bundestag unter Beteiligung des Bundesrates. Der Bundesrat besteht aus Mitgliedern der Länderregierungen, die auch von diesen bestimmt (also nicht von den Landesparlamenten oder vom Volk gewählt) werden. Die Mitglieder des Bundesrates sind an die Weisungen ihrer Landesregierungen gebunden.

Nach Art. 76 GG können Gesetzesvorlagen durch die Bundesregierung, aus der Mitte des Bundestages und durch den Bundesrat eingebracht werden. Gesetzesvorlagen aus der Mitte des Volkes (Volksanträge, Volksbegehren) kennt das Grundgesetz nicht.

Gesetzesvorlagen der Bundesregierung sind zunächst dem Bundesrat zur Stellungnahme zuzuleiten (sog. Durchlaufverfahren) und dann mit dieser Stellungnahme im Bundestag einzubringen. Vom Bundesrat aufgrund seines Initiativrechtes beschlossene Gesetzesvorlagen sind dem Bundestag durch die Bundesregierung zuzuleiten, sie hat hierbei ihre Auffassung zu vertreten. Im Bundestag werden die Gesetzesvorlagen in drei „Lesungen" beraten (grundsätzliche Aussprache, Einzelberatung, Schlußabstimmung). Zwischen der 1. und der 2. Lesung liegen die Beratungen in den Ausschüssen. Bis auf Verfassungsänderungen (2/3-Mehrheit) werden Gesetze im Bundestag mit einfacher Mehrheit beschlossen.

Das vom Bundestag beschlossene Gesetz wird dem Bundesrat zugeleitet. Dieser hat dann die Möglichkeit, den Vermittlungsausschuß anzurufen oder gegen ein beschlossenes Gesetz Einspruch einzulegen, der nur mit einer 2/3-Mehrheit des Bundestages überwunden werden kann (Einzelheiten vgl. Art. 77, 78 GG). Bei zustimmungsbedürftigen Gesetzen allerdings kann das Gesetz nur mit Zustimmung des Bundesrates verabschiedet werden. Welche Gesetze zustimmungsbedürftig sind, ist im Grundgesetz geregelt (vgl. Art. 29 Abs. 7, 74 Abs. 2, 74a Abs. 3, 79 Abs. 2, 84 Abs. 1, 85 Abs. 1, 87 Abs. 3, 104a Abs. 3, 105 Abs. 3, 106 Abs. 3, 107, 108 Abs. 4 und 5, 115c Abs. 1, 119, 134 Abs. 4, 135 Abs. 5 GG).

Vor allem durch die Zustimmungsbedürftigkeit der meisten Verordnungen erlangt der Bundesrat seinen hohen Einfluß. Da die Bundesgesetze häufig zu ihrem Vollzug durch Verordnungen konkretisiert werden, und das Bundesgesetz meistens die Zustimmung des Bundesrates zur Rechtsverordnung fordert, kann der Bundesrat über das Erfordernis seiner Zustimmung den Inhalt der Verordnungen maßgeblich bestimmen.

Beispiel. Nach § 4 Abs. 1 BImSchG bestimmt die Bundesregierung „nach Anhörung der beteiligten Kreise ... durch Rechtsverordnung mit Zustimmung des Bundesrates die Anlagen, die einer Genehmigung bedürfen ...". Dies wurde mit der Verordnung über genehmigungsbedürftige Anlagen (4. BImSchV) umgesetzt.

2.2.1.2
Rechtsverordnungen, Satzungen (materielle Gesetze)

Rechtsverordnungen sind allgemein verbindliche Rechtsvorschriften, die als solche Rechte und Pflichten abstrakt und generell mit der gleichen verbindlichen Wirkung wie Gesetze regeln. Die Rechtsgrundlage hierfür findet sich in Art. 80 Abs. 1 und 4 GG. Rechtsverordnungen werden auf Grund sogenannter gesetzlicher Ermächtigungen von einer Verwaltungsstelle erlassen, d.h. in einem vom Parlament erlassenen Gesetz findet sich ein Hinweis, daß die Exekutive ermächtigt wird, bestimmte Sachverhalte mittels einer Verordnung zu regeln. Dabei müssen „Inhalt, Zweck und Ausmaß der erteilten Ermächtigung im Gesetz bestimmt" sein. Der Gesetzgeber darf also keine Globalermächtigung erteilen, d.h. die Ermächtigung darf nicht so unbestimmt sein, daß nicht vorausgesehen werden kann, in welchen Fällen und mit welcher Tendenz von ihr Gebrauch gemacht wird und welchen Inhalt die Verordnung haben kann. Die Bundesregierung, die Bundesministerien oder die Landesregierungen können zum Erlaß von Rechtsverordnungen ermächtigt werden (Art. 80 GG). Diese können die Ermächtigung allerdings weiter übertragen.

Dem Umfang nach übersteigt die Rechtsetzung durch Rechtsverordnungen heute die durch formelle Gesetze. Gerade im Bereich des Umweltrechts ist diese Form der Delegation unentbehrlich: Die Parlamente können die unendliche Flut von technischen Details, die zu regeln sind bzw. geregelt werden, nicht bewältigen.

Satzungen sind allgemein verbindliche Rechtsvorschriften. Sie werden von Körperschaften, z.B. Gemeinden oder Landkreisen, im Rahmen ihrer Zuständigkeit zur Regelung ihrer eigenen Angelegenheiten erlassen und können gegen jeden mit allgemeinen Verwaltungsmitteln durchgesetzt werden. Sie bedürfen nicht wie die Rechtsverordnungen einer Ermächtigungsgrundlage in einem Gesetz, sondern sind Ausfluß des Selbstverwaltungsrechts (Autonomie) der Kreise und Gemeinden, also einer eingeräumten eigenen Rechtsetzungsmacht. Sie müssen sich aber auch in einem bestimmten gesetzlichen Rahmen halten. So haben die Gemeinden nach Art. 28 GG das Recht ihre eigenen Angelegenheiten per Satzung zu regeln (z.B. Abwassersatzung, Erhaltungssatzung, Abrundungssatzung). Dieses Recht schließt die Bauleitplanung, also die Aufstellung von Flächennutzungsplänen und Bebauungsplänen, ein. Diese müssen sich an die Vorgaben von Gesetzen, hier insbesondere dem Baugesetzbuch (des Bundes), der Baunutzungsverordnung und das jeweilige Landesplanungsgesetz halten.

2.2.2
Verwaltungsvorschriften

Schließlich gibt es noch *Verwaltungsvorschriften*. Dies sind Regelungen, die innerhalb der Organisation der öffentlichen Verwaltung von übergeordneten Behörden an nachgeordnete Behörden (oder von Vorgesetzten an Bedienstete) ergehen und die dazu dienen, die Tätigkeit der Verwaltung näher zu bestimmen und einheitlich zu gestalten. Sie sollen die Anwendung der Gesetze durch Auslegungs- und Ermessensvorschriften konkretisieren. Verwaltungsvorschriften binden nur die Verwaltung, nicht den Bürger und die Gerichte. Allerdings haben sie, wenn es sich nicht um organisatorische, sondern um norminterpretierende Verwaltungsvorschriften handelt, mittelbar insoweit eine Bindungswirkung, als sie es der Behörde verbieten, einen Fall ohne sachlichen Grund abweichend von der Verwaltungsvorschrift zum Nachteil des Bürgers zu entscheiden. Der Bürger kann sich zwar nicht unmittelbar auf die Verwaltungsvorschrift berufen, wohl aber auf eine Verletzung des Gleichheitsgrundsatzes (Art. 3 GG).

Allerdings verhindert der Gleichheitssatz keine Änderung der Verwaltungspraxis, wenn von einem bestimmten Zeitpunkt an generell entschieden wird.

Beispiel. Die Behörde wendet in 100 gleichgelagerten Fällen ihr Ermessen gemäß der Verwaltungsvorschrift in stets der gleichen, für den Bürger günstigen Weise an. Im 101. Fall weicht sie hiervon ab. Die Rechtmäßigkeit der 101. Entscheidung hängt davon ab, ob nunmehr eine neue Praxis begründet werden soll, z.B. durch Änderung einer zugrundeliegenden Ermessensrichtlinie (dann wäre es rechtmäßig) oder ob es sich um einen einmaligen „Ausrutscher" handelt, z.B. um ein Exempel zu statuieren (dann läge ein rechtswidriger Verstoß gegen den Gleichheitssatz vor).

In der Praxis bedeutsam sind die als Verwaltungsvorschriften ergangenen TA Luft und TA Lärm, die in Gesetzen verwendete technische Begriffe erläutern.

2.2.3
Technische Regelwerke

Technische Standards werden oft in Regelwerken privatrechtlich organisierter, nichtstaatlicher Organisationen festgelegt. Sie haben insoweit rechtliche Bedeutung, als in Rechtsvorschriften auf sie Bezug genommen wird. Dies ist im Umweltrecht, speziell im Anlagen-Zulassungsrecht, oft der Fall. Am bekanntesten sind die DIN-Normen des Deutschen Normenausschusses, die VDE-Vorschriften des Verbandes Deutscher Elektrotechniker, die VDI-Richtlinien des Vereins Deutscher Ingenieure und das DVGW-Regelwerk des Deutschen Vereins für das Gas- und Wasserfach. Zunehmend kommen europäische und internationale Normungen (ESO und ISO) hinzu. In der Praxis haben die technischen Regelwerke für die Entscheidungen von Gerichten und Behörden eine erhebliche Bedeutung, auch wenn in den Rechtsvorschriften nicht auf sie verwiesen wird. Das Bundesverwaltungsgericht (BVerwGE 79, 254, 264) hat erklärt: „Zwar ist grundsätzlich nichts dagegen einzuwenden, wenn ein Gericht im Rahmen der gebotenen umfassenden Würdigung der Gegebenheiten des Einzelfalls auch die Überschreitung und Unterschreitung von solchen Richtwerten als Indizien in seine Würdigung einbezieht, die von privaten Institutionen unter sachverständiger Beratung und Beteiligung der Fachöffentlichkeit aufgestellt werden, wie etwa VDI-Richtlinien, DIN-Normen und sonstige Regelwerke. Eine weitergehende Bedeutung als die eines Indizes haben solche Richtlinien für die gerichtliche Beurteilung ... aber nicht". Das bedeutet, daß die technischen Regelwerke auch ohne rechtliche Geltung eine nicht zu unterschätzende faktische Bedeutung haben.

2.3
Verwaltungshandeln

2.3.1
Behördenzuständigkeiten

Auf den ersten Blick verwirrend ist für den Bürger die Zuständigkeit der verschiedenen Behörden. Es ist Sache jedes einzelnen Bundeslandes, seine Verwaltungsorganisation zu bestimmen.

Einige Bundesländer haben den Aufbau ihrer Verwaltung in einem Gesetz, andere in verschiedenen Gesetzen geregelt. Eingehende Regelungen haben Baden-Württemberg (Landesverwaltungsgesetz), Nordrhein-Westfalen (Landesorganisationsgesetz) und das Saarland (Landesorganisationsgesetz).

In den meisten Bundesländern ist die Verwaltung dreistufig gegliedert: Oberste, höhere und untere Verwaltungsbehörden. Oberste Landesbehörden sind die Ministerien, die Landesregierung. Höhere oder Mittelbehörden sind die Regierungspräsidien. Die unteren Verwaltungsbehörden sind die Landkreise und kreisfreien Städte, in diesen Fällen nicht als Gebietskörperschaft, sondern als staatliche Verwaltungsbehörden handelnd. In anderen Zusammenhängen handeln die Landkreise im Rahmen der Selbstverwaltung. Die Gemeinden handeln entweder als Auftragsverwaltung oder im Rahmen der Selbstverwaltung. Für den Bürger ist es allerdings uninteressant ob die Behörde in Auftrags- oder Selbstverwaltung handelt.

Welche Behörde zuständig ist (z.B. für eine benötigte Genehmigung), wird nicht in den Bundesgesetzen, sondern in den Landesgesetzen geregelt. In Sachsen heißt es z.B. in § 40 Abs. 1 des Sächsischen Naturschutzgesetzes (SächsNatSchG): „Naturschutzbehörden sind 1. das Staatsministerium für Umwelt und Landesentwicklung als oberste Naturschutzbehörde, 2. die Regierungspräsidien als höhere

Naturschutzbehörden, 3. die Landratsämter und die Kreisfreien Städte als untere Naturschutzbehörden (Staatliche Verwaltungsbehörden)". Als Beispiel einer naturschutzrechtlichen Genehmigung diene § 12 Abs. 1 SächsNatSchG: „Wer Bodenbestandteile ... im Außenbereich im Rahmen eines selbständigen Vorhabens zu gewinnen beabsichtigt, bedarf der Genehmigung der Naturschutzbehörde...". Allerdings fehlt der Hinweis, welche der drei Naturschutzbehörden gemeint ist. Dies wird in § 48 Abs. 1 SächsNatSchG geregelt, der besagt: „Soweit nicht anderes bestimmt ist, ist die untere Naturschutzbehörde zuständig". In den weiteren Absätzen des § 48 SächsNatSchG sind dann die Zuständigkeiten der höheren und der obersten Naturschutzbehörden geregelt.

Ebenso ist es in den anderen Gebieten des Umweltrechts: Die Normalzuständigkeit liegt bei den unteren Behörden, Abweichungen sind jeweils geregelt und im einschlägigen Gesetz nachzulesen.

2.3.2
Rechtsgrundlagen des Verwaltungshandelns

Die Verwaltungstätigkeit ist an Recht und Gesetz gebunden, die Verwaltungsmaßnahmen müssen rechtmäßig sein.

2.3.2.1
Rechtsquellen

Rechtsquellen des Verwaltungsrechts sind:

1. das Gesetz,
2. die Rechtsverordnung,
3. die Satzung,
4. Verwaltungsvorschriften.

Gesetz können die Verfassungen, Bundesgesetze oder Landesgesetze sein. Das Gesetz ist den anderen Rechtsquellen mit Ausnahme der Verfassung übergeordnet. Dabei bricht Bundesrecht Landesrecht (Art. 31 GG). Bestimmte Maßnahmen, insbesondere Eingriffe in Rechte der Bürger, dürfen nur aufgrund eines Gesetzes vorgenommen werden (sog. Gesetzesvorbehalt). *Rechtsverordnung* und *Satzung* wurden bereits unter 2.2.1.2 erläutert, *Verwaltungsvorschriften* unter 2.2.2.

2.3.2.2
Verwaltungsverfahren

Die Grundzüge des Verwaltungsverfahrens sind im Verwaltungsverfahrensgesetz (VwVfG) vom 25.05.1976 geregelt. Dieses ist grundsätzlich anwendbar für jede öffentlich-rechtliche Verwaltungstätigkeit des Bundes, aber auch der Länder und Gemeinden, wenn sie Bundesrecht im Auftrag des Bundes ausführen, es sei denn landesrechtlich ist etwas anderes geregelt. Führen die Länder die Bundesgesetze als eigene Angelegenheiten aus, so regeln sie die Einrichtung der Behörden und das Verwaltungsverfahren selbst (soweit nicht Bundesgesetze mit Zustimmung des

Bundesrates etwas anderes bestimmen, vgl. Art. 84 GG). Das heißt: Es gibt nicht nur das Verwaltungsverfahrensgesetz (des Bundes), sondern in den einzelnen Ländern auch noch Verwaltungsverfahrensgesetze.

Verwaltungsverfahren nennt man die nach außen wirkende Tätigkeit der Behörden, die auf die Prüfung der Voraussetzungen, die Vorbereitung und den Erlaß eines Verwaltungsaktes oder auf den Abschluß eines öffentlich-rechtlichen Vertrages gerichtet sind (§ 9 VwVfG).

Ein öffentlich-rechtlicher Vertrag (oder verwaltungsrechtlicher Vertrag) behandelt Rechtsverhältnisse des öffentlichen Rechts. Er kann zwischen Verwaltungsträgern (z.B. Gemeinden über Gebietsänderungen) oder zwischen Verwaltungsträgern und einer Privatperson (z.B. Straßenanliegervertrag) abgeschlossen werden.

2.3.2.2.1
Der Verwaltungsakt

Ein *Verwaltungsakt* ist jede Verfügung, Entscheidung oder andere hoheitliche Maßnahme, die eine Behörde zur Regelung eines Einzelfalles auf dem Gebiet des öffentlichen Rechts trifft und die auf unmittelbare Rechtswirkung nach außen gerichtet ist (§ 35 VwVfG). Jede Genehmigung ist ein Verwaltungsakt.

Als *mitwirkungsbedürftig* bezeichnet man einen Verwaltungsakt, wenn er nur auf Antrag des Betroffenen (z.B. Baugenehmigung) oder im Zusammenwirken mit anderen Behörden erlassen werden darf. Ein Verwaltungsakt kann begünstigend (z.B. Baugenehmigung) oder belastend (z.B. Abrißverfügung) sein. Ein solcher Verwaltungsakt kann als Nebenbestimmung eine Bedingung, eine Auflage, Widerrufsvorbehalte oder eine Befristung enthalten.

2.3.2.2.2
Stellung des Bürgers als Verfahrensbeteiligter

Der Bürger, der durch den Ausgang eines Verfahrens in seinen Rechten betroffen werden kann, nimmt daran mit eigenen Rechten gegenüber der Behörde teil. Soweit er nicht schon als Antragsteller, Antragsgegner oder Adressat eines von der Behörde beabsichtigten Verwaltungsaktes beteiligt ist, muß die Behörde ihn zum Verfahren beiziehen, um ihm Gelegenheit zur Wahrung seiner Rechte zu geben (§§ 11 bis 19 VwVfG).

2.3.2.2.3
Zuständigkeitsfragen

Der Bürger hat Anspruch auf ein Verfahren vor der zuständigen Behörde (§ 3 VwVfG). Die Zuständigkeiten der Behörden ergeben sich überwiegend aus den Fachgesetzen (vgl. dazu 2.3.1). Das Verwaltungsverfahren ist grundsätzlich nicht an bestimmte Formen gebunden, es ist einfach und zweckmäßig durchzuführen (§ 10 VwVfG), wenn nichts anderes in den Fachgesetzen bestimmt ist oder ein förmliches Verwaltungsverfahren (§§ 63ff VwVfG) oder Planfeststellungsverfahren (§§ 72ff VwVfg) oder ein beschleunigtes Verfahren (§§ 71a ff. VwVfG, z.B. Sternverfahren) durchzuführen ist.

Aus dem Zweckmäßigkeitsgrundsatz, dem Rechtstaatsprinzip allgemein und der Rechtsweggarantie (Art. 19 Abs. 4 GG) ergibt sich die Verpflichtung zu einer raschen und zügigen Erledigung.

2.3.2.2.4
Formfreiheit und Förmlichkeit des Verwaltungsverfahrens

Das Verwaltungsverfahren ist grundsätzlich nicht-öffentlich und schriftlich. Nur im förmlichen Verfahren und im Planfeststellungsverfahren ist eine mündliche Verhandlung vorgesehen. Dies bedeutet allerdings nicht, daß mündliche Verhandlungen oder Besprechungen unzulässig wären.

Am Verfahren dürfen seitens der Behörde grundsätzlich nur Personen teilnehmen, deren Unparteilichkeit, Unbefangenheit und Objektivität nicht in Zweifel gezogen werden können (bspw. Angehörige, Beteiligte; vgl. §§ 20, 21 VwVfG). Der Bürger kann seine Bedenken geltend machen, hat aber nur im förmlichen Verfahren und im Planfeststellungsverfahren ein förmliches Ablehnungsrecht.

2.3.2.2.5
Verfahrensrecht der Beteiligten

Die Entscheidung über das Einleiten eines Verfahrens ist, *soweit gesetzlich nichts anderes vorgesehen ist*, grundsätzlich in das Ermessen der Behörde gestellt (sog. Offizialgrundsatz; § 22 Satz 1 VwVfG). Ist in einem Fachgesetz der Antrag eines Betroffenen Voraussetzung für ein Verfahren (z.B. bei einer Baugenehmigung), so hat der Bürger das Recht, das Verfahren – unter Umständen auch gegen den Willen der Behörde – durch Rücknahme seines Antrages zu beenden (Verfügungsfreiheit der Beteiligten).

2.3.2.2.6
Abschluß des Verfahrens

Die Behörde muß im Verwaltungsverfahren den für ihre Entscheidung maßgeblichen Sachverhalt – ohne Bindung an das Vorbringen der Beteiligten oder an bestimmte Beweismittel – von Amts wegen ermitteln (§§ 24, 26, 69 Abs. 1 VwVfG). Die Behörde ist sogar verpflichtet, die Beteiligten auf eventuelle Mängel ihrer Anträge, auf die Erforderlichkeit oder Zweckmäßigkeit bestimmter Mitwirkungshandlungen hinzuweisen und ihnen erforderlichenfalls auch Auskunft über ihre Rechte und Pflichten im Verfahren zu geben (§ 25 VwVfG).

Im Verfahren haben die Beteiligten Anspruch auf Gehör und Berücksichtigung des Vorgetragenen (§§ 28, 66-69 VwVfG). Die Behörde ist verpflichtet, den Beteiligten Gelegenheit zu geben, die nach ihrer Auffassung für die Entscheidung erheblichen Tatsachen und die für die Beurteilung dieser Tatsachen in sachlicher und rechtlicher Hinsicht maßgeblichen Gesichtspunkte geltend zu machen. Dies kann auch schriftlich erfolgen. Zudem haben die Beteiligten ein Recht auf Akteneinsicht (Art. 29 VwVfG).

Die Behörde ist grundsätzlich verpflichtet, die getroffene abschließende Entscheidung, den Verwaltungsakt, schriftlich zu begründen (§§ 39, 69 Abs. 2, 74 Abs. 1 VwVfG). Dies ermöglicht nicht nur dem Betroffenen, sondern auch den höheren Behörden oder den Gerichten im Rechtsbehelfs- oder Aufsichtsweg das Nachprüfen der Entscheidung (vgl. dazu 2.4.1 und 2.4.2).

Schließlich muß ein Verwaltungsakt dem oder den Betroffenen bekanntgegeben werden (§ 41 VwVfG) und erlangt erst mit Bekanntgabe Wirksamkeit ihnen gegenüber (§ 43 VwVfG). In Bezug auf andere hat er damit noch keine Wirksamkeit und setzt insbesondere für diese anderen keine Rechtsmittelfristen in Gang. Die Form der Bekanntgabe des Verwaltungsaktes richtet sich nach den einschlägigen Rechtsvorschriften, die vielfach Schriftform und Zustellung vorsehen (vgl. § 69 Abs. 2 VwVfG für förmliche Verwaltungsverfahren und § 74 Abs. 1 VwVfG für Planfeststellungen). Wenn ausdrückliche Regelungen fehlen, kann (gem. § 37 VwVfG) ein Verwaltungsakt auch mündlich erlassen werden.

Ein Verwaltungsakt sollte mit einer Rechtsbehelfsbelehrung versehen sein, dies ist bei Verwaltungsakten von Bundesbehörden gem. § 59 VwGO, solchen nach dem Baugesetzbuch (§ 211 BauGB) und bei Widerspruchsbescheiden (§ 73 Abs. 3 VwGO) zwingend. Diese Rechtsbehelfsbelehrung informiert, wie und innerhalb welcher Frist eine Entscheidung angefochten werden kann. Fehlt diese Belehrung, so hat der Adressat ein Jahr Zeit.

2.4
Rechtsschutz

„Wird jemand durch die öffentliche Gewalt in seinen Rechten verletzt, so steht ihm der Rechtsweg offen" heißt es in Art. 19 Abs. 4 GG. Gegen die Entscheidungen der Behörden kann sich der Betroffene vor dem zuständigen Gericht oder bei der Behörde selbst zur Wehr setzen. Dies bedeutet aber, daß es nicht genügt, die objektive Rechtswidrigkeit des staatlichen Handelns zu rügen: Der Kläger muß wenigstens darstellen, in seinen eigenen Rechten verletzt zu sein (§ 42 VwGO).

Deshalb wird die Klagebefugnis immer dort ein Problem, wo nicht der Adressat eines Verwaltungsaktes, sondern ein Drittbetroffener Rechtsschutz begehrt. Dies ist im Umweltrecht vor allem bei Nachbarklagen gegen Genehmigungen umweltbelastender Anlagen der Fall, aber auch, wenn sich der Betreiber einer (bislang zulässigen) Anlage gegen eine näherrückende Wohnbebauung wendet, die ihn nachträglich zum Störer werden ließe.

2.4.1
Verwaltungsinterne Überprüfung/Widerspruch

Man unterscheidet förmliche und nicht förmliche Rechtsmittel.

2.4.1.1
Nicht förmliche Rechtsmittel

Gegen einen Verwaltungsakt kann sich der Betroffene zur Wehr setzen. Die einfachste Möglichkeit ist die der *Gegenvorstellung/Remonstration*, die auf vermeintliche Fehler hinweist mit dem Ziel, den Verwaltungsakt nochmals auf seine Rechtmäßigkeit und Zweckmäßigkeit zu prüfen, und um Abstellung ersucht. Die Behörde kann dem entsprechen. Eine weitere Möglichkeit ist die *Aufsichtsbeschwerde* an die vorgesetzte Behörde; mit der Fachaufsichtsbeschwerde wird der Inhalt einer Entscheidung, mit der Dienstaufsichtsbeschwerde das persönliche Verhalten eines Mitarbeiters beanstandet. Die Gegenvorstellung und Aufsichtsbeschwerde sind an keine Frist oder Form gebunden und werden deshalb als *formlose Rechtsbehelfe* bezeichnet. Die Behörden müssen zwar den Sachverhalt überprüfen und antworten (Art. 17 GG, sog. Petitionsrecht), aber keinen förmlichen Bescheid erlassen.

2.4.1.2
Förmliche Rechtsmittel

Die *förmlichen Rechtsmittel* führen im Gegensatz zu den sonstigen Rechtsbehelfen dazu, daß die Behörde den Verwaltungsakt nachprüft und einen förmlichen Bescheid erteilt.

Der *Widerspruch* gem. §§ 68ff VwGO wendet sich an die nächsthöhere Behörde mit dem Ziel der nochmaligen Überprüfung des ergangenen Verwaltungsaktes in tatsächlicher und rechtlicher Hinsicht (bei einer Ermessensentscheidung auch im Hinblick auf die Ermessensausübung) vor. Das Widerspruchsverfahren ist ein besonders geregeltes Verwaltungsverfahren, das sowohl dem Rechtsschutz des Bürgers als auch der Selbstkontrolle der Verwaltung dient. Das Widerspruchsverfahren ist als Voraussetzung für die verwaltungsgerichtliche Klage grundsätzlich vorgeschrieben. Die Erhebung des Widerspruchs ist an die Einhaltung einer Frist von 1 Monat gebunden.

Das *Wiederaufgreifen des Verfahrens* ist ein sogenannter *außerordentlicher Rechtsbehelf*. Unter bestimmten Voraussetzungen, bei einer Änderung der Sach- oder Rechtslage oder Vorlage neuer Beweismittel und wenn der Betroffene ohne grobes Verschulden außerstande war, dies im früheren Verfahren geltend zu machen, ist es möglich, ein durch Verwaltungsakt abgeschlossenes Verfahren auch nach der Widerspruchsfrist wiederaufzunehmen. Auch der *Antrag auf Wiedereinsetzung in den vorigen Stand* ist ein außerordentlicher Rechtsbehelf und möglich, wenn eine gesetzliche Pflicht oder ein mündliche Verhandlung ohne Verschulden versäumt worden ist.

2.4.2
Gerichtliche Kontrolle

Die Kontrolle der Verwaltung und der Schutz der Bürger gegen fehlerhafte Ausübung staatlicher Gewalt obliegt *Verwaltungsgerichten*. Diese sind gemäß

§ 40 Verwaltungsgerichtsordnung (VwGO) grundsätzlich für die Entscheidung öffentlich-rechtlicher Streitigkeiten zuständig. Nicht zu ihren Zuständigkeiten gehören: Verfassungsstreitigkeiten, Streitigkeiten im privaten Recht, Streitigkeiten, die zwar öffentlich-rechtlicher Natur, aber durch besondere Vorschriften den ordentlichen Gerichten zugewiesen sind, Arbeitsrechtliche Streitigkeiten. Der durch einen Verwaltungsakt Beschwerte kann *Klage vor dem Verwaltungsgericht* erheben. Gegen dessen Entscheidung ist die Berufung an das Oberverwaltungsgericht (OVG, in manchen Ländern Verwaltungsgerichtshof) gegeben (§§ 124ff VwGO), als Rechtsmittel gegen dessen Entscheidung ist – wenn das OVG sie zugelassen hat – die Revision an das Bundesverwaltungsgericht zugelassen (§ 132 VwGO). Die Klage vor dem Verwaltungsgericht setzt ein durchgeführtes Widerspruchsverfahren voraus.

Beispiel. Nach § 48 VwGO ist das OVG für Streitigkeiten über bestimmte, vor allem umweltrelevante Vorhaben in erster Instanz zuständig, und zwar für sämtliche Streitigkeiten, die betreffen: Kernkraftanlagen, „die Errichtung, den Betrieb und die Änderung von Kraftwerken mit Feuerungsanlagen für fest, flüssige und gasförmige Brennstoffe mit einer Feuerungswärmeleistung von mehr als dreihundert Megawatt, die Errichtung von Freileitungen mit mehr als einhunderttausend Volt Nennspannung sowie die Änderung ihrer Linienführung, Planfeststellungsverfahren nach § 7 des Abfallgesetzes für die Errichtung, den Betrieb und die wesentliche Änderung von ortsfesten Anlagen zur Verbrennung oder thermischen Zersetzung von Anfällen mit einer jährlichen Durchsatzleistung (effektive Leistung) von mehr als einhunderttausend Tonnen und von ortsfesten Anlagen, in denen ganz oder teilweise Abfälle im Sinne des § 2 Abs.2 des Abfallgesetzes gelagert oder abgelagert werden, das Anlegen, die Erweiterung oder Änderung und den Betrieb von Flughäfen, die dem allgemeinen Verkehr dienen...", von Bahnbetrieben, Bundesfernstraßen, Binnenwasserstraßen.

Vor die *Zivilgerichte* gehören die bürgerlichen Rechtsstreitigkeiten, also Streitigkeiten, die nach Rechtsnormen des Privatrechts zu entscheiden sind. Der Bürger muß sich also fragen, wem gegenüber er einen Anspruch geltend machen will, einer Behörde, also dem Staat gegenüber, oder einer Privatperson oder Firma gegenüber. Im ersten Fall ist dies eine Sache für die Verwaltungsgerichte, im zweiten für die ordentlichen Gerichte.

Beispiel. Ein Auskunftsbegehren nach dem Umwelthaftungsgesetz muß gegen ein Unternehmen gerichtet werden, dies muß im Streitfall vor einem ordentlichen Gericht durchgesetzt werden. Eine Auskunft nach dem Umweltinformationsgesetz wird von einer Behörde gegeben, ein solcher streitiger Anspruch müßte vor dem Verwaltungsgericht verhandelt werden.

Neben der (soeben dargelegten) *sachlichen Zuständigkeit der Gerichte* muß auch die örtliche Zuständigkeit der Gerichte (= Gerichtsstand) beachtet werden. Nach ihr regelt sich, welches sachlich zuständige Gericht wegen seines Sitzes des Rechtsstreit zu erledigen hat. Die gesetzlichen Regeln hierzu finden sich in der Zivilprozeßordnung (§ 12ff ZPO) und dem Verwaltungsgerichtsgesetz (§ 52 VwGO).

2.4.3
Gerichtliche Überprüfung von Gesetzesakten und anderen Normen

Die gerichtliche Überprüfung einer Rechtsnorm auf ihre Vereinbarkeit mit höher-rangigem Recht nennt man Normenkontrolle. Grundsätzlich ist es Sache eines jeden Gerichts, darüber zu befinden, ob eine von ihm anzuwendende Vorschrift gültig ist oder nicht. Hält ein Gericht ein formelles Gesetz, auf das es bei seiner Entscheidung ankommt, für verfassungswidrig, so muß es das Verfahren aussetzen und die Entscheidung des zuständigen Verfassungsgericht einholen („konkrete Normenkontrolle"). Auf Antrag der Bundesregierung, einer Landesregierung oder eines Drittels der Mitglieder des Bundestages entscheidet das Bundesverfassungs-gericht bei Meinungsverschiedenheiten oder Zweifeln über die förmliche oder sachliche Vereinbarkeit einer Rechtsnorm mit Verfassungs- oder Bundesrecht („abstrakte Normenkontrolle").

Nach § 47 VwGO entscheidet das Oberverwaltungsgericht auf Antrag über die Gültigkeit von Satzungen und Rechtsverordnungen, sofern das Landesrecht dies bestimmt, über Satzungen und Rechtsverordnungen, die nach dem Baugesetzbuch erlassen worden sind (z.B. Bebauungspläne). Den Antrag kann jede natürliche oder juristische Person sowie jede Behörde stellen, die geltend macht, durch die Rechtsvorschrift oder deren Anwendung in ihren Rechten verletzt zu sein oder zu werden (§ 47 Abs. 2 VwGO).

Dies bedeutet: Der Einzelne kann sich gegen Rechtsverordnungen oder Satzun-gen vor dem OVG wehren, gegen formelle Gesetze jedoch nicht.

2.5
Europäische Union, Europäische Gemeinschaft

Zum Teil von der Öffentlichkeit unbemerkt wurden in den letzten Jahrzehnten eine Reihe von Gesetzgebungskompetenzen auf die Europäische Gemeinschaft verla-gert. Solche Rechtsakte der Europäischen Gemeinschaft beeinflussen – zum Teil für die Beteiligten überraschend – das Handeln deutscher Behörden und die Recht-sprechung deutscher Gerichte.

Beispiel. Bei der Autobahn A 20 hatte das Bundesverwaltungsgericht Anfang 1998 im Eilverfah-ren festgestellt, daß die Planfeststellungsbehörde möglicherweise europäisches Umweltrecht (Flora-Fauna-Habitat-Richtlinie der EG von 1992) nicht beachtet habe. Nach einer Klage eines Naturschutzverbandes wurde der Sofortvollzug des Planfeststellungsbeschlußes für ein Teilstück der Autobahn ausgesetzt. Die Richtlinie war damals noch nicht in deutsches Recht umgesetzt.

2.5.1
Grundlagen: Die Verträge zur Europäischen Gemeinschaft und Europäischen Union

Seitdem der „Vertrag über die Europäische Union" (sog. Maastrichter Vertrag) am 1. November 1993 in Kraft trat, gibt es die Europäische Union.

Europäische Union ist nicht etwa eine neue Bezeichnung für die Europäische Gemeinschaft, wie der inzwischen allgemeine Sprachgebrauch vermuten läßt und wie es auch die Formulierungen des Grundgesetzes (vgl. Art. 23, 45, 52 Abs. 3a, 88 GG) nahelegen. Die Europäische Union ist im jetzigen Stadium ein Verbund von fünfzehn selbständigen Staaten, die vereinbart haben, in bestimmten Politikbereichen gemeinschaftlich zu handeln, in bestimmten anderen zusammenzuarbeiten und in den übrigen weiterhin selbständig und allein zu entscheiden. Die EU hat keine eigene Rechtspersönlichkeit. Zugleich sind die Vertragsstaaten der Europäischen Union Mitgliedstaaten der Europäischen Gemeinschaft, die als supranationale Organisation über eine eigene Rechtspersönlichkeit verfügt.

Strukturell stellt der EU-Vertrag (sog. Maastricht-Vertrag) die frühere Gemeinschaft auf drei Säulen:

- die wichtigste Säule der EU sind die fusionierten Europäischen Gemeinschaften (EWG, EURATOM und EGKS), die durch den Maastrichter Vertrag in „Europäische Gemeinschaft" (EG) umbenannt worden sind,
- die Gemeinsame Außen- und Sicherheitspolitik (GASP),
- die Zusammenarbeit in der Innen- und Justizpolitik (ZJIP).

Die Rechtsverhältnisse der Europäischen Gemeinschaft umfaßten im wesentlichen die Bereiche Zollunion, Binnenmarkt, gemeinsame Agrarpolitik, Strukturpolitik, Wirtschafts- und Währungsunion.

Mit dem Amsterdamer Vertrag, der seit 1. Mai 1999 in Kraft ist, wurden die beiden europäischen Hauptverträge, der EU-Vertrag (sog. Maastricht-Vertrag) und der EG-Vertrag[2], auf denen heute die Gemeinschaftskonstruktion ruht, ergänzt und geändert. Eine Reihe von Gegenständen aus dem justizpolitischen und dem innenpolitischen Bereich sowie aus der Sozial- und Beschäftigungspolitik wurde in den EG-Vertrag übernommen, außerdem wurde die Rechtssetzung in der Gemeinschaft geändert und dem Europäischen Parlament mehr Rechte eingeräumt. Redaktionell bedeutsam ist die Neunumerierung des EG- und des EU-Vertrages.

Die zentrale Rechtsquelle des Gemeinschaftsrechts stellen die verschiedenen zwischen den Mitgliedstaaten abgeschlossenen Verträge dar, insbesondere die Gründungsverträge für die drei Gemeinschaften (EWG, EGKS, EURATOM), auch *„Primärrecht"* genannt; sie bilden gewissermaßen die „Verfassung" der Gemeinschaft und werden von den Mitgliedstaaten beschlossen bzw. geändert.

Zur Rechtsnatur der Europäischen Gemeinschaft hat das Bundesverfassungsgericht festgestellt (Beschluß vom 18.10.1967, NJW 1968, 348f), daß die Europäische Gemeinschaft kein Staat, auch kein Bundesstaat, sei, sondern „eine im Prozeß fortschreitender Integration stehende Gemeinschaft eigener Art", eine zwischenstaatliche Einrichtung, auf welche die Mitgliedstaaten bestimmte Hoheitsrechte übertragen haben, so daß eine neue gegenüber der Staatsgewalt der Mitgliedstaaten selbständige und unabhängige öffentliche Gewalt entstanden ist. Der seit 25. Dezember 1992 geltende Art. 23 GG enthält nunmehr den Auftrag, an der europäischen Integration mitzuwirken. Zur Europäischen Union hat das Bundesverfassungsgericht festgestellt (Entscheidung vom 12.10.1993), daß der Ver-

---

[2] Zitiert werden der EGV und der EUV in der Version und Numerierung des Amsterdamer Vertrages, der am 1. Mai 1999 in Kraft trat.

trag über die Europäische Union einen Staatenverband begründe, in dem die Gemeinschaftsgewalt von Mitgliedstaaten ausgeht und keinen sich auf ein europäisches Staatsvolk stützenden Staat.

2.5.2
Kompetenzen der EG

Die Europäische Gemeinschaft verfügt, im Gegensatz zu einem Staat, der umfassende Hoheitsrechte besitzt, nur über die Kompetenzen, die ihr im Vertrag übertragen wurden (*Prinzip der „begrenzten Einzelermächtigung"*). Zudem gilt das sog. *Subsidiaritätsprinzip*, das verlangt, daß die Europäische Gemeinschaft nur dann tätig wird, wenn ein Ziel besser auf Gemeinschaftsebene erreicht werden kann als auf der Ebene der einzelnen Mitgliedstaaten.

> Artikel 5 EGV lautet: „Die Gemeinschaft wird innerhalb der Grenzen der in diesem Vertrag zugewiesenen Befugnisse und gesetzten Ziele tätig. In den Bereichen, die nicht in ihre ausschließliche Zuständigkeit fallen, wird die Gemeinschaft nach dem Subsidiaritätsprinzip nur tätig, sofern und soweit die Ziele der in Betracht gezogenen Maßnahmen auf Ebene der Mitgliedstaaten nicht ausreichend erreicht werden können und daher wegen ihres Umfangs oder ihrer Wirkungen besser auf Gemeinschaftsebene erreicht werden können. Die Maßnahmen der Gemeinschaft gehen nicht über das für die Erreichung der Ziele dieses Vertrages erforderliche Maß hinaus."

Diese Kompetenzen stehen regelmäßig in unmittelbarem Zusammenhang mit konkreten Bestimmungen über einzelne Materien. Nur im Bereich dieser Kompetenzen ist die Europäische Gemeinschaft berechtigt, eigene Rechtsakte (das sogenannte *„Sekundärrecht"*) zu setzen.

2.5.3
EG-Rechtsakte

Die Europäische Union hat eine eigene, in ihrer Geltung von nationalem Recht unabhängige Rechtsordnung. Dieses *Gemeinschaftsrecht* entfaltet, anders als Völkerrecht, im innerstaatlichen Bereich unmittelbare Wirkung. Es hat Vorrang vor jedem nationalen Recht der Gemeinschaftsmitglieder. Für die Setzung von sekundärem Gemeinschaftsrecht bedarf es immer einer ausdrücklichen Rechtsgrundlage innerhalb der Verträge.

Die *Richtlinie* ist eine spezielle Form des Gemeinschaftsrechts, die es in dieser Form in den nationalen Rechten nicht gibt. Sie richtet sich an die Mitgliedstaaten, nicht aber an den einzelnen Bürger. Richtlinien sind für die Gliedstaaten hinsichtlich des Zieles verbindliche Rechtsakte. Sie wirken ähnlich wie Rahmengesetze, überlassen den innerstaatlichen Stellen die Wahl der Form und der Mittel (Art. 249 Abs. 3 EGV). Für durch Richtlinien geregelte Regelungskomplexe gilt grundsätzlich ein zweistufiges Verfahren. Auf der ersten Stufe erlassen die für die Rechtsetzung zuständigen Organe der EU die Richtlinie. Auf der zweiten Stufe bedarf es der Umsetzung der Richtlinie durch nationale Rechtsnormen innerhalb einer in der Richtlinie festgelegten Frist. Die von den einzelnen Mitgliedstaaten vorgenommenen Umsetzungsmaßnahmen sind der Kommission mitzuteilen. Die Nichteinhaltung der in den Richtlinien enthaltenen Umsetzungsfristen, die unzureichende Umsetzung oder die Nichtmitteilung der Umsetzung stellen Vertragsverletzungen dar. Außerdem kann sich ein Mitgliedstaat schadensersatzpflichtig machen, wenn einem Bürger aus der unterlassenen Ausführung von Richtlinien eine Schaden entsteht (EuGH vom 8.10.1996, DVBl. 1997, 111).

Verordnungen haben Gesetzescharakter und gehen nationalem Recht vor, sie begründen unmittelbar Rechte und Pflichten der einzelnen Bürger im innerstaatlichen Bereich (Art. 249 Abs. 2 EGV). Eine Umsetzung in nationales Recht ist somit nicht erforderlich.

Entscheidungen richten sich an bestimmte Adressaten (Mitgliedstaaten, Unternehmen, Einzelpersonen), sind in allen Teilen verbindlich und unmittelbar anwendbar (Art. 249 Abs. 4 EGV). Sie entsprechen weitgehend den Verwaltungsakten im deutschen Recht, sind im Gegensatz zu einer Verordnung ein individueller Akt.

Schließlich gibt es noch *Empfehlungen* und *Stellungnahmen*, die nicht binden (Art. 249 Abs. 5 EGV). Sie können sich an Mitgliedstaaten, andere EG-Organe, aber auch Unternehmen und Einzelpersonen richten. Die Empfehlungen legen ein bestimmtes Verhalten nahe. Die Stellungnahmen beinhalten eine allgemeine Beurteilung und dienen der Vorbereitung späterer Prozeßhandlungen.

2.5.3.1
Exkurs: Kompetenzen der Europäischen Gemeinschaft hinsichtlich Umweltrecht

Die gemeinschaftliche Umweltpolitik, die anfangs helfen sollte, grenzüberschreitende Verschmutzungen zu bekämpfen und vergleichbare Wettbewerbsbedingungen zu schaffen, hat im Laufe der letzten Jahrzehnte einen erheblichen Eigenwert erlangt. Eine Generalzuständigkeit der EG gibt es nicht, die Kompetenzen der EG hinsichtlich der Umweltpolitik sind in Art. 174 bis 176 EGV zu finden:

Art. 174 EGV (Umweltpolitik der Gemeinschaft)
(1) Die Umweltpolitik der Gemeinschaft trägt zur Verfolgung der nachstehenden Ziele bei:
– Erhaltung und Schutz der Umwelt sowie Verbesserung ihrer Qualität;
– Schutz der menschlichen Gesundheit;
– umsichtige und rationelle Verwendung der natürlichen Ressourcen;
– Förderung von Maßnahmen auf internationaler Ebene zur Bewältigung regionaler oder globaler Umweltprobleme.
(2) Die Umweltpolitik der Gemeinschaft zielt unter Berücksichtigung der unterschiedlichen Gegebenheiten in den einzelnen Regionen der Gemeinschaft auf ein hohes Schutzniveau ab. Sie beruht auf den Grundsätzen der Vorsorge und Vorbeugung, auf dem Grundsatz, Umweltbeeinträchtigungen mit Vorrang an ihrem Ursprung zu bekämpfen, sowie auf dem Verursacherprinzip. Im Hinblick hierauf umfassen die den Erfordernissen des Umweltschutzes entsprechenden Harmonisierungsmaßnahmen gegebenenfalls eine Schutzklausel, mit der die Mitgliedstaaten ermächtigt werden, aus nicht wirtschaftlich bedingten umweltpolitischen Gründen vorläufige Maßnahmen zu treffen, die einem gemeinschaftlichen Kontrollverfahren unterliegen.
(3) Bei der Erarbeitung ihrer Umweltpolitik berücksichtigt die Gemeinschaft
– die verfügbaren wissenschaftlichen und technischen Daten;

- die Umweltbedingungen in den einzelnen Regionen der Gemeinschaft;
- die Vorteile und die Belastung aufgrund des Tätigwerdens bzw. eines Nichttätigwerdens;
- die wirtschaftliche und soziale Entwicklung der Gemeinschaft insgesamt sowie die ausgewogene Entwicklung ihrer Regionen.

(4) Die Gemeinschaft und die Mitgliedstaaten arbeiten im Rahmen ihrer jeweiligen Befugnisse mit dritten Ländern und den zuständigen internationalen Organisationen zusammen. Die Einzelheiten der Zusammenarbeit der Gemeinschaft können Gegenstand von Abkommen zwischen dieser und den betreffenden dritten Parteien sein, die nach Artikel 300 ausgehandelt und geschlossen werden. Unterabsatz 1 berührt nicht die Zuständigkeit der Mitgliedstaaten, in internationalen Gremien zu verhandeln und internationale Abkommen zu schließen.

Art. 176 EGV stellt ausdrücklich klar:

„Die Schutzmaßnahmen ... hindern die einzelnen Mitgliedstaaten nicht daran, verstärkte Schutzmaßnahmen beizubehalten oder zu ergreifen. Die betreffenden Maßnahmen müssen mit diesem Vertrag vereinbar sein. Sie werden der Kommission notifiziert."

Ein Mitgliedstaat kann demnach über die gemeinsam beschlossene EG-Regelung hinausgehen und schärfere Vorschriften oder Grenzwerte vorschreiben und anwenden, sofern dies durch wichtige Erfordernisse des Umwelt- und Gesundheitsschutzes gerechtfertigt ist.

Auf dieser Grundlage (damals noch Art. 100a EGV) hat beispielsweise die Europäische Kommission der Bundesrepublik Deutschland die Ausnahmegenehmigung für ein fast völliges Verbot von PCP erteilt, nachdem der Ministerrat im März 1991 gegen die Stimmen Deutschlands, Dänemarks, Luxemburgs und der Niederlande eine Richtlinie über eine eingeschränkte Erlaubnis von PCP verabschiedet hatte. Deutschland, das die als krebserregend eingestufte Chemikalie bereits verboten hatte, beantragte daraufhin eine Ausnahme nach dem damaligen Art. 100a Abs. 4 EGV. Gegen diese Entscheidung der Kommission klagte Frankreich erfolgreich vor dem EuGH. Dieser hob die Ausnahmegenehmigung auf, weil die Kommission eine wesentliche Formvorschrift verletzt hatte. Sie hatte nämlich entgegen dem Gebot des damaligen Art. 100a EGV ihre Entscheidung nicht ausreichend begründet. Später hat die Kommission jedoch das bundesdeutsche Verbot endgültig bestätigt. Dies war das erste Mal in der Geschichte der Gemeinschaft, daß ein Mitgliedstaat – unter Berufung auf den damaligen Art. 100a EGV – ein innerstaatliches Verbot unter Hinweis auf den Umweltschutz beibehalten konnte und somit der Umweltschutz den Interessen des freien Warenverkehrs nicht zum Opfer fiel.

Regelungen der EG gibt es inzwischen sowohl in den klassischen Umweltschutzbereichen Gewässerschutz, Luftreinhaltung, Lärmschutz, Abfallwirtschaft, Gefahrstoffrecht und industrielle Risiken als auch im klassischen Naturschutz.

Als Beispiel mögen die Richtlinie zum Vogelschutz (79/409/EWG vom 2.4.1979) und eine Richtlinie betreffend die Einfuhr von Fellen bestimmter Jungrobben und Waren daraus (83/129/EWG vom 28.3.1983) dienen.

Neben Regelungen, die bestimmte Bereiche erfassen, gibt es auch noch allgemeine bereichsübergreifende.

Zum Beispiel die Richtlinie über die Umweltverträglichkeitsprüfung (RL 85/337/EWG, ABl. 1985, L 179, 40), die Umweltinformationsrichtlinie (RL 90/313/EWG, ABl. 1990, L 158, 56) und die Verordnung über das Umweltzeichen (VO 92/880/EWG, ABl. 1992, L 99,1).

2.5.3.2
Zustandekommen von EG-Rechtsakten

Für die Rechtsmaterie Umwelt legt Art. 175 EGV fest, daß „Vorschriften überwiegend steuerlicher Art, Maßnahmen im Bereich der Raumordnung, der Bodennutzung, mit Ausnahme der Abfallbewirtschaftung und allgemeiner Maßnahmen, sowie der Bewirtschaftung der Wasserressourcen, Maßnahmen, welche die Wahl eines Mitgliedstaates zwischen verschiedenen Energien und die allgemeine Struktur seiner Energieversorgung erheblich berühren" vom Rat auf Vorschlag der Kommission, nach Anhörung des Europäischen Parlaments, des Wirtschafts- und Sozialausschusses sowie des Ausschusses der Regionen nur einstimmig erlassen werden können.

Im übrigen Bereich der Materie Umwelt werden die Rechtsakte, nach Anhörung des Wirtschafts- und Sozialausschusses sowie des Ausschusses der Regionen, nach dem Verfahren des Art. 251 EGV (Mitentscheidungsverfahren) erlassen.

Art. 251 EGV: (1)...
(2) Die Kommission unterbreitet dem Europäischen Parlament und dem Rat einen Vorschlag. Nach Stellungnahme des Europäischen Parlaments verfährt der Rat mit qualifizierter Mehrheit wie folgt:
– Billigt er alle in der Stellungnahme des Europäischen Parlaments enthaltenen Abänderungen, so kann er den vorgeschlagenen Rechtsakt in der abgeänderten Fassung erlassen;
– schlägt das Europäische Parlament keine Abänderungen vor, so kann er den vorgeschlagenen Rechtsakt erlassen;
– andernfalls legt er einen gemeinsamen Standpunkt fest und übermittelt ihn dem Europäischen Parlament. Der Rat unterrichtet das Europäische Parlament in allen Einzelheiten über die Gründe, aus denen er seinen gemeinsamen Standpunkt festgelegt hat. Die Kommission unterrichtet das Europäische Parlament in allen Einzelheiten über ihren Standpunkt.
Hat das Europäische Parlament binnen drei Monaten nach der Übermittlung
a) den gemeinsamen Standpunkt gebilligt oder keinen Beschluß gefaßt, so gilt der betreffende Rechtsakt als entsprechend diesem gemeinsamen Standpunkt erlassen;
b) den gemeinsamen Standpunkt mit der absoluten Mehrheit seiner Mitglieder abgelehnt, so gilt der vorgeschlagene Rechtsakt als nicht erlassen;
c) mit der absoluten Mehrheit seiner Mitglieder Abänderungen an dem gemeinsamen Standpunkt vorgeschlagen, so wird die abgeänderte Fassung dem Rat und der Kommission zugeleitet; die Kommission gibt eine Stellungnahme zu diesen Abänderungen ab.
(3) Billigt der Rat mit qualifizierter Mehrheit binnen drei Monaten nach Eingang der Abänderungen des Europäischen Parlaments alle diese Abänderungen, so gilt der betreffende Rechtsakt als in der so abgeänderten Fassung des gemeinsamen Standpunkts erlassen; über Abänderungen, zu denen die Kommission eine ablehnende Stellungnahme abgegeben hat, beschließt der Rat jedoch einstimmig. Billigt der Rat nicht alle Abänderungen, so beruft der Präsident des Rates im Einvernehmen mit dem Präsidenten des Europäischen Parlaments binnen sechs Wochen den Vermittlungsauschuß ein.

Die folgenden Absätze regeln das Verfahren im Vermittlungsausschuß. Im Vermittlungsverfahren kann sich nunmehr das Europäische Parlament durchsetzen.

2.5.3.3
Umsetzen der EG-Richtlinien im Mitgliedstaat Deutschland

Die Mitgliedstaaten müssen die *Richtlinien der EG* in nationale Rechtsnormen umsetzen. Es ist nach den nationalen Verfassungsnormen zu entscheiden, ob der Gesetzgeber oder die Exekutive zuständig ist und ob ein Gesetz oder eine Verordnung ergehen muß. Ob eine Verwaltungsvorschrift zur Umsetzung ausreicht, ist strittig, die regelmäßige Verwaltungspraxis reicht jedenfalls nicht. Der EuGH (EuGH vom 25.5.1982, Kommission/Niederlande, 96/81, Slg. 1982, 1791; EuGH vom 1.3.1983, Kommission/Italien, 300/81, Slg. 1983, 449) hat festgestellt, es stehe zwar jedem Mitgliedstaat frei, die Kompetenzen innerstaatlich so zu verteilen, wie er es für zweckmäßig halte. Eine Richtlinie könne deshalb auch von regionalen und örtlichen Behörden umgesetzt werden. Dies entbinde den Mitgliedstaat jedoch nicht von der Verpflichtung, die Richtlinienbestimmungen in verbindliches innerstaatliches Recht umzusetzen. In Deutschland ist insbesondere die innerstaatliche Kompetenzenverteilung zwischen Bund und Ländern zu beachten. Zahlreiche Richtlinien sind durch Landesrecht umzusetzen.

2.5.4
Anwendung und Rechtsschutz im Gemeinschaftsrecht

Das Gemeinschaftsrecht wird im Regelfall von den nationalen Verwaltungen und Gerichten angewendet und ausgeführt. Nur in Ausnahmefällen sind hierfür die Organe der Gemeinschaft selbst zuständig. Bei der praktischen Rechtsanwendung stellt sich daher häufig die Frage nach dem Verhältnis der Gemeinschaftsrecht zu nationalem Recht. Zur Auslegung und Anwendung des Gemeinschaftsrechts im Rahmen streitiger Entscheidungen sind vorwiegend die nationalen Gerichte berufen. Grundsätzlich gilt: nationale Hoheitsakte können nur von nationalen Gerichten, europäische Hoheitsakte nur von Europäischen Gerichten aufgehoben werden.

2.5.4.1
Zuständigkeit des Europäischen Gerichtshofes

Die Zuständigkeit des EuGH bezieht sich nur auf den Bereich der Europäischen Gemeinschaft. Die gemeinsame Außen- und Sicherheitspolitik und die Justiz- und Innenpolitik sind von der Rechtssprechung des EuGH ausgenommen, soweit sie nicht Eingang in den EG-Vertrag gefunden haben. Die dem EuGH kraft Vertrag zugewiesenen, punktuellen Rechtsprechungskompetenzen sind ausschließliche Zuständigkeiten, d.h. in diesen Fällen sind die innerstaatlichen Gerichte von jeder Rechtsprechungstätigkeit, insbesondere von der Gültigkeitskontrolle europäischen Rechts, ausgeschlossen. Die Zuständigkeiten des EuGH entsprechen denjenigen eines bundesstaatlichen Verfassungs- und Verwaltungsgerichtes.

Der EuGH ist nicht nur zuständig für Streitigkeiten zwischen einzelnen Organen der EU, sondern auch für Normenkontrollen, Streitsachen, die sich aus öffentlich-rechtlichen Verträgen mit der EG ergeben, für Anfechtungsklagen der von „Verwaltungsakten" unmittelbar betroffenen Bürger gegen Akte der EG und für Schadensersatzklagen.

Das heißt, ein Privater oder ein Unternehmen kann beim EuGH auf Schadensersatz klagen, wenn ihm durch einen Rechtsakt der EG ein Schaden entstanden ist. Weiterhin können Privatpersonen und juristische Personen gegen Entscheidungen (i.S.v. Art. 249 EGV) vorgehen. Entscheidungen liegen vor, wenn der von ihr betroffenen Personenkreis von Anfang an bestimmt ist (dies kann auch bei einer Verordnung oder bei Teilen einer Verordnung der Fall sein; EuGH 1985, 849ff - RS 264/82 „Antidumpingzoll"). Ein der Verfassungsbeschwerde vergleichbares Rechtsmittel zum EuGH gegen nationale Akte oder EU-Akte gibt es allerdings nicht.

2.5.4.2
Gericht 1. Instanz der EG

Das Gericht 1. Instanz der Europäischen Gemeinschaften ist zuständig für Anfechtungs- und Untätigkeitsklagen Privater in Wettbewerbssachen und damit zusammenhängenden Schadensersatzklagen (Art. 235 EGV) und Streitsachen zwischen EG und ihren Bediensteten (Art. 236 EGV).

2.5.4.3
Nationale Gerichte und Vorabentscheidungsverfahren

Soweit jedoch keine ausdrückliche vertragliche Zuständigkeit des EuGH begründet ist, sind die einzelstaatlichen Gerichte zur Streitentscheidung berufen. Dies ist vor allem für gerichtliche Entscheidungen bei Widersprüchen zwischen nationalem und Gemeinschaftsrecht relevant. Grundsätzlich kann jedes nationale Gericht die Unvereinbarkeit oder Rechtswidrigkeit eines nationalen Rechtsaktes wegen Verstoßes gegen unmittelbar geltendes EG-Recht feststellen (BVerfGE 31, 145ff). Besondere Bedeutung kommt dabei dem in Art. 234 EGV verankerten Vorabentscheidungsverfahren zu. Es ermöglicht den nationalen Gerichten einen Dialog mit dem EuGH in jedem Einzelfall und soll damit zur einheitlichen Anwendung des Gemeinschaftsrechts in den nationalen Rechtsprechungen beitragen.

Auch die nationalen Durchführungsmaßnahmen unterliegen in vollem Umfang der Prüfungs- und Verwerfungskompetenz der nationalen Gerichte. Nicht möglich ist jedoch die Überprüfung der Vereinbarkeit der gemeinschaftlichen Rechtsgrundlage mit nationalen Verfassungsbestimmungen, insbesondere mit nationalen Grundrechten, denn dies wäre eine Mißachtung des Vorrangs des Europäischen Gemeinschaftsrechts und damit eine Verletzung des EGV. Eine Verfassungsbeschwerde gegen einen Rechtsakt der Europäischen Gemeinschaft ist nicht möglich (BVerfGE 22, 293f).

2.6
Literatur zu Kapitel 2

Das aktuelle Umweltrecht kann unter der Internet-Adresse (derzeit noch kostenlos) abgerufen werden: http://www.umweltschutzrecht.de

Gemeinschaftsrecht wird amtlich publiziert im Amtsblatt (ABl.) der EG Teil L (= Rechtsvorschriften), zitiert nach dem Jahrgang, Teil, Nummer des Jahrgangs, Seite der Nummer. Europäische Rechtsakte können bezogen werden über

- Verlag Bundesanzeiger, Amsterdamer Str. 192, 50735 Köln oder
- im Internet auf dem Europa-Server in der Datenbank CELEX.

2.7
Abkürzungsverzeichnis

BGBl.   Bundesgesetzblatt
VA   Verwaltungsakt
EG   Europäische Gemeinschaft
EU   Europäische Union
EuGH   Europäischer Gerichtshof
        (Gerichtshof der Europäischen Gemeinschaft)
EGV   Vertrag zur Gründung der Europäischen Gemeinschaft in der Fassung vom 1. Januar 1995 (der EG-Vertrag baut auf dem EWG-Vertrag vom 25.2.1957 auf und enthält alle Änderungen bis einschließlich „Maastrichter Vertrag" vom 7.2.1992 und dem „Amsterdamer Vertrag" vom 2. Oktober 1997; in Kraft getreten am 1.Mai 1999)
EUV   Vertrag über die Europäische Union vom 7. Februar 1992 in der Fassung vom 2. Oktober 1997 (enthält alle Änderungen des „Amsterdamer Vertrag" vom 2. Oktober 1997; in Kraft getreten am 1.Mai 1999)
VwGO   Verwaltungsgerichtsordnung
VwVfG   Verwaltungsverfahrensgesetz

3 Strukturen und Strategien des Umweltrechts

3.1
Umweltpolitik

Der Begriff „Umweltschutz" war in der deutschen Sprache zunächst nicht gebräuchlich und wurde um 1969 von der damaligen Bundesregierung geprägt, die damit das amerikanische „environmental protection" in die deutsche Sprache übersetzte. Teilbereiche des staatlich veranlaßten Umweltschutzes (=Umweltpolitik[3]) hatten zu jenem Zeitpunkt schon Tradition: So gingen z.B. das Recht der Luftreinhaltung und des Naturschutzes auf das vorige Jahrhundert zurück. Neu an dem Begriff „Umweltschutz" war damals der übergreifende Ansatz.

Der Begriff „Umweltrecht" wurde – wahrscheinlich in Anlehnung an das amerikanische „environmental law" – im Umweltprogramm der Bundesregierung vom 29. September 1971 aufgeführt, das von den Zielen Umweltsicherung, Umweltschutz und Umweltschadensbeseitigung ausging [Bun71].

3.1.1
Historisches/Entwicklung der Umweltpolitik

Schon in der Antike finden sich Berichte über Umweltbeeinträchtigungen. Der römische Philosoph Plinius der Ältere notierte im Jahre 61 nach Christus: „Sobald ich die schwere Luft von Rom verlassen hatte und den Gestank der qualmenden Kamine, die bei Betrieb alle möglichen Dämpfe und Ruß ausstießen, verspürte ich einen Wandel meines Befindens". Kloepfer weist auf den Versuch hin, in römischen Verordnungen und lokalen Bauordnungen darauf hinzuwirken, emittierende Anlagen außerhalb des Stadtgebietes anzusiedeln [Klo98].

In Deutschland wurden Luftverunreinigungen seit dem Mittelalter durch den Beginn des Bergbaus und des Hüttenwesens und durch die Nutzung von Steinkohle ein Problem, das öffentliche Reaktionen nach sich zog. Die sächsische Stadt Zwickau verbot 1348 ihren Schmieden die Verwendung von Steinkohle innerhalb der Stadt. In den böhmischen Joachimsthaler Hütten wurden bereits Mitte des 16. Jahrhunderts zur Verminderung der Belästigungen durch Rauchgase Rauch- und Flugstaubkammern eingebaut. Der Bau solcher Rauchfänge wurde in Sachsen wenig später den Konzessionären der Erzverarbeitung vom sächsischen Kurfürsten auferlegt. D.h.: Voraussetzung für den Erhalt einer Konzession für die Erzverar-

---

[3] Umweltpolitik kann eine umweltpolitische Zielsetzung oder die administrative Umsetzung umweltpolitischer Ziele bedeuten.

beitung war es, eine für die damalige Zeit fortschrittliche Technik der Rauchgasreinigung einzubauen!

Seit 1810 gab es in Frankreich und seit 1845 in Deutschland Gesetze, die die Errichtung und den Betrieb an bestimmte Genehmigungserfordernisse knüpfen. Zum Erhalt der Genehmigung waren bestimmte technische Mindestvoraussetzungen einzuhalten. Dieses Grundprinzip der genehmigungsbedürftigen Anlagen besteht bis heute fort. Die Vorschriften stellten eine Reaktion des Staates auf die seit Beginn der Industrialisierung in Europa immer weiter fortschreitenden Umweltverschmutzungen durch Gewerbebetriebe dar.

In den 50er Jahren dieses Jahrhunderts setzte ein weltweiter Industrialisierungsschub ein, der die Lage der Umwelt in den Zentren der Schwerindustrie nochmals verschlechterte. Insbesondere durch die klassischen Luftschadstoffe Schwefeldioxid, Schwebstaub und Kohlenmonoxid bildete sich bei austauscharmen Wetterlagen in den Industriezentren immer wieder der sog. London-Smog, der zu akuten Atemwegserkrankungen und gehäuften Todesfällen führt (so z.B. 1952 in London 4000 Tote binnen einer Woche). Diese Ereignisse führten dazu, daß die Umweltgesetzgebung (hier die Gesetzgebung der Luftreinhaltung) in allen westlichen Industriestaaten bis zum heutigen Tage ständig verschärft wurde.

Derzeit verlagert sich der Schwerpunkt der deutschen Umweltpolitik hin zu globalen Zielen wie dem Klima- und Ressourcenschutz und zu einem dauerhaften Erhalt der Schutzgüter über das Maß der Bekämpfung akuter Umweltprobleme hinaus. Parallel dazu wird in Deutschland eine Debatte geführt, ob man den Umweltschutz effizienter als bisher gestalten kann, um die vorhandenen Mittel möglichst gut zu nutzen und die Unternehmen, die im internationalen Wettbewerb stehen, nicht unnötig zu belasten. Diese Debatte betrifft hauptsächlich das immer detaillierter werdende Gesetzeswerk, das den Unternehmen und Umweltbehörden ein gehöriges Maß Bürokratie auferlegt, wodurch zusätzliche Kosten entstehen. Zugleich wird eine Diskussion um die Vor- und Nachteile von Steuern auf Umweltverbräuche (sog. Ökosteuern) geführt.

Die Koalitionsvereinbarung zwischen SPD und Bündnis 90/Die Grünen vom 20.10.1998 enthält Aussagen zur beabsichtigten Umweltpolitik in der derzeitigen Legislaturperiode. Kernaussage ist eine Steuerreform, die eine zusätzliche, direkte Besteuerung verschiedener Energieträger vorsieht. Die zusätzlichen Einnahmen sollen genutzt werden, um den Bundeszuschuß zur Sozialversicherung zu erhöhen und damit zum Teil die Unternehmen zu entlasten. Für den Umweltschutz werden z.B. folgende Ziele formuliert:

- Zusammenführung der Einzelgesetze des Umweltschutzes zu einem Umweltgesetzbuch;
- Verbandsklagerecht der Umweltverbände. Bisher haben nur die nach § 29 Bundesnaturschutzgesetz anerkannten Verbände in einer Reihe von Bundesländern das Recht, in Verwaltungsverfahren Klage zu erheben, soweit sich diese auf nicht genügende Berücksichtigung naturschutzrechtlicher Belange bezieht (Berlin, Brandenburg, Bremen, Hamburg, Hessen, Saarland, Sachsen, Sachsen-Anhalt, Schleswig-Holstein und Thüringen, geregelt jeweils im Naturschutzgesetz des Landes);

– Ausbau des Instrumentes der Selbstverpflichtung gegenüber dem Ordnungs-
recht, wobei die Zielerreichung geprüft und mit Sanktionen belegbar sein soll;
– Erweiterung der Umwelthaftung;
– Schaffen eines Biotopverbundsystems, das 10% der Fläche der Bundesrepublik
Deutschland umfaßt;
– Aufnahme eines Konzeptes zur Entsiegelung und Renaturierung von Flächen in
das Bundes-Bodenschutzgesetz, dort auch Schwerpunktbildung zugunsten der
Vorsorge im Bodenschutz;
– Kennzeichnungspflicht für gentechnisch erzeugte Produkte;
– Öffnung der Anforderungen an die Endbehandlung von Siedlungsabfall zugun-
sten der mechanisch-biologischen Behandlung.

Zur Übersicht über den Stand des Wissens über den deutschen und den globalen Umweltstatus
steht eine umfangreiche Literatur zur Verfügung, zu nennen sind z.B. [Bai95, Dat97, Lor73,
Sac94, Sim98].

3.1.2
Staatsziel Umweltschutz

Der EG-Vertrag formuliert seit 1986 als Ziel der Umweltpolitik der Europäischen
Gemeinschaft, die Umwelt zu erhalten, zu schützen und ihre Qualität zu verbessern, zum Schutze der menschlichen Gesundheit beizutragen und eine umsichtige
und rationelle Verwendung der natürlichen Ressourcen zu gewährleisten. Zum EG-
Vertrag s. Kapitel 2.

Mit der Verfassungsreform 1994 wurde in das Grundgesetz ein Artikel zum
Thema Umwelt eingefügt. Art. 20a GG lautet:

> „Der Staat schützt auch in Verantwortung für die künftigen Generationen die natürlichen
> Lebensgrundlagen im Rahmen der verfassungsmäßigen Ordnung durch die Gesetzge-
> bung und nach Maßgabe von Gesetz und Recht durch die vollziehenden Gewalt und die
> Rechtsprechung."

Als Staatsziel verpflichtet Art. 20a GG den Gesetzgeber grundsätzlich zum Erlaß
von Normierungen, die insgesamt eine aktive und sachgerechte Umweltschutzpo-
litik sicherstellen. Direkt lassen sich daraus keine bestimmten Maßnahmen ableiten.

3.1.3
Kosten-Nutzen-Aspekte

Die volkswirtschaftliche Gesamtrechnung bewertet mit dem Bruttosozialprodukt
eines Staates, das allgemein als Gradmesser für die Prosperität angesehen wird,
den in Geldeinheiten ausgedrückten Wert aller Güter und Dienstleistungen, die in
einer Volkswirtschaft während einer Periode (meist bezogen auf ein Jahr) konsu-
miert, investiert und exportiert werden und die einen Marktpreis besitzen, vermindert um die Importe. Damit gehen alle Reparaturkosten, also z.B. die Kosten des
Gesundheitswesens oder Kosten für die Beseitigung von Umweltschäden, positiv
in die Gesamtrechnung ein und spiegeln ein Maß der Prosperität vor, das bei genauer Betrachtung nicht vorhanden ist. Vergleicht man die volkswirtschaftliche

Gesamtrechnung mit der Gewinn- und Verlustrechnung eines Unternehmens, dann wird der Unterschied sofort klar, weil bei der Gewinn- und Verlustrechnung des Unternehmens ein Saldo aus Ertrag und Aufwand gebildet wird. Inzwischen gibt es Versuche, die die Berechnung eines „Ökosozialproduktes" ermöglichen sollen. Bisher sind aber nur Ansätze erkennbar, weil grundsätzliche Bewertungsfragen, welche Kosten als volkswirtschaftlicher Aufwand und welche als Ertrag zu zählen sind (Beispiel: Bau eines Krankenhauses ist einerseits Aufwand für die Gesundung der Bevölkerung, andererseits Lebensqualität) und außerdem Probleme der Datenerhebung bestehen.

Aufgrund dieser Faktoren müssen also alle Angaben über die Kosten des Umweltschutzes und der Umweltverschmutzung, also des „Nicht-Umweltschutzes", mit einer gewissen Vorsicht betrachtet werden. Wicke errechnet zwischen 1984 und 1992 einen Rückgang der Umweltschäden in den alten Bundesländern von 5,8% des Bruttosozialprodukts auf 4,9% [Wic89, S. 112 ff.]. Dem stehen für 1989 Aufwendungen für den Umweltschutz in Höhe von 1,6% des Bruttosozialproduktes gegenüber [Jes95, S. 149], was im internationalen Vergleich sogar viel ist, aber nicht so viel, daß daraus ernste Gefahren für die Unternehmen erwachsen. Jain nennt in einer neueren Veröffentlichung Kosten von 2,1% des Bruttosozialprodukts für Umweltschutzmaßnahmen einschließlich notwendiger Investitionen, die für das Jahr 2000 für die Vereinigten Staaten erwartet werden [Jain98].

Ob und wann sich Umweltschutzausgaben volkswirtschaftlich „lohnen", ist in Deutschland zum Gegenstand der Debatte um die Wettbewerbsfähigkeit der deutschen Wirtschaft geworden. Zum Teil wird vertreten, daß inzwischen genug getan wird und die Unternehmen eine „Verschnaufpause" einlegen müßten, um den Anschluß mit Ländern zu halten, in denen niedrigere umweltpolitische Vorgaben bestehen. Das Rheinisch-Westfälische Institut für Wirtschaftsforschung in Essen und das Deutsche Institut für Wirtschaftsforschung in Berlin halten diese Befürchtungen jedoch für übertrieben. In einer Studie „Umweltschutz und Industriestandort" kommen sie zum Ergebnis, daß die Attraktivität Deutschlands als Wirtschaftsstandort durch den Umweltschutz eher gestärkt worden sei (zitiert in [Jes95]). Umweltschutz sei eine Voraussetzung für eine langfristig tragfähige und gesunde wirtschaftliche Entwicklung. Die Alternative zur Umweltpolitik seien auch keineswegs verringerte gesamtwirtschaftliche Umweltkosten. Statt dessen würde die Allgemeinheit mit den Folgen der Umweltverschmutzung belastet. Der gesamtwirtschaftliche Nutzen der Umweltpolitik übersteige deren Kosten allemal. So hätte die Großfeuerungsanlagenverordnung bei Kosten von 25 Mrd. DM für die Nachrüstung der fossil befeuerten Kraftwerke einen volkswirtschaftlichen Einspareffekt in der doppelten Höhe (geringere Atemwegserkrankungen und Gebäudeschäden) erzielt.

Besonders kritisiert werden von Seiten der Wirtschaft lange und komplexe Genehmigungsverfahren, die selber kostenträchtig sind und Investitionsentscheidungen unvorhersehbar und lange hinausschieben.

3.1.4
Schutz der Umwelt durch Recht

3.1.4.1
Umweltbegriff

In der deutschen Umweltgesetzgebung gibt es keine Begriffsdefinition (juristisch: Legaldefinition) der Umwelt. Anhand verschiedener in einzelnen Gesetzen angegebener Schutzgüter kann man den Umweltbegriff, der der deutschen Gesetzgebung zugrundeliegt, jedoch ableiten. Die umfassenste Aufzählung von 10 Schutzgütern findet man im „Gesetz über die Umweltverträglichkeitsprüfung" (UVPG), das hier deshalb als Beispiel auszugsweise zitiert ist:

„§ 2 Begriffsbestimmungen. (1) ...Die Umweltverträglichkeitsprüfung umfaßt die Ermittlung, Beschreibung und Bewertung der Auswirkungen eines Vorhabens auf

1. Menschen, Tiere und Pflanzen, Boden, Wasser, Luft, Klima und Landschaft, einschließlich der jeweiligen Wechselwirkungen,
2. Kultur- und sonstige Sachgüter."

Das Bundes-Immissionsschutzgesetz (BImSchG) nennt Menschen, Tiere, Pflanzen, Wasser, Boden, Atmosphäre, Kultur- und sonstige Sachgüter. Die sächsische Verfassung verpflichtet in Artikel 10 das Land und jeden im Land zum Schutz der Umwelt: „Das Land hat insbesondere den Boden, die Luft und das Wasser, Tiere und Pflanzen sowie die Landschaft als Ganzes einschließlich ihrer gewachsenen Siedlungsräume zu schützen."

An diesen Aufzählungen kann man erkennen, daß nicht nur der Mensch und Naturgüter, sondern auch Kultur- und Sachgüter durch ein Umweltgesetz – hier: UVPG – geschützt werden sollen. Auch in anderen Umweltgesetzen finden sich solche Aufzählungen, die zwar nicht einheitlich sind, aber zeigen, daß die Umwelt für den Gesetzgeber etwas ist, das aus dem Menschen, der belebten Natur, dem atmosphärischen und aquatischen System sowie Kultur- und Sachgütern besteht. Boden, Wasser und Luft heißen auch *Umweltmedien.*

3.1.4.2
Rang des Umweltschutzes in der Rechtsordnung

Eine Rangfolge der Schutzziele ist aus den unterschiedlichen Gesetzen nicht ohne weiteres erkennbar. Man kann nicht verallgemeinern, daß z.B. der Schutz des Wassers dem Schutz der Luft vorginge oder umgekehrt. Teilweise reicht der gesetzlich geforderte Umweltschutz nur so weit, wie die Anforderungen des Gesundheitsschutzes dies erfordern, z.B. bei der Sanierung von Altlastengrundstücken, die Gewässerschäden hervorrufen. In diesem Beispiel sind im Normalfall die Vorschriften zur Gewässergüte, die durch die Sanierung erreicht werden soll, genau an den Bedürfnissen des Menschen ausgerichtet, das heißt, daß entnommenes Trinkwasser nach der Sanierung an der Entnahmestelle den Grenzwerten der Trinkwasser-Verordnung entsprechen muß. Andere Vorschriften geben auch der Tier- und

Pflanzenwelt „einen Wert an sich", wie z.B. die Bundesartenschutzverordnung, die bestimmte, vom Aussterben bedrohte Tier- und Pflanzenarten schützt.

Der Schutz von Leib und Leben sowie Gesundheit des Menschen geht jedoch immer vor.

In weiten Teilen versieht das deutsche Umweltrecht menschliche Aktivitäten mit Auflagen, die dafür sorgen sollen, daß bestimmte Umweltschäden unterbleiben oder begrenzt werden, die Aktivitäten aber trotzdem stattfinden können. Die zivilisatorische Entfaltung geht also zunächst vor, findet dann aber ihre Grenzen im Umweltschutz. Dieses System bedingt, daß der Umweltschutz der zivilisatorischen Entwicklung „hinterherläuft".

Eine Konsequenz hieraus war, daß der Gesetzgeber in Deutschland – wie auch in anderen Industriestaaten – in Reaktion auf eingetretene Umweltschäden seit etwa dem 2. Weltkrieg ein dichtes und immer feiner werdendes Netz problemangepaßter Umweltgesetze geschaffen hat (diese Umweltgesetze reichen teilweise auch weiter zurück). Seit etwa 1970 wird auch versucht, die Umweltgesetze nach übergeordneten Prinzipien auszubilden, die verhindern sollen, daß sie etwa gegensätzlich wirken. Im Umweltprogramm der Bundesregierung von 1971 wurden erstmals drei übergeordnete Prinzipien genannt: Das Vorsorge-, Verursacher- und Kooperationsprinzip (s. Abschn. 3.3).

3.2
Umweltschutz als staatliche Aufgabe

Durch die Mitgliedschaft in der Europäischen Union hat sich die Bundesrepublik verpflichtet, die Vorgaben der EU in Deutschland umzusetzen.

Durch die Staatspflicht des Artikel 20a Grundgesetz werden gebunden:

- der Gesetzgeber, also der Bund und die Länder, aber auch die Gemeinden und sonstigen staatlichen Körperschaften im Rahmen ihrer Satzungsautonomie,
- die Gerichte insoweit, als sie bei Gesetzeslücken interpretierend wirken müssen,
- die Verwaltung nur mittelbar, weil sie sich an den Wortlaut der vorliegenden Gesetze halten muß und im Gegensatz zu den Gerichten vermutlich nicht befugt ist, Gesetzeslücken zu interpretieren.

Artikel 20a Grundgesetz bildet aus sich heraus keine Grundlage für belastende Verwaltungsakte [Scho96], das heißt, eine Behörde ist grundsätzlich an den Wortlaut der einzelnen Gesetze, Verordnungen und – sofern vorhanden – Verwaltungsvorschriften gebunden und kann nicht von sich aus weiterführende Handlungen aus dem Grundgesetz ableiten.

Für die Notwendigkeit staatlichen Eingreifens zum Schutz der Umwelt wird vielfach das „Allmendeproblem" angeführt. Die Allmende bezeichnet ein genossenschaftlich durch die Gemeinschaft der Angehörigen einer Mark zu nutzendes Gelände (Ödland, Weiden und Wald) einschließlich durchfließender Gewässer und war im Mittelalter und der frühen Neuzeit vor allem in Süd- und Südwestdeutschland verbreitet. Berichtet wird regelmäßig über die Übernutzung der Allmende, was als Beispiel der Übernutzung natürlicher Ressourcen gilt, wenn nicht durch genossenschaftliche oder hoheitliche Regelungsmechanismen dagegen vorgegangen wird. Dementsprechend soll der Staat darüber wachen, daß die „Umwelt" nicht übernutzt wird, weil dies sonst trotz kurzfristiger Vorteile für den einzelnen „Übernutzer" auf Dauer allen Nutzern schaden würde.

Der Staat übt seine grundgesetzlich verankerte Pflicht zum Schutz der Umwelt aus, indem

– die Gesetzgebung dem einzelnen Bürger oder Unternehmen Pflichten auferlegt,
– Bürger oder Unternehmen in anderen Gesetzen begünstigt werden, wenn sie Umweltschutzmaßnahmen ergreifen, wie z.B. durch die Möglichkeit, Rückstellungen für Umweltrisiken zu bilden, oder Umweltschutzinvestitionen kurzfristig abzuschreiben,
– direkte Subventionen für Umweltschutzmaßnahmen gewährt werden (verbilligte Darlehen und verlorene Zuschüsse),
– die Umweltverwaltung zum Teil Kontrollfunktionen, zum Teil umweltpflegerische Funktionen ausübt.

Die auf diese Weise ausgelösten Maßnahmen hatten trotz zunehmender industrieller Betätigung gewisse Erfolge. Beispielhaft zeigt Tabelle 3.1 die Emissionen, die von 1970 bis 1994 in den alten Bundesländern für fast alle Luftschadstoffe signifikant zurückgegangen sind. Dies liegt vor allem daran, daß 1983 die TA Luft teilweise novelliert und die Großfeuerungsanlagenverordnung erlassen wurde, 1985 weitergehende Abgasnormen für Ottomotoren eingeführt und 1986 die TA Luft mit Anforderungen an zahlreiche Anlagen vervollständigt wurde.

Eine zentrale Aufgabe der staatlichen Verwaltung ist die *Gefahrenabwehr*, das bedeutet die Abwehr rechtswidriger Zustände durch behördliches Einschreiten und behördliche Kontrolle, insbesondere von Gefahren für Leib und Leben sowie die Gesundheit. Die Pflicht zur Gefahrenabwehr ergibt sich für die Behörden durch das Polizei- und Ordnungsrecht, niedergelegt in den Polizei- und Ordnungsgesetzen der Länder.

Tabelle 3.1. Emissionen in den alten Bundesländern 1970 und 1994 in Mt [Dat97]

Stoff	1970	1994
CO_2	742	725
SO_2	3,71	0,87
NOx (berechnet als NO_2)	2,05	1,77
NH_3	0,55	0,52
CO	13,51	5,50
N_2O	0,18	0,19
Flüchtige organische Verbindungen (ohne Methan)	2,21	1,78
CH_4	4,48	3,73
Staub	0,40	0,38

3.3
Rechtliche Prinzipien

Vorsorgeprinzip, Verursacherprinzip, Kooperationsprinzip und Grundsatz der Nachhaltigkeit lassen sich aus dem deutschen und europäischen Umweltverfassungsrecht als für die Gesetzgebung und Rechtsprechung verpflichtende Prinzipien ableiten.

3.3.1
Vorsorgeprinzip - zum Risikobegriff im deutschen Umweltrecht

Das Vorsorgeprinzip bedeutet einen über Gefahrenabwehr und Schadensbeseitigung hinausgehenden Schutz der Natur und eine schonende Inanspruchnahme [Bun76].

Es steht im deutschen Umweltrecht in einem engen Zusammenhang mit dem Risikobegriff. Das Risiko wird gedanklich in 3 Stufen eingeteilt:

Stufe 1 („Gefahr"): Gefahr bezeichnet eine Sachlage, die bei ungehindertem Geschehensablauf erkennbar zu einem Schaden, d.h. zu einer Rechtsverletzung bzw. einer Minderung von Rechtsgütern führt. Die Gefahr der Rechtsgutverletzung ist so groß, daß der Staat – notfalls mit Zwangsmitteln – sofort einschreiten muß. „Gefahrenabwehr" in diesem, engeren Sinn bedeutet, Maßnahmen zu ergreifen, die solche Gefahren verhindern. Was „Gefahr" ist, wird oft durch Grenzwerte festgehalten: Im Beispiel der Luftreinhaltung müssen die Immissionsgrenzwerte der TA Luft unterschritten werden, damit keine Gefahr für die Nachbarschaft und Allgemeinheit durch eine Industrieanlage besteht, die Luftschadstoffe ausstößt.

Stufe 2: Gefahr im Sinne von Stufe 1 ist zwar nicht gegeben, aber es ist trotzdem sinnvoll, Umweltschäden zu vermeiden, und zwar indem Maßnahmen nach der technischen Möglichkeit und wirtschaftlichen Zumutbarkeit ergriffen werden müssen. Dies nennt man „Vorsorge" (=Risikovorsorge). Die Vorsorge wird z.B. dadurch erreicht, daß Industrieanlagen nach dem *Stand der Technik* errichtet und betrieben werden müssen und bestimmte Emissionsgrenzwerte nicht überschreiten dürfen. Der Stand der Technik bezeichnet fortschrittliche Verfahren, die praktisch geeignet und wirtschaftlich zumutbar sind. Er muß bei der Genehmigung einer Industrieanlage u.U. individuell durch die Genehmigungsbehörde ermittelt werden.

Stufe 3: Die Gefahren, die nach der Realisierung der Maßnahmen von Stufe 1 und Stufe 2 noch bestehen bleiben, sind so gering, daß sie hingenommen werden können. Hierfür wird gelegentlich auch der Begriff „Restrisiko" verwendet.

Nach der derzeitigen Rechtslage wird in keiner einzigen deutschen Umweltschutzvorschrift verlangt, daß ein Unternehmer, der eine Industrieanlage errichten will, quantitative Risikobetrachtungen nach dem Ansatz

$$\text{Risiko} = \text{Gefahr} = \text{Schadenshöhe} \times \text{Eintrittswahrscheinlichkeit}$$

für die Anlage durchführen muß, das heißt, er muß z.B. nicht berechnen, wie hoch die Gefahr dafür ist, daß jemand an Lungenkrebs infolge von Emissionen der Anlage erkrankt. In anderen Staaten, z.B. in Großbritannien und den Niederlanden, sind Sicherheitsmaßnahmen, die auf quantitativen Risikobetrachtungen aufbauen, dagegen üblich. 1993 wurde in den Niederlanden ein neues Umweltschutzgesetz erlassen, das Grenzwerte sowohl für Individual- als auch Kollektivrisiken festlegt. Als Individualrisikogrenzwert gilt 10^{-5}/Jahr für bestehende und 10^{-6}/Jahr für neue Situationen; dies ist die Höhe des Risikos, innerhalb eines Jahres an der Ursache zu Tode zu kommen (zitiert in [Sei97]).

Die gesamte im deutschen Umweltrecht vorgenommene Risikobetrachtungsweise ist nicht quantitativ, sondern deterministisch. Obwohl in der Gesellschaft in Wirklichkeit eine Abwägung der zu tolerierenden Risiken auch unter Kosten-Nutzen-Aspekten in indirekter Weise ständig stattfindet - wie man z.B. am Straßenverkehr sehen kann, der trotz seiner Unfallzahlen als so vorteilhaft gilt, daß er akzeptiert ist - findet eine solche quantitative Bewertung im Umweltbereich nicht statt.

3.3.2
Verursacherprinzip

Nach dem Verursacherprinzip soll derjenige die Kosten der Belastung der Umwelt tragen, der für ihre Entstehung verantwortlich ist. Dies können die Kosten zur Vermeidung, zur Beseitigung oder zum Ausgleich von Umweltbelastungen sein. Dieses Prinzip findet sich in vielen Gesetzen, z.B. bei den Festlegungen bezüglich der behördlichen Genehmigung für Industrieanlagen. Dort ist durchgängig bestimmt, daß derjenige, der die Genehmigung für eine bestimmte Industrieanlage beantragt, für die Kosten der gesetzlich erforderlichen Umweltschutzmaßnahmen wie Abgasfilter etc. aufzukommen hat.

3.3.3
Kooperationsprinzip

Mit dem Kooperationsprinzip ist gemeint, daß sich nicht nur der Staat, sondern auch Betroffene am Umweltschutz beteiligen sollen. Dieses Prinzip ist z.B. durch folgende gesetzliche Regelungen umgesetzt:

- Pflicht zur Bestellung von Betriebsbeauftragten des Umweltschutzes durch bestimmte Unternehmen (Gewässerschutz, Immissionsschutz, Abfall, Störfallbeauftragter, Strahlenschutzbeauftragter, s. Abschn. 6.2.2).
- Die Beteiligungsrechte der Nachbarschaft und Allgemeinheit in verschiedenen Planfeststellungs- und Genehmigungsverfahren des Umweltrechts.
- Die Beteiligung anerkannter Verbände nach § 29 Bundesnaturschutzgesetz an verschiedenen Rechtssetzungsverfahren, Programmen und Plänen sowie an bestimmten Planfeststellungs- und Genehmigungsverfahren.

3.3.4
Verfassungsrechtliche Verankerung des Verursacher-, Vorsorge- und Kooperationsprinzips

Das Verursacher-, das Vorsorge- und das Kooperationsprinzip sind seit ihrer Aufnahme in Artikel 34 des „Vertrages zwischen der Bundesrepublik Deutschland und der Deutschen Demokratischen Republik über die Herstellung der Einheit

Deutschlands - Einigungsvertrag" vom 31. August 1990 [Ein90] geltendes Umweltverfassungsrecht. Dort heißt es:

„(1) ... ist es Aufgabe der Gesetzgeber, die natürlichen Lebensgrundlagen des Menschen unter Beachtung des Vorsorge-, Verursacher- und Kooperationsprinzips zu schützen und die Einheitlichkeit der ökologischen Lebensverhältnisse auf hohem, mindestens jedoch dem in der Bundesrepublik Deutschland erreichten Niveau zu fördern.

(2) Zur Förderung des in Absatz 1 genannten Ziels sind im Rahmen der grundgesetzlichen Zuständigkeitsregelungen ökologische Sanierungs- und Entwicklungsprogramme für das in Artikel 3 genannte Gebiet (Anm.: Gebiet der ehemaligen DDR) aufzustellen. Vorrangig sind Maßnahmen zur Abwehr von Gefahren für die Gesundheit der Bevölkerung vorzusehen."

3.3.5
Grundsatz der Nachhaltigkeit

Der englische Ursprungsbegriff der Nachhaltigkeit ist: „Sustainable Development". Deutsche Übersetzungen: Nachhaltige Entwicklung, Dauerhafte Entwicklung, Dauerhaft Umweltverträgliche Entwicklung, besser wohl „Aushaltbare Entwicklung". Der Begriff geht zurück auf den 1986 erschienenen Ergebnisbericht der Konferenz für Umwelt und Entwicklung unter dem Vorsitz der ehemaligen norwegischen Ministerpräsidentin Gro Harlem Brundtland (sog. Brundtland-Bericht), in dem gefordert wurde:

- Die Industriestaaten müssen ihren Verbrauch an Rohstoffen und die Umweltverschmutzung einschränken;
- die Länder der Dritten Welt müssen durch Hilfe aus den Industriestaaten entwickelt werden, wobei die soziale, ökonomische und umweltpolitische Entwicklung gleichermaßen gefördert werden müsse, weil ein Teufelskreis aus Armut, fehlender sozialer Entwicklung und Umweltzerstörung bestehe;
- die Hilfe der Industriestaaten an die Dritte Welt müsse durch direkte Hilfe einerseits und durch den Abbau bestehender Ungerechtigkeiten wie z.B. Handelshemmnissen andererseits erfolgen;
- der Dritten Welt sei in einer Übergangsphase ein Mehr an Umweltverbrauch zuzugestehen.

1992 bekannte sich auch Deutschland in der gemeinsamen Abschlußerklärung der Konferenz der Vereinten Nationen über Umwelt und Entwicklung in Rio de Janeiro zu einer nachhaltigen Entwicklung. Die Konferenz von Rio stand ganz unter dem Eindruck eines sich - nach damaliger Sicht - möglicherweise durch die Emission klimawirksamer Gase dramatisch ändernden Weltklimas. Dieser Eindruck verdrängte etwas den ursprünglichen, aus der Entwicklungspolitik stammenden Denkansatz. Absehbar ist daher, daß der Begriff „Nachhaltige Entwicklung" noch einige Bedeutungsveränderungen erfahren wird. Sein für die Umweltrechtsentwicklung in Deutschland maßgeblicher Gehalt dürfte der „Nachweltschutz" als Bestandteil des Vorsorgeprinzips sein.

Mit dem Staatsziel in Artikel 20a des Grundgesetzes „Der Staat schützt *auch in Verantwortung für die künftigen Generationen* die natürlichen Lebensgrundlagen im Rahmen der verfassungsmäßigen Ordnung durch die Gesetzgebung und nach Maßgabe von Gesetz und Recht durch die vollziehende Gewalt und die Rechtsprechung" wird mit den Worten „auch in Verantwortung für die künftigen Generationen" eine nachhaltige Entwicklung zum Verfassungsprinzip. Damit ist aber noch nicht ausgesagt, welche Rechte die lebende gegenüber künftigen Generationen haben soll und wie die Umweltqualität gemessen wird.

3.3.6
Gemeinlastprinzip

Im Gegensatz zu den vorgenannten Prinzipien stellt das Gemeinlastprinzip ein rechtlich unverbindliches Gestaltungsmerkmal des Umweltrechts dar. Aus Gründen der Systematik sei es an dieser Stelle erläutert:

Die Kosten des Umweltschutzes sollen nach dem Gemeinlastprinzip über den Staatshaushalt finanziert und primär über das Steuersystem verteilt werden. Maßnahmen im Sinne des Gemeinlastprinzips sind sowohl die eigenen Aktivitäten des Staates im Umweltschutz (soweit nicht deren Kosten auf Private abgewälzt werden, wie z.B. bei Anlagen der Abfallentsorgung), als auch direkte und indirekte Subventionen (Finanzhilfen, Darlehen, staatliche Bürgschaften, Steuerbegünstigungen). Die Kosten werden nicht nach Maßstäben verteilt, die mit dem Entstehen der Umweltbelastung und den Möglichkeiten ihrer Vermeidung in unmittelbarem Zusammenhang stehen. Das Gemeinlastprinzip ist die genaue Umkehrung des Verursacherprinzips und kommt dort zum Tragen, wo das Verursacherprinzip aus bestimmten, z.B. finanziellen Gründen nicht greift. Insbesondere die Sanierung von Umweltschäden und der Aufbau einer modernen Entsorgungsinfrastruktur in den neuen Bundesländern mit maßgeblichem Anteil des Staates an der Finanzierung sind Beispiele für das Gemeinlastprinzip. Auch unterlassener Umweltschutz, dessen Kosten von der Allgemeinheit zu tragen sind, fällt unter das Gemeinlastprinzip (Beispiele: Atemwegserkrankungen in der Bevölkerung durch Luftschadstoffe, Waldschäden in Staatsforsten, Schäden an öffentlichen Gebäuden durch Luftschadstoffe).

3.4
Instrumente zur Durchsetzung umweltgerechten Verhaltens

Umweltgerechtes Verhalten von Bürgern und Unternehmen kann durch direkte Verhaltenslenkung über das Ordnungsrecht und durch indirekte Verhaltenslenkung erreicht werden, die auf einer „Belohnung" für umweltgerechtes Verhalten beruht.

Wichtige Instrumente der direkten Verhaltenslenkung sind:

- Pflicht zur Befolgung technischer Regeln;
- Anzeigepflicht für umweltrelevante Handlungen vor Beginn der Handlung, wodurch der Staat eine Untersagungsmöglichkeit erhält;

– Genehmigungspflicht vor Beginn einer umweltrelevanten Handlung; hierbei wird das Einhalten der Umweltschutzbestimmungen durch die Genehmigungsbehörde geprüft;
– Inbetriebnahmeprüfungen für alle der vorstehenden Fälle.

Wichtige Instrumente der indirekten Verhaltenslenkung sind:

– Abgaben und Zertifikate;
– Kompensationen und Begünstigungen;
– Qualitätssicherungsinstrumente für den Umweltschutz (Beauftragte, Umwelt-Audit; s. Kap. 6);
– Haftungsbestimmungen (s. Kap. 6);
– Strafrecht (s. Abschn. 3.6).

Mit dem Ordnungsrecht können die potentiellen Verursacher von Umweltschäden gezwungen werden, Maßnahmen zu ergreifen, damit es zu diesen Umweltschäden nicht kommt. Nachteilig ist allerdings, daß das Ordnungsrecht nicht zur Flexibilität anregt: Der Verursacher kommt den Auflagen nach, ohne einen Anreiz zu haben, noch mehr zu tun, als die Vorschriften verlangen. Dadurch kann dem Vorsorgeprinzip nur Geltung verschafft werden, indem die Politik die Vorschriften entsprechend dem Stand der Technik fortschreibt, d.h. die technischen Auflagen ständig verschärft. Dies ist in Deutschland bisher der Fall gewesen.

3.4.1
Abgaben und Zertifikate [4]

Umweltbelastungen entstehen durch die Inanspruchnahme der Umweltmedien in den verschiedenen Produktionsprozessen, die letztlich der Erzeugung der erwünschten Konsumgüter dienen. Wirtschaften wird daher immer mit Eingriffen in den Naturhaushalt, in den Umweltbereich, verbunden sein. Bei gegebenem technischen Wissen sind diese Eingriffe dann so „umweltgerecht" wie nur möglich vorzunehmen, das technische Wissen auf dem Umweltsektor selbst ist möglichst schnell voranzutreiben. Da hinter dem abstrakten, anonymen Begriff der Ökonomie Menschen stehen, die als Produzenten oder als Konsumenten den wirtschaftlichen Ablauf steuern oder beeinflussen und so auf unterschiedliche Weise in den Umweltbereich eingreifen, muß Umweltpolitik immer bei den Menschen, bei ihrer Verhaltensweise, ansetzen.

Dies aber, die Wirtschaftssubjekte zu einem „umweltfreundlichen" Verhalten zu veranlassen, in diesem Sinne das Umweltbewußtsein zu entwickeln, ist ein ökonomisches Problem. Als ökonomische Instrumente der Umweltpolitik sollen Abgaben[5] und Zertifikate helfen, diese Zielsetzung zu erreichen.

---

[4] von Prof. Dr. rer. pol. habil. Hans Wiesmeth, Professur für VWL, insbes. Allokationstheorie, Technische Universität Dresden

[5] In diesem Abschnitt soll auf den rechtlichen Unterschied zwischen Steuern und Abgaben nicht weiter eingegangen werden, da er für die hier angestellte ökonomische Betrachtung unerheblich ist.

3.4.1.1
Ausprägungen der praktizierten Umweltpolitik

In grober Gliederung läßt sich das umweltpolitische Instrumentarium folgendermaßen charakterisieren und strukturieren:

Reaktion auf Umweltschäden: Die Beseitigung vorhandener Umweltschäden charakterisiert insbesondere die Anfänge der Umweltpolitik in der Bundesrepublik und in der EG. Sie spielt heute vor allem eine Rolle bei der Beseitigung von Umweltaltlasten.

Ansonsten ist diese Art der Umweltpolitik auf der Grundlage des *Gemeinlastprinzips* sowohl in ökologischer als auch in ökonomischer Hinsicht problematisch. Zunächst können durch die Umweltverschmutzung irreparable Schäden entstehen, so daß jede Reaktion zu spät kommen muß, andererseits hat eine derartige Politik kaum einen Einfluß auf das ökologisch-ökonomische Verhalten der Wirtschaftssubjekte, da das direkte Wechselspiel zwischen umweltgerechtem Verhalten und ökonomischen Konsequenzen keine Rolle spielt. Den Ingenieuren kann diese Art der Umweltpolitik allerdings durchaus anspruchsvolle Lösungen abverlangen.

Vorbeugende Umweltpolitik über Gebote und Verbote: Diese *Auflagenpolitik* dominiert von der Entwicklung her gesehen die zweite Phase der Umweltpolitik in den westlichen Ländern. Zum speziellen Instrumentarium der Auflagenpolitik gehört z.B. das Bundes-Immissionsschutzgesetz (BImSchG) mit seinen verschiedenen Rechtsverordnungen. Weiter gehören dazu Überwachungs- und Vorsorgeinstrumente, wie die Technischen Anleitungen, welche die Rechtsetzung durch Verwaltungsvorschriften konkretisieren (vgl. [Sto91], S. 17f).

Aus ökologischer Sicht stellt sich die Auflagenpolitik zunächst positiv dar, da sie offenbar ein direktes Instrumentarium liefert, über das schnell in den Wirtschaftsablauf zur Vermeidung weiterer Umweltbelastungen eingegriffen werden kann. Das Vorsorgeprinzip steht im Mittelpunkt der Auflagenpolitik, die sich in ihren einzelnen Vorschriften am „Stand der Technik" orientiert (vgl. [Sto91], BImSchG, § 3 Abs. 6). Darin liegt allerdings sowohl aus ökologischer Sicht als auch aus ökonomischer Sicht die Problematik dieser Gebots- und Verbotspolitik. Soll nämlich diese Auflagenpolitik nicht auf einem bestimmten technischen Niveau erstarren, so sind in der Tat derartige Anpassungsvorschriften nötig. Nur, was Stand der Technik ist, wird in vielen Fällen auch von den Unternehmen mitbestimmt, die von diesen Auflagen betroffen sind. Interessenkonflikte zu Lasten des Umweltschutzes sind so vorprogrammiert durch eine in gewisser Hinsicht „umgekehrte" Anreizstruktur (vgl. [Kem89], S. 106).

Ökonomisch fundierte Umweltpolitik: Diese vor allem auf die Rahmenbedingungen einer Marktwirtschaft bezogene Umweltpolitik umfaßt im wesentlichen die *Abgabenlösungen* und die *Zertifikatslösungen* als Instrumente einer anreizorientierten Umweltsicherung.

Diesen Instrumenten liegt die Idee zugrunde, den marktwirtschaftlichen Lenkungsmechanismus für die Allokation der Umweltgüter nutzbar zu machen. Auch dieser umweltpolitische Ansatz auf der Grundlage des *Verursacherprinzips* ist nicht frei von Problemen, die letztlich in der noch zu erörternden Natur der Umweltgüter liegen. Abgaben und Zertifikate werden zunehmend auch als Instrumente zum Schutz der internationalen, „grenzüberschreitenden" Umweltgüter diskutiert.

Grundlegende Kenntnisse des Allokationsproblems im Umweltbereich sind notwendig für ein tieferes Verständnis der Funktionsweise einer marktorientierten Umweltpolitik.

3.4.1.2
Grundlagen der Umweltökonomik

In einem marktwirtschaftlichen System werden die dezentralen ökonomischen Entscheidungen der Wirtschaftssubjekte durch den Preismechanismus koordiniert. Diese Koordinationsfunktion des Preissystems wird durch im Umweltbereich auftretende *externe Effekte* gestört.

3.4.1.2.1
Charakterisierung der Umweltgüter

Die Umweltgüter Wasser und Luft waren bis in die 60er Jahre traditionelle Beispiele für - im ökonomischen Sinn - *freie Güter*. Das als unbeschränkt betrachtete Angebot bedurfte keines besonderen Allokationsmechanismus zur Befriedigung der Nachfrage. Heute muß man sich über die Verwendung dieser Güter, über ihre *Allokation* im volkswirtschaftlichen Sinne, zunehmend Gedanken machen. So kann die höhere Atmosphäre etwa „Dienstleistungen" in Form einer Abwehr schädlicher UV-Strahlen erbringen, sie kann aber auch als Aufnahmemedium verschiedener Gase dienen. Offenbar konkurrieren die beiden Verwendungsmöglichkeiten miteinander.

Vergleichbare Überlegungen lassen sich für nahezu alle anderen Umweltgüter anstellen. Grundsätzlich läßt sich damit die Umweltproblematik reduzieren auf ein *Allokationsproblem*. Der untrennbare Zusammenhang zwischen Ökologie und Ökonomie wird damit überaus deutlich (vgl. [Sie92], Kap. 1).

3.4.1.2.2
Aspekte des Allokationsproblems

Unter einer *(erreichbaren) Allokation* versteht man in der Ökonomie eine Lösung der wirtschaftlichen Grundprobleme, also eine Angabe darüber, wie die einer Volkswirtschaft zur Verfügung stehenden Ressourcen in den verschiedenen Produktionsprozessen eingesetzt werden sollen und wie die so produzierten Güter auf die Individuen verteilt werden sollen. „Wirtschaften" heißt dann letztendlich, aus der Vielzahl möglicher Allokationen nach bestimmten Kriterien eine Allokation auszuwählen. Genügt eine Allokation den vorgegebenen Zielkriterien, so spricht man üblicherweise von einer *optimalen (effizienten)* Allokation.
In individualistisch[6] strukturierten Volkswirtschaften spielt das Kriterium der *Pareto-Effizienz* eine wesentliche Rolle. Eine erreichbare Allokation heißt dabei

---

[6] Gemeint sind Volkswirtschaften, bei denen wie in Deutschland überwiegend auf die Bedürfnisse und Verhaltensweisen von Individuen anstelle von Kollektiven abgestellt wird.

pareto-effizient, wenn keine andere erreichbare Allokation gefunden werden kann, die das Wohlergehen wenigstens eines Individuums verbessert, ohne gleichzeitig das Wohlergehen irgendeines anderen zu schmälern. Unterstellt man, daß Umweltverschmutzung das individuelle Befinden eines Wirtschaftssubjektes nur beeinträchtigen kann, so kann eine Allokation jedenfalls dann nicht effizient sein, wenn es möglich ist, dieselbe Menge an Gütern bei einer geringeren Umweltbelastung zu produzieren. Ein nicht unbeträchtlicher Teil der Umweltprobleme hängt damit direkt mit dem ökonomischen Effizienzproblem zusammen.

3.4.1.2.3
Effiziente Allokationen in einer Marktwirtschaft

Unter den Bedingungen des vollkommenen Wettbewerbs orientieren sich Konsumenten und Produzenten in ihren wirtschaftlichen Entscheidungen am Preissystem, das als gegeben und durch einzelwirtschaftliche Entscheidungen als nicht beeinflußbar angesehen wird. Der 1. Hauptsatz der Paretianischen Wohlfahrtstheorie (vgl. [Sie92], Kap. 4) stellt dann sicher, daß der Preismechanismus im *kompetitiven Gleichgewicht* zu einer optimalen Allokation der Produktionsfaktoren und Konsumgüter führt.

Externe Effekte im Umweltbereich relativieren dieses markante Ergebnis. Dabei spricht man von einem *externen Effekt* oder einer *Externalität*, wenn in die Präferenzordnung bzw. die Technologie eines Konsumenten, bzw. eines Produzenten reale Variablen eingehen, die durch die Aktivitäten anderer Wirtschaftssubjekte festgelegt werden, ohne daß sich diese dieses Effekts besonders bewußt werden. Externe Effekte beeinflussen dabei gerade <u>nicht</u> die Preisbildung und können deshalb durch Marktmechanismen auch nicht ausgeglichen werden. Man spricht dann von „Marktversagen".

Die Inanspruchnahme der Umweltmedien ist nun vielfach mit externen Effekten verbunden. Beispielsweise emittieren Verkehrsmittel gas- und partikelförmige Schadstoffe, durch die das Wohlergehen anderer Individuen beeinträchtigt wird. Ähnliches gilt für die Erzeugung elektrischer Energie in Großkraftwerken, wobei gegebenenfalls noch die Beeinträchtigungen zu berücksichtigen sind, die mit dem Abbau der Energieträger verbunden sind. Aus Industrie- und kommunalen Kläranlagen gelangt mehr oder weniger stark verschmutztes Abwasser über die öffentliche Kanalisation in das Oberflächenwasser und beeinträchtigt so die Nutzbarkeit der öffentlichen Gewässer.

Man erkennt an diesen Beispielen die strukturellen Wirkungen der externen Effekte: Die von den Externalitäten betroffenen Wirtschaftssubjekte haben typischerweise keine oder nur beschränkte Kontrollmöglichkeiten über die Aktivitäten des Verursachers. Andererseits sehen die Wirtschaftssubjekte, durch deren Aktivitäten die externen Effekte ausgelöst werden, ohne staatliche Eingriffe häufig keine Veranlassung, die betreffenden Handlungen einzuschränken oder abzuändern. Damit spielt das Ausmaß der Umweltbelastung keine maßgebende Rolle bei den anstehenden wirtschaftlichen Entscheidungen, es kommt so zu Effekten, die nicht über organisierte Märkte abgewickelt werden. Eine Diskrepanz zwischen privaten und sozialen Grenzkosten der betreffenden ökonomischen Aktivität hat zur Folge, daß die umweltbelastende Aktivität auf einem zu hohen Niveau ausgeführt wird.

3.4.1.2.4
Internalisierung externer Effekte

Verschiedene Ansätze, diesem „Marktversagen" zu begegnen, beruhen auf der Idee, die eben erwähnte Diskrepanz zwischen privaten und sozialen Grenzkosten durch eine *Internalisierung der externen Effekte* zu überkommen. Damit sollen die Rahmenbedingungen so eingerichtet werden, daß die resultierende Umweltbelastung mit in die ökonomischen Entscheidungen eingeht.

In den oben angeführten Beispielen sind die externen Effekte immer mit materiellen (gas- oder partikelförmige Schadstoffe) oder immateriellen Gütern (Geräusche) verbunden. Die Tatsache, daß diese „Güter" nicht auf regulären Märkten gehandelt werden, führt letztlich zu den mit den externen Effekten zusammenhängenden Problemen. Ein naheliegender Ansatz, externe Effekte zu internalisieren, beruht daher auf der Einrichtung von geeigneten Märkten für diese Güter. *Zertifikatsmodelle,* also Märkte für geeignet ausgestaltete *Umweltlizenzen,* machen von diesem Gedanken Gebrauch. Aber auch eine *Umweltabgabe* kann als Preis für ein Gut betrachtet werden, für das es keinen regulären Markt gibt (vgl. auch [Wei90] für weitere Überlegungen zu diesem Kontext „fehlender" Märkte).

3.4.1.3
Abgaben und Zertifikate im Rahmen der klassischen Umweltökonomie

Den Methoden der „klassischen" Umweltökonomie liegt das Zielkriterium der Pareto-Effizienz zugrunde. Die durch Umwelteffekte hervorgerufenen Marktunvollkommenheiten sollen durch geeignete Maßnahmen korrigiert werden, wozu eben in erster Linie Eingriffe in Form von Steuern und Abgaben gehören. In den Anfangszeiten der Umweltbewegung war die ökonomische Antwort auf Umweltprobleme durch einen Rückgriff auf dieses klassische Instrumentarium geprägt. Jedoch zeigte sich bald, daß das Ziel der Effizienz zumindest in der umweltpolitischen Praxis damit kaum erreichbar war. Tatsächlich wurde die praktische Umweltpolitik dann von der Auflagenpolitik dominiert. Wie ist diese Entwicklung zu verstehen und welche andere, eher praktikable Ansätze einer ökonomisch fundierten Umweltpolitik gibt es?

Umwelteffekte führen zu einer Diskrepanz zwischen privaten und gesellschaftlichen Grenzkosten der Produktion. Marktversagen resultiert daraus, daß im Gleichgewicht nur die privaten Grenzkosten berücksichtigt werden, Effizienz jedoch die Einbeziehung der gesellschaftlichen Grenzkosten verlangt. Diese Quelle des Marktversagens bildet aber zugleich den Ansatz für einen korrigierenden Eingriff. Erhöht man nämlich die privaten Grenzkosten durch eine Abgabe, die *Pigou-Steuer,* deren Betrag gerade der Differenz zwischen privaten und gesellschaftlichen Grenzkosten im „optimalen" Produktionsniveau entspricht, so führt die Marktlösung wieder zum gewünschten Ergebnis. Ähnliche Überlegungen gelten für den Fall, daß die externen Effekte nicht im Produktionssektor, sondern im Konsumsektor der Ökonomie entstehen. Diese spezielle Abgabenlösung stößt bei der praktischen Umsetzung auf ein besonders schwerwiegendes Problem, das Problem des mit der Einrichtung der Pigou-Steuer verbundenen *Informationsbedarfs*. Aus der Konstruktion der Pigou-Steuer ergibt sich, daß der festzulegende Steuersatz von der optimalen, erst zu erreichenden und zunächst nicht bekannten Allokation abhängt. Der staatlichen Umweltbehörde liegen die benötigten detaillierten Informationen im allgemeinen weder vor, noch können sie im Normalfall auf einfache Art und Weise gewonnen werden. Damit dürfte es für die zuständige staatliche Instanz äußerst schwierig sein, den optimalen Steuersatz, der zu einer effizienten Allokation führt, zu finden. Dieses Problem wird in Abb. 3.1 nochmals grafisch dargestellt.

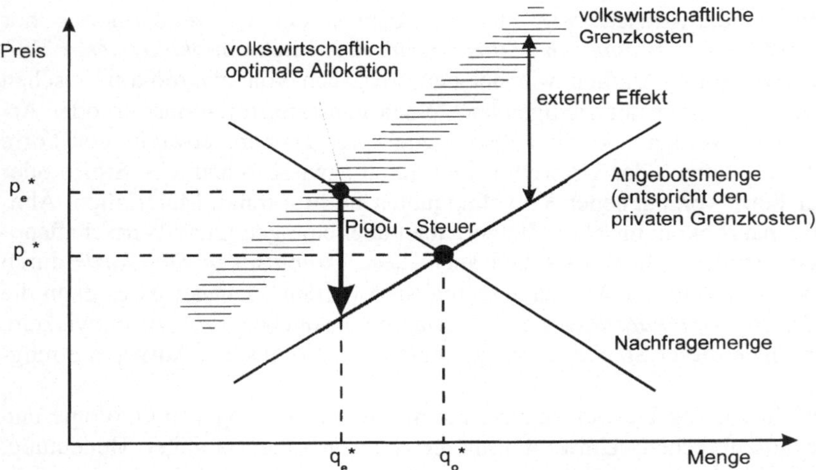

Abb. 3.1. Optimale Allokation bei Berücksichtigung nur privater oder auch privater und volkswirtschaftlicher Grenzkosten. Die dargestellte Pigou-Steuer je Einheit eines Gutes ist nötig, damit sich die volkswirtschaftlich optimale Nachfragemenge im Punkt (p^*_e, q^*_e) einstellt. Da aber die externen Effekte ihrer Größe nach nicht genau bekannt sind (dargestellt durch den schattierten Balken für die volkswirtschaftlichen Grenzkosten), kann die Pigou-Steuer, die notwendig wäre, nicht genau ermittelt werden[7].

Ein alternativer Ansatz in diesem Kontext beruht auf der zur Preissteuerung dualen *Mengensteuerung*: Eine staatliche Instanz (z.B. eine Umweltbank) versucht, diejenige Menge an Emissionszertifikaten („Verschmutzungsrechte") anzubieten, die zu einer effizienten Allokation führt. Der Marktmechanismus wird dann, unter den Bedingungen des vollkommenen Wettbewerbs, einen Gleichgewichtspreis für diese Zertifikate liefern, welcher der Pigou-Steuer wertmäßig entspricht. Aller-

---

[7] Ein anderes hier nicht näher behandeltes Problem ist natürlich, daß die Nachfrage im volkswirtschaftlichen Optimum niedriger als im privaten Optimum ist, was regelmäßig Wirtschaftsverbände auf den Plan ruft.

dings gelten für die Emissionszertifikate als Instrumentarium zur effizienten Internalisierung externer Effekte bezüglich des Informationsbedarfs dieselben Anforderungen wie für die Pigou-Steuer.

Insgesamt scheitert damit sowohl die Pigou-Lösung als auch die dazu in gewisser Hinsicht äquivalente Zertifikatslösung an der Problematik einer in der Praxis unzulänglichen Information über die relevanten Strukturen. Die angesprochenen Schwierigkeiten bezüglich des Informationsbedarfs sind keine Besonderheit eines marktwirtschaftlichen Systems. Vielmehr treten diese Schwierigkeiten, die mit dem Erreichen einer optimalen Allokation verbunden sind, in vergleichbarer Form in jedem Wirtschaftssystem, also auch in einer Planwirtschaft, auf.

3.4.1.4
Abgaben und Zertifikate im Rahmen des Preis-Standard-Ansatzes

Beim Preis-Standard-Ansatz wird das im Rahmen der Umweltökonomie nur schwer zu erfüllende *ökonomische Effizienzkriterium* durch ein *ökologisches Effizienzkriterium* ersetzt. Ähnlich wie bei den Vorgaben von makroökonomischen Größen, wie etwa einer „befriedigenden" Wachstumsrate, Inflationsrate oder Arbeitslosenquote, werden nun ökologische Ziele vorgegeben, etwa in der Form maximaler Belastungen der Umweltmedien durch gewisse schädliche Stoffe oder auch in der Form vorgegebener Recyclingquoten für bestimmte Materialien. Ähnlich wie die makroökonomischen Zielvorgaben über eine geeignete Wirtschaftspolitik erreicht werden sollen, so sollen auch diese *ökologischen Standards* durch geeignete umweltpolitische Maßnahmen realisiert werden. Genauer ist es dann die Aufgabe des *Preis-Standard-Ansatzes*, Verfahren anzugeben bzw. zu entwickeln, die ein Erreichen dieser Standards mit geringstem ökonomischen Aufwand ermöglichen.

Die Einführung von Umweltstandards droht die Verzahnung von Ökologie und Ökonomie aufzubrechen: Umweltpolitik gewinnt an eigenständiger Bedeutung, wobei die Gefahr besteht, daß ökonomische Aspekte im Rahmen der Umweltpolitik an Beachtung verlieren.

3.4.1.4.1
Die Abgabenlösung

Bei der Abgabenlösung wird – in Analogie zur Pigou-Steuer – versucht, durch geeignet strukturierte Abgaben Anreize zu schaffen, die eine Einhaltung des vorgegebenen Umweltziels gewährleisten. Ausschlaggebend ist dabei, daß die umweltbelastenden Aktivitäten dann modifiziert oder reduziert werden, wenn die „Vermeidungskosten" geringer sind als die betreffenden Umweltabgaben. Zur Erreichung der Umweltstandards wird im allgemeinen eine mehrmalige Anpassung der Abgabensätze notwendig sein, im Vergleich zur „Zielgenauigkeit" von Umweltauflagen sicherlich ein Nachteil.

Doch ist zur umfassenden Einschätzung der Abgabenlösung auf einen anderen wichtigen Unterschied zwischen Auflagen- und Abgabenpolitik aufmerksam zu machen: Es ist in der Regel nicht möglich, die Auflagenpolitik direkt an die

Struktur der Vermeidungskosten anzulehnen, wie dies implizit bei der Abgabenlösung geschieht. Dies ist wieder darin begründet, daß der staatlichen Instanz die notwendige Information über diese Kosten nicht zur Verfügung steht. Dagegen haben die Wirtschaftssubjekte bei vorgegebenem Abgabensatz natürlich einen Anreiz, gemäß der Struktur ihrer individuellen Vermeidungskosten zu reagieren. Anders ausgedrückt: Eine Auflagenpolitik kann in der Regel das (volkswirtschaftlich) kostengünstigste Erreichen eines vorgegebenen Umweltstandards aufgrund fehlender Informationen nicht garantieren. Dies bleibt der Abgabenlösung vorbehalten, die sich die dezentral bei den einzelnen Wirtschaftssubjekten vorhandene Information über Vermeidungskosten nutzbar machen kann. Im Sinne dieser *marktorientierten Umweltpolitik* kann man folglich den Preismechanismus zur ökologisch effizienten Lösung eines Umweltproblems heranziehen.

Wichtig ist dabei noch die konkrete Ausgestaltung der Umweltabgabe, der Öko-Steuer, die im allgemeinen als Abgabe auf das produzierte Gut, als Schadstoffabgabe oder als Abgabe auf den Faktoreinsatz erhoben werden kann. Mit der speziellen Form der Abgabe werden Anreizeffekte hervorgerufen, welche die eigentlich beabsichtigte Wirkung abschwächen oder abändern können. Stellvertretend soll hier die Problematik der Autoabgase betrachtet werden. Gegenwärtig ist die Mineralölsteuer die wichtigste lenkende Steuer in diesem Bereich. Versucht man nun aber, über eine Erhöhung dieser Steuer die Abgasmenge zu reduzieren, so ist zu bedenken, daß diese Erhöhung vielleicht die Entwicklung verbrauchsgünstigerer Motoren beschleunigen wird, jedoch nicht notwendigerweise die Entwicklung abgasärmerer Motoren. Wie eine Mineralölsteuer wird auch eine Kilometer-Steuer das Fahrverhalten und damit die Abgasmenge beeinflussen, sie wird aber noch weniger als die Mineralölsteuer die technische Entwicklung stimulieren. Allerdings kann eine geeignet modifizierte Kilometer-Steuer helfen, andere externe Effekte, die mit dem Straßenverkehr verbunden sind, zu regulieren. Dies gilt beispielsweise für die zeitweise Überfüllung der Straßen (Stau-Effekte). Bleibt als letzte Möglichkeit die Schadstoffsteuer in der Form einer Abgassteuer. In ökologisch-ökonomischer Hinsicht würde eine derartige Steuer das Ziel einer Reduzierung der Abgase sicherlich am besten erreichen können. Jedoch sind mit der Einführung einer derartigen Steuer eine ganze Reihe von Problemen verbunden. So stellt sich zunächst die Frage, auf welche Abgaskomponenten diese Steuer erhoben werden soll. Des weiteren ist das technische Problem der ständigen Messung und Überwachung der Abgase und der damit verbundenen Erhebung der Steuer zwar prinzipiell lösbar, jedoch sind die Kosten für den notwendigen Ausbau der benötigten technischen Infrastruktur nicht zu vernachlässigen.

Die ökonomische und ökologische Wirksamkeit einer Umweltabgabe beruht daher auf den *Ausweichmöglichkeiten*, die den Individuen offenstehen, um die Abgabe ganz oder teilweise zu vermeiden. Oft sind diese Ausweichmöglichkeiten erwünscht, etwa wenn es sich dabei um alternative, die Umwelt weniger belastende Produktionsverfahren handelt. Andererseits gibt es aber auch Ausweichmöglichkeiten, die nicht mit dem eigentlichen Sinn einer Umweltabgabe zu vereinbaren sind. Ein Beispiel dafür bietet der „Mülltourismus", der deutschen Müll bis nach Rumänien und Estland brachte. Problematisch für die Einrichtung einer Umweltabgabe ist damit, daß im allgemeinen den staatlichen Stellen das ganze Spektrum erwünschter und weniger erwünschter Ausweichmöglichkeiten nicht ausreichend bekannt ist. Gibt es dagegen kaum Möglichkeiten, eine Umweltabgabe durch alternative Handlungsweisen zu vermeiden, und betrifft diese Abgabe ein Gut, das in allen wirtschaftlichen Bereichen Eingang findet, so wird diese Abgabe längerfristig inflationäre Züge aufweisen. Dies dürfte für eine allgemeine, nicht differenzierte Energiesteuer gelten.

In vielen Umweltbereichen, etwa bei der Abwasserbelastung oder bei der Luftverschmutzung, spielt weniger die Emission bestimmter Schadstoffe eine Rolle für die Beeinträchtigung der Natur oder des Wohlergehens der Menschen, vielmehr ist von Bedeutung, welche Menge dieses Schadstoffs die Natur oder die Menschen letztendlich erreicht. Dies ist die sogenannte „Immissionsmenge", und es ist offensichtlich, daß nicht jede Emissionsquelle gleichermaßen zur Immission an einer bestimmten Meßstelle zu einem bestimmten Zeitpunkt beiträgt. Dies erfordert dann eine räumliche Differenzierung der Umweltabgabe, falls man einen Immissionsstandard vorgibt, der wiederum kostengünstigst erreicht werden soll. Die *Zertifikatslösung* kann dieser Aufgabenstellung unter bestimmten Gegebenheiten besser gerecht werden als die Abgabenlösung.

3.4.1.4.2
Handelbare Emissionszertifikate

Ein System handelbarer Emissionszertifikate bietet in mancherlei Hinsicht eine akzeptable und unter gewissen Umständen sogar eine bessere Alternative zur regulären Abgabenlösung. Die Idee ist zunächst einfach: Es werden Eigentumsrechte in bezug auf die Nutzung der Umweltgüter definiert („Zertifikate"), die dann auf entsprechenden Märkten gehandelt werden können. Durch die Beschränkung der in Umlauf gebrachten Zertifikate kann so ein vorgegebener Umweltstandard eingehalten werden. Darüber hinaus wird wie im Falle der Abgabenlösung die kostenminimale Zielerreichung sichergestellt, da sich auch hier die Emittenten einem einheitlichen Preis, dem Marktpreis für Zertifikate, gegenübersehen.

Zunächst soll genauer auf Vor- und Nachteile eines Systems handelbarer Zertifikate gegenüber der Abgabenlösung eingegangen werden. Die Zertifikatslösung bietet sicherlich den Vorteil, daß damit die Unsicherheit, die mit der Anpassung der Abgabensätze an das passende Niveau verbunden ist, zusammen mit den dadurch entstehenden Kosten, reduziert werden kann. Dies bezieht sich insbesondere auch auf Perioden hoher Inflationsraten, hoher Wirtschaftswachstumsraten etc., die eine ständige Anpassung der Abgabensätze erforderlich machen, um die vorgegebenen Umweltstandards einzuhalten. Schließlich ist auch noch zu berücksichtigen, daß Abgaben hohe Kosten für die Industrie bedeuten können, wenn es sich dabei auch nicht um Kosten im volkswirtschaftlichen Sinne, sondern um Umverteilungen handelt.

Es ist richtig, daß auch der Erstverkauf der Emissionszertifikate zu entsprechenden zusätzlichen Kosten führen würde. Aber hier gibt es eben auch andere Möglichkeiten der Allokation, wie z.B. eine kostenlose Verteilung der Zertifikate an die Unternehmen, die momentan im Markt sind. Genauer könnte diese „Erstausstattung" sich an den historischen Emissionswerten dieser Unternehmen orientieren („Grandfathering"). Insgesamt könnte man damit die vergleichsweise hohen Zusatzkosten für die Unternehmen, wie sie etwa bei der Abgabenlösung oder beim Verkauf der Zertifikate an die Unternehmen entstehen, reduzieren oder sogar ganz beseitigen.

Andererseits ist die Zertifikatslösung gegenüber der Abgabenlösung nicht nur von Vorteil. So können die Abgaben selbst eine willkommene Einnahmequelle für den öffentlichen Sektor darstellen. Darüber hinaus kommt in ihnen eher das „Verursacherprinzip" zum Ausdruck: Wer Umweltbelastungen herbeiführt, soll auch dafür bezahlen. Dieses Prinzip wird von der Öffentlichkeit anscheinend eher akzeptiert als der Kauf von „Verschmutzungsrechten" im Handel mit Emissionszertifikaten.

Die Ausgestaltung des Handels mit Zertifikaten ist vor allem dann wichtig, wenn räumlich differenzierte Immissionsgrenzwerte einzuhalten sind. Dazu unterstellt man ein geographisches Gebiet mit einer gegebenen Anzahl von Emissionsquellen, die auf die Umweltqualität an mehreren Meßstellen dieser Region einwirken. Der einzuhaltende Umweltstandard beschreibt dann für jede Meßstelle die maximal zulässige Konzentration eines bestimmten Schadstoffs. Beim *Offset-System* etwa sind die Zertifikate dann auf die Emissionen bezogen, sie berechtigen also zur Emission einer bestimmten Menge eines bestimmten Schadstoffs. Für den Handel mit diesen Zertifikaten ist jedoch zu beachten, daß ein Transfer von Zertifikaten an keiner Meßstelle zu einer Überschreitung der vorgegebenen Standards führen darf. Gibt es demnach an einer bestimmten Meßstelle schon eine bindende Restriktion, so ist diese Restriktion beim Handel mit Zertifikaten einzuhalten. Die Tauschpreise für die Zertifikate verschiedener Emittenten in bezug auf eine bindende Restriktion an einer bestimmten Meßstelle werden sich daher an den Beiträgen der einzelnen Emittenten zur Immission an der betreffenden Meßstelle ausrichten.

Ähnlich wie bei der Abgabenlösung soll die Zertifikatslösung das Erreichen und Einhalten der vorgegebenen Umweltstandards mit minimalen volkswirtschaftlichen Kosten ermöglichen. Da man sich dabei über die Einrichtung von Märkten marktwirtschaftlicher Methoden bedient, müssen die Wettbewerbsverhältnisse ein vernünftiges Wirken dieser Märkte ermöglichen. Konkret bedeutet dies die Existenz vieler Anbieter und Nachfrager auf den Märkten für Umweltlizenzen. Gerade diese Voraussetzung ist bei den wenigen, bisher eingerichteten Märkten für Umweltzertifikate nicht gegeben.

3.4.2
Kompensationen und Begünstigungen

In letzter Zeit viel diskutiert sind sog. Kompensationslösungen, bei denen Wirtschaftsverbände durch Branchenvereinbarungen ordnungsrechtlichen Vorschriften zuvorzukommen versuchen. Mit Kompensationen wird versucht, auf die Tatsache ansteigender Grenzkosten Rücksicht zu nehmen. Dabei werden einzelne Verursacher von Umweltschäden von der Erfüllung neuer Anforderungen zum Nutzen der Umwelt freigestellt, wenn sie nachweisen, daß die von ihnen selbst nicht erbrachten Leistungen zur Verbesserung der Umwelt von anderen Verursachern übernommen werden. Kompensationen können prinzipiell durch mehrere Werke eines Unternehmens oder unterschiedliche Unternehmen, z.B. einer Branche, erbracht werden. International operierende Unternehmen haben großes Interesse an solchen Modellen. Eine Spezialform der Kompensationen ist die sog. Joint Implementation, bei der durch finanzielle Förderung des Umweltschutzes in weniger entwickelten Ländern versucht wird, mit demselben finanziellen Aufwand mehr Umweltschutz zu erreichen, als es durch Investition desselben Betrages in einer entwickelten Region mit schon hohem Umweltschutzniveau möglich ist.

Als Beispiel der jüngsten Zeit mag die *Freiwillige Selbstverpflichtung zur umweltgerechten Altautoverwertung (PKW) im Rahmen des Kreislaufwirtschaftsgesetzes* des Verbandes der Automobilindustrie e.V. und weiterer Wirtschaftsverbände vom Februar 1996 dienen, die Bestandteil der Altauto-Verordnung zum Kreislaufwirtschafts- und Abfallgesetz ist. Diese Verpflichtung umfaßt:

- Recyclinggerechte Konstruktion und Produktion von Automobilen,
- umweltverträgliche Behandlung der Altautos (Trockenlegung und Demontage),
- Entwicklung, Aufbau und Optimierung von Stoffkreisläufen, um die Verwertungsmöglichkeiten zu verbessern und insbesondere die noch zu beseitigenden Abfälle aus dem Schredderprozeß drastisch zu verringern,
- Reduzierung des bisher nicht verwertbaren Abfallanteils aus dem Schredderprozeß von jetzt 25 Gew.-% auf maximal 5 Gew.-% bis zum Jahre 2015,
- Kostenlose Rücknahme der ab Inkrafttreten der Verordnung neu gefertigten Fahrzeuge vom Letztbesitzer, wenn die Fahrzeuge nicht älter als 12 Jahre sind.

Ermächtigungsgrundlagen für Kompensationen enthalten im deutschen Umweltrecht § 7 Abs. 3ff., § 17 Abs. 3a, § 48 Nr. 4, § 67a BImSchG, TA Luft Nr. 4.2.1 b, § 8 Abs. 2 und 4 BNatSchG und § 36b Abs. 6 WHG.

3.5
Übersicht über das Umweltrecht

Das Umweltrecht ergibt sich aus Gesetzen und Verordnungen des materiellen Rechts mit einer Umweltzielsetzung sowie Vorschriften in anderen Gesetzen und Verordnungen, die einen Umweltbezug haben oder das Verhältnis der Individuen oder des Staates zur Umwelt beeinflussen, sowie schließlich der Ausdeutung dieser Gesetze und Verordnungen durch die Rechtsprechung. Dadurch gibt es keine starre Abgrenzung des Umweltrechts, sondern Querverbindungen zu vielen anderen Rechtsbereichen.

Insbesondere haben das Baurecht, vorliegend im Baugesetzbuch und dem jeweiligen Baugesetz des Landes (als Landesbauordnungen bezeichnet) und das Bauplanungsrecht, vorliegend im Baugesetzbuch und der Raumordnungsgesetzgebung von Bund und Ländern, eine große Bedeutung hinsichtlich der praktischen Durchführung umweltrelevanter Industrieansiedlungsprojekte erlangt.

Trotz vieler Ansätze ist eine Zusammenfassung des Umweltrechts in einem Gesetzeswerk, einem „Umweltgesetzbuch" bislang nicht gelungen. Die einzelnen Gesetze schützen entweder vor bestimmten Gefährdungsquellen (z.B. das Chemikaliengesetz) oder einzelne Umweltmedien (z.B. das Bundes-Immissions-schutzgesetz). Diese Gesetze wurden geschaffen und weiterentwickelt, um zum jeweiligen Zeitpunkt besonders drängende Probleme zu lösen.

So wie sich das Umweltrecht in Etappen entwickelt hat, gibt es eine Vielzahl von Gesetzen, die sich direkt mit Umweltthemen beschäftigen (z.B. Bundesnatur-schutzgesetz), eine Reihe von Gesetzen, die berücksichtigt werden müssen (z.B. Baugesetzbuch) und Rechtsgebiete, die auch für das Umweltrecht gelten (z.B. Abgabenrecht, Prozeßrecht).

Im folgenden wird versucht, einen Überblick über die Fülle der Gesetzeswerke zu geben.

Grundsätzlich kann das Umweltrecht unterschieden werden in die Bereiche Allgemeines Umweltrecht und besonderes Umweltrecht.

3.5.1
Allgemeines Umweltrecht

Allgemeines Umweltrecht umfaßt die Regelwerke, die mehrere Schutzgüter oder Regelungsbereiche berühren. Dies sind insbesondere

- Gesetz über die Umweltverträglichkeitsprüfung,
- Umwelthaftungsgesetz,
- Umweltinformationsgesetz,
- sog. EG-Umwelt-Audit-Verordnung mit Umweltauditgesetz.

Das Gesetz über die *Umweltverträglichkeitsprüfung* (UVPG) hat zum Ziel, bei Genehmigungsverfahren eine schutzgutübergreifende, d.h. alle Schutzgüter umfassende Betrachtung der Umwelteinwirkungen eines Vorhabens oder einer Anlage sicherzustellen, indem die direkten und indirekten Einflüsse auf die einzelnen Schutzgüter erfaßt und bewertet werden. Das Ergebnis dieser Untersuchung, die sog. Umweltverträglichkeitsstudie, wird bei Genehmigungsverfahren zusammen mit den anderen Antragsunterlagen der zuständigen Behörde zur Entscheidung vorgelegt.

Das *Umwelthaftungsgesetz* (UHG) erweitert den Umfang der nach dem BGB bestehenden Schadenersatz- und nachbarrechtlichen Ausgleichspflichten, indem es für Umweltschäden (die auch Personen- oder Sachschäden sein können) der im Gesetz bestimmten Anlagen Gefährdungshaftungstatbestände festlegt. Die Beweislast dafür, daß die Anlage für den Schaden nicht ursächlich war, hat der Betreiber und nicht der Betroffene. Auch Allmählichkeitsschäden und solche, die erst aufgrund späterer Erkenntnis erfaßt werden können, sind von der Haftung erfaßt. Mit diesem Gesetz sollte versucht werden, die tatsächliche Gefährdung Dritter durch größere Industriebetriebe abzubilden.

Nach dem *Umweltinformationsgesetz* (UIG) hat jedermann hat das Recht auf Umweltinformationen, die den Behörden vorliegen. Durch diese Bestimmung soll mehr Öffentlichkeit in Umweltfragen hergestellt werden.

EG-Umwelt-Audit-Verordnung: Nach der „Verordnung (EWG) Nr. 1836/93 des Rates vom 29. Juni 1993 über die freiwillige Beteiligung gewerblicher Unternehmen an einem Gemeinschaftssystem für das Umweltmanagement und die Umweltbetriebsprüfung" können sich Unternehmen freiwillig zu einer kontinuierlichen Verbesserung des betrieblichen Umweltschutzes an einem Unternehmensstandort nach dem in der Verordnung vorgegebenen System verpflichten und erhalten im Gegenzug dafür das Recht, mit der erfolgreichen Teilnahme an dem System Standortwerbung (nicht Produktwerbung) zu betreiben. Das Akronym für „Eco Management and Audit System", kurz EMAS, hat sich ebenfalls als Bezeichnung für die Verordnung eingebürgert.

In der Begründung zum Verordnungstext heißt es, daß die Industrie Eigenverantwortung für die Bewältigung der Umweltfolgen ihrer Tätigkeiten trage und deshalb zu einem aktiven Konzept (d.h. weg von der bloßen Reaktion auf Umweltvorschriften) kommen sollte. Damit könne dem Ziel einer nachhaltigen Entwicklung besser entsprochen werden als lediglich durch Ordnungsrecht.[8]

Das Instrument eignet sich besonders für größere Unternehmensstandorte und erhöht dort die Transparenz der betrieblichen Umweltschutzaktivitäten. Zu den Maßnahmen des Systems gehört auch, daß überprüft wird, ob am Unternehmensstandort alle Umweltvorschriften eingehalten werden. Auch wenn dies keine Garantie dafür ist, daß alle einschlägigen Vorschriften erkannt wurden, können durch eine solche Überprüfung die Haftungsrisiken des Unternehmens und seiner Verantwortlichen reduziert werden.

3.5.2
Besonderes Umweltrecht

Besonderes Umweltrecht sind diejenigen Gesetze mit ihren zugehörigen Vorschriften, die sich hauptsächlich auf ein spezielles Schutzgut, z.B. das Wasser, oder auf einen bestimmten umweltrelevanten Tätigkeitsbereich, z.B. die Abfallwirtschaft, beziehen. Das besondere Umweltrecht kann gegliedert werden in:

- anlagenbezogenen Immissionsschutz (Luftreinhaltung, Wasserreinhaltung, Lärmbekämpfung, Strahlenschutz, Energiesparen),
- stoffbezogenen Immissionsschutz (Schutz vor gefährlichen Stoffen, Vermeidung von Abfällen),
- gebietsbezogenen Immissionsschutz (Gewässerschutz, Naturschutz, Bodenschutz, Tierschutz).

3.5.2.1
Immissionsschutz

Regelungen zum Immissionsschutz sind in vielen Regelwerken enthalten. Leitgesetz ist das Bundes-Immissionsschutzgesetz (BImSchG), auf dessen Grundlage 28 Durchführungsverordnungen (1. bis 28. BImschV) und die Verwaltungsvor-

---

[8] Dahinter steckt die Vorstellung, daß für die Umwelt mehr erreicht wird, wenn die Unternehmen in der Verteilung der Mittel auf Einzelmaßnahmen des Umweltschutzes freier sind, als wenn hierzu ein enger Ordnungsrahmen besteht. Ausgehend hiervon hat die Wirtschaft in Deutschland hohe Erwartungen, daß mit einer Teilnahme am EG-Umwelt-Audit-System ein Abbau staatlicher Kontrollen bei einer Zunahme der Selbstverantwortung der Unternehmen möglich ist. In dieser Hinsicht ist allerdings noch nicht viel geschehen.

schriften TA Luft und TA Lärm ergangen sind. Es wird insbesondere durch das Fluglärmgesetz (Gesetz zum Schutz gegen Fluglärm) und das Benzinbleigesetz ergänzt. Immissionsschützende Bestimmungen enthalten auch die Vorschriften des Straßen-, Schienen- und Luftverkehrs sowie der Schiffahrt.

Zweck des Bundes-Immissionsschutzgesetzes ist nach dessen § 1, Menschen, Tiere und Pflanzen, den Boden, das Wasser, die Atmosphäre sowie Kultur- und sonstige Sachgüter vor schädlichen Umwelteinwirkungen zu schützen. Es befaßt sich auch mit der Errichtung, dem Betrieb und der Stillegung genehmigungsbedürftiger Anlagen sowie dem Aufstellen von Luftreinhalteplänen und Lärmminderungsplänen.

3.5.2.2
Strahlenschutz und Reaktorsicherheit

Leitgesetz für diesen Bereich ist das Atomgesetz (Gesetz über die friedliche Verwendung von Kernenergie und den Schutz gegen ihre Gefahren), das durch das Strahlenschutzvorsorgegesetz und die Strahlenschutzverordnung ergänzt wird.

3.5.2.3
Energieeinsparen

Leitgesetz für diesen Bereich ist das Energieeinsparungsgesetz, das Vorschriften zur Energieeinsparung bei der Wärmeversorgung von Gebäuden enthält. Auf der Grundlage des Energieeinsparungsgesetzes wurden bisher die Wärmeschutzverordnung, die Heizkostenverordnung und die Heizanlagen-Verordnung erlassen. Die Wärmeschutzverordnung verlangt die Begrenzung des jährlichen Wärmebedarfs je m² beheizter Fläche nach einem Energiekennzahlenverfahren. Die Heizanlagen-Verordnung gilt für Bau und Betrieb von Warmwasser-Heizungen, Brauchwasseranlagen und bestimmt insbesondere Höchstwerte für die Leistung von Wärmeerzeugern und Mindestwerte für die Wärmedämmung von Wärmeverteilungsanlagen. Die Kleinfeuerungsanlagen-Verordnung (1. BImSchV) enthält konkrete Anforderungen durch Begrenzung von Abgasverlusten. Weitere Anforderungen finden sich in der TA Luft. Zu erwähnen ist ferner die EG-Richtlinie Warmwasserheizkessel.

3.5.2.4
Schutz vor gefährlichen Stoffen

Leitgesetz für diesen Bereich ist das Chemikaliengesetz, das unter anderem durch das DDT-Gesetz, das Pflanzenschutzgesetz (Gesetz zum Schutz der Kulturpflanzen), das Düngemittelgesetz, das Gesetz über die Beförderung gefährlicher Güter, aber auch durch Bestimmungen des Lebensmittelrechts und des Futtermittelrechts sowie durch stoffbezogene Regelungen anderer Umweltbereiche ergänzt wird. Zudem sind hier wohl die Gesetze einzuordnen, die sich mit den Umweltfolgen der Gen- oder Biotechnologie beschäftigen.

3.5.2.5
Vermeidung und Entsorgung von Abfällen

Leitgesetz für diesen Bereich ist das Kreislaufwirtschaft- und Abfallgesetz (KrW-/AbfG), das die EG-Abfallrahmenrichtlinie[9] umsetzt. Weitere Bestimmungen über die Beseitigung von Stoffen enthalten das Tierkörperbeseitigungsgesetz, das Fleischbeschaugesetz, das Tierseuchengesetz, das Pflanzenschutzgesetz, das Atomgesetz und das Bergrecht.

Das Kreislaufwirtschaft- und Abfallgesetz definiert Abfälle als „alle beweglichen Sachen, ... deren sich der Besitzer entledigt, entledigen will oder entledigen muß" (§ 3 Abs. 1 KrW-/AbfG). Zudem legt es fest, daß die Entsorgungsverantwortung grundsätzlich bei den Erzeugern und Besitzern von Abfall liegt.

3.5.2.6
Gewässerschutz

Leitgesetz für diesen Bereich ist das Wasserhaushaltsgesetz; es wird durch das Abwasserabgabengesetz und das Wasch- und Reinigungsmittelgesetz ergänzt. Hinzu kommt die auf dem Lebensmittel- und Bedarfsgegenständegesetz beruhende Trinkwasserverordnung. Dem Gewässerschutz dienen darüber hinaus auch die stoffbezogenen Regelungen anderer Umweltbereiche.

Das Wasserhaushaltsgesetz (WHG) des Bundes wird durch die Wassergesetze der einzelnen Länder ausgefüllt. Wichtigstes Prinzip ist, daß – im Gegensatz zu Boden und Luft – jede Gewässernutzung einer ausdrücklichen Gestattung (in Form einer Erlaubnis oder Bewilligung, vgl. §§ 7,8 WHG) bedarf.

§ 22 WHG enthält eine eigene zivilrechtliche verschuldensunabhängige Haftungsregelung für die Verschmutzung von Gewässern. Das bedeutet, daß die Haftung selbst dann eingreifen kann, wenn der für die Einleitung Verantwortliche die technisch besten Behandlungsmethoden angewendet hat. Die Haftung greift nicht nur bei bestimmtem Verhalten, sondern knüpft auch an den Betrieb einer Anlage als potentielle Gefahrenquelle an.

3.5.2.7
Naturschutz, Landschaftspflege, Bodenschutz, Tierschutz

Leitgesetz für diesen Bereich ist das Bundesnaturschutzgesetz, ausgeprägt in den einzelnen Landesnaturschutzgesetzen. Es wird ergänzt insbesondere durch das Bundeswaldgesetz, das Bundes-Bodenschutzgesetz und das Tierschutzgesetz.

Das Bundes-Bodenschutzgesetz soll die Funktionen des Bodens nachhaltig sichern und wiederherstellen, indem es schädliche Bodenveränderungen abwehren, Boden und Altlasten sowie hierdurch verursachte Gewässerverunreinigungen sanieren und Vorsorge gegen nachteilige Einwirkungen auf den Boden treffen will. Es findet Anwendung auf schädliche Bodenveränderungen und Altlasten, die nicht durch Spezialgesetze erfaßt sind. Es verpflichtet sowohl den Grundstückseigentü-

---

[9] Richtlinie des Rates vom 15.7.1975 über Abfälle (75/442/EWG), geändert durch die Richtlinie 91/156/EWG vom 18.3.1991

mer als auch den Inhaber der tatsächlichen Gewalt über das Grundstück (z.B. den Pächter) Vorsorge zu treffen, daß durch die Grundstücksnutzung keine schädlichen Bodenveränderungen entstehen. Die Sanierungspflicht trifft den Verursacher, aber auch den früheren und den jetzigen Grundstückseigentümer, wie auch den Inhaber der tatsächlichen Gewalt.

3.6
Strafrecht [10]

Auch das Strafrecht wird als Mittel zur Verwirklichung von Umweltschutz genutzt. Neben dem Umweltverwaltungsrecht (Genehmigungsverfahren etc.), dem Haftungsrecht (s. Kapitel 6) und den Abgaben und Steuern bietet es eine weitere Möglichkeit, steuernd einzugreifen.

Bei den Betrachtungen des Umweltstrafrechts darf nicht übersehen werden, daß Umweltbelastungen oft auf Summations-, Kumulations- oder synergetischen Effekten beruhen und Umweltschutz deshalb in erster Linie von Planung und Vorsorge abhängt. Strafnormen können nur ultima ratio sein.

3.6.1
Übersicht

Mit der Übernahme der wichtigsten bereits bestehenden Umweltstrafnormen in das Strafgesetzbuch (StGB) 1980 wollte der Gesetzgeber generalpräventiv wirken und das Umweltbewußtsein der Bevölkerung stärken [Trö99, vor § 324 Rnr. 4].

Diese „Straftaten gegen die Umwelt" können nur ergänzend und häufig auch nur im Zusammenhang mit den Genehmigungs- oder Erlaubnistatbeständen wirken. Niemand kann sich eines Umweltdeliktes strafbar machen, wenn sein Verhalten verwaltungsrechtlich erlaubt wurde. Die Straftatbestände der §§ 324 ff StGB berücksichtigen dies dadurch, daß sie entweder unbefugtes Handeln verlangen oder fordern, daß „verwaltungsrechtliche Pflichten" verletzt wurden. Letzteres wird in § 330d StGB definiert. Unbefugt handelt, wer etwas tut, ohne im Besitz der dafür erforderlichen behördlichen Genehmigung zu sein oder, wenn er von der erlangten behördlichen Genehmigung abweicht [Trö99, § 324 Rnr. 7] oder sie unrechtmäßig erworben hat. Für das Vorhandensein der behördlichen Genehmigung etc. kommt es nur auf das Bestehen der behördlichen Entscheidung, nicht auf deren Rechtmäßigkeit an [Trö99, vor § 324 Rnr. 4b].

Die Verantwortlichkeit natürlicher Personen setzt eine schuldhafte Tatbegehung voraus, allerdings genügt in der Regel Fahrlässigkeit. Fahrlässigkeit erfordert Verletzung einer auf den Verkehrs- und Berufskreis des Täters bezogene Sorgfaltspflicht, nach Ansicht der Rechtssprechung auch eine nach der Person des Täters zu individualisierende Voraussehbarkeit und Vermeidbarkeit des Erfolges.

Der 29. Abschnitt des Strafgesetzbuch „Straftaten gegen die Umwelt", §§ 324 ff. StGB, wird unten behandelt. Daneben gibt es im Strafgesetzbuch selbst

---

[10] von Regierungsdirektorin Yvonne Olivier

noch §§ 311 StGB (Freisetzen ionisierender Strahlen) und § 312 StGB (Fehlerhafte Herstellung einer kerntechnischen Anlage). Die allgemeinen Straftatbestände z.B. zum Schutz von Leben und Gesundheit bleiben neben dem 29. Abschnitt anwendbar.

Außerhalb des StGB finden sich weitere umweltrelevante Straftatbestände in § 148 Gewerbeordnung, §§ 63 ff Bundesseuchengesetz, § 17 Tierschutzgesetz, §§ 51, 52 Lebensmittel- und Bedarfsgegenständegesetz (LMBG), § 74 TierSG, § 38 BjagdG, §§ 40, 42 SprengG sowie § 39 Pflanzenschutzgesetz.

Umweltstrafrecht im weiteren Sinne umfaßt auch die Bußgeldtatbestände, die außerhalb des StGB die Umweltgesetze und –verordnungen bewehren. Die große Zahl dieser meist sehr detaillierten Ordnungswidrigkeiten des deutschen Bundes- und Landesrechtes würde die Darstellung hier sprengen. Meist handelt es sich um Umweltverstöße in der Form von Zuwiderhandlungen gegen verwaltungsrechtliche Anforderungen oder Anordnungen. Einige Bundesländer verfügen über Bußgeldkataloge, in denen die Höhe der Bußgelder festgelegt ist.

3.6.2
Die einzelnen Umweltdelikte des StGB

Für das Verständnis der einzelnen Umweltstrafvorschriften ist die Kenntnis einiger spezieller Begriffe erforderlich, die in § 330d StGB definiert sind:

> Im Sinne dieses Abschnittes ist
> 1. ein Gewässer: ein oberirdisches Gewässer, das Grundwasser und das Meer;
> 2. eine kerntechnische Anlage: eine Anlage zur Erzeugung oder zur Bearbeitung oder Verarbeitung oder zur Spaltung von Kernbrennstoffen oder zur Aufarbeitung bestrahlter Kernbrennstoffe;
> 3. ein gefährliches Gut: ein Gut im Sinne des Gesetzes über die Beförderung gefährlicher Güter und einer darauf beruhenden Rechtsverordnung und im Sinne der Rechtsvorschriften über die internationale Beförderung gefährlicher Güter im jeweiligen Anwendungsbereich;
> 4. eine verwaltungsrechtliche Pflicht: eine Pflicht, die sich aus
>   a) einer Rechtsvorschrift,
>   b) einer gerichtlichen Entscheidung,
>   c) einem vollziehbaren Verwaltungsakt,
>   d) einer vollziehbaren Auflage oder
>   e) einem öffentlich-rechtlichen Vertrag, soweit die Pflicht auch durch Verwaltungsakt hätte auferlegt werden können,
>   ergibt und dem Schutz vor Gefahren oder schädlichen Einwirkungen auf die Umwelt, insbesondere auf Menschen, Tiere oder Pflanzen, Gewässer, die Luft oder den Boden, dient;
> 5. ein Handeln ohne Genehmigung, Planfeststellung oder sonstige Zulassung: auch ein Handeln auf Grund einer durch Drohung, Bestechung oder Kollusion erwirkten oder durch unrichtige oder unvollständige Angaben erschlichenen Genehmigung, Planfeststellung oder sonstigen Zulassung.

Schließlich sei noch darauf hingewiesen, daß nach § 330b StGB bei einigen wenigen Umweltstraftaten von der Verhängung einer Strafe abgesehen werden kann, wenn der Täter die von ihm hervorgerufene Gefahr oder den von ihm verursachten Zustand beseitigt, bevor ein erheblicher Schaden entsteht.

3.6.2.1
§ 324 StGB: Gewässerverunreinigung

(1) Wer unbefugt ein Gewässer verunreinigt oder sonst dessen Eigenschaften nachteilig verändert, wird mit Freiheitsstrafe bis zu fünf Jahren oder mit Geldstrafe bestraft.
(2) Der Versuch ist strafbar.
(3) Handelt der Täter fahrlässig, so ist die Strafe Freiheitsstrafe bis zu drei Jahren oder Geldstrafe.

„Nachteilig" ist nach der Rechtssprechung jede Veränderung, die nicht vorteilhaft oder neutral ist, es genügt, wenn das Gewässer nicht mehr „naturrein" ist. (OLG Stuttgart[11]) oder ein vorbelastetes Gewässer in seiner Qualität weiter verschlechtert wird (OLG Frankfurt/Main[12]).So reicht es etwa für die Strafbarkeit, daß von einer Baugrube das Grundwasser in den nahen Fluß gepumpt und dieser durch Sandbeimengung auf eine erhebliche Strecke milchig trüb wird; daß es sich um nahezu identisches Wasser handelt, ist unerheblich (so OLG Karlsruhe[13]). Die Strafbarkeit scheidet allerdings aus, wenn der Täter nicht unbefugt handelt, also wenn sein Verhalten durch einen nach WHG erteilte Gestattung erlaubt wurde.

3.6.2.2
§ 324a StGB: Bodenverunreinigung

(1) Wer unter Verletzung verwaltungsrechtlicher Pflichten Stoffe in den Boden einbringt, eindringen läßt oder freisetzt und diesen dadurch
1. in einer Weise, die geeignet ist, die Gesundheit eines anderen, Tiere, Pflanzen oder andere Sachen von bedeutendem Wert oder ein Gewässer zu schädigen, oder
2. in bedeutendem Umfang
verunreinigt oder sonst nachteilig verändert, wird mit Freiheitsstrafe bis zu fünf Jahren oder mit Geldstrafe bestraft.
(2) Der Versuch ist strafbar.
(3) Handelt der Täter fahrlässig, so ist die Freiheitsstrafe bis zu drei Jahren oder Geldstrafe.

Beispiel: Ablagerung von giftigem Abfall (Einbringen), Austreten von Öl beim Befüllen eines Öltanks (Eindringen lassen), Versprühen von Gift (Freisetzen). Tatobjekt ist der Boden, also die oberste von Lebewesen belebte Erdoberfläche.

3.6.2.3
§ 325 StGB: Luftverunreinigung

(1) Wer beim Betrieb einer Anlage, insbesondere einer Betriebsstätte oder Maschine, unter Verletzung verwaltungsrechtlicher Pflichten Veränderungen der Luft verursacht, die geeignet sind, außerhalb des zur Anlage gehördenden Bereichs die Gesundheit eines anderen, Tiere, Pflanzen oder andere Sachen von bedeutendem Wert zu schädigen, wird mit Freiheitsstrafe bis zu fünf Jahren oder mit Geldstrafe bestraft. Der Versuch ist strafbar.

---

[11] OLG Stuttgart, Urteil v. 22.4.1977, NJW 1977, 1408
[12] OLG Frankfurt/Main, Urteil v. 22.5.1987, NJW 1987, 2753 ff. (2755)
[13] OLG Karlsruhe, Urteil v. 21.8.1982, JR 1983, 339

> (2) Wer beim Betrieb einer Anlage, insbesondere einer Betriebsstätte oder Maschine, unter grober Verletzung verwaltungsrechtlicher Pflichten Schadstoffe in bedeutendem Umfang in die Luft außerhalb des Betriebsgeländes freisetzt, wird mit Freiheitsstrafe bis zu fünf Jahren oder mit Geldstrafe bestraft.
> (3) Handelt der Täter fahrlässig, so ist die Strafe Freiheitsstrafe bis zu drei Jahren oder Geldstrafe.
> (4) Schadstoffe im Sinne des Absatzes 2 sind Stoffe, die geeignet sind,
> 1. die Gesundheit eines anderen, Tiere, Pflanzen oder andere Sachen von bedeutendem Wert zu schädigen oder
> 2. nachhaltig ein Gewässer, die Luft oder den Boden zu verunreinigen oder sonst nachteilig zu verändern.
> (5) Die Absätze 1 bis 3 gelten nicht für Kraftfahrzeuge, Schienen-, Luft- oder Wasserfahrzeuge.

Eine Luftverunreinigung ist also nur strafbar, wenn eine verwaltungsrechtkliche Pflicht (im Sinne des oben zitierten § 330d StGB) verletzt wird; allerdings kommt es auch nicht auf den Eintritt eines Sach- oder Gesundheitsschadens an (Gefährdungshaftung). Zur Klärung, ob eine Immission zu einer entsprechenden Gefährdung geeignet ist, kann auf die geltenden Grenzwerte (insbesondere TA Luft) zurückgegriffen werden [Trö99, § 325, Rnr. 7]. Für den Anlagenbegriff kann grundsätzlich auf § 3 Abs. 5 BImSchG zurückgegriffen werden.

3.6.2.4
§ 325a StGB: Verursachen von Lärm, Erschütterung und nichtionisierenden Strahlen

> (1) Wer beim Betrieb einer Anlage, insbesondere einer Betriebsstätte oder Maschine, unter Verletzung verwaltungsrechtlicher Pflichten Lärm verursacht, der geeignet ist, außerhalb des zur Anlage gehörenden Bereichs die Gesundheit eines anderen zu schädigen, wird mit Freiheitsstrafe bis zu drei Jahren oder mit Geldstrafe bestraft.
> (2) Wer beim Betrieb einer Anlage, insbesondere einer Betriebsstätte oder Maschine, unter Verletzung verwaltungsrechtlicher Pflichten, die dem Schutz vor Lärm, Erschütterungen oder nichtionisierenden Strahlen dienen, die Gesundheit eines anderen, ihm nicht gehörende Tiere oder fremde Sachen von bedeutendem Wert gefährdet, wird mit Freiheitsstrafe bis zu fünf Jahren oder mit Geldstrafe bestraft.
> (3) Handelt der Täter fahrlässig, so ist die Strafe
> 1. in den Fällen des Absatzes 1 Freiheitsstrafe bis zu zwei Jahren oder Geldstrafe,
> 2. in den Fällen des Absatzes 2 Freiheitsstrafe bis zu drei Jahren oder Geldstrafe.
> (4) Die Absätze 1 bis 3 gelten nicht für Kraftfahrzeuge, Schienen-, Luft- oder Wasserfahrzeuge.

Lärm, nichtionisierende Strahlen und Erschütterungen sind nur strafbar, wenn eine verwaltungsrechtkliche Pflicht (im Sinne des oben zitierten § 330d StGB) verletzt wird; allerdings kommt es auch nicht auf den Eintritt eines Sach- oder Gesundheitsschadens an (Gefährdungshaftung), bei Lärm genügt sogar die Eignung zur Gesundheitsschädigung.

Beispiel. Überlautes Betreiben von Musikanlagen, Baumaschinen, Kompressoren etc.

3.6.2.5
§ 326 StGB: Unerlaubter Umgang mit gefährlichen Abfällen

(1) Wer unbefugt Abfälle, die
1. Gifte oder Erreger von auf Menschen oder Tiere übertragbaren gemeingefährlichen Krankheiten enthalten oder hervorbringen können,
2. für den Menschen krebserzeugend, fruchtschädigend oder erbgutverändernd sind,
3. explosionsgefährlich, selbstentzündlich oder nicht nur geringfügig radioaktiv sind oder
4. nach Art, Beschaffenheit oder Menge geeignet sind,
    a) nachhaltig ein Gewässer, die Luft oder den Boden zu verunreinigen oder sonst nachteilig zu verändern oder
    b) einen Bestand von Tieren oder Pflanzen zu gefährden,

außerhalb einer dafür zugelassenen Anlage oder unter wesentlicher Abweichung von einem vorgeschriebenen oder zugelassenen Verfahren behandelt, lagert, ablagert, abläßt oder sonst beseitigt, wird mit Freiheitsstrafe bis zu fünf Jahren oder mit Geldstrafe bestraft.

(2) Ebenso wird bestraft, wer Abfälle im Sinne des Absatzes 1 entgegen einem Verbot oder ohne die erforderliche Genehmigung in den, aus dem oder durch den Geltungsbereich dieses Gesetzes verbringt.

(3) Wer radioaktive Abfälle unter Verletzung verwaltungsrechtlicher Pflichten nicht abliefert, wird mit Freiheitsstrafe bis zu drei Jahren oder mit Geldstrafe bestraft.

(4) In den Fällen der Absätze 1 und 2 ist der Versuch strafbar.

(5) Handelt der Täter fahrlässig, so ist die Strafe
1. in den Fällen des Absätze 1 und 2 Freiheitsstrafe bis zu drei Jahren oder Geldstrafe,
2. in den Fällen des Absatzes 3 Freiheitsstrafe bis zu einem Jahr oder Geldstrafe.

(6) Die Tat ist dann nicht strafbar, wenn schädliche Einwirkungen auf die Umwelt, insbesondere auf Menschen, Gewässer, die Luft, den Boden, Nutztiere oder Nutzpflanzen, wegen der geringen Menge der Abfälle offensichtlich ausgeschlossen sind.

Es handelt sich um ein Gefährdungsdelikt, daß heißt ein „Erfolg" ist nicht Voraussetzung für die Strafbarkeit.

Die Begriffe Abfall, Behandeln, Lagern und Ablagern entsprechen denen des Kreislaufwirtschafts- und Abfallgesetzes.

3.6.2.6
§ 327 StGB: Unerlaubtes Betreiben von Anlagen

(1) Wer ohne die erforderliche Genehmigung oder entgegen einer vollziehbaren Untersagung
1. eine kerntechnische Anlage betreibt, eine betriebsbereite oder stillgelegte kerntechnische Anlage innehat oder ganz oder teilweise abbaut oder eine solche Anlage oder ihren Betrieb wesentlich ändert oder
2. eine Betriebsstätte, in der Kernbrennstoffe verwendet werden, oder deren Lage wesentlich ändert,

wird mit Freiheitsstrafe bis zu fünf Jahren oder mit Geldstrafe bestraft.

(2) Mit Freiheitsstrafe bis zu drei Jahren oder mit Geldstrafe wird bestraft, wer
1. eine genehmigungsbedürftige Anlage oder eine sonstige Anlage im Sinne des Bundes-Immissionsschutzgesetzes, deren Betrieb zum Schutz vor Gefahren untersagt worden ist,
2. eine genehmigungsbedürftige oder anzeigepflichtige Rohrleitungsanlage zum Befördern wassergefährdender Stoffe im Sinne des Wasserhaushaltsgesetzes oder

3. eine Abfallentsorgungsanlage im Sinne des Kreislaufwirtschafts- und Abfallgesetzes ohne die nach dem jeweiligen Gesetz erforderliche Genehmigung oder Planfeststellung oder entgegen einer auf dem jeweiligen Gesetz beruhenden vollziehbaren Untersagung betreibt.

(3) Handelt der Täter fahrlässig, so ist die Strafe

1. in den Fällen des Absatzes 1 Freiheitsstrafe bis zu drei Jahren oder Geldstrafe,
2. in den Fällen des Absatzes 2 Freiheitsstrafe bis zu zwei Jahren oder Geldstrafe.

Mit § 327 StGB soll das Überwachungsinteresse der Allgemeinheit geschützt werden. Die Zuwiderhandlung ist ein abstraktes Gefährdungsdelikt.

Ob eine Anlage genehmigungspflichtig ist, richtet sich nach dem jeweiligen Fachgesetz, kerntechnische Anlagen sind in § 330d Nr. 2 StGB definiert.

3.6.2.7
§ 328 StGB: Unerlaubter Umgang mit radioaktiven Stoffen und anderen gefährlichen Stoffen und Gütern

(1) Mit Freiheitsstrafe bis zu fünf Jahren oder mit Geldstrafe wird bestraft,

1. wer ohne die erforderliche Genehmigung oder entgegen einer vollziehbaren Untersagung Kernbrennstoffe oder
2. wer grob pflichtwidrig ohne die erforderliche Genehmigung oder wer entgegen einer vollziehbaren Untersagung sonstige radioaktive Stoffe, die nach Art, Beschaffenheit oder Menge geeignet sind, durch ionisierende Strahlen den Tod oder eine schwere Gesundheitsschädigung eines anderen herbeizuführen,

aufbewahrt, befördert, bearbeitet, verarbeitet oder sonst verwendet, einführt oder ausführt.

(2) Ebenso wird bestraft, wer

1. Kernbrennstoffe, zu deren Ablieferung er auf Grund des Atomgesetzes verpflichtet ist, nicht unverzüglich abliefert,
2. Kernbrennstoffe oder die in Absatz 1 Nr. 2 bezeichneten Stoffe an Unberechtigte abgibt oder die Abgabe an Unberechtigte vermittelt,
3. eine nukleare Explosion verursacht oder
4. einen anderen zu einer in Nummer 3 bezeichneten Handlung verleitet oder eine solche Handlung fördert.

(3) Mit Freiheitsstrafe bis zu fünf Jahren oder mit Geldstrafe wird bestraft, wer unter grober Verletzung verwaltungsrechtlicher Pflichten

1. beim Betrieb einer Anlage, insbesondere einer Betriebsstätte oder technischen Einrichtung, radioaktive Stoffe oder Gefahrstoffe im Sinne des Chemikaliengesetzes lagert, bearbeitet, verarbeitet oder sonst verwendet oder
2. gefährliche Güter befördert, versendet, verpackt oder auspackt, verlädt oder entlädt, entgegennimmt oder anderen überläßt

und dadurch die Gesundheit eines anderen, ihm nicht gehörende Tiere oder fremde Sachen von bedeutendem Wert gefährdet.

(4) Der Versuch ist strafbar.

(5) Handelt der Täter fahrlässig, so ist die Strafe Freiheitsstrafe bis zu drei Jahren oder Geldstrafe.

(6) Die Absätze 4 und 5 gelten nicht für Taten nach Absatz 2 Nr. 4.

3.6.2.8
§ 329 StGB: Gefährdung schutzbedürftiger Gebiete

(1) Wer entgegen einer auf Grund des Bundes-Immissionsschutzgesetzes erlassenen Rechtsverordnung über ein Gebiet, das eines besonderen Schutzes vor schädlichen Umwelteinwirkungen durch Luftverunreinigungen oder Geräusche bedarf oder in dem während austauscharmer Wetterlagen ein starkes Anwachsen schädlicher Umwelteinwirkungen durch Luftverunreinigungen zu befürchten ist, Anlagen innerhalb des Gebietes betreibt, wird mit Freiheitsstrafe bis zu drei Jahren oder mit Geldstrafe bestraft. Ebenso wird bestraft, wer innerhalb eines solchen Gebiets Anlagen entgegen einer vollziehbaren Anordnung betreibt, die auf Grund einer in Satz 1 bezeichneten Rechtsverordnung ergangen ist. Die Sätze 1 und 2 gelten nicht für Kraftfahrzeuge, Schienen-, Luft- oder Wasserfahrzeuge.

(2) Wer entgegen einer zum Schutz eines Wasser- oder Heilquellenschutzgebietes erlassenen Rechtsvorschrift oder vollziehbaren Untersagung

1. betriebliche Anlagen zum Umgang mit wassergefährdenen Stoffen betreibt,
2. Rohrleitungsanlagen zum Befördern wassergefährdender Stoffe betreibt oder solche Stoffe befördert oder
3. im Rahmen eines Gewerbebetriebes Kies, Sand, Ton oder andere feste Stoffe abbaut,

wird mit Freiheitsstrafe bis zu drei Jahren oder mit Geldstrafe bestraft. Betriebliche Anlage im Sinne des Satzes 1 ist auch die Anlage in einem öffentlichen Unternehmen.

(3) Wer entgegen einer zum Schutz eines Naturschutzgebietes, einer als Naturschutzgebiet einstweilig sichergestellten Fläche oder eines Nationalparks erlassenen Rechtsvorschrift oder vollziehbaren Untersagung

1. Bodenschätze oder andere Bodenbestandteile abbaut oder gewinnt,
2. Abgrabungen oder Aufschüttungen vornimmt,
3. Gewässer schafft, verändert oder beseitigt,
4. Moore, Sümpfe, Brüche oder sonstige Feuchtgebiete entwässert,
5. Wald rodet,
6. Tiere einer im Sinne des Bundesnaturschutzgesetzes besonders geschützten Art tötet, fängt, diesen nachstellt oder deren Gelege ganz oder teilweise zerstört oder entfernt,
7. Pflanzen einer im Sinne des Bundesnaturschutzgesetzes besonders geschützten Art beschädigt oder entfernt oder
8. ein Gebäude errichtet

und dadurch den jeweiligen Schutzzweck nicht unerheblich beeinträchtigt, wird mit Freiheitsstrafe bis zu fünf Jahren oder mit Geldstrafe bestraft.

(4) Handelt der Täter fahrlässig, so ist die Strafe

1. in den Fällen der Absätze 1 und 2 Freiheitsstrafe bis zu zwei Jahren oder Geldstrafe,
2. in den Fällen des Absatzes 3 Freiheitsstrafe bis zu drei Jahren oder Geldstrafe.

3.6.2.9
§ 330a StGB: Schwere Gefährdung durch Freisetzen von Giften

(1) Wer Stoffe, die Gifte enthalten oder hervorbringen können, verbreitet oder freisetzt und dadurch die Gefahr des Todes oder einer schweren Gesundheitsschädigung eines anderen Menschen oder die Gefahr einer Gesundheitsschädigung einer großen Zahl von Menschen verursacht, wird mit Freiheitsstrafe von einem Jahr bis zu zehn Jahren bestraft.

(2) Verursacht der Täter durch die Tat den Tod eines anderen Menschen, so ist die Strafe Freiheitsstrafe nicht unter drei Jahren.

(3) In minder schweren Fällen des Absatzes 1 ist auf Freiheitsstrafe von sechs Monaten bis zu fünf Jahren, in minder schweren Fällen des Absatzes 2 auf Freiheitsstrafe von einem Jahr bis zu zehn Jahren zu erkennen.

(4) Wer in den Fällen des Absatzes 1 die Gefahr fahrlässig verursacht, wird mit Freiheitsstrafe bis zu fünf Jahren oder mit Geldstrafe bestraft.

(5) Wer in den Fällen des Absatzes 1 leichtfertig handelt und die Gefahr fahrlässig verursacht, wird mit Freiheitsstrafe bis zu drei Jahren oder mit Geldstrafe bestraft.

3.6.2.10
§ 330 StGB: Besonders schwerer Fall einer Umweltstraftat

(1) In besonders schweren Fällen wird eine vorsätzliche Tat nach den §§ 324 bis 329 mit Freiheitsstrafe von sechs Monaten bis zu zehn Jahren bestraft. Ein besonders schwerer Fall liegt in der Regel vor, wenn der Täter

1. ein Gewässer, den Boden oder ein Schutzgebiet im Sinne des § 329 Abs. 3 derart beeinträchtigt, daß die Beeinträchtigung nicht, nur mit außerordentlichem Aufwand oder erst nach längerer Zeit beseitigt werden kann,

2. die öffentliche Wasserversorgung gefährdet,

3. einen Bestand von Tieren oder Pflanzen der vom Aussterben bedrohten Arten nachhaltig schädigt oder

4. aus Gewinnsucht handelt.

(2) Wer durch eine vorsätzliche Tat nach den §§ 324 bis 329

1. einen anderen Menschen in die Gefahr des Todes oder einer schweren Gesundheitsschädigung oder eine große Zahl von Menschen in die Gefahr einer Gesundheitsschädigung bringt oder

2. den Tod eines anderen Menschen verursacht,

wird in den Fällen der Nummer 1 mit Freiheitsstrafe von einem Jahr bis zu zehn Jahren, in den Fällen der Nummer 2 mit Freiheitsstrafe nicht unter drei Jahren bestraft, wenn die Tat nicht in § 330a Abs. 1 bis 3 mit Strafe bedroht ist.

(3) In minder schweren Fällen des Absatzes 2 Nr. 1 ist auf Freiheitsstrafe von sechs Monaten bis zu fünf Jahren, in minder schweren Fällen des Absatzes 2 Nr. 2 auf Freiheitsstrafe von einem Jahr bis zu zehn Jahren zu erkennen.

4 Standortplanung für Industrie und Gewerbe

4.1
Planung neuer Industrie- und Gewerbestandorte

Die Wahl eines neuen Industrie- oder Gewerbestandortes[14] stellt eine sowohl folgenschwere als auch langfristig wirkende unternehmerische Entscheidung dar. Aggteleky bezeichnet den Standort als eine „... im Laufe der Zeit ... unveränderliche Gegebenheit, die bei späteren Entscheidungen als Faktum behandelt wird und auf die weitere Entwicklung des Unternehmens entscheidenden Einfluß haben kann. Die Standortfrage muß unter Umständen den unternehmerischen Grundsatzfragen gleichgestellt werden." [Agg87, S. 287].

Bei der Standortwahl unterscheidet man:

Auswahl des Landes: Oft spielt der Markt, der erreicht werden soll, hierfür eine entscheidende Rolle.

> Schierenbeck nennt folgende durch die Nationalstaatlichkeit geschaffene, d.h. im nationalen Rahmen einheitliche und sich von anderen Ländern unterscheidende Standortbedingungen [Schi95, S. 47]: Staatsgebiet, Personen, die als Inländer gelten, „nationaler" Markt, Rechts-, Wirtschafts- und Gesellschaftsordnung, die wirtschaftliche Tätigkeit betreffende allgemeine Gesetzgebung und staatliche Politik, allgemeine Wirtschaftspolitik u.a., Wettbewerbspolitik, Sozialpolitik, Geld- und Kreditpolitik, im nationalen Rahmen einheitliche (z.B. sektorale) Förderpolitik, Steuerpolitik, Währung, Wechselkurs, Außenwirtschaftspolitik, Außenhandelspolitik, Politik gegenüber Direktinvestitionen, Devisenpolitische Maßnahmen, Entwicklungs- und Außenpolitik, Unternehmensverbände, wettbewerbsbeschränkende Absprachen, Gewerkschaften. Mittelbar hängen weitere Standortbedingungen von der Nationalstaatlichkeit ab: Verfügbarkeit und Preise von Geldkapital, Produktionsmitteln und Vorleistungen, Qualifikation der Arbeitskräfte, Löhne, materielle und immaterielle Infrastruktur, Nachfrage, Kaufkraft (Pro-Kopf-Einkommen, Einkommensverteilung), Bedürfnisse (produktivkraftentwicklungsbedingte Komponente).

Für die Risiken einer Auslandsinvestition, die ebenfalls wichtig sind, hat Haner einen Risikoindex entwickelt (Business Environment Risk Index = BERI = Index zur Beurteilung des Investitionsklimas [Hak79]). Der BERI-Index beruht auf fol-

---

[14] Gewerbe gliedert sich nach der Einteilung des statistischen Bundesamtes in produzierendes Gewerbe und Dienstleistungsgewerbe (einschließlich Handwerk). Das produzierende Gewerbe seinerseits umfaßt das verarbeitende Gewerbe (Industrie), den Bergbau, die Energiewirtschaft und das Baugewerbe.

genden Kriterien in der jeweiligen Wichtung: Politische Stabilität 12%, Wirtschaftswachstum 10%, Währungskonvertibilität 10%, Lohnstückkosten und Lohnnebenkosten sowie Arbeitsproduktivität und Einstellung zur Arbeit 8%, Verfügbarkeit von Krediten 8%, Einstellung gegenüber ausländischen Investitionen und Gewinnen 6%, Tendenz der Verstaatlichung 6%, Geldentwertung 6%, Zahlungsbilanz 6%, Durchsetzbarkeit von Verträgen 6%, Bürokratie 4%, Nachrichtenwesen und Transport 4%, Örtliches Management und Partner 4%. Frühindikatoren für einen politischen Umschwung sind Unruhen und Generalstreiks, Terrorismus, Putschversuche und Guerillakämpfe. Als stabil gelten nach hiernach durchgeführten Expertenbewertungen Länder wie Deutschland, die U.S.A. und die Schweiz.

Auswahl der Region aufgrund logistischer Gesichtspunkte (z.B. Lage der Rohstoffquellen, der Abnehmer, des Arbeitsmarktes, Transportwege und -mittel).

Die Ausführungen dieses Kapitels beziehen sich auf die *Auswahl des Werkareals*. Für diese Entscheidung sind Größe, Form, Lage, Preis, Umweltschutzrestriktionen und Entwicklungsmöglichkeiten, letztere insbesondere hinsichtlich zukünftiger Umweltauflagen oder möglicher Nachbarschaftskonflikte der in Frage kommenden Grundstücke, maßgebend, ferner die logistischen Bedingungen für die Versorgung (Personal, Material) und Entsorgung (Produkte, Abfall) des Grundstücks in der Gegenwart und Zukunft. Die Lage schließt die Verkehrsanbindung ein, die entscheidend sein kann. *Eine Fehleinschätzung dieser Möglichkeiten führt dazu, daß ein unter Umständen schon erworbener, beplanter oder bebauter Standort wieder aufgegeben werden muß.*

Besonders in der Bundesrepublik Deutschland stellt die Auswahl eines geeigneten Werkareals inzwischen eine anspruchsvolle Planungsaufgabe dar, bei der die Umweltschutzbelange ein hohes Gewicht besitzen. Hierfür gibt es drei Ursachen:

1. Obwohl die Fläche der Bundesrepublik Deutschland zu fast 85% land- und forstwirtschaftlich genutzt wird und die Siedlungs- und Verkehrsfläche in der Größenordnung von 10% der Landesfläche liegt, besteht schon seit langem politischer Konsens darüber, daß der weiteren Zersiedelung durch Wohn-, Gewerbe- und Industriegebiete Einhalt zu gebieten ist und daß bestimmten Landschaftsräumen ein besonderer Schutz zukommt.

2. In den industriellen Ballungsräumen sind die unterschiedlichen Flächennutzungen hochverdichtet, z.B. reichen oftmals Wohngebiete bis an die Grenzen größerer Industriegebiete heran. Es ist offensichtlich, daß sowohl bei der Standortplanung für neue Produktionsstätten als auch bei der Ausbildung der Anlagen selbst, besonders sensibel auf die Belange der Nachbarschaft geachtet werden muß. Groß ist die Menge der diesbezüglichen Vorschriften. Jedoch auch die gewerblichen und industriellen Nutzungen müssen untereinander so zugeordnet werden, daß sie sich nicht stören. Beispiele für Betriebe, die andere Gewerbe in der Nachbarschaft beeinträchtigen können, sind: Gießereien, Tierkörperbeseitungsanlagen, Kaffeeröstereien, Kompostwerke, Hefetrocknungsanlagen, Kläranlagen, Massentierhaltungen (Geruch), Schredderanlagen, Preßwerke, Hochofenbetriebe (Lärm), Mineralölläger, Raffinerien, Chemieanlagen, Düngemittel-

fabriken, auch Möbelfabriken (Brand- und Explosionsgefahren, die Sicherheitsabstände erfordern, die sich oft nicht verwirklichen lassen).

3. Neuansiedelungen sind deshalb oft nur auf industriellen Altstandorten möglich, die zusätzlich zu den genannten restriktiven Einflüssen erkannte und unerkannte Altlasten, also Boden-, Gebäude- und Grundwasserkontaminationen enthalten können. Diese bedeuten Kosten und weitere Kostenrisiken oft weit über die Bauphase hinaus.

Inzwischen ist es in Deutschland aus den genannten Gründen schwierig, überhaupt ein Industrie- oder Gewerbegrundstück oberhalb einer bestimmten Größe zu finden. Bei der Wahl der Grundstücksgröße ist es wichtig, nicht nur den momentanen Bedarf zu befriedigen, sondern auch an die weitere Entwicklung der Produktion zu denken und eine ausreichende Flächenreserve einzuplanen! Das genehmigungsrechtliche Umfeld ist auch bezüglich dieser Flächenreserve langfristig zu bewerten.

Vergleichsweise günstig stellt sich gegenwärtig noch die Situation in den neuen Bundesländern dar, wo zum Teil große Gewerbegebiete in Erwartung eines günstigen Ansiedlungsverhaltens „auf Vorrat" geschaffen wurden.

4.1.1
Integration in den Planungsprozeß: Wann und wie ist die Standortplanung anzugehen?

In allen Industriezweigen kann man die verschiedenen Phasen der Planung neuer Werke und Anlagen sowie die Umplanung vorhandener Werke und Anlagen in einer grundlegenden Struktur angeben, Abb. 4.1.

Jede der in Abb. 4.1 angeführten Planungsphasen kann beträchtliche Zeit erfordern. Dieser Zeitbedarf ist teilweise, nämlich soweit Dritte mitwirken, nicht genau planbar. Somit macht Abb. 4.1 deutlich, daß die Standortplanung so rechtzeitig begonnen werden muß, daß ein *genehmigungsfähiger Standort* zum gewünschten Entscheidungstermin, der mit dem Abschluß der Vorplanung zusammenfällt, vorliegt. Bei behördlichen Anlagenzulassungsverfahren werden nämlich in Deutschland – trotz der gelegentlich irreführenden Begriffswelt – keine Standortalternativen geprüft, sondern immer nur die Zulässigkeit einer bestimmten Anlage an einem bestimmten Standort.

Die Aufgabe der Standortplanung kann in folgende Schritte zerlegt werden:

– Ermittlung der Anforderungen an einen neuen Standort (s. Abschn. 4.2);
– Auswahl geeigneter Standorte und Ermittlung ihrer Eigenschaften (s. Abschn. 4.3).

Geeignete Standorte kann man erfahren über

– Standortgemeinden; hier empfiehlt sich eine Kontaktaufnahme mit dem Bürgermeister und in größeren Gemeinden wahlweise oder zusätzlich mit dem Amt für Wirtschaftsförderung;

- die örtliche Industrie- und Handelkammer, die mitunter über ein Gewerbeflächenverzeichnis verfügt;
- die Wirtschaftsförderungsgesellschaft des Bundeslandes;
- die kommunale Wirtschaftsförderungsgesellschaft, die bei Landkreisen und größeren Städten mitunter vorhanden ist.

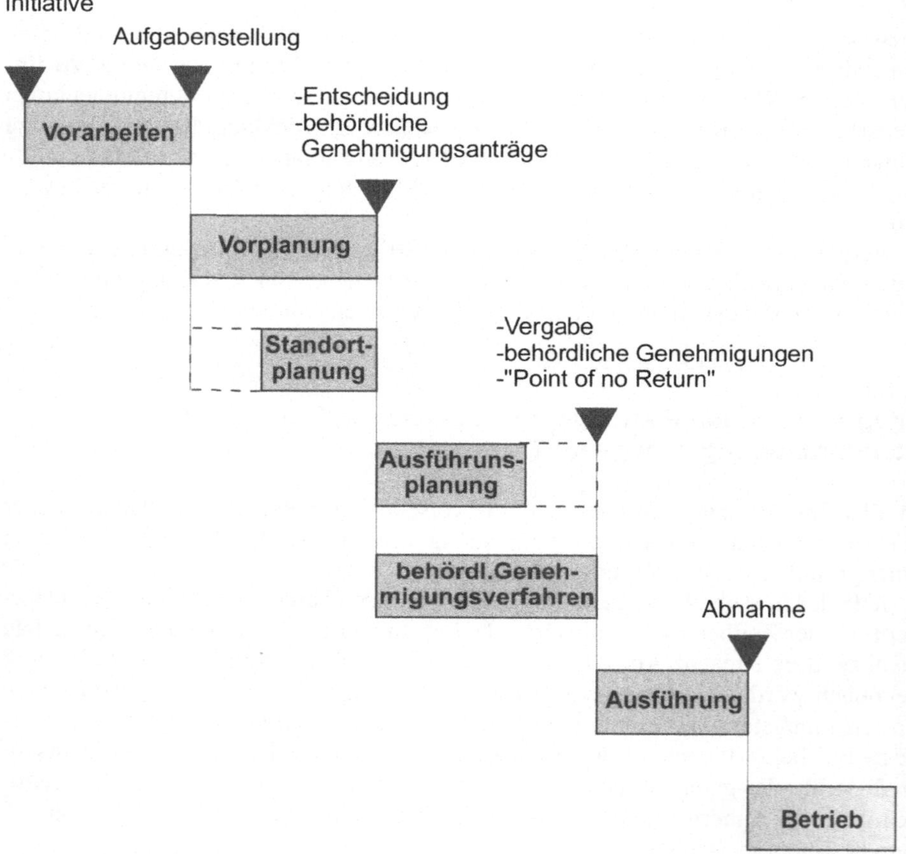

Abb. 4.1. Planungsstruktur für neue Anlagen bzw. Anlagenänderungen (vereinfacht). Die einzelnen Phasen können technologiebedingt unterschiedliche Inhalte aufweisen; Beispiel für die Verfahrensindustrie: Vorarbeiten umfassen Labor- und ggfs. Technikumsversuche, die für sich gesehen schon Anlagenprojekte darstellen können. Vorplanung schließt mit dem Basic Design der Anlage und der Entwurfsplanung des Gebäudeteils ab, Ausführungsplanung ist das Detail Engineering. Nicht dargestellt sind Bebauungsplanverfahren und Raumordnungsverfahren, die beide mitunter notwendig sind (s. Abschn. 4.3.1.1)

Liegt ein Grundstück innerhalb eines Bebauungsplanes, so trifft dieser genaue Festlegungen über die zulässige Bebauung und deren Nutzung, die schon für sich darüber entscheiden, ob das beabsichtigte Vorhaben am Standort überhaupt zulässig ist. Er kann in der Standortgemeinde eingesehen werden. Einzelheiten zur baurechtlichen Zulässigkeit eines Vorhabens enthält Abschn. 4.3.1.2. Schutzgebiete aus verschiedenen Umweltrechtsbereichen (z.B. Trinkwasserschutzgebiete) können bei den zuständigen Behörden erfragt oder dem *Raumordnungskataster* des jeweiligen Bundeslandes entnommen werden (in Sachsen kann das Raumordnungskataster z.B. bei den Regierungspräsidien eingesehen werden). Eine Checkliste für Informationsquellen über Standortrestriktionen enthält Abschn. 4.3.1.9. Das in jedem Bundesland vorhandene *Altlastenkataster*, das bei den zuständigen Altlastenbehörden vorliegt, gibt Auskunft über mögliche Altlasten auf einem Grundstück. In Flächenstaaten liegt das Altlastenkataster bei den Kreisverwaltungen vor. Zum Umgang mit Altlasten s. Abschn. 4.3.2.

Werden bestehende Betriebe einer bestimmten Branche gesucht, so verfügen die Industrie- und Handelkammern und die jeweiligen Branchenverbände der Wirtschaft hierzu über die entsprechenden Informationen.

Zur frühzeitigen Absicherung einer zukünftigen Bau- und Betriebsgenehmigung kann ein Vorbescheid bei der für die Genehmigung zuständigen Behörde beantragt werden. Diese ist im Beispiel Sachsens:

- Bei Baugenehmigungen: Bauaufsichtsbehörde;
- Bei Genehmigungen nach dem Bundes-Immissionsschutzgesetz:
- Landratsamt (vereinfachtes Verfahren); Regierungspräsidium (förmliches Verfahren).

4.2
Anforderungen an einen neuen Standort

4.2.1
Benötigte Informationen

Die Erfahrung zeigt, daß folgende Basisdaten für die genehmigungsrechtliche Beurteilung eines Standortes ausschlaggebende Bedeutung haben:

- benötigte Flächengröße,
- benötigte Erschließung (Straßen- und Gleisanschluß, Wasser, Abwasser, Gas, Mineralölfernleitungen, Strom),
- Emissionen der zu errichtenden Anlagen während des Normalbetriebes, insbesondere Obergrenzen der auftretenden Emissionen von Luftschadstoffen und Lärm,
- Umgang mit wassergefährdenden Stoffen, d.h. Art und Menge solcher Stoffe, die in der Anlage gelagert und umgeschlagen werden sowie Art und Menge der Stoffe, die zu- und abtransportiert werden müssen,
- Sicherheitslage, d.h. Explosions- und Brandgefahr der Anlage, Gefahr des Freisetzens toxischer Stoffe, Transporte von Gefahrgütern zur Anlage,
- Gebäudehöhe.

4.2.2
Benötigte und vorhandene Flächengröße

Bei der Standortplanung ist eine ausreichende Fläche von großer Bedeutung. Ein Werksgelände kann sich in einigen Jahren als zu klein erweisen. Aggteleky [Agg87] beschreibt einen Vorgehensplan zur Ermittlung der benötigten Fläche, der hier gekürzt wiedergegeben wird. Die für eine bestimmte Produktion benötigte Flächengröße ist keine feste Größe, sondern hängt von der Form des Grundstücks und den bauplanungsrechtlichen Gegebenheiten (s. Abschn. 4.3.1.2) ab:

- Der *Netto-Hallenflächenbedarf* des Soll-Konzeptes kann durch branchenbezogene, statistische Richtwerte grob abgeschätzt werden: Solche Richtwerte sind:
  - Jahresproduktion/Betriebsfläche,
  - Anzahl Belegschaft/Betriebsfläche,
  - Flächenbedarf pro Person im Verwaltungsbau.
  Bei spezielleren, z.B. verfahrenstechnischen Anlagen empfiehlt sich ein Probelayout, dessen Vollständigkeit mit einem Produktionsablaufplan geprüft werden sollte. Bei diesen Planungen ist auch der Flächenbedarf der Anlagen zur Beseitigung und zum Unschädlichmachen von Abfällen und Schadstoffen zu ermitteln. Auch die notwendige Zuordnung der einzelnen Produktionsbereiche ist zu ermitteln.
- Aufgrund des Netto-Hallenflächenbedarfs ermittelt man die erforderliche Größe der *zu bebauenden Fläche*. Dabei geht die Bauweise ein, also die Entscheidung, ob ein- oder mehrgeschossig, mit oder ohne Keller gebaut werden soll. Trotz der steigenden Grundstückspreise geht der Trend zur eingeschossigen Bauweise, weil Freizügigkeit der Raumaufteilung, Flexibilität und die Vorzüge dieser Bauweise bei der Materialflußoptimierung eine immer größere Rolle spielen.
- Einen Flächenzuschlag für spätere bauliche Erweiterungen ermittelt man anhand
  - der vorgesehenen Ausbaustufen bei etappenweisem Ausbau,
  - dem zeitlichem Planungshorizont, der sich nach der Nutzungsdauer der Anlagen richtet:
    - Verwaltung: Etwa 50 Jahre,
    - Fabrikhallen: 25-35 Jahre, bzw. 2-3 Maschinengenerationen,
    - Infrastruktur: 20-25 Jahre, bzw. 2 Maschinengenerationen,
    - Maschinen und Anlagen: 8-15 Jahre.
  Die Nutzungsdauer beeinflußt den Flächenbedarf, weil bei der Erneuerung der Anlagen die neuen Anlagen neben den existierenden errichtet werden, um den Produktionsablauf nicht zu gefährden. Zu berücksichtigen ist dabei auch, daß auch innerhalb schon bestehender Anlagen erweitert oder auch modernisiert werden muß.
- Auf ähnliche Weise wird der Flächenbedarf für Außenanlagen ermittelt.
- Nun müssen Baufläche und Freigelände unter den Restriktionen des Bebauungsplans oder der vorhandenen Bebauung eingefügt werden. Dabei sind die Vorgaben zu beachten: Bebauungsziffern (Grundflächenzahl, Geschoßflächenzahl, Anzahl der Geschosse), vorgeschriebene Baulinien (Abstände von Grundstücksgrenzen). Die Sicherheitsabstände zwischen den Bauten sind zu beachten.

Man sollte in dieser Phase ein provisorisches Gesamtlayout mit allen Bauflächen maßstabsgerecht entwerfen. Die ermittelte Grundstücksfläche ist die Mindestfläche.

– Zuletzt wird eine strategische Flächenreserve für langfristige Optionen gebildet (Diversifikation, Innovation, Werksneubau bei überlappender Produktion im alten Werk). Diese Fläche kann erworben oder vertraglich gesichert sein (z.B. durch Vorkaufsrecht). Dies kann selbst bei Nichtnutzung eine sinnvolle Kapitalanlage darstellen, da der Wertanstieg der Industriegelände mitunter den Kapitaldienst mehr als kompensiert. Die Fläche kann später auch an den Nachbarn verkauft oder gemeinsam mit diesem genutzt werden.

4.2.3
Erschließung

Die benötigte Erschließung hat Einfluß auf die bauplanungsrechtliche Zulässigkeit eines Vorhabens und bildet dadurch ein „K.O.-Kriterium" für die Anlage: Im Innenbereich nach § 34 Baugesetzbuch muß die *vorhandene* Erschließung ausreichen. Einzelheiten, insbesondere welche Medien[15] in diese Regelung einbezogen sind, regelt die jeweilige Bauordnung des Landes[16]. Nach der Sächsischen Bauordnung müssen z.B. folgende Medien für die Bebauung im Innenbereich vorhanden sein: Trinkwasserversorgung, „die einwandfreie Beseitigung des Abwassers und Niederschlagswassers" muß „dauerhaft gesichert" sein. Zur Brandbekämpfung muß eine ausreichende Wassermenge zur Verfügung stehen. In der Bayerischen Bauordnung wird dies alles nicht verlangt.

Im Außenbereich nach § 35 Baugesetzbuch wird verlangt, daß die *ausreichende* Erschließung gesichert ist (s. Abschn. 4.3.1.2).

Zur Erschließung gehört der Straßen- und ggf. Gleisanschluß sowie der Anschluß an die benötigten Medien. Für die umweltrechtlichen Genehmigungen sind folgende Fragen zu klären:

Straßenanschluß: Mit welchem Verkehrsaufkommen und welchen Fahrzeugarten ist zu rechnen?

Die Straßenanschlüsse müssen das voraussichtliche Verkehrsaufkommen aufnehmen können. Außerdem hängen die zu erwartenden Emissionen vom Verkehrsaufkommen ab. Als besonders störend werden die Lärmemissionen empfunden, die durch den zusätzlichen Verkehr zu und von der Anlage verstärkt werden. Die zu erwartenden Lärmemissionen haben Einfluß auf die Linienführung, wenn neue Straßen gebaut werden müssen. Ferner ist zu prüfen, ob die Tragfähigkeit der Straßen und Brücken zur Anlage und die Durchfahrtshöhen unter den Brücken ausreichen.

---

[15] Der hier gewählte, im Bauwesen gebräuchliche Begriff „Medien" bezeichnet Trink- und Brauchwasseranschlüsse, Abwasseranschlüsse, Stromversorgung etc. Der Begriff hat mit dem sonst üblichen Medienbegriff nichts zu tun.

[16] Gemeint ist das Baugesetz des jeweiligen Bundeslandes. Die Baugesetze der Länder heißen aufgrund der historischen Entwicklung „Bauordnungen".

Gleisanschluß: Ist dieser notwendig?

Je nach Lage der schon vorhandene Bahnlinien der Trassengesellschaft kann der benötigte Gleisanschluß die Standortwahl stark einschränken. Fallen Massenguttransporte an, die in Ganzzügen bewegt werden können, ist ein Gleisanschluß sinnvoll (z.B. bei Müllverbrennungsanlagen, Kraftwerken, Kokereien und chemischen Werken).

Wasserversorgung, Abwasserentsorgung: Wieviel Wasser muß in welcher Qualität zugeführt werden und wieviel Abwasser in welcher Rohbelastung fällt an?

Diese Größen sind kostenwirksam und u.U. genehmigungsrelevant; s. Abschn. 4.3.1.6. Beispiele hierfür sind: In der Halbleiterfertigung werden große Mengen an reinem Wasser benötigt, das hierfür eventuell gesondert aufbereitet werden muß; das örtliche Wasserwerk könnte mengen- und qualitätsmäßig damit überfordert sein. Bei einem Halbleiterwerk in Dresden (Waferproduktion) muß das Wasser in einer ausschließlich hierfür errichteten Zuleitung über eine große Entfernung herangeführt werden.

In der Regel werden Abwässer in vorhandene Kanalnetze eingeleitet (sog. *Indirekteinleitung*). Die zulässigen Schadstoffgrenzwerte für die Einleitung richten sich nach dem jeweiligen Landeswassergesetz einerseits und der kommunalen Abwassersatzung andererseits, die jeweils unabhängig voneinander eingehalten werden müssen. Das bedeutet: Die jeweils „schärferen" Bestimmungen gelten. Zusätzlich hierzu gibt es für bestimmte Industriebranchen, die in der Abwasserverordnung zum Wasserhaushaltsgesetz und in der Rahmen-Abwasserverwaltungsvorschrift geregelt sind, branchenspezifische Grenzwerte für die Abwassereinleitung (ausgehend davon, daß bestimmte Branchen typische Abwässer produzieren). Um die voraussichtliche, genehmigungsrelevante Abwasserqualität zu erhalten, müssen die für die geplante Anlage geltenden Schadstoffgrenzwerte aus diesen Vorschriften ermittelt werden. Beispielsweise schreibt die Abwassersatzung der Stadt Duisburg für Fahrzeugwaschanlagen obere Grenzen für folgende Größen vor:

– AOX (das ist der Summenwert der organischen Halogenverbindungen im mg/l),
– Kohlenwasserstoffe in mg/l,
– pH-Wert (nach oben und nach unten begrenzt),
– Temperatur.

Derartige Grenzwerte gelten immer für den (im Wasserhaushaltsgesetz so bezeichneten) *Ort vor der Vermischung* mit anderem Wasser, d.h. also in dem hier gewählten Beispiel direkt vor dem Einlauf des Fahrzeugwaschwassers in das Kanalnetz der Stadt Duisburg.

Zusätzlich zu den Grenzwerten müssen die absoluten Schadstofffrachten ermittelt werden, weil diese

1. ebenfalls (wie die Schadstoffkonzentrationen) Grenzwerten unterliegen und
2. für die Gebührenbemessung herangezogen werden.

Bei der Abgabe in Gewässer (sog. *Direkteinleitung*) gelten die Vorschriften des Abwasserabgabengesetzes (Bundesgesetz in der Fassung vom 3.11.1994). Die in

Tabelle 4.1 aufgeführten Schadstoffe werden für die Bemessung der Abgabe herangezogen. Die Bemessung der Abgabe erfolgt auf der Grundlage von Schadeinheiten. Für eine Schadeinheit sind seit dem 1.1.1999 90,--DM an das jeweilige Bundesland zu entrichten. Das Abwasserabgabengesetz des Bundes wird landesrechtlich weiter detailliert, z.B. in Sachsen durch das Sächsische Abwasserabgabengesetz. In Trinkwasserschutzgebieten dürfen Abwässer u.U. überhaupt nicht in Grund- und Oberflächenwässer eingeleitet werden.

Tabelle 4.1. Bewertung der Schadstoffe und Schadstoffgruppen nach dem Abwasserabgabengesetz

Nr.	Bewertete Schadstoffe und Schadstoffgruppen	Einer Schadeinheit entsprechen jeweils folgende voll erreichte Schadstoffmengen	Schwellenwerte nach Konzentration und Jahresmenge	
1	Oxidierbare Stoffe in chemischem Sauerstoffbedarf (CSB)	50 kg Sauerstoff	20 mg/l und 250 kg/Jahr	
2	Phosphor	3 kg	0,1 mg/l und 15 kg/Jahr	
3	Stickstoff	25 kg	5 mg/l und 125 kg/Jahr	
4	Adsorbierbare organisch gebundene Halogene (AOX)	2 kg Halogen, berechnet als organisch gebundenes Chlor	100 µg/l und 10 kg/Jahr	
5	Metalle und ihre Verbindungen:	g Metall:	µg/l	g/Jahr
5.1	Quecksilber	20	1	100
5.2	Cadmium	100	5	500
5.3	Chrom	500	50	2500
5.4	Nickel	500	50	2500
5.5	Blei	500	50	2500
5.6	Kupfer	1000	100	5000
6	Giftigkeit gegenüber Fischen	3000 m³ Abwasser geteilt durch G_F	$G_F = 2$	

G_F ist der Verdünnungsfaktor, bei dem Abwasser im „Fischtest" nicht mehr giftig ist.

Gasleitungen, Mineralölfernleitungen: Mineralölfernleitungen dürfen nicht durch bestimmte Zonen von Wasserschutzgebieten geführt werden, während für Hochdruckgasleitungen diese Einschränkung nicht besteht, s. Abschn. 4.3.1.7.

Stromversorgung: Ist eine Hochspannungseinspeisung erforderlich?

Hochspannungsfreileitungen oberhalb bestimmter, im jeweiligen Landesnaturschutzgesetz geregelter Größe (in kV) gelten als *Eingriff* in Natur und Landschaft, der durch andere Maßnahmen ausgeglichen oder ersetzt werden muß. Abhängig von der jeweiligen Schutzgebietsverordnung können Eingriffe in Naturschutzgebiete, Nationalparks, Landschaftsschutzgebiete und Naturparks verboten werden; s. Abschn. 4.3.1.4. Sind Hochspannungseinspeisungen nicht zu umgehen, aber mit derartigen Restriktionen behaftet, können Erdkabel verlegt werden. Diese sind aber etwa um den Faktor 2,5 kostspieliger als Freileitungen.

Hochspannung ist eine Spannung über 1000 V; im deutschen Stromnetz als Teil des UCPTE-Verbundnetzes (UCPTE: Union pour la Coordination de la Production et du Transport de l' Electricite) sind die folgenden Spannungsebenen gebräuchlich: 380 kV (Höchstspannung für Fernleitungen), 220 kV (Höchstspannung), 110 kV (Hochspannung), 20 kV (Mittelspannung), 0,4 kV (Niederspannung). Das Höchstspannungsnetz ist das Verbundnetz zwischen den einzelnen Elektrizitätsversorgungsunternehmen, das dem Stromtransport über weite Entfernungen dient, die Ebenen 110 kV und darunter sind Verteilnetze. Durch die Verwendung hoher Spannungen werden die zu übertragenden elektrischen Ströme und damit die Leitungsverluste reduziert.

4.2.4
Emissionen von Industrieanlagen, insbesondere von Luftschadstoffen und Lärm, Sicherheitslage

Emissionen einer Industrieanlage können dadurch vermindert werden, daß man anlagenseitig entsprechende technische Vorkehrungen trifft, z.B. Abluftfilter oder Lärmschutzeinrichtungen einbaut. Die durch die Emissionen hervorgerufenen Immissionen im Umkreis von Anlagen und die notwendigen Sicherheitsabstände für Störfallrisiken werden im Rahmen von Anlagengenehmigungsverfahren überprüft (s. Kap. 5). Dies setzt zum Teil umfangreiche Nachweise durch Berechnungen der Immissionen und Optimierungen der Anlagentechnik voraus. Solche Informationen liegen in der Phase der Standortsuche in der Regel noch nicht vor.

Im sog. Abstandserlaß des Landes Nordrhein-Westfalen, der für die Bauleitplanung gilt, sind Mindestabstände bestimmter Industrieanlagentypen zur Wohnbebauung normiert. Er wird auch in den anderen Bundesländern sinngemäß in der Bauleitplanung angewendet. Der Anlagentyp gemäß Abstandserlaß ist die wesentliche Basisinformation hinsichtlich der Emissionen im Normalbetrieb und der Störfallrisiken. Der Abstandserlaß gibt außerdem eine kurzfristige Richtinformation über die Genehmigungschancen an einem geplanten Standort, da er übliche Belästigungsgrößen und Sicherheitsabstände der im einzelnen aufgeführten Anlagen „abbildet". Die im Abstandserlaß angegebenen Abstände können bei der Genehmigung einzelner Industrieanlagen unterschritten werden, wenn anderweitig sichergestellt ist, daß Gefahren und erhebliche Nachteile und Belästigungen für die Nachbarschaft ausgeschlossen sind. Der Abstandserlaß gilt nämlich nicht für das Anlagenzulassungsverfahren, sondern nur für die Bauleitplanung. Näheres zum Abstandserlaß s. Abschn. 4.3.1.3.

4.2.5
Wassergefährdende Stoffe

Menge und Art wassergefährdender Stoffe, die in einer Anlage gelagert oder umgeschlagen werden oder die zur Anlage transportiert bzw. von ihr abtransportiert werden, beeinflussen die Standortwahl, da sowohl Errichtungsverbote in Wasserschutzgebieten als auch technische Anforderungen davon abhängen. Wassergefährdende Stoffe werden in Wassergefährdungsklassen (WGK) von WGK 1 (schwach wassergefährdend) bis WGK 3 (stark wassergefährdend) eingeteilt. Das Mengengerüst der wassergefährdenden Stoffe ist anhand dieser Einteilung zu erheben. Eine Stoffliste mit Wassergefährdungsklassen findet sich in der Verwaltungsvorschrift wassergefährdende Stoffe (VwVwS) vom 17.5.99. Näheres s. Abschn. 4.3.1.6.

4.2.6
Gefahrguttransporte auf der Straße zur Anlage

Gefährliche Güter (Gefahrgüter) sind feste flüssige und gasförmige Stoffe und Gegenstände, die unter den Begriff einer der nachfolgenden Gefahrgutklassen fallen:

Klasse 1: Explosive Stoffe und Gegenstände mit Explosivstoff.
Klasse 2: Gase, verdichtet, unter Druck verflüssigt, tiefkalt verflüssigt.
Klasse 3: Entzündbare flüssige Stoffe.
Klasse 4.1: Endzündbare feste Stoffe.
Klasse 4.2: Selbstentzündliche Stoffe.
Klasse 4.3: Stoffe, die in Berührung mit Wasser entzündbare Gase bilden.
Klasse 5.1: Entzündend (oxidierend) wirkende Stoffe.
Klasse 5.2: Organische Peroxide.
Klasse 6.1: Giftige (toxische) und gesundheitsgefährliche Stoffe.
Klasse 6.2: Infektiöse Stoffe.
Klasse 7: Radioaktive Stoffe.
Klasse 8: Ätzende Stoffe.
Klasse 9: Verschiedene gefährliche Stoffe und Gegenstände.

Diese Klasseneinteilung geht auf Empfehlungen der Vereinten Nationen zurück. Gefährliche Güter dürfen nur verpackt befördert werden, müssen entsprechend der Primäreigenschaften gekennzeichnet sein und erfordern Begleitpapiere.

Für die Standortwahl ist maßgeblich, ob auf der Straße zur Anlage Transportverbote für Gefahrgüter bestehen (z.B. für Routen an Schulen, Kindergärten und auf Gefällestrecken). Auf der Grundlage einer Allgemeinverfügung zu § 7 Gefahrgutverordnung Straße (GGVS) des zuständigen Landratsamtes ist ersichtlich, ob solche Restriktionen bestehen. Das Mengengerüst der notwendigen Gefahrguttransporte ist auf dieser Grundlage zu erheben.

4.2.7
Gebäudehöhe als Luftfahrhindernis

Gebäude über 100 m Höhe und solche von 30 m Höhe auf Erhebungen, die 100 m aus der umgebenden Landschaft herausragen, gelten als Luftfahrthindernisse und erfordern nach § 14 Luftverkehrsgesetz (Bundesgesetz) immer die Zustimmung der zuständigen Luftfahrtbehörde (Regierungspräsident) zu ihrer Errichtung. Nach Genehmigung eines Flughafens darf die für die Erteilung einer Baugenehmigung zuständige Behörde die Errichtung von Bauwerken innerhalb eines Radius von 1,5 km um den Flughafenbezugspunkt sowie auf den Start- und Landeflächen und den diese umgebenden Sicherheitsflächen nur mit Zustimmung der Luftfahrtbehörden genehmigen. Der Flughafenbezugspunkt ist ein im Ausbauplan des Flughafens festgelegter Punkt, der in der Mitte des Systems der Start- und Landeflächen liegen soll. Der Ausbauplan legt auch die Sicherheitsflächen fest.

Der Bereich um einen Flughafen, in dem diese Beschränkungen gelten, heißt Bauschutzbereich. Der Umfang der Beschränkungen im Bauschutzbereich ist den Eigentümern von Grundstücken und den anderen zum Gebrauch oder zur Nutzung dieser Grundstücke Berechtigten sowie den dinglich Berechtigten, soweit sie der zuständigen Behörde bekannt oder aus dem Grundbuch ersichtlich sind, bekanntzugeben oder in ortsüblicher Weise öffentlich bekanntzumachen. Einzelheiten regelt das Luftverkehrsgesetz.

4.2.8
Logistische Optimierung

Bei der logistischen Optimierung eines einzelnen Standortes geht es im wesentlichen um folgende Fragestellung:

An welcher Stelle soll der Standort innerhalb des zu betrachtenden Gebietes angeordnet werden, so daß die Kosten für die insgesamt notwendigen logistischen Funktionen minimal werden?

Logistische Funktionen sind Transport, Umschlag, Lagerung einschließlich der dafür erforderlichen Handhabungsvorgänge. Der Optimalstandort hängt von einer Vielzahl von Randbedingungen ab, insbesondere von der Wahl der Transporttechnik, dem Planungshorizont, dem Verkehrsnetz und Anforderungen an den Materialfluß, also z.B. davon, ob von einem zu bestimmenden Werksstandort aus Kunden innerhalb einer bestimmten Zeit beliefert werden müssen.

Werden mehrere Standorte, z.B. für Warenverteilsysteme oder auch für Produktionsverbunde, geplant, so sind folgende Fragestellungen wesentlich:

– Wieviele Stufen soll das Materialflußsystem aufweisen, bzw., am Beispiel von Warenverteilsystemen: Soll vom Werk aus die gesamte Kundschaft direkt beliefert werden (eine Stufe) oder sollen Verteilerläger (zwei Stufen) oder sogar Regional- und Verteilerläger (drei Stufen; entsprechend vier Stufen usw.) eingerichtet werden?
– Welche Größen und Einzugsbereiche sollen die Läger auf jeder Stufe besitzen?

Diese Planungsaufgaben sind komplex und können mit Hilfe von Programmsystemen gelöst werden, die Simulationsroutinen und heuristische Programmbausteine für die in den genannten Fragestellungen verborgenen numerischen Optimierungsaufgaben enthalten. Bei der Anwendung derartiger Programmsysteme müssen Kostenmodelle für die logistischen Funktionen entwickelt werden. Bei Straßentransporten sind darüberhinaus aus Datenbanken Entfernungs- oder Fahrzeitenmatrizen zu bilden. Schon dies ist ein aufwendiger Prozeß.

Auf die Lösung dieser Aufgaben haben sich in Deutschland einige Ingenieurbüros sowie das Fraunhofer-Institut für Materialfluß und Logistik in Dortmund spezialisiert. Eine Übersicht über die Planungsaufgaben und numerischen Lösungsansätze der außerbetrieblichen Materialflußoptimierung enthält [Schö93].

4.3
Ermittlung der Standorteigenschaften

4.3.1
Genehmigungssituation und Entwicklungsmöglichkeiten

Die Aussicht auf Erhalt der Betriebsgenehmigung ist – sofern es sich um ein genehmigungsbedürftiges Vorhaben handelt – die entscheidende Frage. Die Betriebsgenehmigung wird im Rahmen eines verwaltungsrechtlichen Zulassungsverfahrens erteilt, bei dem geprüft wird, ob das Vorhaben alle einschlägigen Vorschriften einhält. Da ein solches Zulassungsverfahren zeit- und kostenintensiv ist, muß man seine wesentlichen Hürden frühzeitig erkennen.

4.3.1.1
Struktur der standortbezogenen Rechtsvorschriften – Einfluß der Raumordnung und Landesplanung

Da nach dem in Deutschland geltenden Genehmigungsrecht in einem Anlagenzulassungsverfahren keine Standortalternativen untersucht werden (vgl. Abschn. 4.1.2), bedeutet dies, daß ein Antragsteller vor Beginn des Genehmigungsverfahrens Klarheit darüber haben sollte, ob ein vorgesehener Antrag Aussicht auf Erfolg hat. Im Gegenzug versucht der Staat, mit dem Instrument der Raumordnung und Landesplanung die unterschiedlichen Nutzungen räumlich zu ordnen. Dies führt dazu, daß vorhandene Standorte für bestimmte Nutzungen „präqualifiziert" sind und für andere Nutzungen von vornherein ausscheiden.

Man unterscheidet folgende Arten der Planung:

- **A. Raumbezogene Planung (Gesamtplanung)** mit der Planungshierarchie
- A.1 Landesplanung (für ein Bundesland),
- A.2 Regionalplanung (hierbei werden in einem Bundesland mehrere Planungsverbände gebildet. Jeder Planungsverband detailliert die Landesplanung für seine Region und erläßt den Regionalplan in Form einer Satzung, die alle öffentlichen Planungsträger bindet. Das sind z.B. die Gemeinden, die in ihrer Bauleitplanung diese Vorgaben befolgen müssen).

- A.3 Bauleitplanung der Gemeinden, bestehend aus Flächennutzungsplan und Bebauungsplan. Diese ergehen in Form von Satzungen. Dabei hat der Bebauungsplan Rechtswirkung für den einzelnen Bauherrn (s.u.).
- **B. Fachplanung:** Fachplanung nennt man jede Planung auf der Grundlage des zugehörigen Gesetzes, die nicht Gesamtplanung ist, also zum Beispiel die Planung von Schutzgebieten nach dem entsprechenden Naturschutzgesetz des Landes. Es gibt bundesweite Fachplanungen (z.B. Bundesverkehrswegeplan); die meisten Fachplanungen beziehen sich aber auf das Gebiet eines Bundeslandes.

Standortrestriktionen für Industrieansiedlungen können sich ergeben aus:

- Landesplanung (obere Ebene), konkretisiert durch Regionalplanung (mittlere Ebene) und Bauleitplanung (untere Ebene, d.h. Gemeinde);
- Fachplanungen, d.h. Schutzgebiete auf der Grundlage verschiedener Gesetze (Naturschutzrecht, Forstrecht, Gewässerschutzrecht, Immissionsschutzrecht, Denkmalschutzrecht);
- Dem gesetzlichen Schutz von Biotopen und Landschaftsbestandteilen (z.B. Biotope nach § 26 Sächsisches Naturschutzgesetz) oder Denkmälern nach den Denkmalschutzgesetzen der Länder Bayern, Hessen, Niedersachen, Saarland, Sachsen und Thüringen;
- Verwaltungsakten oder Rechtsverordnungen, die bestimmte Einschränkungen zur Folge haben können, z.B. Eintragungen von Denkmälern in Denkmalbuch bzw. -liste gemäß den Denkmalschutzgesetzen der Länder Schleswig-Holstein, Nordrhein-Westfalen, Rheinland-Pfalz, Baden-Württemberg, Bremen, Hamburg, Berlin, Mecklenburg-Vorpommern, Brandenburg und Sachsen-Anhalt.

Der Planer eines neuen Industrie- und Gewerbestandortes muß sich also mit einem wenig übersichtlichen Geflecht von Vorschriften, Regelungen und Zuständigkeiten auseinandersetzen. Um dieses näher zu erläutern, sei beispielhaft auf die Situation im Freistaat Sachsen eingegangen:

Auf der Grundlage des Sächsischen Landesplanungsgesetzes vom 24.6.1992 (SächsGVBl. S. 259) wurde der Landesentwicklungsplan in Form einer Rechtsverordnung vom 16.8.1994 von der Landesregierung erlassen. Er benennt insbesondere die sog. *zentralen Orte* (Oberzentrum, Mittelzentrum, Unterzentrum) und legt dadurch Planungsziele für die Ausgestaltung dieser Orte, z.B. mit Schulen, Einkaufszentren, aber auch mit Industriegebieten und deren Verkehrsanbindungen fest. Daneben listet er Schutzgebiete aus verschiedenen Gesetzen und Planungsabsichten für solche Gebiete auf. Der Landesentwicklungsplan soll jetzt (November 1998) für insgesamt fünf Planungsregionen noch weiter detailliert werden, in die das Land per Landesplanungsgesetz gegliedert wurde.

Landesentwicklungsplan und, wenn vorhanden, Regionalplan stellen einen Rahmen für die *örtliche Planung* (=*Bauleitplanung*) dar. Die Bauleitplanung der Gemeinden wird nach der herrschenden Rechtsauffassung aus dem in Artikel 28 Grundgesetz den Gemeinden gegebenen Recht abgeleitet, „...alle Angelegenheiten der örtlichen Gemeinschaft *im Rahmen der Gesetze* in eigener Verantwortung zu regeln".

Auch ohne daß ein Landesentwicklungsplan vorliegt, greift die Bauleitplanung die Fachpläne auf, sofern diese schon vorliegen bzw. die Planungsabsichten veröffentlicht sind. Umgekehrt müssen Landesentwicklungsplan und Regionalpläne die schon vorliegende Bauleitplanung aufgreifen (im Verwaltungsjargon hat sich hierfür die Bezeichnung „Gegenstromprinzip" entwickelt).

Der Zusammenhang zwischen den einzelnen Planungen wird in Tabelle 4.2 nochmals verdeutlicht. Der für den Einzelnen maßgebende Teil der Bauleitplanung ist der Bebauungsplan, der die wesentlichen einschlägigen Bestimmungen bündelt und dessen Bestimmungen daher darüber entscheiden, ob ein Vorhaben am beabsichtigten Standort überhaupt errichtet werden darf (s. nächster Abschnitt).

Damit ist natürlich noch nicht gesagt, daß es aufgrund der Beschaffenheit der Umgebung der geplanten Anlage nicht zu Konflikten kommen kann. Dies zu klären, ist eine Aufgabe des Genehmigungsverfahrens.

Tabelle 4.2. Zusammenhang zwischen Fach- und Gesamtplanungen in einem Bundesland (Flächenstaat): Der Gesamtplan wird durch die einzelnen Fachpläne auf der jeweiligen Ebene detailliert. Flächennutzungsplan und Bebauungsplan heißen gemeinsam *Bauleitplanung*

Ebene	Gesamtplan	Fachplan für Siedlungswesen	Fachplan für Naturschutz (Beispiel)*
Land	Landesentwicklungsplan	-nicht besetzt- (Berücksichtigung im Landesentwicklungsplan)	Landschaftsprogramm
Region	Regionalplan	-nicht besetzt-	Landschaftsrahmenplan
Gemeinde	*Bauleitplanung*		Landschaftsplan
	Flächennutzungsplan	Bebauungsplan	

*Andere Fachplanungen betreffen: Wasser, Wirtschaft, Verkehr, Fremdenverkehr, Freizeit und Erholung, Bergbau, Abbau oberflächennaher Rohstoffe, Energie, Land- und Forstwirtschaft, Gesundheit und Sozialwesen, Jugendhilfe, Erziehungs- und Bildungswesen, Wissenschaft, Kultur, Telekommunikation, Verteidigung, Öffentliche Sicherheit und Ordnung einschließlich Katastrophenschutz und Rettungswesen.

4.3.1.2
Baurechtliche Zulässigkeit

Zur Struktur des Baurechts s. Tabelle 4.3, zur Zulässigkeit der Errichtung von Industrie- und Gewerbebetrieben s. Tabelle 4.4.

Bei der baurechtlichen Zulässigkeit geht es darum, ob eine bauliche Anlage zur Herstellung von Automobilen, zur Beseitigung von Tierkörpern, zum Einzelhandel etc. auf dem Grundstück zulässig ist. Die Entscheidung hierüber obliegt der jeweiligen Gemeinde im Rahmen ihrer städtebaulichen Planungshoheit, das heißt, ihres

Rechtes zu einer Bauleitplanung. Die Planungshoheit der Gemeinden leitet sich aus Art. 28 Abs. 2 Grundgesetz ab, der den Gemeinden das Recht gibt, alle Angelegenheiten der örtlichen Gemeinschaft im Rahmen der Gesetze in eigener Verantwortung zu regeln. Sie wird durch die Bestimmungen des Baugesetzbuches (BauGB) in der Fassung des 27.8.1997, BGBl. I S. 2141, und der Baunutzungsverordnung des Bundes (BauNVO) in der Fassung vom 22.4.1993, BGBl. I S. 466, präzisiert.

Tabelle 4.3. Struktur des Baurechts

	Bund	Länder	Gemeinden
Bauplanung			
Kompentenz	Gesetzgebungs-kompetenz für das Bauplanungsrecht		Kompetenz zur örtlichen Bauleitplanung auf der Grundlage von Art. 28 II GG und § 2 BauGB
Gesetz	Baugesetzbuch		
Verordnungen	Baunutzungsver-ordnung		
	Planzeichen-verordnung		
Satzungen			Bebauungspläne
Bauordnung			
Kompentenz		Gesetzgebungs-kompetenz für das Bauordnungsrecht, Vollzug (Baugenehmigungsverfahren)	
Gesetz		Bauordnungen der Länder	
Verordnungen			
Satzungen			Kommunale Gestaltungssatzungen

Ein Grundsatz der Bauplanung ist, daß Ortsteile im Zusammenhang bebaut werden sollen. Die im Zusammenhang bebauten Ortsteile werden „Innenbereich" genannt, weiter unterteilt in „unbeplanten Innenbereich" nach § 34 BauGB und den Bereich, für den ein oder mehrere Bebauungspläne aufgestellt wurden (§ 30 BauGB. Durch einen Bebauungsplan wird ein Gebiet definitionsgemäß zum Innenbereich).

Mit den in § 34 BauGB so bezeichneten „im Zusammenhang bebauten Ortsteilen" sind in erster Linie unbebaute Grundstücke gemeint, die innerhalb einer schon vorhandenen örtlichen Bebauung liegen. Bis heute sind immer wieder Rechtsstreitigkeiten zwischen Bauwilligen und Bauaufsichtsbehörden darüber entstanden, in welchen Fällen von diesen im Zusammenhang bebauten Ortsteilen, also vom Innenbereich, gesprochen werden muß, und in welchen Fällen vom Außenbereich. Eine allgemeingültige Abgrenzung wurde bisher von der Rechtsprechung nicht gefunden. Die Gemeinde kann durch Satzung die Grenzen für im Zusammenhang bebaute Ortsteile festlegen, bebaute Bereiche im Außenbereich als im Zusammenhang bebaute Ortsteile festlegen, wenn die Flächen im Flächennutzungsplan als Baufläche dargestellt sind, und einzelne Außenbereichsflächen in die im Zusammenhang bebauten Ortsteile einbeziehen, wenn die einbezogenen Flächen durch die bauliche Nutzung des angrenzenden Bereichs entsprechend geprägt sind.

Gebaut werden soll also grundsätzlich im Innenbereich, nicht im Außenbereich. Zur anschaulichen Darstellung der Begriffe beplanter Innenbereich (§ 30 BauGB), unbeplanter Innenbereich (§ 34 BauGB) und Außenbereich (§ 35 BauGB) s. Abb. 4.2.

In Abb. 4.2 ist ebenfalls der Bereich eines sog. Vorhaben- und Erschließungsplans nach § 12 BauGB dargestellt. Dies ist ein Bebauungsplan, für dessen Gebiet sich ein Vorhabenträger in einem öffentlich-rechtlichen Vertrag mit der Gemeinde verpflichtet, die Planungs- und Erschließungskosten ganz oder teilweise zu tragen.

Nach § 34 BauGB ist eine Bebauung im Innenbereich grundsätzlich zulässig. Sie muß sich nach *Art und Maß* der baulichen Nutzung, der Bauweise und der Grundstücksfläche, die überbaut werden soll, „in die Eigenart der näheren Umgebung einfügen". Die Anforderungen an gesunde Wohn- und Arbeitsverhältnisse müssen dabei gewahrt bleiben; das Ortsbild darf nicht beeinträchtigt werden.

Tabelle 4.4. Zulässigkeit von Gewerbebetrieben nach Baugesetzbuch in Verbindung mit der Baunutzungsverordnung

	Innenbereich		Außenbereich
	beplant	unbeplant	definitionsgemäß: bezüglich Bebauung immer unbeplant
gesetzl. Grundlage, Rechtsprechung	§ 30 I BauGB (Bebauungsplan), § 30 II BauGB (Vorhaben- und Erschließungsplan)	§ 34 BauGB	§ 35 BauGB
Gewerbebetriebe* zulässig, wenn:	entsprechend Gebietsausweisung im Bebauungsplan, sofern sie den dortigen sonstigen Bestimmungen nicht widersprechen; Industriegebiet: alle G. zulässig, Gewerbegebiet: nicht erheblich belästigende G., Mischgebiet, Kerngebiet und Dorfgebiet: Nicht wesentlich störende G. -Ausschlüsse lt. Bebauungsplan sind möglich-	sie sich in die Eigenart der näheren Umgebung einfügen	sie zu den privilegierten Gewerben nach § 35 Abs. 1 BauGB gehören
sofern:	Erschließung gesichert ist	Erschließung gesichert ist, d.h. ausreicht oder hergestellt werden kann	ausreichende Erschließung gesichert ist und öffentliche Belange nicht entgegenstehen

* baurechtl. Begriff Gewerbebetrieb, der den Industriebetrieb einschließt

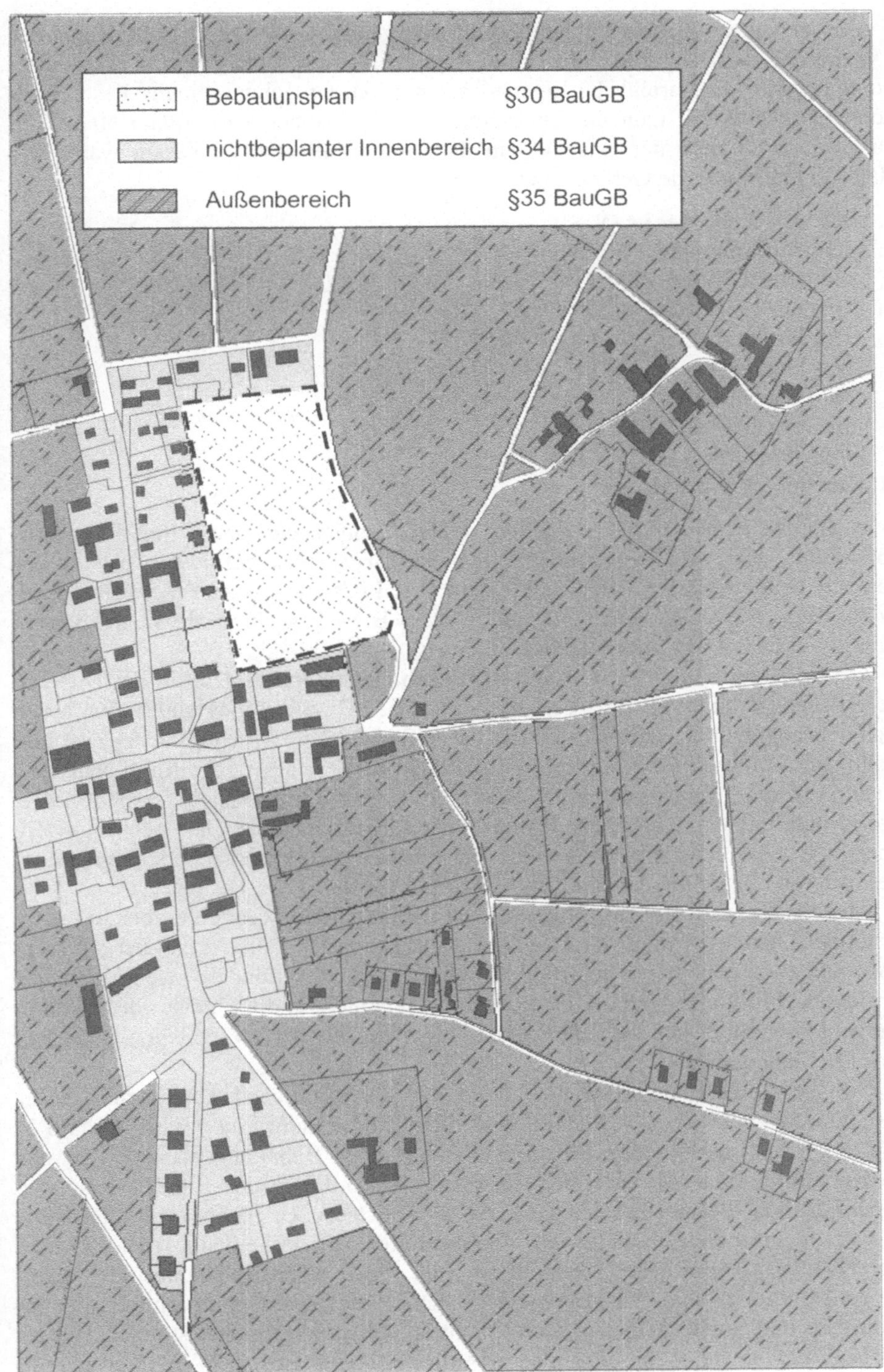

Abb. 4.2. Bebaubarkeit innerhalb einer Gemeinde in Anlehnung an [Bay98]

Die *Art* der baulichen Nutzung ergibt sich gemäß § 34 Abs. 2 BauGB aus der Typisierung der Baugebiete, die in der Baunutzungsverordnung (BauNVO) vorgenommen wird. Entspricht die Eigenart der näheren Umgebung einem dieser Baugebiete, so beurteilt man die Zulässigkeit des Vorhabens *nach seiner Art* allein danach, ob es nach der BauNVO in dem Gebiet allgemein zulässig wäre. Die BauNVO definiert die Gebietstypen:

1. Kleinsiedlungsgebiet (WS)
2. reines Wohngebiet (WR)
3. allgemeines Wohngebiet (WA)
4. besonderes Wohngebiet (WB)
5. Dorfgebiet (MD)
6. Mischgebiet (MI)
7. Kerngebiet (MK)
8. Gewerbegebiet (GE)
9. Industriegebiet (GI)
10. Sondergebiet (SO).

Wie weit sich die nähere Umgebung erstreckt, unterliegt einem Interpretationsspielraum. Der Straßenzug, in dem sich das Grundstück befindet, wird oft zur näheren Umgebung gehören. Nach einem Urteil des Bayerischen Verwaltungsgerichtshofes (BayVGH vom 9.10.1998 - Az 1 B 89 764, in [Hau98], gehört ein „Umgriff von 200 m" zur näheren Umgebung.

Das *Maß* der baulichen Nutzung wird nach einem Grundsatzurteil des Bundesverwaltungsgerichts (BVerwG, BauR 1978, 276, 281, zitiert in [Hau98], durch den Rahmen vorgegeben, in dem sich die Grundflächenzahl, Geschoßflächenzahl und Zahl der Vollgeschosse bewegt (Grundflächenzahl: Zulässige Grundfläche pro Quadratmeter Grundstücksfläche, Geschoßflächenzahl: Zulässige Geschoßfläche pro Quadratmeter Grundstücksfläche). Jedes neue Gebäude, das sich in jedem einzelnen dieser Parameter innerhalb der Bandbreite der vorhandenen Bebauung der näheren Umgebung bewegt, ist demnach zulässig.

Aus diesen Festlegungen folgt, daß die Ansiedlung von Gewerbe oder Industrie in einem Gebiet, in dem vergleichbare Betriebe noch nicht vorhanden sind, im unbeplanten Innenbereich meist nicht zulässig ist, insbesondere, wenn sich das Projekt nach Art und Maß der baulichen Nutzung nicht in die Eigenart der näheren Umgebung einfügt. Um die Zulässigkeit von etwas „Neuem" festzulegen, bedarf es eines Bebauungsplans.

Das Bebauungsplanverfahren dient sowohl der rechtlichen Absicherung neuer als auch der rechtlichen Absicherung vorhandener Standorte und wird deshalb in Abschn. 4.5.4 zusammengefaßt erklärt. Durch einen Bebauungsplan, der für das beabsichtigte Areal die nach der Baunutzungsverordnung des Bundes definierte Nutzungsart in Form einer Satzung festschreibt, läßt sich rechtsverbindlich festhalten, ob eine Betriebsstätte der beabsichtigten Art auf einem Areal errichtet werden darf. Großprojekte benötigen in aller Regel einen Bebauungsplan, damit sie genehmigungsfähig sind. Ein Gewerbebetrieb darf, wenn er störend ist, nur im Industrie- und Sondergebiet, wenn er nicht erheblich belästigend ist, auch im Gewerbegebiet sowie wenn er nicht erheblich störend ist, auch im Kerngebiet,

Mischgebiet und Dorfgebiet errichtet werden. Darüberhinaus sind für diese Gebiete Nutzungsbeschränkungen zulässig, die der Bebauungsplan aufführt. **Der Bebauungsplan ist, wenn vorhanden, das „K.O.-Kriterium" für die Anlage.** Ihm sind die entscheidenden Kriterien für die Zulässigkeit eines bestimmten Industrie- oder Gewerbebetriebes zu entnehmen. Nach § 9 BauGB können folgende Festsetzungen im Bebauungsplan getroffen werden, die für eine Gewerbeansiedlung relevant sein können:

- die Art und das Maß der baulichen Nutzung;
- die Bauweise, die überbaubaren und die nicht überbaubaren Grundstücksflächen sowie die Stellung der baulichen Anlagen;
- für die Größe, Breite und Tiefe der Baugrundstücke Mindestmaße
- die Flächen für Nebenanlagen, die aufgrund anderer Vorschriften für die Nutzung von Grundstücken erforderlich sind, wie Flächen für Stellplätze und Garagen mit ihren Einfahrten;
- die Flächen für den Gemeinbedarf sowie für Sport- und Spielanlagen;
- der besondere Nutzungszweck von Flächen;
- die Flächen, die von der Bebauung freizuhalten sind, und ihre Nutzung;
- die Verkehrsflächen sowie Verkehrsflächen besonderer Zweckbestimmung, wie Fußgängerbereiche, Flächen für das Parken von Fahrzeugen sowie den Anschluß anderer Flächen an die Verkehrsflächen;
- die Versorgungsflächen;
- die Führung von Versorgungsanlagen und -leitungen;
- die Flächen für die Abfall- und Abwasserbeseitigung, einschließlich der Rückhaltung und Versickerung von Niederschlagswasser, sowie für Ablagerungen;
- die öffentlichen und privaten Grünflächen, wie Parkanlagen, Dauerkleingärten, Sport-, Spiel-, Zelt- und Badeplätze, Friedhöfe;
- die Wasserflächen sowie die Flächen für die Wasserwirtschaft, für Hochwasserschutzanlagen und für die Regelung des Wasserabflusses;
- die Flächen für Aufschüttungen, Abgrabungen oder für das Gewinnen von Steinen, Erden und anderen Bodenschätzen;
- a) die Flächen für die Landwirtschaft und b) Wald;
- die Flächen für die Errichtung von Anlagen für die Kleintierhaltung wie Ausstellungs- und Zuchtanlagen, Zwinger, Koppeln und dergleichen;
- die Flächen oder Maßnahmen zum Schutz, zur Pflege und zur Entwicklung von Boden, Natur und Landschaft;
- die mit Geh-, Fahr- und Leitungsrechten zugunsten der Allgemeinheit, eines Erschließungsträgers oder eines beschränkten Personenkreises zu belastenden Flächen;
- die Flächen für Gemeinschaftsanlagen für bestimmte räumliche Bereiche wie Kinderspielplätze, Freizeiteinrichtungen, Stellplätze und Garagen;
- Gebiete, in denen zum Schutz vor schädlichen Umwelteinwirkungen im Sinne des Bundes-Immissionsschutzgesetzes bestimmte luftverunreinigenden Stoffe nicht oder nur beschränkt verwendet werden dürfen;
- die von der Bebauung freizuhaltenden Schutzflächen und ihre Nutzung, die Flächen für besondere Anlagen und Vorkehrungen zum Schutz vor schädlichen Umwelteinwirkungen im Sinne des Bundes-Immissionsschutzgesetzes sowie die

zum Schutz vor solchen Einwirkungen oder zur Vermeidung oder Minderung solcher Einwirkungen zu treffenden baulichen oder sonstigen technischen Vorkehrungen;
- für einzelne Flächen oder für ein Bebauungsplangebiet oder Teile davon sowie für Teile baulicher Anlagen mit Ausnahme der für landwirtschaftliche Nutzungen oder Wald festgesetzen Flächen
- das Anpflanzen von Bäumen, Sträuchern und sonstigen Bepflanzungen,
- Bindungen für Bepflanzungen und für die Erhaltung von Bäumen, Sträuchern und sonstigen Bepflanzungen sowie von Gewässern;
- die Flächen für Aufschüttungen, Abgrabungen und Stützmauern, soweit sie zur Herstellung des Straßenkörpers erforderlich sind.

Im Bebauungplan sollen gekennzeichnet werden:

- Flächen, bei deren Bebauung besondere bauliche Vorkehrungen gegen äußere Einwirkungen oder bei denen besondere bauliche Sicherungsmaßnahmen gegen Naturgewalten erforderlich sind;
- Flächen, unter denen der Bergbau umgeht oder die für den Abbau von Mineralien bestimmt sind;
- Flächen, deren Böden erheblich mit umweltgefährdenden Stoffen belastet sind.

Nach der geltenden Rechtsprechung hat der Erwerber eines Grundstücks Ansprüche gegen die Gemeinde, wenn diese entgegen besseren Wissens solche Altlastengrundstücke im Bebauungsplan nicht kenntlich gemacht hat.

Im Bebauungsplanverfahren hat die Gemeinde (als Planungsträger) alle überörtlichen Regelungen, die die Bebaubarkeit der Grundstücke unmittelbar beschränken können, zu prüfen. Dies stellt für ein ansiedlungswilliges Unternehmen einen großen Vorteil dar, weil ihm diese Prüfung „abgenommen" wird. Hinzu kommt, daß der Bebauungsplan in Form einer Satzung ergeht und dadurch dem Bürger Rechtssicherheit gibt.

Im Außenbereich soll nicht gebaut werden. Einige Vorhaben, die in § 35 Abs. 1 BauGB aufgeführt sind (sog. „Privilegierte Vorhaben"), sind hiervon jedoch ausgenommen. Nach § 35 BauGB Abs. 1 Nr. 1 und 2 gehören hierzu Vorhaben, die landwirtschaftlichen, forstwirtschaftlichen und Gartenbauzwecken dienen. Nach § 35 Abs. 1 Nr. 3 BauGB sind Vorhaben zulässig, wenn diese dem Fernmeldewesen, der öffentlichen Versorgung mit Elektrizität, Gas, Wärme und Wasser, der Abwasserwirtschaft oder einem ortsgebundenen gewerblichen Betrieb dienen, nach Nr. 4, wenn diese wegen ihrer besonderen Anforderungen an die Umgebung, wegen der nachteiligen Wirkung auf die Umgebung oder wegen der besonderen Zweckbestimmung nur im Außenbereich ausgeführt werden sollen, nach Nr. 5, wenn sie der Erforschung, Entwicklung oder Nutzung der Kernenergie zu friedlichen Zwecken oder der Entsorgung radioaktiver Abfälle dienen, nach Nr. 6, wenn sie der Erforschung, Entwicklung oder Nutzung der Wind- oder Wasserenergie dienen. Der Abstandserlaß des Landes Nordrhein-Westfalen ([Abs98], s. nachfolgender Abschnitt und Tabelle 4.7) führt folgende Anlagen auf, die in Nordrhein-Westfalen im Außenbereich errichtet werden sollen: Anlagen zur Tierkörperbeseitigung, Brennen von Bauxit, Dolomit, Kalkstein etc. oder Ton zu Schamotte, Kottrocknungsanlagen, Massentierhaltung, Lagerung unbehandelter Knochen, Kompostwerke, Güllelagerung, Deponien, Abwasserbehandlungsanlagen, Steinbrüche, Gewinnung oder Aufbereitung von Sand, Kies etc., Anlagen zur Sprengverformung im Freien, Anlagen zur Herstellung und Behandlung von Sprengstoffen (Schutzabstände ergeben sich nach dem Sprengstoffgesetz), Pelztierfarmen (wegen der Geruchsbelästigung können Abstände bis 1000 m erforderlich werden).

Nach § 35 BauGB muß die ausreichende Erschließung gesichert sein. Vorhaben im Außenbereich sind wegemäßig nur dann erschlossen, wenn ein ausreichender öffentlicher Weg, ein ausreichender eigener Privatweg oder ein ausreichendes Wegerecht vorhanden ist.

Von der Aufzählung des § 35 BauGB verdienen die ortsgebundenen gewerblichen Betriebe und diejenigen, die aufgrund ihres Störungspotentials nur im Außenbereich errichtet werden sollen, eine besondere Betrachtung.

Ortsgebundene gewerbliche Betriebe sind solche, die aufgrund ihrer Betriebsweise an eine bestimmte Ressource gebunden sind. Beispiele sind: Kraftwerke (Kühlwasser), oberirdische Gewinnungsbetriebe für Gestein, Sand und Torf, Zementwerke.

Nach der Rechtsprechung ist ein gewerblicher Betrieb nicht schon allein deshalb an eine bestimmte örtliche Lage gebunden, weil dies betriebswirtschaftlich zweckmäßig ist. Für eine Transportbetonanlage hat das Bundesverwaltungsgericht verneint, daß diese in einer Kiesgrube errichtet werden muß, in der sich die wesentlichen Zuschlagstoffe (bis auf Zement) befanden. Maßgeblich für diese Entscheidung war, daß diese Zuschlagstoffe ja auch antransportiert werden könnten (BVerwG, DVBl. 1977, 526, zitiert in [Hau98] S. 74).

Da privilegierte Vorhaben auch im Außenbereich der bauzulassungsrechtlichen Abwägung unterliegen, ist jedoch nicht garantiert, daß man für derartige Vorhaben die Baugenehmigung auch erhält. Schon aus diesem Grund ist es für jeden, der in einem bestimmten Gebiet einen Industrie- oder Gewerbebetrieb errichten möchte, ratsam, für dieses Gebiet einen Bebauungsplan anzustreben (Ausweisung z.B. als Sondergebiet).

4.3.1.3
Immissionsschutz

Emissionen sind die von einer Emissionsquelle ausgehenden

- stofflichen
- thermischen
- radiativen
- akustischen

Emissionen. Über die Transmission, d.h. den Ausbreitungsmechanismus, führen Emissionen zu Immissionen, die an einem bestimmten Bezugsort einwirken. Ziel des Immissionsschutzes ist die Absenkung der Immissionen auf verträgliche Werte. Diese sind für Luftschadstoffe in den Verwaltungsvorschriften zum Bundes-Immissionsschutzgesetz TA Luft bzw. TA Lärm angegeben.

Die gesetzliche Definition der Immissionen ergibt sich aus § 3 Abs. 2 Bundes-Immissionsschutzgesetz. Demnach sind Immissionen die „... auf Menschen, Tiere und Pflanzen, den Boden, das Wasser, die Atmosphäre sowie Kultur- und sonstige Sachgüter einwirkenden Luftverunreinigungen, Geräusche, Erschütterungen, Licht, Wärme, Strahlen und ähnliche Erscheinungen". Praktische Bedeutung für Industrie- und Gewerbebetriebe haben Luftschadstoffe und Lärm sowie in Einzelfällen Erschütterungen, die von einer Anlage ausgehen.

In der Phase der Standortplanung muß das Anlagenumfeld dahingehend überprüft werden, ob es später möglich ist, die Immissionen auf die zulässigen Werte zu bringen.

Luftschadstoffe. Wenn eine Anlage Luftverunreinigungen emittieren wird, ist unter bestimmten Umständen die Immissionsvorbelastung zu prüfen. Sie stellt die bestehende Belastung eines Gebietes in Bezug auf bestimmte Grenzwerte von Schadstoffen (Immissionswerte) dar. Die Grenzwerte sind flächenbezogen, nicht objektbezogen. Immer dann, wenn aus Rechnungen oder Messungen festgestellt wird, daß die Vorbelastungswerte IV1 geringer als 60% der Immissionswerte gemäß TA Luft sind, kann der Antragsteller von der Vorbelastungsmessung freigestellt werden. Die TA Luft ist eine Verwaltungsvorschrift zum Bundes-Immissionsschutzgesetz, die nach allgemein anerkannter Rechtssprechung den Charakter eines „allgemein antizipierten Sachverständigengutachtes" hat und daher die Genehmigungsbehörde immer bindet.

Wenn bei der Genehmigungsbehörde Vorbelastungsmessungen aus anderen Vorhaben vorliegen, dürfen sie gemäß Ziffer 2.6.2.1 TA Luft herangezogen werden, wenn sie, gerechnet von der Antragstellung an, nicht länger als vier Jahre zurückliegen, und sich die für die Immissionsverhältnisse im Beurteilungsgebiet maßgeblichen Emissionsverhältnisse in diesem Zeitraum nicht erheblich verändert haben (zu Informationsquellen über Vorbelastungswerte siehe auch der Beitrag von Lohmeyer in Kap. 5).

Die sog. Immissionswerte gemäß folgender Tabelle dürfen nicht überschritten werden. Für jeden in 2.5.1 und 2.5.2 der TA Luft aufgeführten Stoff wurde ein Wert für Langzeitwirkung (*IW1*) und Kurzzeitwirkung (*IW2*) festgelegt. Gesundheitsgefahren oder erhebliche Nachteile und Belästigungen sind bereits dann indiziert, wenn *einer* der beiden Immissionswerte überschritten ist. Die Immissionswerte gelten auch bei gleichzeitigem Auftreten oder bei chemischer oder physikalischer Umwandlung der Schadstoffe. Mit Berechnungsvorschriften der TA Luft wird geprüft, ob die Gesamtbelastung, die sich aus der Vorbelastung und der durch die Anlage hervorgerufenen Zusatzbelastung ergibt, innerhalb der Grenzwerte *IW1* bzw. *IW2* liegt.

Bereits vorbelastete Räume schränken also die Verwendbarkeit ein. Abweichend vom sonst durchgängig geltenden Prinzip der zulässigen Maximalbelastung gibt es für SO_2 einen Vorsorge-Immissionswert („Vorsorge" ist Einhalten bestimmter Emissionswerte unter Anwendung des Standes der Technik). In Gebieten, in denen die Immissionsbelastung durch SO_2 im Jahresmittel die Konzentration von 0,05 oder 0,06 mg/m^3 nicht überschreitet, muß dieser strengere Wert anstatt der in Tabelle 4.5 für *IW1* bzw. *IW2* angegebenen Werte eingehalten werden. Durch diese Vorschrift soll erreicht werden, daß bisher nur schwach belastete Gebiete diesen Zustand behalten.

Lärm. Bei lärmverursachenden Anlagen richten sich die zulässigen Immissionswerte danach, welcher bauplanungsrechtliche Zustand außerhalb des Betriebsgrundstücks im Einwirkungsbereich der Anlage besteht, also ob sich dort ein „Wohngebiet", „Dorfgebiet", „Industriegebiet" etc. befindet. In diesem Einwirkungsbereich müssen die Lärmimmissionswerte eingehalten werden. Beim Bau der Betriebsanlagen selbst ist der Stand der Technik der Lärmminderung einzuhalten. Dies findet bei der Lärmimmissionsprognose Berücksichtigung. Ausnahmen von den Immissionswerten sind zulässig, wenn Nachbarn und Dritte nicht beeinträchtigt werden und zu erwarten ist, daß sich dies auch bei einer voraussichtlichen Veränderung der baulichen Nutzung nicht ändert. Die Vorgehensweise bei der Lärmimmissionsberechnung wird in Kap. 5 zusammengefaßt dargestellt. Tabelle 4.6 enthält die Grenzwerte für Lärmimmissionen der TA Lärm.

Erschütterungen. Den weitaus größten Anteil an belästigenden Schwingungen bilden stationäre Schwingungen, die vorwiegend durch rotierende oder oszillierende Maschinen hervorgerufen werden. Nicht stationäre Schwingungen treten z.B. bei Schmiedehämmern und Sprengungen auf.
Anders als bei Luftschadstoffen und Lärm hat die Bundesregierung noch keine Verwaltungsvorschrift zum Erschütterungsschutz herausgegeben. Die Bundesländer haben hierfür durch den Länderausschuß für Immissionsschutz (LAI) eine Richtlinie zu „Messung, Beurteilung und Verminderung von Erschütterungsimmissionen" mit Datum vom 28.9.1994 heraugegeben [LAI94].

In der Richtlinie werden tiefe Frequenzen bis max. 100 Hz betrachtet, da diese in der Größenordnung der Eigenfrequenzen von Gebäudeteilen liegen können.

Frequenzabhängig werden für verschiedene Bauteile und unterschieden in kurzzeitige und stationäre Einwirkungen Maximalwerte der Schwinggeschwindigkeit von Gebäudekomponenten festgelegt.

Übergreifende Gesichtspunkte des Immissionsschutzes. Bei brand- und explosionsgefährdeten Anlagen wie Sprengstoffabriken, Gas- und Mineralölspeicheranlagen und geruchsintensiven Anlagen wie Tierkörperbeseitigungsanlagen oder Abdeckereien muß man bei der Standortwahl in besonderem Maße die Nähe zur Wohnbebauung *und zu benachbarten Anlagen* prüfen.

§ 49 Bundes-Immissionsschutzgesetz ermächtigt die Landesregierungen zu Rechtsverordnungen, in denen Gebiete definiert werden, in denen zum besonderen Immissionsschutz Industrieanlagen nicht oder nur mit Auflagen errichtet oder betrieben werden dürfen. Auch Gemeinden können dies per Satzung für ihren Bereich beschließen.

Nach § 12 Bundeswaldgesetz kann Wald zu Schutzwald erklärt werden, wenn dies für den Immissionsschutz erforderlich ist oder der Abwehr von Erosion durch Wasser und Wind, von Austrocknung, von schädlichem Abfließen von Niederschlagswasser oder zum Schutz vor Lawinen dient.

Tabelle 4.5. Immissionsgrenzwerte der TA Luft

Schadstoff	zum Schutz vor Gesundheitsgefahren		zum Schutz vor erheblichen Nachteilen oder Belästigungen	
	IW1	IW2	IW1	IW2
Schwebstaub (ohne Berücksichtigung der Inhaltsstoffe)	0,15 mg/m^3	0,30 mg/m^3	-	-
Staubniederschlag (nicht gefährdende Stäube)[17]	-	-	0,35 g/m^2,d	0,65 g/m^2,d
Blei und anorg. Bleiverbindungen im Schwebstaub (angegeben als Pb)	2,0 µg/ m^3	-	-	-
- als Bestandteile des Staubniederschlages (angegeben als Pb)	-	-	0,25 mg/m^2,d	-
Cadmium u. anorg. Cadmiumverbindungen im Schwebstaub (angegeben als Cd)	0,04 µg/ m^3	-	-	-
- als Bestandteile des Staubniederschlages (angegeben als Cd)	-	-	5,0 µg/m^2,d	-
Chlor	0,1 mg/m^3	0,3 mg/m^3	-	-
Thallium u. anorg. Thalliumverbdg. als Bestandteile des Staubniederschlags (angegeben als Tl)	-	-	10,0 µg/m^2,d	-
Chlorwasserstoff (angegeben als Cl)	0,1 mg/m^3	0,2 mg/m^3 [18]		
Fluorwasserstoff u. anorg. gasförmige Flourverbindungen (angegeben als F)	-	-	1,0 µg/ m^3	3,0 µg/ m^3
Kohlenmonoxid	10,0 mg/m^3	30,0 mg/m^3	-	-
Schwefeldioxid	0,14 mg/m^3	0,4 mg/m^3	-	-
Stickstoffdioxid	0,08 mg/m^3	0,2 mg/m^3	-	-

---

[17] irreführende Bezeichnung im Originaltext. Besser „ohne Berücksichtung der Inhaltsstoffe"
[18] solange Chlorwasserstoff nicht einwandfrei von Chloriden getrennt gemessen werden kann, 0,2 mg/m^3

Für Industrieanlagen und Gewerbebetriebe gibt der in der *Bauleitplanung* verwendete *Abstandserlaß* des Landes Nordrhein-Westfalen Anhaltspunkte dafür, wie nahe zur Wohnbebauung eine Anlage errichtet werden darf [Abs98]. Er wurde auf der Grundlage der einschlägigen Verwaltungsvorschriften und Normen (TA Luft, TA Lärm, VDI-Richtlinien, DIN-Normen) sowie vorliegenden Erkenntnissen über die Wirkung elektrischer Felder auf den menschlichen Organismus erarbeitet. Er enthält eine Liste einzuhaltender Abstände dieser Anlagen bzw. Betriebe zur nächstgelegenen Wohnbebauung und wird auch in anderen Bundesländern in der Bauleitplanung sinngemäß angewendet. Bei Projekten, die außerhalb eines oder ohne einen Bebauungsplan realisiert werden sollen, liefert der Abstandserlaß Anhaltspunkte für den erforderlichen Abstand zur Wohnbebauung. Wesentliche Inhalte des Abstandserlasses sind in Tabelle 4.7 wiedergegeben.

Tabelle 4.6. Immissionswerte der TA Lärm

Baugebiet nach Baunutzungsverordnung	Immissionsrichtwerte dB(A)	
	6.00 – 22.00 Uhr	22.00 – 6.00 Uhr
Industriegebiet	70	70
Gewerbegebiet	65	50
Kerngebiet, Dorfgebiet, Mischgebiet	60	45
allg. Wohngebiet und Kleinsiedlungsgebiet	55	40
reines Wohngebiet	50	35
Kurgebiet, Krankenhäuser und Pflegeanstalten	45	35
seltene Ereignisse in allen Gebieten	70	55

Tabelle 4.7. Abstände zu Wohngebieten gemäß Abstandserlaß des Landes Nordrhein-Westfalen vom 2.4.1998. Für den Lärmschutz wurde bei regelmäßig durchlaufenden Betrieben der Wert von 35 dB(A), bei 1- bis 2schichtig arbeitenden Betrieben der Wert 50 dB(A) zugrundegelegt. Der Abstand wird an der geringsten Entfernung zwischen der Umrißlinie der emittierenden Anlage und der Begrenzungslinie von Wohngebieten gemessen. Die Abstände können unter bestimmten Umständen auch unterschritten werden, Anwendung und weitere Einzelheiten s. [Abs98]

Abstand in m	Nr. der 4. BimSchV/Anlagenart bzw. nur Anlagenart, sofern in der 4. BImSchV nicht enthalten bzw. nur Nr. der 4. BimSchV
1500	1.1/Kraftwerke größer 900 MW Feuerungswärmeleistung, 1.11/Anl. z. Trockendestillation (z.B. Kokereien, Schwelereien), 3.2/Anl. z. Gewinn. v. Roheisen, 4.1/Anl. z. fabrikmäß. Herst. von Stoffen durch chem. Umw. m. mehr als 10 Produktionsanl., 4.4/Raffinierien u. sonstige Erdölweiterverarbeitungsanl.
1000	1.14/Kohlevergas.- od. -verflüssigungsanl., 2.14/Anl. z. Herst. v. Formstücken unter Verwendung von Zement od. anderen Bindemitteln im Freien, 3.1/Anl. z. Rösten, Schmelzen od. Sintern v. Erzen, 3.2/Blei-, Zink u. Kupfererzhütten, 3.3/Anl. z. Stahlerzeug., ausgen. Lichtbogenöfen mit wen. als 50 t Gesamtabstichgew. sowie Induktionsöfen, 3.15/Anl. z. Herst. od. Rep. v. Beh. aus Metall im Freien, 3.18/Anl. z. Herst. od. Rep. v. Schiffskörpern od.- sektionen aus Metall im Freien, 4.1/Anl. z. fabrikmäß. Herst. v. Stoffen durch chem. Umwandl. m. höchst. 10 Produktionsanl., 4.1b u. c/Anl. z. fabrikmäß. Herst. v. Metallen od. Nichtmetallen auf nassem Wege od. m. Hilfe el. Energie sowie v. Ferrolegierungen, Korund u. Karbid einschl. Aluminiumhütten, 4.1d/nur Anl. z. fabrikmäß. Herst. von Schwefel od. Schwefelerzeugnissen, 4.1h/Anl. z. fabrikmäß. Herst. v. Chemiefasern, 6.3/Anl. z. Herst. v. Holzfaserplatten, Holzspanplatten od. Holzfasermatten, 7.12/Anl. z. Tierkörperbeseit. sowie Anl., i. d. Tierkörperteile od. Erzeugnisse tier. Herk. z. Beseit. in Tierkörperbeseitigungsanl. gesammelt od. gelagert werden, 10.16/Prüfstände für od. mit Luftschrauben, Rückstoßantrieben od. Strahltriebwerken, 10.19/Anl. z. Luftverflüssigung m. einem Durchsatz v. 25 t Luft/h od. mehr, Anl. z. Herst. v. Eisen- od. Stahlbaukonstruktionen im Freien

Tabelle 4.7 (Fortsetzung). Abstände zu Wohngebieten gemäß Abstandserlaß des Landes Nordrhein-Westfalen vom 2.4.1998 (Auszug, detailliert für die Abstandsklassen 500 bis 1500 m, Erläuterung s.u.) [Abs98]

Abstand in m	Nr. der 4. BimSchV/Anlagenart bzw. nur Anlagenart, sofern in der 4. BImSchV nicht enthalten bzw. nur Nr. der 4. BImSchV
700	1.1/nur Kraftw. mit mehr als 150 MW bis max. 900 MW Feuerungswärmeleistung, Heizkraftw. mit mehr als 300 MW Feuerungswärmel., 1.12/Anl. z. Destillation od. Weiterverarb. v. Teer od. Teererzeugnissen od. v. Teer- od. Gaswasser, 2.3/Anl. z. Herst. v. Zementklinker od. Zementen, 2.4/Anl. z. Brennen v. Bauxit, Dolomit, Gips, Kalkstein, Kieselgur, Magnesit, Quarzit od. v. Ton zu Schamotte, 3.3/nur Anl. z. Stahlerzeug. m. Lichtbogenöfen unt. 50t Gesamtabstichgewicht, 3.4/nur Anl. z. Umschmelzen v. Nichteisen-Altmetall, ausgen. Vakuum-Schmelzanl., Schmelzanl. f. Gußlegierungen aus Zinn u. Wismut od. aus Feinzink u. Aluminium in Verbindung mit Kupfer od. Magnesium, Schmelzanl., die Bestandteil v. Druck- od. Kokillengießmaschinen sind, Schmelzanl. für Edelmetalle od. für Legierungen, die nur aus Edelmetallen od. aus Edelmetallen u. Kupfer bestehen, u. Schwallötbäder, 4.1a/Anl. z. fabrikmäßigen Herst. v. anorganischen Chemikalien wie Säuren, Basen, Salze, 4.1d/nur Anl. z. fabrikmäßigen Herst. v. Halogenen od. Halogenerzeugnissen 4.1e/Düngemittelfabriken für phosphor- u. stickstoffhaltigen Dünger, 4.6/Anl. z. Herst. v. Ruß, 4.1l/Anl. z. fabrikmäßigen Herst. v. Kohlenwasserstoffen, 7.15/Kottrocknungsanlagen, 8.8/chemisch-physikalische Abfallbehandlungsanlagen, Aufbereitungsanlagen für schmelzflüssige Schlacke (z.B. Hochofenschlacke), Automobil-, Motorrad- u. Verbrennungsmotorenfabriken
500	1.1/nur Heizkraftwerke v. 100 bis 300 MW u. Heizwerke v. mehr als 100 MW Feuerungswärmeleistung, 1.7/Kühltürme mit einem Kühlwasserdurchsatz größer 10000m³/h, 1.8/nicht eingehauste Umspannwerke mit einer Oberspannung v. 220 kV od. mehr einschließlich der Schaltfelder, 1.9/Kohlemahl- u. -trocknungsanlagen mit einer Leistung $\geq$ 30t/h, 1.10/Brikettieranlagen für Braun- u. Steinkohlebriketts, 2.8/Glas- u. Glasfaserherstellungsanlagen, nicht für medizinische od. fernmeldetechnische Glasfasern, 2.11/Schmelzanlagen für mineralische Stoffe, 2.13/Beton-, Mörtel- u. Straßenbaustoffwerke unter Verwendung v. Zement, auch soweit die Einsatzstoffe nur trocken gemischt werden, 2.15/Asphaltmischanlagen einschließlich Aufbereitungsanlagen für Straßenaufbruch u. Teersplitanlagen mit einer Leistung $\geq$ 200t/h, 3.3, 3.7/Anl. z. Stahlerzeugung mit Induktionsöfen, Anl. zum Erschmelzen v. Gußeisen sowie Eisen-, Temper- od. Stahlgießereien, ausgenommen Anl., in denen Formen od. Kerne auf kaltem Wege hergestellt werden, mit einer Leistung v. 80t od. mehr Gußteile je Monat, 3.11/Schmiede-, Hammer- od. Fallwerke, 3.14/Anl. zum Zerkleinern v. Schrott durch Rotormühlen mit einer Nenn-Antriebsleistung > 100 kW

Tabelle 4.7 (Fortsetzung). Abstände zu Wohngebieten gemäß Abstandserlaß des Landes Nordrhein-Westfalen vom 2.4.1998 (Auszug, detailliert für die Abstandsklassen 500 bis 1500 m, Erläuterung s.u.) [Abs98]

Abstand in m	Nr. der 4. BimSchV/Anlagenart bzw. nur Anlagenart, sofern in der 4. BImSchV nicht enthalten bzw. nur Nr. der 4. BImSchV
500	, 4.1g,h,k,m/Herstellungsanlagen für die bezeichneten Stoffe, 4.5/Schmierstoffherstellungsanlagen, 4.7/Anl. z. Herst. v. Hartbrandkohle od. Elektrographit, 4.8/Anl. z. Lösungsmittelaufarb., 5.1/Beschichtungsanl. der gen. Arten, 1, 5.5/Drahlisolieranl. mit Phenol- und Kresolharzen, 5.8/Anl. z. Herst. v. Gegenständen aus Amino- und Phenoplasten mit mehr als 10kg/h Ausgangsstoffen, 7.1 entsprechend 51000 Hennenplätzen, 7.3/Anl. z. Schmelzen tier. Fette bis 200 kg Fett/Woche, 7.9/Anl. z. Herst. von Futter od. Düngemitteln aus Schlachnebenprodukten, 7.11/Knochenläger, 7.19/Sauerkrautherstellung mit mehr als 10t Kohl/d, 7.21/Mühlen für Nahrungs- od. Futtermittel mit mehr als 500t/d, 7.23/Extraktionsanl. für Pflanzenfette mit mehr als 1t/d, 7.24/Zuckerherstellung, 7.25/Grünfuttertrocknungsanl. , 8.1/thermische Beseitungsanlagen, 8.3/Abbrandanl., 9.11/Schüttgutumschlaganl. mit mehr als 200t/d, 9.36/Gülleläger > 2500 m³, Sonderabfalldeponien, Abwasserbehandlungsanl. für mehr als 100000EGW, Autokinos, Betriebshöfe f. Straßenbahnen
300	1.5, 1.9 bis 30t/h, 1.13, 1.15, 2.1, 2.2, 2.5,2.6 Spalte 1, 2.7, 2.10 Spalte 1, 2.14 in geschlossenen Hallen, 2.15 bis 200t/h, 3.2 Spalte 2, 3.3/Anl. z. Stahlerzeugung mit Induktionsöfen, Anl. zum Erschmelzen v. Gußeisen sowie Eisen-, Temper- od. Stahlgießereien, ausgenommen Anl., in denen Formen od. Kerne auf kaltem Wege hergestellt werden, mit einer Leistung v. 80t od. wen. Gußteile je Monat, 3.4 Spalte 1, 3.8 Spalte 1, 3.5, 3.9, 3.15 in geschlossenen Hallen, 3.18 in geschlossenen Hallen, 3.21, 3.23, 4.1f,p, 4.2, 4.3, 4.8 Spalte 2, 4.9/Anl. zum Erschmelzen v. Natur- u. Kunstharzen mit einer Leistung v. 1t/Tag u. mehr, 4.10/Anl. z. Herst. v. Anstrich- u. Druckfarben unter Einsatz v. 5t/Tag Lösungsmitteln u. mehr, 5.1 Spalte 2, 5.2, 5.4, 5.6, 5.9, 6.2, 6.4, 7.1 entsprechend 14000 bis 51000 Hennenplätzen, 7.2, 7.4 Spalte 2, 7.6, 7.7, 7.8, 7.10, 7.13, 7.14, 7.22, 7.29, 7.30, 7.31, 8.4, 8.5 Spalte 2, 8.7, 8.9, 8.11, 9.10, 10.7, 10.21, 10.23, Gattersägen mit mehr als 100kW, Abwasserbeh.anl. < 100000 EGW, Gewinnung von Sand, Ton, Kies, Bims, Lehm, Anl. z. Herst. von Kalksandsteinen, Gasbetonsteinen oder Faserzementplatten unter Dampfüberdruck, Anl. z. Herst. von Bauelementen oder serienmäß. Holzbauten, Siedlungsabfalldeponien, Herst. v. Schienenfahrz., Preßwerke, Stahlbau in geschlossenen Hallen, Drahtziehereien, Schwermaschinenbau, Emaillieranl., Schrottplätze, Margarine- oder Kunstspeisefettfabr., Auslieferungsläger für Tiefkühlkost, Betriebshöfe der Müllabfuhr und Straßendienste, Speditionen

Tabelle 4.7 (Fortsetzung). Abstände zu Wohngebieten gemäß Abstandserlaß des Landes Nordrhein-Westfalen vom 2.4.1998 (Auszug, detailliert für die Abstandsklassen 500 bis 1500 m, Erläuterung s.u.) [Abs98]

Abstand in m	Nr. der 4. BimSchV/Anlagenart bzw. nur Anlagenart, sofern in der 4. BImSchV nicht enthalten bzw. nur Nr. der 4. BImSchV
200	2.9, 2.10 Spalte 2, 3.4 Spalte 2, 3.8 Spalte 2, 3.10, 5.7, 5.10, 5.11, 7.1 bis entsprechend 14000 Hennenplätzen, 7.5, 7.20, 7.21 Spalte 2, 7.27, 7.28, 7.32, 7.33, 10.8, 10.9, 10.10, 10.11, 10.15, 10.17, 10.20, Anl. z. Herst. von Bolzen u.ä. durch Druckumformen auf Automaten u. Automatendrehereien, Kaltherstellung von Stahlrohren, Flaschenreinigungs- und -abfüllanl. > 2500 Fl./h, Karosseriebau, Maschinenfabriken u. Härtereien, Pressereien od. Stanzereien, Anl. z. Herst. v. Kabeln, Herst. v. Möbeln, Paletten, Kisten u.ä., Zimmereien, Lackiereien < 25 kg/h Lösungsmitteldurchsatz, Fleischzerlegebetriebe ohne Verarbeitung, Getreide- und Tabaktrocknung m. Gebläsen, Brot- und Daerbackwarenfabriken. Milchverwertungsanlagen ohne Trockenmilcherzeugung, Busunternehmen, Schüttgutumschlag < 200t/d
100	2.6 Spalte 2, 3.20, 8.9, Herstellung v. Fertiggerichten, Schlossereien, Drehereien, Schweißereien, Schleifereien, Herst. v. Kunststoffteilen ohne Phenolharze, Autolackierereien, Autowaschstraßen, Tischlereien, Schreinereien, Steinsägereien, -schleifereien und -polierereien, Tapetenfabriken, die nicht durch die Nr. 5.2 der 4. BimSchV erfaßt werden, Lederwarenherstellung, Herst. von Reißspinnstoffen Industriewatte od. Putzwolle, Spinnereien od. Webereien, Textilfabriken, Großwäschereien od. große chem Reinigungsanl., Elektrogerätebau, elektron. u. feinmechm. Ind., Bauhöfe, Kfz-Überwachung, Kfz-Werkstätten, Runderneuerung v. Reifen < 50kg/h Kautschukeinsatz

4.3.1.4
Natur- und Landschaftsschutz

Weil ein besonderes Anliegen des Natur- und Landschaftsschutzes darin besteht, ein Verbundsystem von Schutzgebieten zu schaffen bzw. die derzeit schon bestehenden Flächen zu vergrößern, haben Schutzgebiete eine besondere Bedeutung für die Standortwahl von Industrie- und Gewerbebetrieben. Sie schränken deren Freizügigkeit ein. Zur Standortbeurteilung eines Geländes *außerhalb eines Bebauungsplans* ist insbesondere der naturschutzrechtliche Planungszustand des Geländes zu überprüfen, der unterschiedliche Schutzgebietskategorien kennt, und zwar, geordnet in der Reihenfolge abnehmenden Schutzumfangs: Naturschutzgebiete, Nationalparke, Biosphärenreservate, Landschaftsschutzgebiete, Naturparke (bis hierhin alle durch Rechtsverordnung des jeweiligen Landes definiert; in der Verordnung steht auch, was im Schutzgebiet untersagt ist), Naturdenkmale (durch

Rechtsverordnung oder Einzelanordnung, geschützte Landschaftsbestandteile wie Bäume, Hecken, Parks oder Alleen (durch Satzung)).

Die Schutzgebiete werden bei der Aufstellung von Flächennutzungs- und Bebauungsplänen berücksichtigt.

Außer den naturschutzrechtlichen Gebietsausweisungen sind diejenigen Vorschriften des Naturschutzrechtes zu beachten, die einzelne Lebensstätten und Biotope schützen. So bestimmt § 25 (5) SächsNatSchG, daß die Naturschutzbehörde durch Rechtsverordnung oder Einzelanordnung für die Lebensstätten bestimmter Arten, insbesondere ihre Standorte, Brut- und Wohnstätten, zeitlich befristet besondere Schutzmaßnahmen festlegen kann. In den Schutz der Wohnstätten vom Aussterben bedrohter Wirbeltierarten kann die Umgebung bis zu 500 m Entfernung einbezogen werden. Nach § 26 SächsNatSchG stehen auch *ohne Rechtsverordnung oder Einzelanordnung folgende Biotope immer unter Schutz:*

- Moore, Sümpfe, Röhrichte, seggen- (unter Seggen versteht man eine Gattung der Riedgräser mit eingeschlechtlichen Blüten) und binsenreiche Naßwiesen, Bruch-, Moor-, Sumpf- und Auwälder,
- Quellbereiche, naturnahe und unverbaute Bach- und Flußabschnitte, Altarme fließender Gewässer, naturnahe stehende Kleingewässer und Verlandungsbereiche stehender Gewässer, die Ufervegetation ist jeweils mit eingeschlossen,
- Trocken- und Halbtrockenrasen, magere Frisch- und Bergwiesen, Borstgrasrasen, Wacholder-, Ginster- und Zwergstrauchheiden,
- Gebüsche und naturnahe Wälder trockenwarmer Standorte einschließlich ihrer Staudensäume, höhlenreiche Altholzinseln und höhlenreiche Einzelbäume, Schluchtwälder,
- offene Felsbildungen, offene natürliche Block- und Geröllhalden, offene Binnendünen,
- Streuobstwiesen, Stollen früherer Bergwerke sowie in der freien Landschaft befindliche Steinrücken, Hohlwege und Trockenmauern.

In den besonders geschützten Biotopen sind alle Maßnahmen, die zu ihrer Zerstörung oder sonstigen erheblichen oder nachhaltigen Beeinträchtigung führen können, verboten, insbesondere die Änderung oder Aufgabe der bisherigen Nutzung oder Bewirtschaftung *und das Einbringen von Stoffen, die geeignet sind, Beeinträchtigungen hervorzurufen.* Ausnahmen können zugelassen werden, wenn dies dem Wohl der Allgemeinheit dient oder wichtige Gründe vorliegen *und* die Beeinträchtigungen *ausgeglichen* werden können.

Restriktionen für die Verwendung eines Grundstücks können ferner die Bestimmungen des *Artenschutzes* mit sich bringen. Zu den geschützten Tier- und Pflanzenarten gehören diejenigen, die im Bundesartenschutzgesetz in Verbindung mit der Bundesartenschutzverordnung definiert sind. Dieser Katalog wird je nach Bundesland durch das Artenschutzprogramm des betreffenden Landes erweitert (sog. „*Rote Liste*").

Das Auftreten auch nur einer einzigen Rote-Liste-Art auf einem Grundstück verhindert in der Praxis oft dessen anderweitige Nutzung, es sei denn, die Population der angetroffenen Rote-Liste-Art kann ausreichend geschützt oder unbedenklich umgesiedelt werden. Bekannt geworden ist hier z.B. die Großtrappe, ein fast flugunfähiger Vogel, bei der der brandenburgische Umweltminister die Deutsche Bahn AG zu Ausgleichsleistungen im Wert von 100 Millionen DM verpflichtet hat, weil die ICE-Neubaustrecke Berlin-Hannover durch das Gebiet einer Restpopulation von 25 Großtrappen führt. Die Ausgleichsleistungen bestanden im Bau von Erdwällen [ARD96].

Eingriffsregelung. Von besonderer Bedeutung für die Standortwahl ist ferner die *Eingriffsregelung*. *Eingriffe* in den Naturhaushalt und das Landschaftsbild werden im jeweiligen Landesnaturschutzgesetz - von Land zu Land unterschiedlich - definiert. Beispielhaft sei hier etwas gekürzt wiedergegeben, was nach § 8 des Sächsischen Naturschutzgesetzes in Sachsen als Eingriff gilt:

1. Die oberirdische Gewinnung von Bodenschätzen oder anderen Bodenbestandteilen,
2. die Errichtung, wesentliche Änderung oder Beseitigung baulicher Anlagen im Außenbereich,
3. Aufschüttungen, Abgrabungen, Auffüllung von Bodenvertiefungen oder ähnliche Veränderungen der Bodengestalt im Außenbereich, wenn davon mehr als 300 m² betroffen sind und die Höhe oder die Tiefe mehr als 2 m beträgt,
4. im Außenbereich die Errichtung oder wesentliche Änderung von Verkehrs- und Betriebswegen, Flugplätzen, Sport- und Freizeiteinrichtungen, Lagerplätzen, Abfallentsorgungsanlagen, Friedhöfen, oberirdischen Ver- und Entsorgungsleitungen einschließlich deren Masten und Unterstützungen (Stromleitungen nur, soweit sie für Spannungen von 20 kV oder mehr ausgelegt sind),
5. das Auf- und Abstellen von nicht zugelassenen Kraftfahrzeugen und -anhängern oder sonstigen transportablen Anlagen oder Einrichtungen im Außenbereich,
6. der Ausbau und die wesentliche Änderung von oberirdischen Gewässern einschließlich Verrohrungen sowie nachteilige Veränderung der Ufervegetation,
7. das Aufstauen, Absenken oder Umleiten von Grundwasser einschließlich der dafür vorgesehenen Anlagen und Einrichtungen,
8. Maßnahmen, die zu einer Entwässerung von Feuchtgebieten führen können,
9. die Umwandlung von Wald,
10. der Umbruch von Dauergrünland zur Ackernutzung auf einer Fläche von mehr als 5000 m²,
11. die Beseitigung von landschaftsprägenden Hecken, Baumreihen, Alleen, Feldrainen und sonstigen Flurgehölzen,
12. Einrichtungen, durch die der gesetzlich zugelassene Zugang zu Wald, Flur und Gewässern behindert wird mit Ausnahme der ortsüblichen Zäune für die land- und forstwirtschaftliche Bodennutzung sowie von Wildschutzzäunen an Straßen.

Ein Eingriff ist nach § 9 Sächsisches Naturschutzgesetz unzulässig und zu untersagen, wenn

1. er mit den Zielen der Raumordnung und Landesplanung unvereinbar ist,
2. vermeidbare erhebliche oder nachhaltige Beeinträchtigungen nicht unterlassen werden oder

3. unvereinbare erhebliche oder nachhaltige Beeinträchtigungen nicht oder nicht innerhalb angemessener Frist ausgeglichen werden können und soweit die Belange von Naturschutz und Landschaftspflege bei der Abwägung aller Anforderungen an Natur und Landschaft im Range vorgehen.

Bei nicht *ausgleichbaren*, aber vorrangigen Eingriffen hat der Verursacher die durch den Eingriff gestörten Funktionen des Naturhaushaltes oder des Landschaftsbildes in dem vom Eingriff betroffenen Natur- oder Landschaftsraum zu *ersetzen*.

Für die Zustimmung der Naturschutzbehörden zu den vorgeschlagenen Ausgleichs- oder Ersatzmaßnahmen eines Eingriffs wird gelegentlich der Ausdruck „Naturschutzgenehmigung" verwendet. Diese Zustimmung hat zwar Genehmigungscharakter, wird aber normalerweise nicht eigenständig, sondern im Rahmen anderer Genehmigungsverfahren gegeben, da Eingriffe meistens Genehmigungstatbestände nach anderen Gesetzen darstellen.

Bestimmen Flächennutzungspläne oder Bebauungspläne, daß bei ihrer Realisierung Eingriffe entstehen, so sind nach der Novelle des Baugesetzbuches zum 1.1.1998 die Ausgleichsmaßnahmen schon in diesen Plänen festzulegen. Das bedeutet zum Beispiel, daß die Gemeinde Ausgleichsflächen aufkauft und aufforstet, um die Kosten gleichzeitig oder später auf die Grundstückseigentümer durch örtliche Satzung oder städtebaulichen Vertrag umzulegen. Der Unterschied zum Bauen ohne Flächennutzungs- oder Bebauungsplan besteht darin, daß die Kosten für den Ausgleich schon zur Zeit des Beginns der Planung eines Industriebetriebes einkalkuliert werden können.

4.3.1.5
Gewässerschutz - Errichtungsverbote in Wasserschutzgebieten

§ 19 Wasserhaushaltgesetz (WHG) der Bundesrepublik Deutschland regelt, daß Wasserschutzgebiete festgesetzt werden können, um Gewässer hinsichtlich der bestehenden oder zukünftigen öffentlichen Wasserversorgung zu schützen, das Grundwasser anzureichern oder das schädliche Abfließen von Niederschlagswasser sowie das Abschwemmen und den Eintrag von Bodenbestandteilen, Dünge- und Pflanzenbehandlungsmitteln in Gewässer zu verhüten. In den Wasserschutzgebieten können bestimmte Handlungen verboten oder für nur beschränkt zulässig erklärt werden sowie Eigentümer und Nutzungsberechtigte von Grundstücken zur Duldung von Maßnahmen zum Gewässerschutz verpflichtet werden, darunter zur Duldung von Maßnahmen zur Beobachtung des Gewässers und des Bodens.

§ 32 WHG gibt den Ländern das Recht, Überschwemmungsgebiete als natürliche Rückhalteflächen zum Hochwasserschutz festzulegen und Maßnahmen zu treffen, die der Funktionsweise dieser Überschwemmungsgebiete dienen.

Nach § 37 WHG sind über Gewässer Wasserbücher zu führen. Dort sind insbesondere einzutragen:

1. Erlaubnisse nach § 7 WHG, die nicht nur vorübergehenden Zwecken dienen (wie z.B. Erlaubnisse für die Wasserhaltung bei Bauvorhaben), Bewilligungen nach § 8 WHG, alte Rechte und alte Befugnisse,

2. Wasserschutzgebiete nach § 19 WHG,
3. Überschwemmungsgebiete nach § 32 WHG.

Die Wasserbücher werden von den unteren oder mittleren Wasserbehörden geführt und können dort eingesehen werden.

Tabelle 4.8 enthält die zum Gewässerschutz – wie hier auch in anderen Landeswassergesetzen regelmäßig in drei Schutzzonen eingeteilten – Schutzgebietskategorien nach dem Sächsischen Wassergesetz (SächsWG) vom 23. Februar 1993 (SächsGVBl. S. 201) und der Verordnung über Anlagen zum Umgang mit wassergefährdenden Stoffen (SächsVAwS) vom 28. April 1994 (SächsGVBl. S. 966; die SächsVAwS lehnt sich wie die entsprechende Verordnungen der anderen Bundesländer an eine Muster-VAwS der Länderarbeitsgemeinschaft Wasser an).

Die Schutzgebiete kommen durch eine jeweils auf ein Schutzgebiet bezogene Rechtsverordnung zustande.

In der engeren Schutzzone und der Fassungszone (Tabelle 4.8) sind gemäß § 10 SächsVAwS Anlagen nach § 19 g Abs.1, 2 WHG unzulässig, sofern die entsprechende Schutzgebietsverordnung keine andere Regelung getroffen hat. Diese Anlagen sind Anlagen zum

- Lagern, Abfüllen, Umschlagen (im Wasserrechtsjargon sog. „LAU-Anlagen"),
- Herstellen, Behandeln und Verwenden („HBV-Anlagen") wassergefährdender Stoffe,
- Rohrleitungsanlagen, die den vorstehenden Zwecken dienen.

Wassergefährdende Stoffe sind gemäß § 19g WHG bestimmte feste, flüssige und gasförmige Stoffe, die geeignet sind, nachhaltig die physikalische, chemische oder biologische Beschaffenheit des Wassers nachteilig zu verändern, insbesondere

- Säuren und Laugen,
- Alkalimetalle, Siliciumlegierungen mit über 30% Silicium, metallorganische Verbindungen, Halogene, Säurehalogenide, Metallcarbonyle und Beizsalze,
- Mineral- und Teeröle und deren Produkte,
- flüssige sowie wasserlösliche Kohlenwasserstoffe, Alkohole, Aldehyde, Ketone, Ester, halogen-, stickstoff- und schwefelhaltige organische Verbindungen und
- Gifte.

Die Verwaltungsvorschrift wassergefährdende Stoffe (VwVwS) vom 17. Mai 1999 enthält eine Stoffliste[19], die wassergefährdenden Stoffe weiter einteilt in Wassergefährdungsklassen:

> WGK 3: stark wassergefährdend,
> WGK 2: wassergefährdend,
> WGK 1: schwach wassergefährdend,

In der weiteren Schutzzone (Tabelle 4.8) sind oberirdische Anlagen der Gefährdungsstufen C und D unzulässig, soweit die maßgebliche Schutzgebietsverordnung

---

[19] Alle nicht namentlich in der VwVwS erwähnten Stoffe müssen von der Wirtschaft nach einem in der VwVwS festgelegten Verfahren eingestuft werden; sie werden zentral vom Umweltbundesamt gesammelt und unter www.umweltbundesamt.de/wgk.htm publiziert.

keine entsprechende Regelung getroffen hat. Die Gefährdungsklassen C und D ergeben sich aus der VAwS, wie in Tabelle 4.9 dargestellt.

Die zuständige Wasserbehörde kann für standortgebundene Anlagen (ortsgebundene Anlagen, vgl. Abschn. 4.3.1.2.) Ausnahmen von den Errichtungsverboten in Schutzgebieten zulassen, wenn überwiegende Gründe des Wohls der Allgemeinheit dies erfordern oder das Verbot zu einer unbilligen Härte führen würde.

Tabelle 4.8. Schutzgebietskategorien nach dem sächsischen Wasserrecht. In den durch grauen Hintergrund gekennzeichneten Schutzzonen sind Anlagen nach § 19g Abs. 1, 2 WHG im allgemeinen unzulässig

Schutzgebiet	Schutzzone		
Wasserschutz-gebiete, darunter: Trinkwasser-schutzgebiete	weitere Schutzzone	engere Schutzzone	Fassungszone
Heilquellen-schutzgebiete	weitere Schutzzone	engere Schutzzone	Fassungszone
Planungsgebiete für Vorhaben der Wassergewinnung (Veränderungs-sperre)	weitere Schutzzone	engere Schutzzone	Fassungszone

Tabelle 4.9. Gefährdungsstufen der VAwS als Funktion des Volumens der Anlage und der Wassergefährdungsklasse[20] des betreffenden Stoffes gemäß § 6 SächsVAwS. Bei gasförmigen Stoffen ist deren Masse anzusetzen; bei Stoffen mit nicht sicher bestimmter WGK ist WGK 3 anzusetzen.

Volumen in m^3 oder Masse in t	WGK 0	WGK 1	WGK 2	WGK 3
≤ 0,1	Stufe A	Stufe A	Stufe A	Stufe A
0,1 bis 1,0	Stufe A	Stufe A	Stufe A	Stufe C
1,0 bis 10,0	Stufe A	Stufe A	Stufe B	Stufe D
10,0 bis 100,0	Stufe A	Stufe A	Stufe C	Stufe D
100,0 bis 1000,0	Stufe A	Stufe B	Stufe D	Stufe D
> 1000,0	Stufe A	Stufe C	Stufe D	Stufe D

---

[20] Hier wurde noch die frühere VwVwS vom 18.4.1996 zugrunde gelegt, die auch eine Wassergefährdungsklasse WGK 0 (im allgemeinen nicht wassergefährdend) aufwies.

§ 15 WHG regelt, daß die „Inhaber alter Rechte und alter Befugnisse" entschädigt werden, wenn diese Rechte durch neue Schutzgebietsausweisungen beschnitten werden. Dort sind auch die Rechtsgrundlagen aufgeführt, die diese entschädigungsfähigen Rechte und Befugnisse begründen.

4.3.1.6
Transporte zur Anlage

Betriebsgrundstücke müssen auch ver- und entsorgt werden können. Die dabei an- und abgefahrenen Stoffe können Gefahrgüter oder wassergefährdende Stoffe sein. Diese Begriffe sind juristisch streng zu trennen und stammen aus den verschiedenen Rechtskreisen Gefahrguttransportrecht und Wasserrecht.

Durch bestimmte Transportverbote durch Schutzgebiete können Restriktionen für die Standortwahl bestehen, die nicht in der Lage des Betriebsgrundstücks selbst begründet sind, sondern in seinem Zuweg.

Rohrleitungen für wassergefährdende Stoffe (Pipelines). Der Bau von Rohrleitungsanlagen zum Transport wassergefährdender Stoffe nach § 19a WHG darf in Fassungsbereichen, engeren Schutzzonen und weiteren Schutzzonen innerhalb der 2-km-Grenze in Wasserschutzgebieten für Wasserversorgungen (Trinkwasserschutzgebieten) und in Heilquellenschutzgebieten nicht genehmigt werden. Die Rohrleitung soll nicht genehmigt werden in wasserwirtschaftlich bedeutenden Gebieten, es sein denn, dies ist nicht vermeidbar. In diesem Fall müssen besondere Sicherheitsmaßnahmen vorgesehen werden.

Wasserwirtschaftlich bedeutende Gebiete sind:

1. Weitere Schutzzonen der Trinkwasser- und Heilquellenschutzgebiete außerhalb der 2-km-Grenze,
2. Einzugsgebiete von Wassergewinnungsanlagen und Heilquellen,
3. Oberirdische Gewässer, die für die Wasserversorgung vorgesehen sind, mit ihren Einzugsgebieten,
4. Gebiete, in denen aufgrund ihrer geologischen Beschaffenheit die Gefahr besteht, daß auch entfernt liegende Gewässer, die für die Wasserversorgung vorgesehen sind, verunreinigt werden. Hierzu zählen vor allem Gebiete mit klüftigem Untergrund,
5. Gebiete mit ergiebigen oder örtlich bedeutsamen Grundwasservorkommen ohne ausreichend dichte Deckschichten über dem Grundwasserträger,
6. Oberirdische Gewässer mit ihren Uferbereichen und Überschwemmungsgebieten sowie
7. Einzugsgebiete von großen Seen.

Diese Gebiete können bei den unteren Wasserbehörden (in Sachsen: Landratsämter) oder mittleren Wasserbehörden (in Sachsen: Regierungspräsidien) erfragt werden.

Wassergefährdene Stoffe für die Beförderung in Rohrleitungen sind definiert in

– § 19a Abs. 2 Nr. 1 WHG

– Verordnung über wassergefährdende Stoffe bei der Beförderung in Rohrleitungsanlagen vom 19.12.1973 (BGBl. I S. 1946, geändert durch VO v. 5.4.1976, BGBl. I S. 915)
– Richtlinie für Fernleitungen zum Befördern gefährdender Flüssigkeiten - RFF -; Bek. des BMA vom 2.2.1982 - 35514-1 (BArbbl. 4/1982 S. 93) mit Verweisung auf die Definitionen brennbarer Flüssigkeiten in der Verordnung über brennbare Flüssigkeiten - VbF.

Wassergefährdende Stoffe sind:

- Brennbare Flüssigkeiten der Gefahrklassen A und B gemäß der Verordnung über brennbare Flüssigkeiten,
- Rohöle, Benzine, Diesel-Kraftstoffe und Heizöle,
- Naphta, Pyrolyse-Benzin, Testbenzine,
- Teeröle, wie Steinkohlen- und Braunkohlenteeröl und deren Folgeprodukte,
- flüssige Kohlenwasserstoffe, wie Cyclohexan,
- Acetylen und Äthylen,
- organische Säuren wie Essigsäure, Acrylsäure,
- Aldehyde, wie Formaldehyd, Acetaldehyd,
- Alkohole, wie Methanol, Propylenglykol,
- Ester der Essigsäure, wie Essigsäurebutylester, Vinylacetat,
- halogenhaltige Kohlenwasserstoffe wie Vinylchlorid, Tetrachlorkohlenstoff, Perchloräthylen, Dichloräthan,
- stickstoffhaltige Kohlenwasserstoffe, wie Nitrile, Amine,
- Aromaten, wie Benzol, Cumol, Toluol, Xylol,
- anorganische Säuren und Laugen, wie Schwefelsäure, Salzsäure, Natronlauge,
- Chlor,
- Ammoniak,
- Salzlösungen, die Gewässer verunreinigen oder diese sonst nachteilig verändern können,
- sonstige flüssige oder gasförmige Stoffe, die die genannten Stoffe in der Weise enthalten, daß sie Gewässer verunreinigen oder diese sonst nachteilig verändern können.

Kloepfer [Klo98, S. 863] nennt ergänzend hierzu auch noch die Kataloge wassergefährdender Stoffe vom 1.3.1985 (GMBl. S. 175, geändert 8.5.1985 in GMBl. S. 369) und vom 26.4.1987 (GMBl. S. 294, ber. S. 422, 551).

Sonstige Transporte wassergefährdender Stoffe durch Wasserschutzgebiete. Der Deutsche Verein für das Gas- und Wasserfach e.V. (DVGW) hat zusammen mit der Länderarbeitsgemeinschaft Wasser und Abwasser (LAWA) technische Regeln erarbeitet, die als anerkannte Regeln der Technik gelten, und diese in den DGVW-Arbeitsblättern W 101 bis W 103 niedergelegt. Tabelle 4.10 zeigt in einer Übersicht die in diesen Arbeitsblättern angegebenen Restriktionen für den Transport wassergefährdender Stoffe (mit Ausnahme der vorstehend behandelten Transporte durch Rohrleitungen) in Wasserschutzgebieten, die eine der Grundlagen für die Festlegungen in den einzelnen Schutzgebietsverordnungen darstellen.

Tabelle 4.10. Empfehlungen des Deutschen Vereins für das Gas- und Wasserfach e.V. für Transportverbote wassergefährdender Stoffe in Wasserschutzgebieten; verboten sind generell die folgenden Transport-, Umschlag und Lagervorgänge: Errichtung von Fernleitungen für wassergefährdende Stoffe, Durchleitung von Abwasser, Transport wassergefährdender Stoffe, Lagern, Umschlag und Vertrieb radioaktiver oder anderer wassergefährdender Stoffe, Lagern und Ablagern von Abfall, Abwässern und Klärschlamm

Wasserschutzgebiet für:	Erlaubte Transport-, Umschlag- und Lagervorgänge in Schutzzone		
	weitere Schutzzone	engere Schutzzone	Fassungszone
Grundwasser	• Abwasser durchleiten	keine	keine
	• Transport wassergefährdender Stoffe		
	• Lagern von Heizöl für den Hausgebrauch und Diesel für die Landwirtschaft		
Talsperren	keine	keine	keine
Seen	keine	keine	keine

4.3.1.7
Bodenschutz

Derzeit wird durch kein deutsches Gesetz, auch nicht durch das Bundes-Bodenschutzgesetz vom 17. März 1998, ein konkretes Bodengefüge geschützt. In § 2 Abs. 2 des Bundes-Bodenschutzgesetzes heißt es zwar: „Der Boden erfüllt im Sinne dieses Gesetzes ... 2. Funktionen als Archiv der Natur- und Kulturgeschichte...", jedoch ist derzeit auch nicht beabsichtigt, Bodenbestandteile an sich (als *Geotope*) zu schützen. Damit kann jeder Boden, der nicht indirekt durch anderen Vorschriften geschützt ist, abgegraben oder überbaut werden.

Vorschriften zur flächensparenden und versiegelungsarmen Bauweise können in den Bauordnungen der Länder und in den Bebauungsplänen sowie kommunalen Bausatzungen aufgestellt werden.

Inzwischen gibt es noch sehr unbestimmte Absichten, das vorliegende Bundes-Bodenschutzgesetz durch Verstärkung des Vorsorgeaspektes zu ergänzen. Hierbei bleibt abzuwarten, wie dies aussehen könnte.

Direkte Einflüsse auf die Standortplanung gehen von den derzeitigen Bodenschutzregelungen also nicht aus.

4.3.1.8
Denkmalschutz, Bodendenkmäler

Auf einem Gelände vorhandene Kulturdenkmäler können verhindern, daß dieses Gelände anderweitig genutzt wird. Für die Veränderung, Entfernung, den Abbruch, aber auch für die Wiederherstellung eines Kulturdenkmals besteht Genehmigungspflicht. Die Denkmalschutzbehörde (die zugleich die Aufgaben der Bauaufsichtsbehörde hat) ist hierbei an das Gutachten der Denkmalfachbehörde (diese ist in den meisten Ländern ein zentrales Landesamt für Denkmalschutz; einige Länder haben zudem Landesämter für Vor- und Frühgeschichte, zuständig für archäologische Denkmäler) gebunden. Sie muß zwischen den Belangen des Denkmalschutzes und allen anderen Interessen abwägen. Die Genehmigung ist nur zu erteilen, wenn andere Erfordernisse des Gemeinwohls die Belange des Denkmalschutzes überwiegen. Auch für die Errichtung, Veränderung oder den Abbruch von baulichen Anlagen in der Umgebung von Kulturdenkmälern besteht diese Genehmigungspflicht.

In Bayern, Hessen, Niedersachsen, Saarland, Sachsen und Thüringen sind die unbeweglichen Kulturdenkmäler entsprechend der Denkmaldefinition des Denkmalgesetzes durch Landesgesetze unmittelbar geschützt. Sie werden nachrichtlich in das Denkmalverzeichnis eingetragen. In allen übrigen Ländern werden Denkmäler erst durch diesen Eintrag zu „Denkmälern im Sinne des Gesetzes". Denkmäler dürfen nicht zerstört werden; der Grundstückseigentümer hat Maßnahmen des Denkmalschutzes zu dulden wie das Recht der Denkmalschutzbehörde, Grundstücke zu betreten, Untersuchungen vorzunehmen, Fotografien anzufertigen und Auskünfte zu verlangen. In einigen Ländern (zum Beispiel Hessen) ist es landesrechtlich ausdrücklich vorgeschrieben, weitere Maßnahmen zur Gefahrenabwehr zu dulden wie Abstützung bei Einsturzgefahr, Absperrung von Fundstellen. Daneben gibt es die Pflicht zur Erhaltung und Pflege der Kulturdenkmäler durch den Eigentümer im Rahmen des Zumutbaren.

Beim Verkauf eines Grundstücks ist die Kulturdenkmal-Eigenschaft dem Verkäufer mitzuteilen, der Eigentumswechsel der zuständigen Behörde zusätzlich anzuzeigen. In besonderen Fällen besteht ein Vorkaufsrecht für die Gemeinde oder das Land.

Gebäude können durch Verwaltungsakt unter Denkmalschutz gestellt werden.

Abgegrenzte Gebiete können durch Rechtsverordnung zu Grabungsschutzgebieten erklärt werden. In Sachsen werden folgende Gebiete definiert:

– Denkmalschutzgebiet,
– Grabungsschutzgebiet,
– Archäologisches Reservat.

Einzeldenkmale können flächige Kulturdenkmale und punktuelle Kulturdenkmale sein, vgl. Gesetz zum Schutz und zur Pflege der Kulturdenkmale im Freistaat Sachsen vom 3.3.1993 (SächsGVBl. S. 229).

4.3.1.9
Zusätzliche Informationsquellen

Eine ausführliche Darstellung der für die Standortwahl von Deponien maßgeblichen Kriterien (Restriktionen) enthält ein Merkblatt des Freistaates Bayern (AllMBl. Nr. 14/1995 [Bay95]). Diese Liste ist sehr umfassend und kann für die Standortwahl anderer Anlagen und in anderen Bundesländern entsprechend interpretiert und angewendet werden. Sie ist in Tabelle 4.11 wiedergegeben. Wie schon ausgeführt, sind ein Teil dieser Festsetzungen in Bebauungspläne aufzunehmen, d.h. wenn ein Bebauungsplan vorliegt, kann man sie diesem entnehmen, bzw. sie stehen der Bebauung von vornherein entgegen.

Tabelle 4.11. Informationsquellen zu Standortkriterien für die Auswahl von Deponien in Bayern [Bay95]. Die Kriterien, die deponiespezifisch sind und daher für andere Anlagen im allgemeinen nicht gelten, sind kursiv gesetzt.

Kriterien	Informationsquellen
Trinkwasserschutzgebiete	Wasserversorgungsunternehmen / Landratsämter und kreisfreie Städte / Wasserwirtschaftsämter
Festgesetzte oder sichergestellte Wasser- und Heilquellenschutzgebiete	Wasserversorgungsunternehmen / Landratsämter und kreisfreie Städte / Wasserwirtschaftsämter
Geplante Wasser- und Heilquellenschutzgebiete und deren Einzugsbereiche	Wasserwirtschaftsämter / Landesamt für Wasserwirtschaft
Wasserwirtschaftliche Vorranggebiete	Landratsämter und kreisfreie Städte
Überschwemmungsgebiete	Wasserwirtschaftsämter / Landesamt für Wasserwirtschaft
Karstgebiete	Geologisches Landesamt; Amt für Landwirtschaft und Bodenkultur
Bergsenkungsgebiete und erdfallgefährdete Bereiche	Geologisches Landesamt / Staatsministerium für Wirtschaft, Verkehr und Technologie (Anm.: Ressortverantwortung für den Bergbau) / Bergämter
Regional bedeutende Grundwasservorkommen	Wasserwirtschaftsämter / Landesamt für Wasserwirtschaft

Tabelle 4.11 (Fortsetzung). Informationsquellen zu Standortkriterien für die Auswahl von Deponien in Bayern [Bay95]. Kursiv gesetzt sind die Kriterien, die deponiespezifisch sind und daher für andere Anlagen im allgemeinen nicht gelten

Kriterien	Informationsquellen
Geologische und hydrogeologische Untergrundverhältnisse	Geologisches Landesamt / Landesamt für Wasserwirtschaft / Wasserwirtschaftsämter
Grundwasserflurabstand	Wasserwirtschaftsämter
Rutschungs- und stark setzungsempfindliche Bereiche	Geologisches Landesamt / Amt für Landwirtschaft und Bodenkultur
Quellen-, Schicht- und Hangwasseraustritte	Geologisches Landesamt / Landesamt für Wasserwirtschaft / Wasserwirtschaftsämter
Geologische Störungszonen	Geologisches Landesamt
Rohstoffvorrang- und Rohstoffvorbehaltsgebiete	Landratsämter und kreisfreie Städte
Denkmäler	Landesamt für Denkmalschutz
Flächen im Bereich von Flugplätzen und Landeplätzen	Regierung von Oberbayern - Luftamt Süd - Regierung von Mittelfranken - Luftamt Nord – (=Regierungspräsidien)
Naturschutzgebiete und Naturdenkmäler nach BayNatSchG	Landratsämter und kreisfreie Städte / Regierungen
Nationalparke nach BayNatSchG	Landratsamt Freyung-Grafenau / Nationalparkverwaltung Bayrischer Wald / Landratsamt Berchtesgadener Land
Landschaftsschutzgebiete (LSG) und Schutzzonen von Naturparken (NP) nach BayNatSchG	LSG: Landratsämter und kreisfreie Städte / Landesamt für Umweltschutz NP: Landratsämter und kreisfreie Städte / Regierungen / Staatsministerium für Landesentwicklung und Umweltfragen
Landschaftsbestandteile nach Art. 12 BayNatSchG	Landratsämter und kreisfreie Städte
Pufferzonen von Naturschutzgebieten, Landschaftsbestandteilen und Nuturdenkmälern	Landratsämter und kreisfreie Städte / Regierungen

Tabelle 4.11 (Fortsetzung). Informationsquellen zu Standortkriterien für die Auswahl von Deponien in Bayern [Bay95].

Kriterien	Informationsquellen
Flächen nach Art. 6d (1) BayNatSchG: Feucht-flächen; Mager- und Trockenstandorte	Landesamt für Umweltschutz / Landratsämter und kreisfreie Städte
Flächen nach Art. 6d (2) BayNatSchG: Wiesenbrüterlebensräume	Landesamt für Umweltschutz / Landratsämter und kreisfreie Städte
Lebensräume sowie Wuchs- und Fundorte sonstiger gefährdeter Arten	Landesamt für Umweltschutz
Biotope mit amtlich geprüftem Vorschlag zur Unterschutzstellung	Landesamt für Umweltschutz / Regierungen / Landratsämter und kreisfreie Städte
Schutzwürdige Biotope	Landesamt für Umweltschutz / Regierungen / Landratsämter und kreisfreie Städte
Schwerpunktgebiete Naturschutz gemäß Arten- und Biotopschutzprogramm	Landesamt für Umweltschutz / Regierungen / Landratsämter und kreisfreie Städte
Landschaftliche Vorbehaltsgebiete und regionale Grünzüge gemäß Regionalplan	Landratsämter und kreisfreie Städte
Bannwälder	Forstbehörden / Landratsämter und kreisfreie Städte / Regierungen
Naturwaldreservate	Forstbehörden
Schutz- und Erholungswald	Forstbehörden / Landratsämter und kreisfreie Städte
Wald in waldarmen Gebieten gemäß Waldfunktionsplan	Forstbehörden
Waldflächen mit besonderen Funktionen	Forstbehörden
Erhaltenswerte Geotope	Geologisches Landesamt
Zufahrtswege nach DIN 18005	Landratsämter, Straßenbauverwaltung
Militärische Anlagen	Wehrbereichsverwaltung

4.3.2
Baugrundrisiken und Altlasten

4.3.2.1
Technische Baugrundrisiken

Baugrundrisiken sind solche, die aufgrund zunächst nicht oder nicht genau bekannter Eigenschaften des Baugrundes seine Bebauung verteuern oder unmöglich machen. Man kann hierunter z.B. die mangelnde Tragfähigkeit des Bodens für die Fundamente verstehen, die eine aufwendigere Gründung als ursprünglich vorgesehen erfordert, oder auch unbekannte Überreste einer früheren Bebauung wie verborgene Fundamentteile, Rohrleitungen etc. Im weiteren Sinne gehören zu Baugrundrisiken auch Altlasten; diese werden in den nachfolgenden Abschnitten behandelt.

Mangelnde Tragfähigkeit des Bodens bedeutet, daß der Boden unter Umständen abgegraben werden muß, bis gewachsener Boden bzw. eine tragfähige Schicht erreicht ist. Die Tragfähigkeit von Böden ergibt sich gemäß DIN 1954, Baugrunduntersuchungen mit Rammsonden[21] sind in DIN 4094 genormt.

Rammsondierungen nach DIN 4094 ergeben Aussagen über die Tragfähigkeit des Bodens ebenso wie über eventuell vorhandene Fundamente, Rohrleitungen, Tanks etc.. Durch Einsatz von Schlitzsonden können mit Rammsondierungen Bodenproben aus der jeweiligen maximalen Eindringtiefe der Rammsonde gezogen werden. Schließlich können auch Pegel bis in die grundwasserführende Schicht hinein errichtet werden, die für einen längeren Zeitraum bestehen bleiben und wiederkehrend beprobt werden können.

Für die Gründung spielt die Lage des Grundwasserspiegels eine entscheidende Rolle. Günstig ist, wenn er unterhalb der Fundamente liegt, weil dann auf eine Drainage bzw. eine entsprechend aufwendigere Abdichtung oder wasserundurchlässige Ausführung des Kellergeschosses verzichtet werden kann. Der Grundwasserspiegel kann auch schwanken; dies ist bei der Gründung zu beachten.

Muß in der Bauphase vorübergehend oder danach dauerhaft der Grundwasserspiegel mittels Drainage abgesenkt werden, so ist dies der unteren Wasserbehörde (Landkreis) anzuzeigen. Diese entscheidet dann, ob eine Gewässerbenutzung gemäß § 3 Wasserhaushaltsgesetz (WHG) vorliegt, für die eine wasserrechtliche Erlaubnis nach § 7 oder Bewilligung nach § 8 WHG erforderlich ist. In Feucht- oder Teichgebieten kann eine Grundwasserabsenkung naturschutzrechtlich verboten sein. Dann kommen nur Bauarbeiten unter Wasser oder in einer mit Spund- oder Schlitzwänden abgedichteten und leergepumpten Baugrube in Frage. Etwaige Kellergeschosse müssen dann in wasserundurchlässiger Bauweise in die wasserführenden Schichten hineingebaut werden. Mitunter kann selbst ein bituminöser Anstrich der Kelleraußenwand aus Gewässerschutzgründen unzulässig sein, in diesem Fall ist wasserundurchlässiger Beton zu wählen.

---

[21] Bezug bei: Dr.-Ing. Wolfgang Herbold GmbH, Grachtstr. 19, 50374 Erftstadt-Liblar

Werden durch Bauarbeiten wasserundurchlässige Schichten durchbrochen, dann kann dies folgende Konsequenzen haben:

1. Einbruch von Wasser aus höhergelegenen wasserführenden Schichten in Schichten darunter,
2. Entweichen von Wasser aus dem bisher unter höherem Druck eingesperrten Grundwasser nach oben (artesischer Brunnen).

In beiden Fällen ist die Begrenzung der Auswirkungen äußerst mühsam.

Baugrundrisiken können auch dadurch bestehen, daß sich Bodenschichten von einem gewachsenen Untergrund lösen oder durch Regenfälle unterspült werden (Gefahr von Erdrutschen).

4.3.2.2
Altlasten - Altlastenbegriff

Unter Altlasten werden im allgemeinen Sprachgebrauch durch Schadstoffe kontaminierte Böden oder Gebäudeteile verstanden. Durch solche Kontaminationen werden oft Grundwasserschäden hervorgerufen. Aber auch Gewässer, zum Beispiel Grundwasser, können kontaminiert sein oder auf Grundwasserschichten können Öle aufschwimmen, die nicht sehr stark an dem durchströmten Boden haften. In einem solchen Fall ist belasteter Boden Folge, nicht Ursache einer Altlast.

Altlasten können akute Sanierungs- oder Sicherungsmaßnahmen erfordern oder von der Art sein, daß man sie zunächst nicht saniert, sondern erst dann, wenn das betroffene Gelände genutzt werden soll. Altlasten können auch ökologische und wirtschaftliche „Zeitbomben" sein: So wurden zum Beispiel im Braunkohlentagebau „Gotsche" bei Bitterfeld Abfälle abgelagert. Da das Tagebaurestloch seit dem Ende des Braunkohlenabbaus wieder geflutet wird (nach geltendem Bergrecht kann der Bergbautreibende nicht zur Wasserhaltung verpflichtet werden, wenn der Bergbau eingestellt ist; die Wasserhaltung in Tagebaugebieten ist ohnehin umweltschädlich), könnten die mobilisierbaren Bestandteile der Ablagerungen ins Grundwasser gelangen.

Altlasten sind in § 2 Abs. 5 Bundes-Bodenschutzgesetz definiert. Danach sind Altlasten

1. stillgelegte Abfallbeseitigungsanlagen sowie sonstige Grundstücke, auf denen Abfälle behandelt, gelagert oder abgelagert worden sind (*Altablagerungen*), und
2. Grundstücke stillgelegter Anlagen und sonstige Grundstücke, auf denen mit umweltgefährdenden Stoffen umgegangen worden ist, ausgenommen Anlagen, deren Stillegung einer Genehmigung nach dem Atomgesetz bedarf (*Altstandorte*), durch die schädliche Bodenveränderungen oder sonstige *Gefahren* für den einzelnen oder die Allgemeinheit hervorgerufen werden.

Altlastenverdächtige Flächen sind Altablagerungen und Altstandorte, bei denen der Verdacht schädlicher Bodenveränderungen oder sonstiger Gefahren für den einzelnen oder die Allgemeinheit besteht.

Entgegen der oben gegebenen Erläuterungen geht das Gesetz also nur von Grundstücken (und implizit von den aufstehenden Gebäuden) aus. Ferner sind Altlasten über den *Gefahrenbegriff* des Umweltrechts definiert, d.h. sie stellen definitionsgemäß eine Rechtsgutverletzung dar. Das bedeutet, daß geltende Grenzwerte für Gewässer oder für den Boden verletzt sein müssen (s. Abschn. 4.3.2.4). Eine Sanierung bedeutet, daß Maßnahmen getroffen werden, aufgrund der diese Grenzwerte wieder eingehalten werden können. Das Bundes-Bodenschutzgesetz erkennt dabei Dekontaminations- und Einkapselungsmaßnahmen als gleichwertig an.

Nun ist es aber keineswegs der Fall, daß, ausgehend von dieser Definition der Altlast, alle Altlasten sofort saniert werden müßten. In Wirklichkeit wird nur ein Bruchteil aller Altlasten sofort saniert oder gesichert, während die größere Zahl erst bei Bedarf, d.h. bei erneuter Nutzung des Grundstücks saniert wird.

In der Rechtspraxis entsteht akuter Handlungsbedarf erst dadurch, daß

- entweder die Gewinnung sauberen Trinkwassers gefährdet ist: Das bedeutet, daß die Parameter der Trinkwasserverordnung und – kontaminationsabhängig – weitere Parameter des Grund- und Oberflächenwassers an der Trinkwasserentnahmestelle durch eine Altlast so gefährdet sind, daß eine Aufbereitung zu sauberem Trinkwasser nicht mehr möglich ist; oder
- daß durch die Altlast eine Vergrößerung des Schadens zu besorgen ist, wenn sie nicht saniert wird.

Das Bundes-Bodenschutzgesetz formuliert als Sanierungsziel für Altlasten – analog der bis zu seinem Inkrafttreten schon landesrechtlich bestehenden Ziele – die Abwehr von Gefahren, Nachteilen und erheblichen Belästigungen für die Nachbarschaft und Allgemeinheit. Dies entspricht dem Gefahrenabwehrbegriff aus dem Immissionsschutzrecht. Hiervon ausgehend erscheinen die gesetzlichen Bestimmungen zur Sanierungspflicht nicht ausreichend konsequent: Einerseits ist es aus Gründen der Gefahrenabwehr erforderlich, einen Teil der Altlasten sofort zu sanieren, während die übrigen Flächen „warten können". Anderseits ist die Gefahrenabwehr erneut das Ziel der Sanierung dieser Flächen, wenn es zu einer Sanierung kommt.

Dieses begriffliche Nebeneinander zweier Kategorien der Gefahrenabwehr in der Rechtsordnung und -praxis („sofortiger Handlungsbedarf" versus „Gefahrenabwehr, aber immer noch mehr als bloß Vorsorge") hat zwei wesentliche Ursachen: Zum einen reichen die öffentlichen Mittel oft nicht zu einer weitergehenden Sanierung aus, und der Verursacher der Altlast ist nicht auffindbar, nicht mehr existent oder zahlungsunfähig oder er ist aus juristischen Gründen nicht zahlungspflichtig. Der andere Grund ist, daß eine Altlast fast immer ein überaus komplexes Schadbild aufweist und daher individuell beurteilt werden muß, was ebenfalls mit Zeit- und Finanzaufwand verbunden ist, bevor Klarheit besteht, worin die Gefahr und damit die Gefahrenabwehr besteht.

Zur effizienten Steuerung der Mittel und Bestimmung des zukünftigen Sanierungs- und damit verbundenen Finanzbedarfs haben die Bundesländer mehr oder weniger detaillierte Vorgehensmethoden entwickelt, nach denen sich die Altlasten in ihrer Sanierungspriorität ordnen lassen. Beispielhaft sei dies anhand der Sächsischen Altlastenmethodik dargestellt [SLU98]. Abb.4.3 zeigt das Stufenprogramm der Altlastenbearbeitung anhand der „Sächsischen Altlastenmethodik" der Behörden im Freistaat Sachsen. Die dort verwendeten Begriffe sind zwar allgemein gebräuchlich, jedoch nicht deckungsgleich mit der Wortwahl des Bundes-Bodenschutzgesetzes. Ausgehend vom Untersuchungsergebnis kann man aber immer unterscheiden:

1. Untersuchungsschritte, die dazu führen, daß die Beschaffenheit der Altlast selbst genau ermittelt wird,
2. Untersuchungs-/Planungsschritte, durch die hieran anschließend bestimmt wird, was und wie saniert werden soll.

Zur ersten Kategorie gehören: Historische Erkundung (beprobungslos); hierbei wird versucht, aus der Vorgeschichte des Standortes auf potentielle Altlasten zu schließen. Zur historischen Erkundung gehören folgende Erhebungen:

- Nutzungsgeschichte (Eigentumsverhältnisse, Zuständigkeiten);
- Lage von Bauten und Anlagen;
- Produktionsabläufe und -verfahren sowie Ver- und Entsorgungspraxis;
- relevante, d.h. genutzte, gelagerte und produzierte Stoffe;
- mögliche Abweichungen vom bestimmungsgemäßen Betrieb (Havarien, Brände, Explosionen, Unfälle, Kriegseinwirkungen);
- Standortbedingungen (Geologie, Hydrologie, mögliche Schadstoffeinträge auf das Grundstück aus der Nachbarschaft über den Luftpfad).

Als Quellen kommen in Frage: Grundbuch, andere behördliche Register bzw. Verzeichnisse, insbesondere Genehmigungsunterlagen (Bauaufsichtsamt, Gewerbeaufsichtsamt, Amt für Immissionsschutz bzw. Regierungspräsidium), Unterlagen der Berufsgenossenschaften, Unterlagen der Feuerversicherung, Karten, Grundrisse, Archivmaterial, Zeitungen. Die Wirkung der in der Vergangenheit freigesetzten Stoffe (Wassergefährdung, Toxizität, Krebserregung) kann aus Tabellensammlungen branchentypischer Gefahrstoffe entnommen werden, z.B. [Dan90, MUB88]. Empfehlenswert ist auch die Datenbank PROSA der IVV Verkehrsforschung und Infrastrukturplanung GmbH & Co., Braunschweig [IVV93].

Orientierende Erkundung und Detailerkundung beruhen auf Boden- und Grundwasserutersuchungen mit anschließender Beprobung im Labor, die das tatsächliche Schadbild zeigen. Eine wesentliche Informationsquelle über vorliegende Altlasten ist das Altlastenkataster, das in allen Bundesländern geführt wird und beim Landratsamt eingesehen werden kann. Die Ergebnisse von Altlastenerkundungen, die in behördlicher Abstimmung durchgeführt werden müssen, werden dort ständig ergänzt.

Altlasten müssen in Bebauungsplänen gekennzeichnet sein, wenn sie der Gemeinde zum Zeitpunkt der Erstellung des Bebauungsplans bekannt waren.

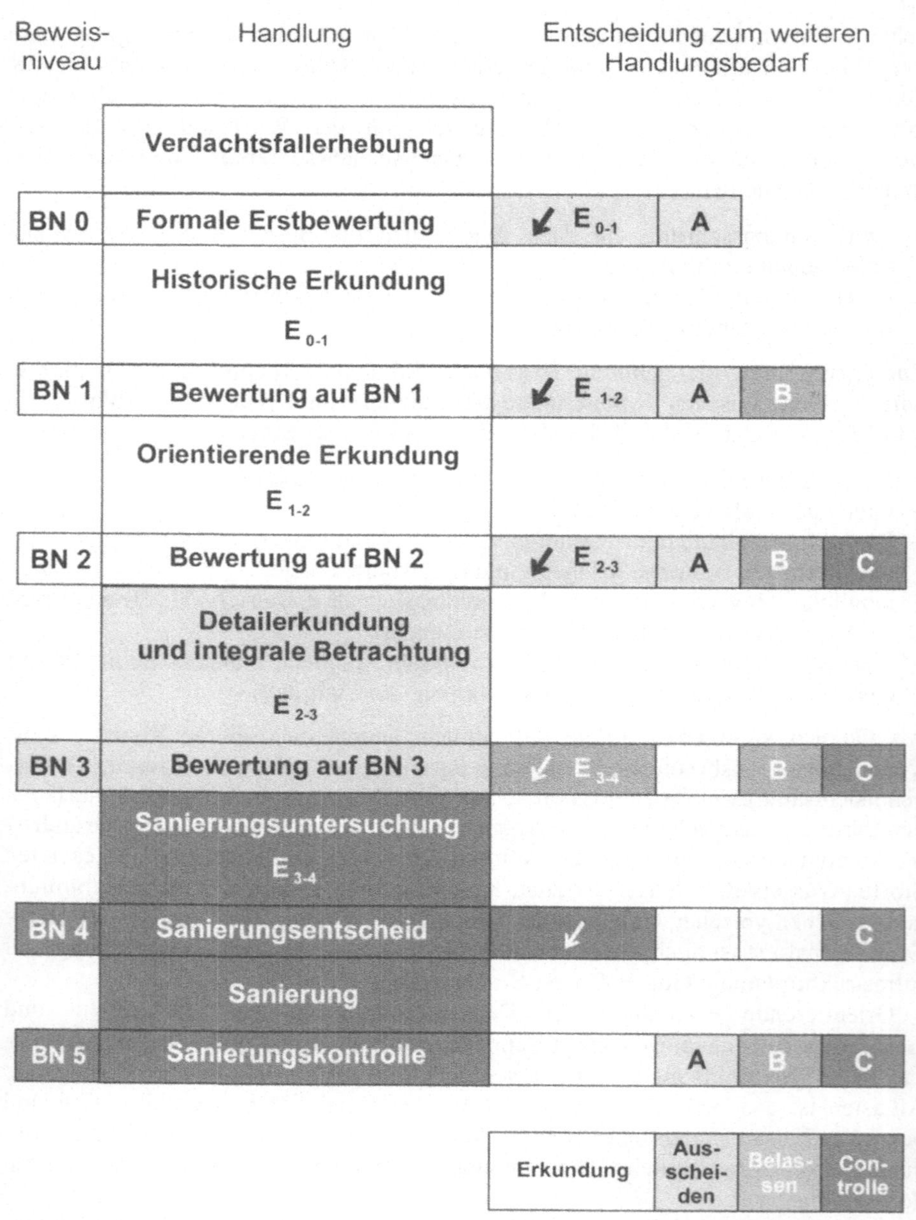

Abb.4.3. Stufenprogramm der Altlastenbearbeitung in Sachsen nach der Sächsischen Altlastenmethodik [SLU98].

Vor Einführung des Bundes-Bodenschutzgesetzes war der Umgang mit Altlasten nur landesgesetzlich in den Abfallgesetzen der Bundesländer geregelt. Diese

werden aufgrund des Inkrafttretens des Bundes-Bodenschutzgesetzes derzeit novelliert.

4.3.2.3
Sanierungsverantwortung - Haftung des Erwerbers

Eine Sanierung erfolgt auf Weisung der oder in Abstimmung mit der zuständigen Altlastenbehörde (oft identisch mit der unteren Wasserbehörde), da nur so gesichert ist, daß die Altlast anschließend – durch entsprechenden Bescheid – als saniert gilt. Dieser Bescheid gibt dem Grundstückseigentümer die Sicherheit, daß ab diesem Zeitpunkt keine weiteren behördlichen Sanierunganordnungen zu erwarten sind (es sei denn, es gibt neue Erkenntnisse).

Für die Beseitigung einer Altlast können der oder die Verursacher oder deren Gesamtrechtsnachfolger herangezogen werden. Diese natürlichen oder juristischen Personen werden im diesem Zusammenhang mit Altlasten stets als „Handlungsstörer" bezeichnet; dies ist ein polizeirechtlicher Fachausdruck. Zur Sanierung herangezogen werden jedoch auch Grundstückseigentümer und Inhaber der tatsächlichen Gewalt über ein Grundstück (sog. „Zustandsstörer"), selbst wenn diese nichts mit der Entstehung der Altlasten zu tun hatten. Die Heranziehung richtet sich nach der Zweckmäßigkeit hinsichtlich des Sanierungserfolges; die Herangezogenen (auch mehrere gleichzeitig können herangezogen werden) haben nach § 24 Bundes-Bodenschutzgesetz untereinander einen Ausgleichsanspruch entsprechend ihrer tatsächlichen Verursachung der Altlast, der nach drei Jahren verjährt. Das bedeutet, daß das Rechtsverhältnis zwischen einem Grundstückserwerber, wenn dieser nicht Verursacher der Altlast ist, und einem Grundstücksverkäufer (angenommen, dieser ist Verursacher der Altlast), darüber entscheidet, welche Rückgriffsrechte der Erwerber auf den Verursacher hat.

Hier ist § 459 Abs. 1 BGB („Haftung für Sachmängel") einschlägig:

„Der Verkäufer einer Sache haftet dem Käufer dafür, daß sie zu der Zeit, zu welcher die Gefahr auf dem Käufer übergeht, nicht mit Fehlern behaftet ist, die den Wert oder die Tauglichkeit zu dem gewöhnlichen oder dem nach dem Vertrage vorausgesetzten Gebrauch aufheben oder mindern. Eine unerhebliche Minderung des Wertes oder der Tauglichkeit kommt nicht in Betracht." Der gewöhnliche Gebrauch ist die Benutzung gleichartiger Sachen bei durchschnittlichen Lebensverhältnissen des konkreten Falles. Die Haftung für den gewöhnlichen Gebrauch muß vertraglich nicht erst zugesichert werden; sie gilt, wenn nichts anderes vereinbart wurde. So ist zu erklären, daß in Grundstückskaufverträgen oft eine Klausel enthalten ist, die aussagt, daß der Verkäufer für eine bestimmte Beschaffenheit keine Gewähr übernimmt. Diese bedeutet also einen Ausschluß des Verkäufers von der Haftung auch für Eigenschaften, die *nicht* ausdrücklich im Vertrag aufgeführt sind.

Fehler sind z.B. ungeeignete Bodenbeschaffenheit (Karlsr NJW-RR 87, 1231), abgedeckte Jauchegrube unter einem Wohngebäude (BGH NJW-RR 89, 650), frühere Verwendung als wilde Müllkippe bei Baugrundstücken (BGH NJW 91, 2900). Eigenschaft ist z.B. Freiheit von Geruchsbelästigungen (BGH NJW-RR 88, 10). Die Bezeichnung als Bauplatz ist keine Zusicherung für die Bodenbeschaffenheit (BGH NJW 88, 1202; alle Urteilszitate stammen aus [Pal93]). Ansprüche aus Grundstückskaufverträgen verjähren nach einem Jahr, es sei denn, es wurde vertraglich ein anderer Zeitraum vereinbart, zu Grundstückskaufverträgen s. Abschn. 4.4.5. Grundstückserwerbern ist auf jeden Fall anzuraten, einen mit der Altlastenmaterie vertrauten Rechtsanwalt einzuschalten.

Diese Regelungen des BGB gelten neben dem Bundes-Bodenschutzgesetz. Nach § 4 Abs. 3 Bundes-Bodenschutzgesetz ist zur Sanierung auch verpflichtet, wer aus handelsrechtlichem oder gesellschaftsrechtlichem Rechtsgrund für eine juristische Person einzustehen hat, der ein Altlastengrundstück gehört, oder wer das Eigentum an einem solchen Grundstück aufgibt. Das bedeutet, daß sich eine Handelsgesellschaft der Verpflichtungen zur Altlastrensanierung eines solchen Grundstücks nicht durch Verkauf an eine Tochtergesellschaft entledigen kann, an der sie mehrheitlich beteiligt ist, unabhängig davon, was im Grundstückskaufvertrag steht.

§ 9 Bundes-Bodenschutzgesetz bestimmt Ermittlungs- und Duldungspflichten von Grundstückseigentümern bei Untersuchungen. In Abs. 1 ist geregelt, daß die zuständige Behörde bei „Anhaltspunkten" einer schädlichen Bodenveränderung oder Altlast geeignete Maßnahmen ergreifen muß, die der Ermittlung des Sachverhaltes dienen und die der Grundstückseigentümer dulden muß. Dieser kann gemäß Abs. 2 bei „hinreichendem Verdacht" aufgrund „konkreter Anhaltspunkte" verpflichtet werden, selbst, d.h. zunächst auf seine Kosten, eine Gefährdungsabschätzung durchzuführen. Dabei kann er verpflichtet werden, sich hierzu eines Sachverständigen nach § 18 Bundes-Bodenschutzgesetz zu bedienen. Die letztliche Kostentragungspflicht für diesen Schritt gemäß § 2 hat er aber nur, wenn festgestellt wird, daß es sich um eine Altlast handelt, die saniert werden muß. Zu den Kostenregelungen des Bundes-Bodenschutzgesetzes s. auch [Schö99].

Jahrelange Untätigkeit der Altlastenbehörden schützen einen Grundstückserwerber nicht davor, nach dem Erwerb – für ihn vielleicht überraschend – plötzlich zu aufwendigen Erkundungs- und Sanierungsmaßnahmen herangezogen zu werden. Bei leisestem Verdacht auf Altlasten sollte der Erwerber schon von dem Kauf die zuständige Behörde um eine verbindliche Auskunft über den Erkenntnisstand zur Altlast ersuchen. Auf jeden Fall empfiehlt sich hier die Beauftragung eines mit der Materie vertrauten Anwalts.

Ein juristisches Problem ist die Inanspruchnahme eines Altlastenverursachers oder Grundstückseigentümers für Sanierungskosten durch die Behörden dann, wenn diese Altlasten aufgrund gültiger Betriebsgenehmigungen durch jahre- oder jahrzehntelange Immissionen auf einem Werksgelände oder den Nachbargrundstücken entstanden sind. Hier gilt das juristische Rückwirkungsverbot, nämlich daß niemand nachträglich durch Verschärfung gesetzlicher Bestimmungen „bestraft" werden darf. Das bedeutet: Niemand kann, auch später nicht, für Schäden aus Emissionen herangezogen werden, die genehmigt waren. Für Schäden aus betriebsüblichen, aber nicht genehmigten Emissionen, wie zum Beispiel Tropfverlusten von Füllanlagen, besteht eine solche Haftung aber stets (durch derartige Tropfverluste können in einigen Jahrzehnten respektable Altlasten entstehen). Diese Grundsätze gelten natürlich auch dann, wenn im zivilrechtlichen Verhältnis zwischen Grundstückserwerber und -verkäufer solche Ansprüche geklärt werden müssen, wodurch komplizierte Rechtslagen entstehen können.

Nach dem Einigungsvertrag und Landesrecht konnte sich ein Grundstückseigentümer bis 1992 von der behördlichen Inanspruchnahme für Altlasten weitgehend (d.h. in Höhe von 90% der damit verbundenen Kosten) freistellen lassen (sog. *Altlastenfreistellung*). Der Freistellungsbescheid gehört zum Altlastengrundstück und geht mit dem Verkauf des Grundstücks auf den Erwerber über, sowie auf den Gesamtrechtsnachfolger.

4.3.2.4
Sanierungsziel

Nach dem Bundes-Bodenschutzgesetz ist Sanierungsziel die schutzgutbezogene Gefahrenabwehr. Somit muß man für jede Altlast zwischen der Boden- oder Grundwasserkontamination, dem Wirkungspfad und dem Schutzgut unterscheiden. Auf dieser Grundlage soll eine Rechtsverordnung zum Bundes-Bodenschutzgesetz erlassen werden, die drei Kategorien von Schadstoffgrenzwerten einführt [Schö99]. Der Verordnungsentwurf unterscheidet – in aufsteigender Schadstoffkonzentration – folgende Werte (s. Tabelle 4.12):

- *Vorsorgewerte* (diese sind für die Altlastensanierung nicht relevant und werden hier nicht näher betrachtet)
- *Prüfwerte:* Dies sind Grenzwerte jeweils spezifischer Schadstoffe, bei deren Überschreitung weiter untersucht werden muß, ob eine Sanierung oder Einkapselung notwendig ist. Eine Prüfwertunterschreitung bedeutet, daß die betreffende Fläche vom Altlastenverdacht bezüglich dieser Schadstoffe „freigesprochen" ist und nicht weiter untersucht oder saniert werden muß. Für alle Stoffe, für die die zukünftige Verordnung keine Prüfwerte aufstellt, ist eine derartige Schlußfolgerung natürlich nicht möglich. Hier ist – wie bisher – eine Einzelfallbeurteilung erforderlich. Altlastenfrei im juristischen Sinne ist ein Grundstück immer dann, wenn bezogen auf die beabsichtigte Nutzung die Prüfwerte unterschritten wurden oder das Grundstück nach einer Überschreitung durch weitergehende Beprobung mit Zustimmung der zuständigen Behörden aus dem Altlastenverdacht entlassen oder saniert wurde.
- *Maßnahmenwerte:* Mi dem Überschreiten eines Maßnahmenwertes wird eine Sanierung oder Einkapselung zwingend erforderlich (in dem zitierten Verordnungsentwurf gibt es bisher nur einen einzigen Maßnahmenwert für PCDD/F für den Pfad Boden-Mensch).

Die Bundes-Bodenschutzverordnung soll damit die etwa 40 Listenwerke ablösen, die für die Altlastensanierung bisher in den Bundesländern unterschiedlich zugrunde gelegt wurden.

Die Prüfwerte des Verordnungsentwurfs [Schö99] gelten nicht allgemein, sondern jeweils in Bezug auf eine vorgesehene, im Verordnungsentwurf angegebene Nutzung. Der Verordnungsentwurf unterscheidet die Nutzungen:

1. Kinderspielplätze,
2. Wohngebiete,
3. Park- und Freizeitflächen/innerstädtische Brachflächen,
4. Gärtnerische/landwirtschaftliche Nutzflächen, Gewerbe/Industrie.

Tabelle 4.12. Systematik der Prüf- und Maßnahmenwerte des Verordnungsentwurfs vom 11.5.1998 zum Bundes-Bodenschutzgesetz [Schö99]

Pfad	Prüfwerte	Maßnahmenwerte
Boden-Mensch	differenziert nach 4 Nutzungsarten für 14 Schadstoffe im Boden	differenziert nach 4 Nutzungsarten (wie Prüfwerte) nur für den Schadstoff PCDD/F im Boden
Boden-Grundwasser	für 27 Schadstoffe im Grundwasser	keine
Boden-Nutzpflanze	differenziert nach 2 Nutzungsarten für 2 Schadstoffe im Boden	keine

Wie saniert werden muß, unterliegt grundsätzlich der Abstimmung mit der zuständigen Altlastenbehörde (oft identisch mit der unteren Wasserbehörde). Diese wird die Sanierungsanordnung nach dem Grundsatz der Gefahrenabwehr treffen und sich hierzu immer zuerst nach dem Wassergesetz des betreffenden Landes und der Trinkwasserverordnung richten. Anstelle einer Sanierungsanordnung sieht § 13 Bundes-Bodenschutzgesetz auch die Möglichkeit vor, daß Sanierungsverantwortlicher und Behörde einen öffentlich-rechtlichen Vertrag schließen, den sog. Sanierungsvertrag. Dieser ersetzt die behördliche Sanierungsanordnung und schließt einige Genehmigungen mit ein, die für die Sanierung erforderlich werden und vom Sanierungsverantwortlichen sonst gesondert beantragt werden müßten.

Für größere Sanierungsvorhaben mit unterschiedlichen Beteiligten und Interessen ist es möglich, mit der Methode der Entscheidungsanalyse eine Lösung für den Aufwand zu finden, der bei der Sanierung getrieben werden sollte [Kru98]. Hierbei werden die Prioritäten der Beteiligten in einem interaktiven Verfahren erhoben und untereinander gewichtet, so daß sich exakt berechnen läßt, inwieweit die Varianten den Prioritäten der Beteiligten entsprechen. Diese werden hierfür auf einen gemeinsamen Zahlenwert abgebildet, der eine Art „Gütekriterium" darstellt. Das Bestechende an diesem Verfahren ist, daß auch verbal formulierte Kriterien in einer Werteskala abgebildet werden können und daß die Entscheidungsanalyse jederzeit ergänzt oder verbessert werden kann. Zudem werden die Beweggründe für eine Entscheidung vollständig dokumentiert. Man rechnet für die Durchführung einer Entscheidungsanalyse etwa mit einem Aufwand von einem Mannjahr. Die Gesamtinvestition, ab der sich eine Entscheidungsanalyse lohnt, liegt bei etwa 10 Mio. DM.

4.3.2.5
Altlasten in der Nachbarschaft des eigenen Grundstücks

Altlasten in der Nachbarschaft des eigenen Grundstücks können Nachteile bedeuten und die Verwendbarkeit des eigenene Grundstücks einschränken, ohne daß die zuständigen Behörden hieraus einen sofortigen Sanierungsbedarf ableiten. Hierzu kann folgendes Fallbeispiel aus der beruflichen Praxis des Verfassers dienen:

Ein Entsorgungsunternehmen beabsichtigte, auf einem eigenen (d.h. langfristig gemieteten Grundstück) von etwa 1500 m² Größe auf einem größeren, ehemaligen Kraftwerksgelände, ein Sonderabfallzwischenlager zu errichten. Wegen der wassergefährdenden Eigenschaft vieler der dort zwischengelagerten Abfälle war es notwendig, eine Gewässerschadenshaftpflichtversicherung abzuschließen. Die angefragten Sachversicherer verweigerten zunächst den Versicherungsschutz mit Hinweis auf Altlasten, die auf dem Kraftwerksgelände insgesamt bekannt waren, u.a. im Bereich der Füllstelle eines 70 m entfernt liegenden Mineralöl-Tanklagers. Der Einwand der Versicherer war hierbei, daß bei vorhandenem Grundwasserschaden im Versicherungsfall Alt- und Neulasten nicht voneinander getrennt und der Versicherer daher für Altlasten außerhalb des Versicherungsgegenstandes in Anspruch genommen werden könnte.

Nur wenige hundert Meter vom gemieteten Grundstück verläuft ein Fluß, der entsprechend seines Wasserstandes einen wechselnden Grundwasserspiegel bei ebenfalls wechselnder Grundwasserfließrichtung aufweist. Das Grundwasser besitzt eine hydraulische Verbindung zum Fluß.

Durch Bodenproben auf dem Grundstück, auf dem das Zwischenlager errichtet werden sollte, konnte zunächst gezeigt werden, daß dort keine Bodenkontaminationen vorlagen. Durch vier dauerhaft niedergebrachte Grundwasserpegel (vier Pegel wegen wechselnder Fließrichtung; sonst genügen ein Pegel im Anstrom und zwei Pegel im Abstrom) und ergänzende Bodenproben im Grundwassersaumbereich konnte gezeigt werden, daß

- ein Gewässerschaden vorlag[22], dessen Ursache aber aufgrund der vorher genommenen „sauberen" Bodenproben von außerhalb des Zwischenlagergrundstücks selbst, wahrscheinlich von dem Mineralöl-Tanklager, stammen mußte;

---

[22] Erhöht waren insbesondere die Werte für BTEX, PAK und Phenole gegenüber den Eingreifwerten II des Abschlußentwurfes der Brandenburgischen Liste vom 27.6.1990, Teil1, während jedoch die 6 in der Trinkwasserverordnung aufgeführten Grenzwerte nicht überschritten waren.

- die Schadstoffe des Grundwassers im Grundwassersaumbereich der Pegel nicht an der Bodenmatrix anhafteten, sondern fortgespült wurden.

Mit der Versicherungsgesellschaft wurde vereinbart, daß die vier Pegel turnusmäßig auf 18 Einzelwerte beprobt werden. Der Versicherungsschutz wurde, allerdings mit einer höheren Selbstbeteiligung als ursprünglich vorgesehen, erteilt. Die Kosten für die Pegel und die Beprobungen gingen zu Lasten des Investors.

Inwieweit eine Rückgriffsmöglichkeit auf den Besitzer der Altlast Mineralöl-Tanklager besteht, wurde seinerzeit nicht geprüft.

4.3.3
Baulasten und Grunddienstbarkeiten

Die Verwendbarkeit eines Grundstücks kann durch Baulasten und Grunddienstbarkeiten eingeschränkt sein.

Baulasten sind öffentlich-rechtliche Verpflichtungen, die Grundstückseigentümer eingehen können, ohne von vornherein durch Gesetze, Verordungen oder Satzungen hierzu verpflichtet worden zu sein. Hierzu gehören: Wegerechte eines Nachbarn, der sonst eine öffentliche Straße nicht erreichen kann, Übernahme von Abstandsflächen des Nachbarn, Bereitstellen von Stellplätzen auf einem anderen Grundstück als demjenigen, auf dem die Stellplätze lt. Stellplatzrichtlinien und Richtzahlen der Länder sonst errichtet werden müßten. Baulasten werden, mit Ausnahme Bayerns, in Baulastenverzeichnisse eingetragen, die die Bauaufsichtsbehörden führen.

Grunddienstbarkeiten sind Belastungen eines Grundstücks gegenüber dem Eigentümer eines anderen Grundstücks, zum Beispiel Wegerechte, Leitungsrechte, Recht auf unverbaute Aussicht, Verbot der Errichtung eines bestimmten Gewerbes aus Wettbewerbsgründen. Im Gegensatz zu den Baulasten stellen sie keine öffentlich-rechtlichen, sondern privatrechtlichen Verpflichtungen dar. Nach § 1018 BGB kann eine Grunddienstbarkeit folgenden Inhalt haben: 1. Benutzungsrechte am fremden Grundstück (z.B. Leitungsrechte), 2. Verbot bestimmter Handlungen auf dem fremden Grundstück (z.B. Verbot der Errichtung einer Tankstelle), 3. Verzicht des Eigentümers darauf, von bestimmten ihm zustehenden Rechten Gebrauch zu machen. Grunddienstbarkeiten werden notariell beurkundet und in Abteilung 2 des Grundbuches eingetragen. Jeder, der ein berechtigtes Interesse an der Einsicht ins Grundbuch nachweist, kann Einsicht nehmen. Die Grundbucheinträge werden für Rechtsgeschäfte als richtig vermutet. Der Erwerber, der sich hierauf verläßt, ist rechtlich nach Treu und Glauben geschützt.

Außer den Baulasten und Dienstbarkeiten, die im Baulastenverzeichnis bzw. im Grundbuch eingetragen werden, können andere öffentlich-rechtliche und zivilrechtliche Lasten auf einem Grundstück liegen, die der Erwerber ohne entsprechende Angaben durch den Verkäufer im Vorfeld nicht erkennen kann.

Bei Bodenuntersuchungen ist bei vorhandenen unterirdischen Leitungsrechten auf dem Grundstück die schriftliche Zustimmung des Rechtsinhabers zum Niederbringen der entsprechenden Bohrungen nötig („*Schachtschein*"). Andernfalls trifft den Veranlasser das volle Risiko für die Beschädigung der Leitungen.

4.4
Umgang mit Entscheidungsträgern, Behörden und Vertragspartnern

4.4.1
Interessenlage der Beteiligten

Bei der Standortplanung ist die Entscheidungsfindung des Unternehmens eng und vielfältig mit den wirtschaftspolitischen und sozialen Aspekten der betroffenen Gemeinde, des Landkreises und des Bundeslandes sowie den überwiegend auf Landesebene formulierten umweltpolitischen Randbedingungen verknüpft. Sowohl für das Unternehmen als auch für die öffentliche Hand haben solche Ansiedlungsbeschlüsse oft eine große Tragweite.

Wegen der vielfältigen Auswirkungen solcher Vorhaben sollte der Unternehmer möglichst hochgestellte politische bzw. wirtschaftspolitische Instanzen ansprechen. Die Erfahrung lehrt, daß diese Gespräche seitens des Unternehmers gründlich vorbereitet werden müssen, da eine große Zahl von Möglichkeiten, Interessenlagen, Absichten, Gesetzen und andere Vorschriften bedacht werden muß.

Während man bei der Entwicklung eines vorhandenen Betriebsgeländes sicherlich bestrebt sein wird, seine Rechte zu nutzen, sollte man bei der Auswahl eines neuen Areals besonders empfindlich auf grundsätzliche Probleme und damit in Zusammenhang stehende Konflikte achten. Konflikte mit der Nachbarschaft und Interessenvertretern begleiten einen Standort von Anfang an und können den Unternehmenserfolg langfristig beeinträchtigen.

Standortkonflikte können auch auf Stimmungen beruhen, die gegen das Projekt am vorgesehenen Standort in der Öffentlichkeit bestehen. Diese können unkontrolliert ausufern und das Projekt gefährden. Auch wenn diese Entwicklung unvorhersehbar ist und derartige Stimmungen mitunter auch auf Emotionen beruhen, so haben sie oftmals einen „wahren Kern".

Als Beispiel für die die vielschichtigen Interessenlagen mag ein aktuelles Beispiel in der Landeshauptstadt Dresden dienen. Im Jahr 1998 begann die Volkswagen AG mit Planungen, in der Nähe des Stadtzentrums auf einem Messegelände am Rand eines großen Parks ein Montagewerk für Luxus-PKWs zu errichten. Das Besondere an dem neuen Werk soll die vom Kunden erlebbare Endmontage seines Fahrzeugs sein. Zu diesem Zweck soll das „Gläserne Manufaktur" genannte Werk so verglast werden, daß man dort - rund um die Uhr - die Montage erleben kann. Die „Gläserne Manufaktur" soll als Erlebniszentrum ausgestaltet werden, in dem sich noch andere Nutzungen finden, die der Unterhaltung dienen (Kino, Cafe etc.).

Dieses im PKW-Sektor bisher einmalige Vertriebskonzept erfordert aus Sicht des Unternehmens eine möglichst zentrale Lage. Diese Bedingung wird vom beabsichtigten Standort gegenüber den von der Stadtverwaltung angebotenen Alternativen (ehemalige Industriegelände, teilweise mit Gleisanschluß) am ehesten erfüllt.

Widerstände gibt es gegen das Vorhaben wegen seiner Nähe zum Park und zum Botanischen Garten der TU Dresden, der zwischen dem geplanten Werk und dem Park liegt. Teile der Bevölkerung befürchten, daß die verglasten und nachts erleuchteten Fassaden die Insekten und Fledermäuse aus dem Botanischen Garten und dem Park anlocken könnten, wodurch die Bestäubung der Pflanzen leiden würde. Ebenfalls wird geäußert, daß die Lage des Werks an diesem Standort städtebaulich von Nachteil sei, weil der Gleisanschluß fehle und Materialtransporte über die Straße erfolgen müßten (wenn es nicht gelänge, wie derzeit diskutiert, eine Güterstraßenbahn mit außerhalb gelegenem Umschlagbahnhof einzurichten). Diese zusätzliche Verkehrsbelastung der Straßen sei zu vermeiden.

Ein weiterer Anlaß zur Besorgnis ist jedoch die Lage zum Park, dem „Großen Garten", der bei der Bevölkerung Dresdens sehr beliebt ist. Man befürchtet, daß eine früher oder später notwendige Erweiterung des Werks in den Park hinein erfolgen müßte; dies, obwohl das nähere Umfeld des geplanten Werks auch nach den anderen Seiten einige Erweiterungsmöglichkeiten bietet.

Die Öffentliche Hand sollte Standortalternativen entwickeln, um investitionswillige Unternehmen in der Region zu halten. Sie sollte ferner, um die vielschichtigen Interessenlagen bei einem Ansiedlungsprojekt erfassen zu können, frühzeitig für Abstimmungen mit den beteiligten Behörden und Institutionen sorgen. Die dabei beteiligten Zuständigkeitsbereiche sind mindestens: Wirtschaftsförderung, Bauleitplanung und Raumordnung, Immissionsschutz, Gewässerschutz, Naturschutz, Bodenschutz, Altlasten, Energie- und Wasserversorgung, Abwasserentsorgung, Abfallentsorgung, Verkehrsplanung, Denkmalschutz, Archäologie.

Ein Unternehmen, das seine Entscheidung für eine Ansiedelung in einer bestimmten Region gefällt hat, sollte darüberhinaus mehrere Standortalternativen parallel verfolgen.

Tabelle 4.13 zeigt in einer Checkliste für Planer von Industrieansiedlungen mögliche Erträge und Leistungen der öffentlichen Hand. Die Liste kann individuell aufbereitet und für die Vorbereitung von Kontakten mit Entscheidungsträgern genutzt werden (in Anlehnung an [Agg87]).

4.4.2
Absicherung der Bau- und Betriebsgenehmigung

Nach dem Erwerb eines Grundstücks wird jeder Unternehmer bestrebt sein, künftige Projekte auf diesem Grundstück möglichst weitgehend abzusichern. Das bedeutet, daß er Vorsorge dafür treffen muß, in näherer und fernerer Zukunft die Bau- und Betriebsgenehmigungen zu bekommen, die er benötigt. Dies schließt entsprechende Genehmigungen für Betriebserweiterungen ein, deren Art und Ausmaß noch nicht genau bekannt sind, die aber in der Zukunft voraussichtlich erforderlich sein werden.

Tabelle 4.13. Checkliste für Erträge und Leistungen der öffentlichen Hand bei der Industrieansiedlung

Maßnahme bzw. Phase	Leistungen	Erträge
Veräußerung eines alten Betriebsgrundstücks an die öffentliche Hand	Vergütung für Liegenschaften und Betriebseinrichtungen, die nicht verlegt werden können; Beitrag zu den Umzugskosten; Entschädigung für Produktionsunterbrechung; Verzicht auf sonst geforderte Leistungen des Unternehmens	Verfügbarkeit des alten Betriebsgrundstücks für den planerisch beabsichtigten Zweck, z.B. Aufbau anderer Gewerbebetriebe, Wohnraum, Infrastruktur für Verkehr, Freizeit und Erholung, soziale Einrichtungen
Erwerb eines neuen Betriebsgrundstücks von der öffentlichen Hand	Vergünstigungen bei der Schaffung (Kaufpreis, Zahlungsbedingungen, zinsloses Darlehen, Miete, Pacht)	Erlös für das Grundstück
Erschließung	Vergünstigungen bei der Erschließung, Übernahme der Ausgleichs- und Ersatzmaßnahmen	Erschließungsgebühren; Beiträge für Ausgleichsmaßnahmen; Abgaben der beauftragten örtlichen Industrie
Aufbau der Produktionseinrichtungen	Subventionierung von: Umweltschutz- und Energiesparmaßnahmen, Humanisierung und Beschaffung neuer Arbeitsplätze, Arbeitsplätzen für Behinderte, Investitionen	Genehmigungsgebühren; Abgaben der beauftragten ortsansässigen Industrie
Schaffen von Wohnraum für die Belegschaft	Sozialwohnungen für die Belegschaft	Abgaben der beauftragten ortsansässigen Industrie
Schaffen von Infrastruktur für die Belegschaft	Aufbau der Infrastruktur (öffentlicher Personennahverkehr, Schulen, Kindergartenplätze)	Beiträge des Unternehmens zum Aufbau der Infrastruktur; Abgaben durch die beauftragte ortsansässige Industrie
Betrieb	Begünstigungen bei Ver- und Entsorgungskosten und bei Abgaben	direkte und induzierte Abgaben des Betriebes und der Belegschaft; Umsatzsteigerungen bei den Ver- und Entsorgungsbetrieben der öffentlichen Hand; Steigerung des Arbeitsplatzangebots, der Ausbildungsmöglichkeiten, der Kaufkraft der Bevölkerung und der kulturellen Aktivitäten

Das Vorliegen eines Bebauungsplans bedeutet nicht automatisch, daß eine Betriebsgenehmigung ergeht. Will man sicher gehen, muß man diese Frage durch Beantragung eines genehmigungsrechtlichen Vorbescheids klären.

Bei Industrieanlagen, die im Anhang zur 4. Verordnung zur Durchführung des Bundes-Immissionsschutzgesetzes (4. BImSchV - Anlagenverordnung) genannt werden und demzufolge in einem immissionsschutzrechtlichen Genehmigungsverfahren genehmigt werden müssen, ist die Beantragung eines Vorbescheids der Genehmigungsbehörde besonders dann sinnvoll, wenn die Planungskosten hoch sind. § 9 Abs. 1 BImSchG sagt: „Auf Antrag kann durch Vorbescheid über einzelne Genehmigungsvoraussetzungen sowie über den Standort der Anlage entschieden werden, sofern die Auswirkungen der geplanten Anlage ausreichend beurteilt werden können und ein berechtigtes Interesse an der Erteilung eines Vorbescheides besteht".

Eine Besonderheit des Vorbescheides ist, daß die Anforderungen an das durchzuführende immissionsrechtliche Genehmigungsverfahren auch für den Vorbescheid gelten. Das bedeutet: Ist für eine Anlage ein förmliches Verfahren vorgeschrieben, so muß auch der Vorbescheid in einem förmlichen Verfahren erteilt werden. Ein förmliches Verfahren ist ein Genehmigungsverfahren, bei dem die Genehmigungsunterlagen zur Einsicht für Dritte ausgelegt werden; diese Dritten können Einwände erheben, die von der Genehmigungsbehörde geprüft werden müssen. Bei einem vereinfachten Verfahren ist diese Öffentlichkeitsbeteiligung nicht vorgesehen. Wie bei einer Teilgenehmigung nach § 8 BImSchG muß im Vorbescheid ein vorläufiges positives Gesamturteil über die Anlage möglich sein, d.h. die Genehmigungsbehörde erteilt ihn nur dann, wenn sie nach der Lage der Dinge glaubt, daß sie auch die endgültige Genehmigung erteilen wird.

Der Vorbescheid ist keine Genehmigung zum Beginn der Bauarbeiten, stellt aber den Rechtsanspruch des Antragsstellers her, daß sich die Behörde im späteren Genehmigungsverfahren an die Aussagen des Vorbescheides hält. Ein Rechtsanspruch auf Erteilung der Genehmigung entsteht jedoch durch den Vorbescheid nicht! Im förmlichen Verfahren wirkt auch schon der Vorbescheid präklusivisch. „Präklusion" (=Ausschluß) ist ein juristischer Fachausdruck, der besagt, daß Rechte mit Ablauf einer Frist wegfallen, wenn von ihnen nicht rechtzeitig vor Fristende Gebrauch gemacht wird. Hier werden durch die Fixierung von Nebenbestimmungen der späteren Genehmigung im Vorbescheid die Widerspruchsmöglichkeiten der Nachbarschaft und Allgemeinheit gegen die Anforderungen dieser Nebenbestimmungen ausgeschlossen, wenn nicht schon im Verfahren des Vorbescheides von der Möglichkeit Gebrauch gemacht wurde, Einwendungen gegen derartige Anforderungen vorzubringen. Folglich muß ein Betroffener auch bei der Auslegung von Antragsunterlagen im Vorbescheidverfahren darauf achten, ob er später belastet sein könnte, und etwaige Einwände rechtzeitig im Vorbescheidsverfahren erheben.

Beim Vorbescheid wird zwischen Konzeptvorbescheid und Standortvorbescheid unterschieden. Diese Begriffe tauchen im Gesetz nicht auf. Gelegentlich ist statt Konzeptvorbescheid oder Standortvorbescheid falsch von „Konzeptgenehmigung" oder „Standortgenehmigung" die Rede.

Der Konzeptvorbescheid klärt das Anlagenkonzept und ergeht häufig zusammen mit der ersten Teilerrichtungsgenehmigung, die gesondert beantragt werden muß. Der Standortvorbescheid beantwortet die Frage: Ist die Anlage nach ihrem Umfang und ihren Auswirkungen umwelt- bzw. immissionsrechtlich, aber auch planungsrechtlich am beabsichtigten Standort zulässig?

Für den Antrag auf Vorbescheid muß der Antragsteller die Anlage allgemein beschreiben, den Standort angeben und die Emissionen nach Art und Menge ausrechnen. Ein Problem des Instrumentes Vorbescheid besteht darin, daß es den Antragsteller zur „Salamitaktik" verführt. Dieser kann mit dem erteilten Vorbescheid Druck auf die Behörde hinsichtlich schon getätigter Investitionen wie z.B. Planungskosten ausüben.

Nach allen Landesbauordnungen kann man einen baurechtlichen Vorbescheid bei der zuständigen Bauaufsichtsbehörde beantragen, bei dem diese auf gezielte Fragen im Antrag auf Vorbescheid auch über genehmigungsrechtliche Fragen außerhalb des Baurechts wie z.B. Vorschriften des Naturschutzes, des Immissions- und Gewässerschutzes entscheiden kann. Allerdings geht die immissionsschutzrechtliche Genehmigung bei den vom Immissionsschutzrecht betroffenen Anlagen der Baugenehmigung vor, d.h. der Bauvorbescheid bindet die Bauaufsichtsbehörde hinsichtlich der Baugenehmigung, aber eben nur diese! Das bedeutet: Es kann gegebenenfalls – nach Baurecht – erlaubt sein, zu bauen, aber es kann die Erlaubnis fehlen, in Betrieb zu gehen. Man darf nach dem Immissionsschutzrecht ohne immissionsschutzrechtliche Genehmigung nicht bauen, selbst wenn eine Baugenehmigung vorliegt.

4.4.3
Auskunftsansprüche gegenüber Behörden -
Umweltinformationsgesetz

Unternimmt ein Grundstückseigentümer oder sonstiger Berechtigter Anstalten zur Vorbereitung eines Genehmigungsverfahrens, so hat er grundsätzlich gegenüber den zuständigen Behörden Anspruch auf Auskunft über sämtliche sein Vorhaben betreffenden Sachverhalte, sofern es sich um Dinge handelt, die dort bekannt sind. Eine solche Auskunft ist ein Verwaltungsakt und setzt einen entsprechenden formlosen Antrag voraus. Eine Genehmigungsbehörde darf den Antragsteller nicht z.B. durch das Zurückhalten von Informationen behindern. Sie hat nämlich die Aufgabe, zwischen den berechtigten Interessen des Antragstellers und der davon eventuell betroffenen Nachbarschaft und Allgemeinheit auf der Grundlage der geltenden Gesetze neutral abzuwägen [Schö96]. Diese Auskunftspflicht hat ihre Grenze im Datenschutz; der persönlichen Lebenssphäre zuordbare Informationen sowie Betriebs- und Geschäftsgeheimnisse von Verfahrensbeteiligten in Verwaltungsverfahren dürfen nach § 30 Verwaltungsverfahrensgesetz (VwVfG) nicht unbefugt weitergegeben werden. Das bedeutet, daß hierzu Zustimmungen der Betroffenen notwendig werden; ohne diese Zustimmungen darf die Behörde solche Informationen nicht geben.

Bei der Standortplanung sind die Voraussetzungen für einen Auskunftsanspruch nicht unbedingt erfüllt: Wenn ein Interessent sich zum Beispiel über einen neuen

Standort informieren möchte, könnte er dafür auch noch keinen Genehmigungantrag stellen. Bei Auskünften, die nicht im Zusammenhang eines Genehmigungsverfahrens gegeben werden müssen, stand es früher generell im Ermessen der Behörden, ob sie Auskünfte geben oder nicht. Mit dem Umweltinformationsgesetz (UIG) vom 8.7.1994, BGBl. I S. 1490, das die Richtlinie 90/313/EWG vom 7.6.1990 umsetzt, hat inzwischen jeder EU-Bürger Anspruch auf freien Zugang zu Informationen über die Umwelt, die bei einer Behörde vorhanden sind oder einer solchen juristischen oder natürlichen Person, die öffentlich-rechtliche Aufgaben des Umweltschutzes wahrnimmt und dabei behördlicher Aufsicht unterstellt ist. Informationen über die Umwelt sind gemäß § 3 UIG „... alle in Schrift, Bild oder auf sonstigen Informationsträgern vorliegenden Daten über

1. den Zustand der Gewässer, der Luft, des Bodens, der Tier- und Pflanzenwelt und der natürlichen Lebensräume,
2. Tätigkeiten, einschließlich solcher, von denen Belästigungen wie beispielsweise Lärm ausgehen, oder Maßnahmen, die diesen Zustand beeinträchtigen oder beeinträchtigen können und
3. Tätigkeiten oder Maßnahmen zum Schutz dieser Umweltbereiche einschließlich verwaltungstechnischer Maßnahmen und Programme zum Umweltschutz."

Die Behörde kann auf Antrag Auskunft erteilen, Akteneinsicht gewähren oder Informationen in sonstiger Weise zur Verfügung stellen. Der Antrag muß inhaltlich bestimmt sein und erkennen lassen, welche Informationen benötigt werden. § 7 des UIG nennt Ausschluß- und Beschränkungsgründe zum Schutz öffentlicher, § 8 zum Schutz privater Belange. Nach § 7 Abs. 1 Satz 1 UIG besteht kein Informationsanspruch, wenn die fraglichen Daten der Behörde in einem zum Zeitpunkt des Auskunftsantrags noch nicht abgeschlossenen Verwaltungsverfahrens zugehen. Der Europäische Gerichtshof hat diese Regelung im Urteil vom 17.6.1998 zu einem Vertragsverletzungsverfahren der EU-Kommission gegen die Bundesrepublik Deutschland hinsichtlich der Umsetzung der Richtlinie 90/313/EWG allerdings beanstandet (Rs. C-321/96), weil sie den freien Informationszugang letztlich aushöhle. Beispielsweise werden die Stellungnahmen von Behörden in laufenden Planfeststellungsverfahren unter dieses Kriterium fallen. Auch die Gebührenhöhe für Auskünfte (bis 10.000 DM) wird in dem Vertragsverletzungsverfahren beanstandet [FAZ98].

4.4.4
Absicherung der Verwendbarkeit im Grundstückskaufvertrag

Bis zur Erteilung eines immissionsschutzrechtlichen Vorbescheides werden zeit- und kostenintensive Planungen nicht zu vermeiden sein. Bei hohen Investitionssummen wird man schon aus Gründen des Investitionsrisikos auf einen solchen Vorbescheid nicht verzichten, bevor man weitere, ebenfalls kostenträchtige Planungsleistungen in Auftrag gibt.

Beim Grundstückskauf empfiehlt sich die Aufnahme einer Klausel im Kaufvertrag, die einen Rücktritt ermöglicht, falls sich herausstellt, daß die beabsichtigte Betriebsgenehmigung nicht erreicht werden kann. Vereinbart werden können daneben auch ein Anspruch auf Wandelung oder auf Minderung sowie ein Anspruch auf Schadenersatz wegen Mangels einer zugesicherten Eigenschaft. Im letztgenannten Fall müßte also der Verkäufer des Grundstücks zusichern, daß einer Betriebsgenehmigung für die Anlage nichts im Wege steht. Der Anspruch auf Wandelung, Minderung oder Schadenersatz verjährt bei Grundstückskäufen gemäß § 477 BGB binnen eines Jahres, auch bei versteckten Mängeln [Pal93]. Diese Verjährungsfrist kann durch Vertrag verlängert werden. Als Zeitpunkt für den Beginn der Verjährungsfrist gilt der Besitzübergang, also die einverständliche Besitzübertragung durch den Verkäufer auf den Käufer. Zur Vermeidung von Unklarheiten sollte dieser Zeitpunkt ebenfalls vertraglich fixiert werden.

Auch wenn die Verkäuferin eines Grundstücks eine Gemeinde ist, enthebt dieses den Erwerber nicht von der Notwendigkeit der genannten genehmigungs- und privatrechtlichen Schritte. Auf der Suche nach ansiedelungswilligen Unternehmen leisten Gemeinden oftmals „zu viel des Guten" und geben Zusicherungen über die Möglichkeiten eines Grundstücks, zu denen sie gegebenfalls deshalb nicht autorisiert sind, weil sie nicht für die Erteilung der notwendigen Betriebsgenehmigungen zuständig sind *(„Bürgermeisterproblem")*. Die zum Umgang mit einem privaten Grundstücksveräußerer gemachten Angaben gelten auch hier.

Für die lokalen Abstimmungen, Alternativenprüfungen, Vorbereitungen der Behördengespräche und Öffentlichkeitskontakte sollte man einen mit der Materie und möglichst auch mit den lokalen Gegebenheiten vertrauten Berater einsetzen.

4.5
Sicherung eines vorhandenen Standortes

4.5.1
Grundsätze des planerischen Immissionsschutzes

Häufig führt das Nebeneinander einerseits von Industrie und Gewerbe und andererseits von Wohnbebauung zu Konflikten. Ursächlich sind hierfür sehr oft Lärmimmissionen, die von den Produktionsanlagen bzw. dem diese Anlagen ver- und entsorgenden Verkehr herrühren. Eine zentrale Aufgabe im Rahmen der Standortsicherung eines Industrieunternehmens ist es, die Grundsätze des planerischen Immissionsschutzes zu kennen und anzuwenden.

Aus § 1 Baugesetzbuch ergibt sich die Verpflichtung, „die allgemeinen Anforderungen an gesunde Wohn- und Arbeitsverhältnisse und die Sicherheit der Wohn- und Arbeitsbevölkerung" zu berücksichtigen. § 50 Bundes-Immissionsschutzgesetz verlangt, Flächen unterschiedlicher Nutzung so zuzuordnen, daß schädliche Umwelteinwirkungen insbesondere in Wohngebieten vermieden werden.

In der Praxis werden die Bauflächen unterschiedlicher Nutzung gemäß den Definitionen der Baunutzungsverordnung (BauNVO) gegliedert (s. 4.3.1.2). Demnach sollen Wohngebiete (Allgemeine Wohngebiete nach § 4 BauNVO) nicht unmittelbar an Gewerbegebiete (§ 8 BauNVO) grenzen. Als „Pufferzone" werden hier regelmäßig Mischgebiete (§ 6 BauNVO) ausgewiesen. In Mischgebieten sind Wohngebäude uneingeschränkt zugelassen, so daß hier oft Konflikte, und zwar wiederum vor allem wegen Lärmimmissionen, entstehen, die vor den Verwaltungsgerichten ausgetragen werden.

Nach der TA Lärm 1998 wird bei Lärmimmisionen von der Gesamtheit des Lärms am maßgeblichen Einwirkungsort ausgegangen, d.h. die Beiträge sämtlicher Lärmimmissionen, nicht nur die Lärmimmissionen, die ein spezieller Betrieb verursacht, sind entscheidend.

Die hier für den Lärm getroffenen Aussagen gelten sinngemäß für die anderen Immissionsarten. Störungen enstehen dabei insbesondere immer wieder durch Staub, Erschütterungen und Gerüche.

4.5.2
Näherrücken der Wohnbebauung

In der Praxis der Bauleitplanung werden an gewerbliche Nutzungen, die an Wohngebäude oder Wohngebiete herangeplant werden, hohe Anforderungen an den Immissionsschutz gestellt. Umgekehrt wird dieser Frage bei der Heranplanung von Wohngebieten an Gewerbebetriebe nicht die gleiche Aufmerksamkeit gewidmet. Dies führt dazu, daß sich die Industrie- und Gewerbebetriebe in der Folge in ihren Entwicklungsmöglichkeiten begrenzt sehen oder ursprünglich nicht vorhersehbare Auflagen des anlagenbezogenen Lärmschutzes erfüllen müssen, die nach Maßgabe der unten gegebenen Erläuterungen mit Kosten verbunden sind.

In der Rechtsprechung wurde für Mischgebiete und solche Gebiete, die sich als Mischgebiete herausgebildet haben, eine Pflicht zur gegenseitigen Rücksichtnahme statuiert, d.h. die Wohnnutzung muß hier mehr Lärm in Kauf nehmen als in reinen Wohngebieten, wobei eine Art Mittelwert gebildet wird.

Die Rechtsprechung gewährt geräuschemittierenden Betrieben einen Anspruch darauf, daß ihr Bestand und ihre Weiterentwicklung im Rahmen der erteilten Bau- bzw. Betriebsgenehmigung weder durch eine Planung von Baugebieten noch durch die Genehmigung einzelner Bauvorhaben schwerwiegend eingeschränkt wird. Wenn abweichend hiervon Baugebiete so an den Betrieb herangeplant werden, daß weitere Schallschutzmaßnahmen im Betrieb erforderlich werden, so kann dieser Entschädigungsansprüche gegen die Gemeinde ableiten. Allerdings muß er stets schädliche Umwelteinwirkungen unter Beachtung der Wirtschaftlichkeit verhindern, wobei der Stand der Technik eingehalten werden muß.

Das bedeutet, daß ein Betrieb, der auf Lärmschutz nach dem Stand der Technik bisher infolge Duldung der Behörden verzichten konnte, noch keinen Schadenersatzanspruch dadurch hat, daß diese Duldung nach Näherrücken der Wohnbebauung wegfällt.

Bei der Behandlung der Entschädigungsansprüche bewerten die Gerichte auch, inwiefern der Betrieb im Rahmen der Bürgerbeteiligung im Bebauungsplanverfahren seine Bedenken geäußert hat. Dies ist zwingend erforderlich, wenn der Betrieb später Entschädigungsansprüche gegenüber der Gemeinde durchsetzen will [Job98].

4.5.3
Belastende Planungen im Umfeld

Da das Heranrücken der Wohnbebauung an einen Industrie- oder Gewerbestandort innerhalb eines bestehenden Bebauungsplans oder auch ohne einen solchen im Zuge der üblichen Bebauung für das Unternehmen nachteilig sein kann, ist die nächste Frage, inwieweit sich ein Unternehmen schon gegen nachteilige Planungen in seiner Nachbarschaft zur Wehr setzen kann.

Hauth führt in [Hau98] dazu aus:

> „Kernstück der Bauleitplanung sind die Vorschriften des § 1 Abs. 5 und 6 BauGB. § 1 Abs. 5 bestimmt die in § 1 Abs. 1 definierte Aufgabe der Bauleitplanung näher. Beide Bauleitpläne, also sowohl der Flächennutzungsplan wie der Bebauungsplan, sollen eine geordnete städtebauliche Entwicklung gewährleisten und die bauliche und sonstige Nutzung der Grundstücke in der Gemeinde durch den Flächennutzungsplan vorbereiten und durch den Bebauungsplan verbindlich regeln. Hierzu enthält § 1 Abs. 5 in 9 Ziffern einen Katalog von Planungsleitsätzen oder Belangen, die nach § 1 Abs. 6 BauGB untereinander und gegeneinander gerecht abzuwägen sind. Dieses Abwägungsgebot des § 1 Abs. 6 ist die zentrale Vorschrift des gesamten Bauleitplanverfahrens, für Flächennutzungsplan und Bebauungsplan gleichermaßen bedeutsam. Es gibt kaum eine verwaltungsgerichtliche Entscheidung, die einen Bebauungsplan zum Gegenstand hat und sich nicht mit diesem Abwägungsgebot auseinandersetzt. Dieses Abwägungsgebot ist eine Folge des verfassungsrechtlichen Rechtsstaatsprinzips und des darin enthaltenen Grundsatzes der Verhältnismäßigkeit (BVerwG, NJW 1969, 1968). Man könnte es als Korrektiv der Planungshoheit der Gemeinde ansehen.“

§ 2 Abs. 1 Satz 1 BauGB bestimmt als Folge der durch Art. 28 Abs. 2 Grundgesetz geschützten Planungshoheit der Gemeinden, daß diese die Bauleitpläne in eigener Verantwortung aufstellen, d.h. frei entscheiden, in welcher Weise sie die bauliche und sonstige Nutzung der Grundstücke in der Gemeinde regeln wollen. Dies darf, wie Art. 28 Abs. 2 Grundgesetz ebenfalls bestimmt, nur im Rahmen der Gesetze erfolgen. So ist die gemeindliche Planung an die Ziele der Raumordnung und Landesplanung anzupassen. Diese zwingende Vorgabe kann von der Gemeinde auch nicht durch die Berufung auf Freiheiten der Abwägung umgangen werden (BVerwG, NVwZ 1993, 167, zitiert in [Hau98]). Voraussetzung ist allerdings, daß die Ziele der Raumordnung und Landesplanung unter Beteiligung der Kommunen zustandegekommen und vom Landesgesetzgeber für verbindlich erklärt worden sind (BVerwG, NVwZ 1995, 267, zitiert in [Hau98]).

Zu Planungen, die einen Grundstückseigentümer belasten können, gehören solche, bei denen aus Gründen des Gemeinwohls öffentliche Vorhaben wie z.B. Straßen durchgeführt werden sollen. Für solche Vorhaben sind mitunter Enteignungen des Grundstücks mit Entschädigungsanspruch des Grundstückseigentümers gegenüber der öffentlichen Hand möglich. Hauth schreibt hierzu:

> „Vor allem muß die Bauleitplanung die ihr von Art. 14 GG gezogenen Schranken beachten und die in § 1 Abs. 5 BauGB formulierten Planungsgrundsätze einhalten“. In Artikel 14 Grundgesetz heißt es:
> „(1) Das Eigentum und das Erbrecht werden gewährleistet. Inhalte und Schranken werden durch die Gesetze bestimmt.

(2) Eigentum verpflichtet. Sein Gebrauch soll zugleich dem Wohle der Allgemeinheit dienen.
(3) Eine Enteignung ist nur zum Wohle der Allgemeinheit zulässig. Sie darf nur durch Gesetz oder auf Grund eines Gesetzes erfolgen, das Art und Ausmaß der Entschädigung regelt. Die Entschädigung ist unter gerechter Abwägung der Interessen der Allgemeinheit und der Beteiligten zu bestimmen. Wegen der Höhe der Entschädigung steht im Streitfalle der Rechtsweg vor den ordentlichen Gerichten offen."

§ 85 BauGB enthält die Bestimmungen zur Enteignung im Rahmen der Bauleitplanung. Eine in ihrer Wirkung enteignende Planung kann nur bei einer ensprechenden Entschädigung des Grundstückseigentümers durch die Gemeinde durchgeführt werden. Zur Wahrung seiner Rechte muß der Grundstückseigentümer im Rahmen der Öffentlichkeitsbeteiligung des Bebauungsplanverfahrens frist- und formgerecht Anregungen und Bedenken zu äußern.

Zur Frage, wann und in welcher Weise die Abwägung korrekt durchgeführt ist, sei hier das wegweisende Urteil des Bundesverwaltungsgerichts vom 12.12.1969 wiedergegeben (zitiert in [Hau98] S. 30):

„(1) Das Gebot gerechter Abwägung ist verletzt, wenn eine (sachgerechte) Abwägung überhaupt nicht stattfindet.
(2) Es ist verletzt, wenn in die Abwägung an Belangen nicht eingestellt wird, was nach Lage der Dinge in sie eingestellt werden muß.
(3) Es ist ferner verletzt, wenn die Bedeutung der betroffenen privaten Belange verkannt oder wenn
(4) der Ausgleich zwischen den von der Planung berührten öffentlichen Belangen in einer Weise vorgenommen wird, die zur objektiven Gewichtigkeit einzelner Belange außer Verhältnis steht.
(5) Innerhalb des so gezogenen Rahmens wird das Abwägungsgebot jedoch nicht verletzt, wenn sich die zur Planung berufene Gemeinde in der Kollision zwischen verschiedenen Belangen für die Bevorzugung des einen und damit notwendig für die Zurückstellung eines anderen entscheidet."

4.5.4
Bebauungspläne als Standortsicherung

Durch einen Bebauungsplan, der für ein bestimmtes Areal die nach der Baunutzungsverordnung des Bundes definierte Nutzungsart in Form einer Satzung festschreibt, läßt sich rechtsverbindlich festhalten, welche Arten von Betriebsstätten auf diesem Areal errichtet werden dürfen. Ein Gewerbebetrieb darf, wenn er störend ist, nach der Baunutzungsverordnung nur im Industrie- oder Sondergebiet, wenn er nicht erheblich belästigend ist, auch im Gewerbegebiet, sowie wenn er nicht wesentlich störend ist, auch im Kerngebiet, Mischgebiet oder Dorfgebiet errichtet werden. Häufig ist es erforderlich, vor einer Industrie- oder Gewerbeansiedlung einen Bebauungsplan aufzustellen, mit dem ein Gebiet der genannten Gebietstypen ausgewiesen wird. Da hierdurch das Heranrücken der Wohnbebauung an den Industrie- oder Gewerbestandort mit späteren Konflikten unterbunden werden kann, empfiehlt sich die Aufstellung eines Bebauungsplans mit der geeigneten Gebietsausweisung auch für schon vorhandene Betriebe. Der Bebauungsplan dient damit der Standortsicherung.

Vorhaben sind im Bereich eines Bebauungsplanes zulässig, wenn sie den Festsetzungen des Bebauungsplanes bezüglich Art und Maß der baulichen Nutzung, überbaubare Grundstücksflächen und örtliche Verkehrsflächen sowie den übrigen örtlichen Bauvorschriften nicht widersprechen und wenn die Erschließung gesichert ist. Soweit Bebauungspläne diese Festsetzungen nicht enthalten, richtet sich die Zulässigkeit von Vorhaben nach § 34 BauGB. Das bedeutet, daß aus der benachbarten Bebauung abgeleitet werden muß, inwieweit sich das Vorhaben nach Art und Maß der baulichen Nutzung in die vorhandene Ortsbebauung einfügt.

§ 12 BauGB definiert eine besondere Form des Bebauungsplans, den Vorhaben- und Erschließungsplan. Dieses Instrument ist geschaffen worden, damit auch bei fehlenden finanziellen Mitteln der Gemeinde für die Erschließung oder personellen Engpässen größere Vorhaben, wie z.B. neue Wohngebiete, aber auch Gewerbe- und Industriegebiete, geschaffen werden können. Bei diesem werden die Planungs- und Erschließungskosten ganz oder teilweise von einem Vorhabenträger direkt übernommen, der dazu mit der Gemeinde einen öffentlich-rechtlichen Vertrag, den sog. Durchführungsvertrag, abschließt. Die Gemeinde muß diese Kosten nicht – wie bei Bebauungsplänen sonst üblich – vorfinanzieren. Der Durchführungsvertrag bestimmt auch, innerhalb welcher Frist die Maßnahme, um deretwillen der Vorhaben- und Erschließungsplan aufgestellt wird, durchgeführt werden muß. Verstreicht diese Frist, soll die Gemeinde den Vorhaben- und Erschließungsplan aufheben. Aus der Aufhebung können Ansprüche des Vorhabenträgers gegen die Gemeinde nicht geltend gemacht werden.

4.5.4.1
Bebauungsplanverfahren

Auf die Aufstellung von Bauleitplänen und städtebaulichen Satzungen besteht gemäß § 2 Abs. 2 BauGB kein Anspruch. Ein Anspruch kann auch nicht durch Vertrag begründet werden. Das bedeutet: Derartige Klauseln sind auch dann nichtig, wenn der Grundstückskaufvertrag mit der zuständigen Gemeinde abgeschlossen wurde!

Das Bebauungsplanverfahren gliedert sich in folgende Schritte:

1. Am Anfang des Bebauungsplanverfahrens steht grundsätzlich der Beschluß des Gemeinderats, den Bebauungsplan aufzustellen (Aufstellungsbeschluß). Dieser ist ortsüblich bekanntzumachen.

2. Der Bebauungsplanentwurf wird anschließend von der Gemeindeverwaltung oder in ihrem Auftrag von einem auf städtebauliche Fragen spezialisierten Ingenieur- oder Architektenbüro erarbeitet. Ein Vorhaben- und Erschließungsplanentwurf wird namens und im Auftrage des interessierten Unternehmens erarbeitet.

3. Der Bebauungsplanentwurf wird zusammen mit dem Erläuterungsbericht für die Dauer eines Monats öffentlich ausgelegt. Ort und Dauer der Auslegung sind mindestens eine Woche vor der Auslegung ortsüblich bekanntzumachen. Die Bekanntmachung muß den Hinweis darauf enthalten, daß Anregungen während

dieser Frist vorgebracht werden können. Möglichst frühzeitig müssen die sog. Träger öffentlicher Belange (Erläuterung s.u.) durch die Gemeinde von der Auslegung benachrichtigt werden, die binnen eines Monats Stellungnahmen aus ihrem Aufgabenbereich zum Planentwurf geben müssen. Die Gemeinde soll diese Frist bei Vorliegen eines wichtigen Grundes angemessen verlängern. Verstreicht die Frist, so ist Zustimmung zu unterstellen. Die Bauleitpläne benachbarter Gemeinden sind aufeinander abzustimmen. Das Baugesetzbuch bestimmt zwar nicht, in welcher Weise dies geschehen soll, sinnvoll ist aber, parallel zur Unterrichtung der Träger öffentlicher Belange[23] auch die Nachbargemeinden zu verständigen.

4. Bedenken und Anregungen zum Entwurf des Bebauungsplanes können von jedem Bürger der Gemeinde und von jedem Träger öffentlicher Belange gemacht werden sowie wegen des gesetzlichen Abstimmungsgebotes von jeder Nachbargemeinde. Alle fristgerecht eingegangenen Bedenken, Anregungen und Stellungnahmen der Träger öffentlicher Belange sind in der Abwägung der öffentlichen und privaten Belange zu berücksichtigen. Alle nicht fristgerecht eingegangenen Bedenken, Anregungen und Stellungnahmen werden nicht berücksichtigt, es sei denn, sie sind bekannt oder hätten der Gemeinde bekannt sein müssen oder sind für die Rechtmäßigkeit der Abwägung von Bedeutung. Das Ergebnis der Abwägung der Bedenken, Anregungen und Stellungnahmen ist den Einwendern (im Normalfall schriftlich) mitzuteilen.

5. Wird der Entwurf des Bebauungsplans daraufhin geändert, so ist er erneut wie oben auszulegen. Bei der erneuten Auslegung kann bestimmt werden, daß Bedenken und Anregungen nur zu den ergänzten oder geänderten Teilen vorgebracht werden können. Die Dauer der Auslegung kann nunmehr bis auf zwei Wochen verkürzt werden. Werden durch die Änderungen die Grundzüge der Planung nicht berührt, kann auf die Auslegung ganz verzichtet werden, wenn die betroffenen Bürger und Träger öffentlicher Belange unterrichtet werden und Gelegenheit zur Äußerung in angemessener Frist, die nach vorstehendem auf zwei Wochen beschränkt werden kann, erhalten.

6. Die Gemeinde beschließt den Bebauungplan als Satzung. Wurde der Bebauungsplan nicht aus einem Flächennutzungsplan entwickelt, so muß er von der höheren Verwaltungsbehörde genehmigt werden. Unter der „höheren" Behörde ist die nächsthöhere Behörde zu verstehen, d.h. der Landkreis bzw. bei Bebauungsplänen der kreisfreien Städte das Regierungspräsidium. Die Erteilung der Genehmigung oder, wenn diese nicht erforderlich ist, der Beschluß des Bebauungsplans ist ortsüblich bekanntzumachen. Der Bebauungsplan tritt mit dem Datum der Bekanntmachung in Kraft. Schon nach der öffentlichen Auslegung und der abgeschlossenen Beteiligung der Träger öffentlicher Belange ist ein Vorhaben zulässig, wenn anzunehmen ist, daß es den zukünftigen Festsetzungen des Bebauungsplans nicht zuwiderläuft, der Antragsteller diese Festsetzungen für sich und seine Rechtsnachfolger schriftlich anerkennt und wenn die Er-

---

[23] Träger öffentlicher Belange sind gesellschaftliche Interessengruppen und öffentliche Planungsträger, die von einem Vorhaben betroffen sind oder sein können; s. nächste Seite.

schließung gesichert ist. Selbst vor der Auslegung kann ein Vorhaben zugelassen werden, wenn diese Voraussetzungen gelten und die betroffenen Bürger und Träger öffentlicher Belange Gelegenheit zur Stellungnahme innerhalb angemessener Frist bekommen, sofern sie nicht schon vorher dazu Gelegenheit hatten.

Träger öffentlicher Belange sind die wichtigsten gesellschaftlichen Interessengruppen (Unternehmer, Arbeitnehmer, Kirchen, Vereine, Verbände) und die bedeutsamsten Planungsträger (Verkehr, Naturschutz, benachbarte Gemeinden, obere Planungsbehörde). Eine gesetzliche Definition, die alle zu beteiligenden Institutionen benennt, existiert nicht.

Das Regierungspräsidium Dresden, Referat 52, hat am 8.2.93 die folgende Liste der Träger öffentlicher Belange aufgestellt. Diese Aufzählung kann interpretiert und sinngemäß genutzt werden:

- Höhere Raumordnungsbehörde: Regierungspräsidium Dresden, Referat 66
- Landratsamt: Bauplanungsamt, Denkmalschutzbehörde, Verkehrsamt, Naturschutzbehörde, Immissionsschutzbehörde, Untere Wasserbehörde, Abfallamt, Gesundheitsamt
- Straßenbauamt, Autobahnamt Sachsen, Reichsbahndirektion, öffentliche Verkehrsunternehmen, Wasser- und Schiffahrtsamt Dresden, Flughafengesellschaft, Sächsisches Ministerium für Wirtschaft und Arbeit, Referat 63, Luftverkehr
- Wasserversorgungsunternehmen
- Abwasserzweckverband
- Energieversorgung Sachsen Ost GmbH (Geschäftsbereiche Nieder- und Hochspannung)
- Gasversorgung Sachsen Ost GmbH (Geschäftsbereiche Nieder- und Hochdruckanlagen), Verbundnetz Gas AG
- Deutsche Bundespost Telekom, Deutsche Bundespost Postdienst
- Landesamt für Denkmalpflege Sachen, Archäologisches Landesamt Sachsen
- Staatliches Vermessungsamt
- Bundesvermögensamt
- Staatshochbauamt
- Wehrbereichsverwaltung VII
- Industrie- und Handelskammer Dresden, Handwerkskammer, Handelsverband Sachsen e.V.
- Gewerbeaufsichtsamt
- Staatliches Schulamt
- Regionaler Planungsverband
- Bergamt
- Forstamt, Forstdirektion Bautzen
- Staatliches Amt für Landwirtschaft, Staatliches Amt für ländliche Neuordnung
- Deutscher Wetterdienst
- Hauptzollamt
- Bundesgrenzschutzverwaltung
- Evang.-Luth. Pfarramt, kath. Pfarramt
- Nachbargemeinden.

5 Errichtung und Veränderung von Industrieanlagen

Die meisten Industrieanlagen bedürfen in Deutschland vor ihrer Inbetriebnahme einer Anzeige durch den Betreiber bei der dafür zuständigen Behörde oder einer Betriebsgenehmigung durch eine solche Behörde sowie Abnahmen (Prüfungen) der ganzen Anlage oder bestimmter Teile. Diese Abnahmen erfolgen je nach ihrem Gegenstand durch Behörden, Berufsgenossenschaften oder Sachverständige. Teilweise ist nicht nur eine, sondern ein ganzes Bündel von Genehmigungen und Abnahmen erforderlich.

Die meisten größeren Industrieanlagen müssen nach den Bestimmungen des Bundes-Immissionsschutzgesetzes (BImSchG) genehmigt werden. Dabei gelten nicht nur die technischen Anforderungen dieses Gesetzes und darauf beruhender Rechtsverordnungen und Verwaltungsvorschriften, sondern auch solche, die in anderen Regelwerken enthalten sind, auf die Bezug genommen wird. Solche Vorschriften sind insbesondere die des Baurechts, Naturschutzrechts und Arbeitsschutzrechts sowie die einschlägigen Unfallverhütungsvorschriften der zuständigen Berufsgenossenschaft. Alle derartigen Anforderungen werden im Genehmigungsverfahren geprüft.

Ein kleinerer Teil der Industrieanlagen wird nach anderen Gesetzen genehmigt (z.B. Baugenehmigung für alle Anlagen, die nicht einer besonderen umweltgesetzlichen Genehmigung bedürfen, Genehmigung gentechnischer Anlagen nach dem Gentechnikgesetz, Planfeststellung von Deponien nach dem Kreislaufwirtschafts- und Abfallgesetz etc.).

Auf europäischer Ebene sind in der letzten Zeit die Richtlinien

- Richtlinie 96/61/EG des Rates über die integrierte Vermeidung und Verminderung der Umweltverschmutzung (sog. IVU-Richtlinie),
- 97/11/EG zur Änderung der Richtlinie 85/337/EWG über die Umweltverträglichkeitsprüfung

in Kraft getreten, die derzeit in deutsches Recht umgesetzt werden[24].

---

[24] Seitens des Gesetzgebers wird derzeit (6/99) daran gearbeitet, die Anforderungen der genannten Richtlinien in einem allgemeinen Teil eines Umweltgesetzbuches, der die Vorhabengenehmigung umweltrelevanter Anlagen einheitlich regeln soll, zu integrieren. Vermutlich werden dadurch nicht alle UVP-pflichtigen Vorhaben erfaßt [Bun99].

5.1
Vorhabenkategorien für Genehmigungsvorschriften

5.1.1
Begriffsdefinitionen, Rangordnung der Vorhaben

Genehmigungserfordernisse aus den einzelnen Umweltgesetzen betreffen Tätigkeiten (s. Kapitel 6) und *Anlagen*. Anlagen werden je nach Umweltgesetz unterschiedlich definiert; die wichtigste Anlagendefinition ist die des Bundes-
Immissionsschutzgesetzes (BImSchG); s. Abschn. 5.1.2.1. Diesem deutschen Anlagenbegriff entspricht ungefähr der Anlagenbegriff der europäischen sog. IVU-
Richtlinie; s. Abschn. 5.1.2.3.

Anlagen gehören zu den *Vorhaben* des Gesetzes über die Umweltverträglichkeitsprüfung (UVPG); s. Abschn. 5.2.2. Im UVPG werden Vorhaben definiert als

– bauliche Anlagen, die errichtet und betrieben werden sollen,
– sonstige Anlagen, die errichtet und betrieben werden sollen,
– sonstige *Eingriffe* in Natur und Landschaft (s. Abschn. 4.3.1.4),
– wesentliche Änderungen von Anlagen, soweit diese erhebliche Auswirkungen
  auf die Umwelt haben kann.

Dieser Begriff Vorhaben entspricht dem Begriff *Projekt* in der deutschen Übersetzung der europäischen UVP-Änderungsrichtlinie (s. Abschn. 5.1.2.3)[25].

Noch umfassender ist der – allerdings auf einer etwas anderen Ebene stehende –
Begriff *raumbedeutsame Planungen und Maßnahmen* des Raumordnungsgesetzes
des Bundes; s. Abschn. 5.3. Diese sind Planungen einschließlich der Raumord-
nungspläne, Vorhaben und sonstigen Maßnahmen, durch die Raum in Anspruch
genommen oder die räumliche Entwicklung oder Funktion eines Gebietes beeinflußt wird, einschließlich des Einsatzes der hierfür vorgesehenen öffentlichen Fi-
nanzmittel.

Fazit: Anlagen gehören zu den Vorhaben (= Projekten), diese gehören zu den
raumbedeutsamen Planungen und Maßnahmen.

5.1.2
Einzelheiten

5.1.2.1
Anlagenbegriff des Bundes-Immissionsschutzgesetzes

Das Bundes-Immissionsschutzgesetz unterscheidet zwischen genehmigungsbedürftigen und nicht genehmigungsbedürftigen Anlagen. § 3 Abs. 5 Bundes-

---

[25] Die Richtlinie spricht von öffentlichen und privaten Projekten, die möglicherweise erhebliche
Auswirkungen auf die Umwelt haben. Projekte i.S. der Richtlinie sind die Errichtung von
baulichen und sonstigen Anlagen sowie sonstige Eingriffe in Natur und Landschaft einschließlich derjenigen zum Abbau von Bodenschätzen.

Immissionsschutzgesetz (BImSchG) definiert einheitlich für nicht genehmigungsbedürftige und genehmigungsbedürftige Anlagen:

„Anlagen im Sinne dieses Gesetzes sind
1. Betriebsstätten und sonstige ortsfeste Einrichtungen,
2. Maschinen, Geräte und sonstige ortsveränderliche technische Einrichtungen
sowie Fahrzeuge, soweit sie nicht der Vorschrift des § 38 unterliegen (Anm.:
gemeint sind Verkehrsfahrzeuge) und
3. Grundstücke, auf denen Stoffe gelagert oder abgelagert oder Arbeiten durchgeführt werden, die Emissionen verursachen können, ausgenommen öffentliche
Verkehrswege."

Ortsfest sind Anlagen, wenn sie dauerhaft mit dem Erdboden verbunden sind oder
längere Zeit, d.h. mehr als 6 Monate, am gleichen Ort betrieben werden sollen.
Pütz/Buchholz [Püt97] formuliert: „Anlagen sind ... auf längere Dauer berechnete
Einrichtungen ..., die „bestimmungsgemäß, also nicht nur gelegentlich" zur Durchführung von Arbeiten im weitesten Sinne genutzt werden". Die Anlagen sind also
nicht nur Einrichtungen in gewerblichen oder sonstigen wirtschaftlichen Unternehmungen: Eine Kälteanlage mit einem Gesamtinhalt von mehr als 3 t Ammoniak
ist z.B. eine genehmigungsbedürftige Anlage, unabhängig davon, ob sie zu einem
gewerblichen Kühlhaus oder einer kommunalen Eissporthalle gehört.

Die nach dem BImSchG genehmigungsbedürftigen Anlagen sind im Anhang zur
4. Verordnung zur Durchführung des Bundes-Immissionsschutzgesetzes
(4. BImschV - Anlagenverordnung) nach Typ und teilweise nach Typ und Leistung
aufgeführt. In der Aufzählung nicht enthaltene Anlagen bedürfen keiner Genehmigung nach BImSchG.

Eine Genehmigung nach BImSchG gilt immer für *eine* Anlage. Aus diesem
Grund muß man zuerst prüfen, was alles zu dieser Anlage gehört.

Beispiel 1. Kosten, Dauer und Auflagen eines Genehmigungsverfahrens können davon abhängen, welche Betriebseinrichtungen zu einer Anlage gezählt werden. Wird z.B. bei einer Neugenehmigung eines größeren Werkskomplexes dieser als eine Anlage behandelt, so bedeutet das,
daß alle Betriebseinrichtungen auf diesem Areal im Genehmigungsbescheid enthalten sind. Dies
hat den praktischen Vorteil, daß nur eine Genehmigung erforderlich ist. Andererseits erstreckt
sich in diesem Beispiel der Prüfumfang im Genehmigungsverfahren dann auf alle Betriebseinrichtungen, die für sich gesehen nicht genehmigungsbedürftig wären, weil sie unter den Leistungsgrenzen liegen, die im Anhang der 4. BImSchV aufgeführt sind.

Das Prinzip der *einen* Genehmigung gilt auch, wenn eine Anlage verschiedene
Bestandteile enthält, von denen jeder allein genehmigungspflichtig wäre.

Beispiel 2. Teile und Nebeneinrichtungen, die selbst im Anhang der 4. BImSchV aufgeführt
sind, aber zu einer im ganzen dem Genehmigungsverfahren unterworfenen Anlage gehören, sind
nicht gesondert genehmigungsbedürftig, so daß es nur einer Genehmigung bedarf.

Maßstab dafür, ob Anlagen Teile oder Nebeneinrichtungen anderer Anlagen sind,
ist nach der Rechtsprechung des BVerwG der Zweck des Genehmigungsverfahrens, d.h. bei einer Genehmigung nach dem BImSchG die immissionsschutzrechtlichen Belange (BVerwGE 69, 355; beim Kraftwerk gehört z.B. der Kühlturm,
nicht jedoch der Parkplatz zur Anlage).

Bei Änderungsgenehmigungen ist es für den Antragsteller vorteilhaft, den Anlagenbegriff nur auf den Teil zu beschränken, der geändert werden soll. Häufig werden bei Änderungsgenehmigungen zwischen Antragsteller und Genehmigungsbehörde Diskussionen über den Anlagenumfang geführt. Die Behörden verlangen oft einen möglichst großen Anlagenumfang: Bei Neu- und Änderungsgenehmigungen nach dem BImSchG müssen Emissionsgrenzwerte nach dem – fortschreitenden – Stand der Technik eingehalten werden und die Behörde versucht, dieses über die Änderungsgenehmigung möglichst weitgehend umzusetzen. Der Antragsteller ist daran nicht interessiert, wenn es ihn zu zusätzlichen Kosten zwingt oder Verzögerungen im Genehmigungsverfahren bedeutet.

Versuchsanlagen. Versuchsanlagen werden in § 2 Abs. 3 der 4. BImSchV definiert: „Für in Spalte 1 des Anhangs (der 4. BImSchV) genannte Anlagen (Anm.: das sind Anlagen, die in einem sog. förmlichen Verfahren, d.h. mit Öffentlichkeitsbeteiligung, zu genehmigen sind), die ausschließlich oder überwiegend der Entwicklung und Erprobung neuer Verfahren, Einsatzstoffe, Brennstoffe oder Erzeugnisse dienen (Versuchsanlagen), wird das vereinfachte (Genehmigungs-) Verfahren (Anm.: ohne Öffentlichkeitsbeteiligung) durchgeführt, wenn die Genehmigung für einen Zeitraum von höchstens drei Jahren nach Inbetriebnahme der Anlage erteilt werden soll; dieser Zeitraum kann auf Antrag bis zu einem weiteren Jahr verlängert werden."

Die gesetzliche Definition der Versuchsanlage bezieht sich also auf Anlagen, die normalerweise im förmlichen Verfahren genehmigt werden müssen, aber für den auf drei Jahre befristeten Versuchsbetrieb im vereinfachten Verfahren genehmigt werden dürfen. Die Dreijahresfrist beginnt mit dem Tag der Inbetriebnahme und endet nach Ablauf von drei Kalenderjahren, unabhängig von geplanten oder ungeplanten Betriebsunterbrechungen während dieser Frist. Auf Antrag kann die Genehmigungsbehörde die Frist um maximal ein Jahr verlängern. Nach Ablauf dieser Frist ist eine weitere Verlängerung nicht mehr möglich. Das bedeutet, wenn die Anlage weiterbetrieben werden soll (im Versuchs- oder im Dauerbetrieb), wird eine Genehmigung im förmlichen Verfahren erforderlich.

Eine Änderung des Betriebs einer Versuchsanlage für einen anderen Entwicklungs- oder Erprobungszweck erfordert eine erneute Genehmigung als Versuchsanlage im vereinfachten Verfahren, womit die Dreijahresfrist neu beginnt. Dadurch ist es möglich, Anlagen ständig als Versuchsanlage zu betreiben, wobei natürlich immer wieder neue Genehmigungen als Versuchsanlage beantragt werden müssen.

Labor- und Technikumsanlagen sowie Anlagen, in denen Produkte hergestellt werden, die auf ihre Marktchancen hin untersucht werden sollen, sind keine Versuchsanlagen im Sinne der 4. BImSchV. *Eine Genehmigung ist für solche Anlagen nicht erforderlich* [Püt97].

5.1.2.2
Anlagenbegriffe in anderen deutschen Zulassungsgesetzen

Neben dem Bundes-Immissionsschutzgesetz führen andere Zulassungsgesetze des Umweltrechts Anlagen auf, deren Errichtung fallweise der Anzeige, Genehmigung oder Planfeststellung nach den Vorschriften des jeweiligen Zulassungsgesetzes bedarf; s. Tabelle 5.1.

Neben dem Umweltrecht im engeren Sinne spielen auch die sog. überwachungsbedürftigen Anlagen nach den Rechtsverordnungen zu § 11 Gerätesicherheitsgesetz (früher zu § 24 Gewerbeordnung; s. Abschn. 5.6.5) in der Industrie eine wichtige Rolle. Für einen Teil der dort definierten Anlagen sind vor Inbetriebnahme Anzeigen oder Genehmigungen (s. Tabelle 5.1) erforderlich. Grundsätzlich sind für alle (also nicht nur für die genehmigungsbedürftigen) überwachungsbedürftigen Anlagen Abnahmeprüfungen vor Inbetriebnahme und wiederkehrende Prüfungen in bestimmten Abständen (s. Abschn. 5.10) erforderlich.

5.1.2.3
Begriffe im europäischen Recht

IVU-Richtlinie. Auf europäischer Ebene wurde in Form der „Richtlinie 96/61/EG des Rates über die integrierte Vermeidung und Verminderung der Umweltverschmutzung" vom 24.9.1996, abgekürzt IVU-Richtlinie, ein zukünftig in der EU geltender Mindestmaßstab für genehmigungsbedürftige Industrieanlagen geschaffen. Anlagen werden dort wie folgt definiert:

„Im Sinne dieser Richtlinie bezeichnet der Ausdruck ... 3. „Anlage" eine ortsfeste technische Einheit, in der eine oder mehrere der in Anhang I genannten Tätigkeiten sowie andere unmittelbar damit verbundene Tätigkeiten durchgeführt werden, die mit den an diesem Standort durchgeführten Tätigkeiten in einem technischen Zusammenhang stehen und die Auswirkungen auf die Emissionen und die Umweltverschmutzung haben können".

Dieser Anlagenbegriff entspricht in etwa dem Anlagenbegriff für genehmigungsbedürftige Anlagen im deutschen Immissionsschutzrecht. Anhang I der IVU-Richtlinie benennt Industrieanlagen mit Leistungsbereichen, die ungefähr der Spalte 1 des Anhangs der 4. BImSchV entsprechen. Diese Anlagen werden durch die Richtlinie erstmals unter einen europarechtlichen Genehmigungsvorbehalt gestellt.

UVP-Änderungsrichtlinie. Die Umweltverträglichkeitsprüfung (UVP) stellt keine eigenständige Genehmigung, sondern ein Instrument zur Ermittlung und Bewertung von Umweltauswirkungen innerhalb eines Genehmigungsverfahrens dar (s. Abschn. 5.2.2). Die Richtlinie 97/11/EG zur Änderung der Richtlinie 85/337/EWG über die Umweltverträglichkeitsprüfung definiert diejenigen Vorhaben, die einer UVP bedürfen. Der Vorhabenkatalog im Anhang der Richtlinie ähnelt dem der IVU-Richtlinie; die Aufzählung der Vorhaben ist aber nicht deckungsgleich.

5.2
Genehmigungserfordernisse für Industrieanlagen

5.2.1
Übersicht über die Genehmigungsarten und -tatbestände

Für die Errichtung und den Betrieb von Industrieanlagen gelten eine Vielzahl technischer und organisatorischer Vorschriften. Damit diese eingehalten werden, hat der Gesetzgeber Anzeige-, Anmeldungs- und Genehmigungspflichten eingeführt:

- *Anzeige:* Vor Aufnahme einer bestimmten Tätigkeit muß der Verantwortliche dies der zuständigen Behörde mitteilen. Wenn sich die Behörde innerhalb einer bestimmten Frist nicht äußert, ist die Tätigkeit erlaubt.
- *Anmeldung* bedeutet, daß mit der Anmeldebestätigung durch die Behörde die Tätigkeit erlaubt ist.
- *Genehmigung* bedeutet, daß die genehmigende Behörde prüft, ob alle Vorschriften eingehalten werden, und danach erst einen Genehmigungsbescheid erteilt, der die Tätigkeit erlaubt.

Es ist nicht erlaubt, genehmigungsbedürftige Anlagen ohne Genehmigung zu betreiben, selbst wenn die Anlage besonders „umweltfreundlich" wäre!

Daneben können Behörden unerlaubte Handlungen untersagen, Kontrollen anordnen oder selbst durchführen. Diese sind, wenn sie aus Gründen der öffentlichen Sicherheit und Ordnung auf spezialgesetzlicher oder allgemein ordnungsrechtlicher Grundlage erfolgen, vom Betroffenen grundsätzlich zu dulden. Teilweise sind Abnahmeprüfungen vor Inbetriebnahme vorgeschrieben; dies betrifft sowohl anzeige- und genehmigungsfreie als auch anzeige- oder genehmigungsbedürftige Anlagen (s. Abschn. 5.10).

Das unerlaubte (d.h. nicht genehmigte) Betreiben von Anlagen gilt je nach „Schwere des Falls" als Ordnungswidrigkeit oder sogar als Straftat. Hierfür können Freiheits- oder Geldstrafen verhängt werden. § 327 Strafgesetzbuch stellt das unerlaubte Betreiben folgender Anlagen unter Strafe:

- genehmigungsbedürftige Anlagen im Sinne des Bundes-Immissionsschutzgesetzes, wenn deren Betrieb untersagt worden ist;
- Genehmigungsbedürftige oder anzeigebedürftige Rohrleitungsanlagen zum Befördern wassergefährdender Stoffe im Sinne des Wasserhaushaltgesetzes;
- Abfallentsorgungsanlagen im Sinne des Kreislaufwirtschaft- und Abfallgesetzes;
- Kerntechnische Anlagen (sogar die ungenehmigte Betriebsbereitschaft, Stillegung, wesentliche Änderung oder der Abbruch werden bestraft);
- Betriebsstätten, in denen Kernbrennstoffe verwendet werden.

Genehmigungsverfahren lassen sich *bezüglich ihrer Durchführung* grundsätzlich in drei Kategorien einteilen:

1. *Vereinfachtes Verfahren*, in dem während des Verfahrens nur Behörden beteiligt sind. Es wird immer nach §§ 10 ff. Verwaltungsverfahrensgesetz durchgeführt, es sei denn, dasjenige Umweltgesetz, das bestimmt, daß die Genehmigung erforderlich ist, schreibt ein anderes Vorgehen vor. Das Verwaltungsverfahrensgesetz regelt den Ablauf, also die Grundsätze der Beteiligung anderer Behörden und Betroffener, Fristen etc. Technische Genehmigungsanforderungen sind im Verwaltungsverfahrensgesetz nicht geregelt, sondern ergeben sich aus dem einschlägigen Umweltgesetz. Besonders häufig ist das vereinfachte Verfahren nach dem Bundes-Immissionsschutzgesetz, das für alle Anlagen nach Spalte 2 der 4. BImSchV durchgeführt werden muß. Seine Durchführung ist in der 9. Verordnung zum Bundes-Immissionsschutzgesetz (9. BImSchV) geregelt.
2. *Förmliches Verfahren*, in dem Behörden und die Öffentlichkeit beteiligt sind, durchzuführen vorrangig nach spezialgesetzlichen Regeln oder, wenn ein Spezialgesetz ausdrücklich darauf verweist, nach §§ 63 ff. Verwaltungsverfahrensgesetz. Hervorzuheben ist hier das förmliche Verfahren nach dem Bundes-Immissionsschutzgesetz, das für alle Anlagen nach Spalte 1 der 4. BImSchV durchgeführt werden muß. Die Durchführung ist in der 9. BImSchV geregelt. Die Öffentlichkeitsbeteiligung bedeutet, daß jedermann (auch Firmen und Verbände) die Antragsunterlagen einsehen kann und innerhalb einer bestimmten Frist Einwendungen beliebiger Art vorbringen kann, die von der Genehmigungsbehörde geprüft werden müssen.
3. *Planfeststellungsverfahren*, in dem Behörden und die unmittelbar Betroffenen (dies können durchaus viele sein!) beteiligt sind, durchzuführen immer nach §§ 72 ff. Verwaltungsverfahrensgesetz. Es muß beispielsweise für Abfalldeponien durchgeführt werden. Förmliches Verfahren und Planfeststellungsverfahren sind im Ablauf sehr ähnlich.

5.2.1.1
Konzentrationswirkung: Einschluß von Genehmigungen durch andere Genehmigungen

Von der Konzentrationswirkung einer Genehmigung spricht man, wenn sie andere Genehmigungen einschließt. Diese brauchen dann nicht gesondert beantragt zu werden. Folgende Konzentrationswirkungen bestehen:

– Planfeststellungsverfahren schließen alle anderen Genehmigungen ein.
– Genehmigungen nach dem Bundes-Immissionsschutzgesetz schließen andere Genehmigungen ein mit Ausnahme von Planfeststellungen, Zulassungen bergrechtlicher Betriebspläne, Zustimmungen, behördlichen Entscheidungen aufgrund atomrechtlicher Vorschriften und wasserrechtlichen Erlaubnissen und Bewilligungen nach den §§ 7, 8 Wasserhaushaltsgesetz.
– Der verbindlich erklärte Sanierungsplan nach § 13 Bundes-Bodenschutzgesetz schließt alle Genehmigungen ein, die nicht UVP-pflichtig sind.

– Die Anlagengenehmigung nach § 22 Gentechnikgesetz schließt alle anderen Genehmigungen (sogar Planfestellungen) bis auf atomrechtliche Genehmigungen ein.

Tabelle 5.1 am Ende von Abschn. 5.2 enthält eine Übersicht der wichtigsten Anzeigen und Genehmigungen des Umweltrechts und angrenzender Rechtsgebiete. Anstelle des Begriffs „Genehmigung" tauchen in den einzelnen Rechtsvorschriften andere Begriffe auf wie Zulassung, Erlaubnis, Bewilligung. Diese sind historisch bedingt und haben keine eigenständige Bedeutung, so daß hier einheitlich „Genehmigung" verwendet werden soll.

5.2.2
Umweltverträglichkeitsprüfung

Die Umweltverträglichkeitsprüfung (UVP) ist ein unselbständiger Teil verwaltungsbehördlicher Verfahren, die der Entscheidung über die Zulässigkeit von Vorhaben dienen. Ihre Durchführung ist im Gesetz über die Umweltverträglichkeitsprüfung (UVPG) allgemein, für immissionsschutzrechtliche Genehmigungsverfahren in der 9. Verordnung zur Durchführung des Bundes-Immissionsschutzgesetzes (9. BImSchV) besonders geregelt.

Mit dem UVPG wurde die Richtlinie 85/337/EWG in deutsches Recht umgesetzt.

Der Ausdruck „Umweltverträglichkeitsprüfung"[26] suggeriert, daß Kriterien für die Umweltverträglichkeit bestehen könnten, die neben den anderen Zulassungskriterien einer Anlage geprüft werden (also z.B. „besondere UVP-Grenzwerte"). Dies ist jedoch nicht der Fall: Alle Zulassungskriterien, also die technischen und naturwissenschaftlichen Maßstäbe, die von der Behörde zugrundegelegt werden müssen, ergeben sich aus einschlägigen Fachgesetzen, während das UVPG selbst nur die Durchführung der UVP regelt, also Verfahrensvorschriften aufstellt.

Seit Einführung der UVP im deutschen Anlagengenehmigungsrecht ist von vielen Fachleuten versucht worden, die UVP zu einem eigenständigen Zulassungsinstrument auszubilden, das – entsprechend seines die einzelnen Schutzgüter übergreifenden Anspruchs – einen insgesamt „höheren" Umweltschutz gegenüber dem geltenden Zulassungsrecht bewirken sollte. Diese Bemühungen finden sich in einer Vielzahl von Fachaufsätzen. Dies entspricht jedoch nicht der deutschen Rechtslage[27]. Der Untersuchungsumfang der UVP muß sich auf die entscheidungserheblichen Sachverhalte beschränken; diese ergeben sich vollständig aus den parallel zum UVPG existierenden Gesetzen. Das bedeutet aber, daß für die Untersuchungen der UVP genau bekannt sein muß, welche Sachverhalte entscheidungserheblich sind. Hierfür ist erheblicher Sachverstand vonnöten, weshalb sich ver-

---

[26] Das Instrument der Umweltverträglichkeitsprüfung entstammt ursprünglich dem US-amerikanischen Recht. Das deutsche Wort „Umweltverträglichkeitsprüfung" ist die – etwas unglückliche – Übersetzung des amerikanischen „Environmental Impact Assessment". Der deutsche Ausdruck „Umweltauswirkungsanalyse" oder ein ähnlicher Begriff entspräche eher der Bedeutung der UVP im deutschen Recht.

[27] Statt vieler siehe [Bun94, Erb96, Schö96].

schiedene Ingenieurbüros auf Aufgaben im Zusammenhang mit der UVP spezialisiert haben.

Kern der UVP ist eine Studie, die vom Antragsteller erstellt wird und Umweltverträglichkeitsuntersuchung (UVU) oder auch Umweltverträglichkeitsstudie (UVS) genannt wird (nachfolgend hier: UVU). Weil es dabei um eine Einwirkungsanalyse auf die genannten Schutzgüter geht, ist es üblich, daß die UVU auf Fachgutachten wie z.B. die Immissionsprognosen für Luftschadstoffe oder das Lärmgutachten (falls diese im konkreten Einzelfall benötigt werden) Bezug nimmt.

Zum 15.3.1999 hätte die UVP-Änderungsrichtlinie 97/11/EG ebenfalls umgesetzt sein müssen. Diese definiert in Artikel 3 die UVP wie folgt: „Die Umweltverträglichkeitsprüfung identifiziert, beschreibt und bewertet in geeigneter Weise nach Maßgabe eines jeden Einzelfalls ... die unmittelbaren und mittelbaren Auswirkungen eines *Projekts* auf folgende Faktoren:

– Mensch, Fauna und Flora,
– Boden, Wasser, Luft, Klima und Landschaft,
– Sachgüter und kulturelles Erbe,
– die Wechselwirkungen zwischen den unter dem ersten, dem zweiten und dem dritten Gedankenstrich genannten Faktoren."

Diese Formulierung ist wohl so zu verstehen, daß die Wechselwirkungen z.B. zwischen Luft und Mensch, Luft und Fauna, Luft und Flora, aber nicht zwischen Fauna und Flora betrachtet werden sollen.

Die UVP-Änderungsrichtlinie erweitert den Katalog der Projekte, für die auch bisher schon UVP-Pflicht bestand (s. Anlage zum UVPG in der noch geltenden Fassung).

Zum Teil sind Projekte neu aufgenommen worden, so Anlagen zur Stromerzeugung mit Windenergie. Andere Projekte, deren UVP-Pflicht bisher von bestimmten Leistungsgrößen abhing, etwa bestimmte Stauwerke, werden jetzt generell UVP-pflichtig. Derzeit (6/99) ist noch offen, wie die Umsetzung der UVP-Pflicht für Anlagen, die in Anhang II der UVP-Änderungsrichtlinie aufgeführt sind, erfolgen wird. Deren UVP-Pflicht hängt davon ab, daß Kriterien bzw. Leistungsgrößen erreicht sind, die in Anhang III der Richtlinie aufgeführt sind. Die Mitgliedsstaaten haben die Wahl, daß die Genehmigungsbehörde die UVP-Pflicht derartiger Projekte in jedem Genehmigungsverfahren individuell prüft, oder sie müssen einen Positivkatalog aufstellen, der diese Projekte enthält.

Bis zur Umsetzung der UVP-Änderungsrichtlinie in deutsches Recht ergibt sich für Antragsteller ein komplizierte Situation, da nicht klar ist, für welche der zusätzlich aufgenommenen Projekte UVP-Pflicht besteht und für welche Projekte nicht. Außerdem muß bei jeder UVP eine Öffentlichkeitsbeteiligung vorgenommen werden. Eine Anlage mit UVP-Erfordernis durchläuft damit faktisch ein förmliches Genehmigungsverfahren.

Tabelle 5.1: Übersicht der wichtigsten Anzeigen und Genehmigungen des Umweltrechts und angrenzender Rechtsgebiete

Gesetz	Gegenstand bzw. -bezeichnung	A: Anzeige E: einfaches, F: förmliches, PFV: Planfeststellungsverfahren	UVP erforderlich
Landesbauordnungen	Baugenehmigung	E (F bei UVP-Pflicht)	nur für Vorhaben gemäß RL 97/11/EG
Bundes-Immissionsschutzgesetz (BImSchG)	Errichtung, Betrieb u. wesentliche Änderung v. Anlagen nach der 4. BImSchV	E: Anlagen nach Spalte 2 der 4. Verordnung, F: Anlagen nach Spalte 1 der 4. BImSchV	für Vorhaben gemäß RL 97/11/EG, diese entsprechen ungefähr den Anlagen nach Spalte 1 zur 4. BImSchV
BimSchG	nicht wesentliche Änderung v. Anlagen nach der 4. BImSchV	A	Nein
Kreislaufwirtschafts- und Abfallgesetz (KrW-AbfG) §§ 31 ff.	Errichtung, Betrieb v. Deponien	PFV (E)	Wenn PFV erforderlich, ja
KrW-AbfG §§ 49 ff.	Transportgenehmigung f. Abfälle	E	Nein
KrW-AbfG § 50	Gewerbsmäßige Abfallvermittlung	E	Nein
Nachweisverordnung zum KrW-AbfG §§ 5, 13	Bestätigung des Entsorgungsnachweises	E	Nein
Abfallverbringungsgesetz	Grenzüberschreitende Abfalltransporte	E	Nein

Fortsetzung Tabelle 5.1: Übersicht der wichtigsten Anzeigen und Genehmigungen des Umweltrechts und angrenzender Rechtsgebiete

Gesetz	Genehmigungs-gegenstand bzw. -bezeichnung	E: einfaches, F: förmliches Verfahren	UVP erforderlich
Bundes-Bodenschutzgesetz	Sanierungsplan	E	Nein
Wasserhaushalts-gesetz § 18c	Errichtung, Betrieb u. wesentliche Änderung v. Abwasserbehand-lungsanlagen	F	Ja
Wasserhaushalts-gesetz § 19a	Errichtung, Betrieb v. Rohrleitungsanlagen zur Beförderung wassergef. Stoffe	F	Ja
Wasserhaushalts-gesetz § 19g	Nicht einfache oder herkömmliche Anlagen zum Lagern, Abfüllen, Umschlagen, Herstellen, Behandeln, Verwenden wassergef. Stoffe	E (Eignungsfestellung oder Bauartzulassung)	Nein
Landeswassergesetz	Indirekteinleitung (Einleitung in ein Kanalnetz)	E	Nein
Wasserhaushalts-gesetz §§ 7, 8	Gewässerbenutzung, Erlaubnis (§7) bzw. Bewilligung (§8)	E: Erlaubnis F: Bewilligung	Nur bei Bewilligung, wenn diese für ein UVP-pflichtiges Vorhaben erteilt wird
Wasserhaushalts-gesetz § 19h	Eignungsfeststel-lung/Bauartzulassung von Anlagen nach § 19g	E	Nein
Wasserhaushalts-gesetz § 19 i. V. m. Landeswassergesetz u. WasserschutzgebietsV	Gewässerbenutzung in Wasserschutzgebieten	E: Erlaubnis F: Bewilligung	entsprechend RL 97/11/EG

Fortsetzung Tabelle 5.1: Übersicht der wichtigsten Anzeigen und Genehmigungen des Umweltrechts und angrenzender Rechtsgebiete

Gesetz	Genehmigungs-gegenstand bzw. -bezeichnung	A: Anzeige, E: einfaches, F: förmliches, PFV: Planfeststellungsverfahren, An: Anmeldung	UVP erforderlich
Wasserhaushaltsgesetz § 31	Herstellung, Beseitigung, wesentliche Umgestaltung eines Gewässers oder seiner Ufer	PFV	Ja
Grundwasserverordnung §§ 3, 4	Einleiten von Stoffen der grauen und schwarzen Liste	E	ja, wenn im Rahmen von Vorhaben gem. RL 97/11/EG
Bundesberggesetz	Oberirdische Gewinnungsbetriebe	PFV	Ja
Ges. über die Beförderung gefährl. Güter i.V.m. § 3 Gefahrgutverordnung Straße	Beförderung gefährlicher Güter	E	Nein
Sprengstoffgesetz §§ 7, 27	Umgang, Verkehr und Beförderung v. Sprengstoff	E	Nein
Sprengstoffgesetz § 17	Errichtung, Betrieb u. wesentliche Änderung Sprengstofflager	F	Ja
Chemikaliengesetz § 4	Inverkehrbringen neuer Stoffe	An	Nein
Chemikalienverbotsverordnung § 2	Inverkehrbringen giftiger oder sehr giftiger Stoffe	E	Nein
Verordnungen gemäß §§ 3, 4, 8, 9, 11 Pflanzenschutzgesetz	Herstellen v. Organismen und Mittel für den Pflanzenschutz sowie Anwendung	E	Nein

Fortsetzung Tabelle 5.1: Übersicht der wichtigsten Anzeigen und Genehmigungen des Umweltrechts und angrenzender Rechtsgebiete

Gesetz	Genehmigungs-gegenstand bzw. -bezeichnung	A: Anzeige, E: einfaches, F: förmliches Verfahren	UVP erforderlich
Gentechnikgesetz § 8 ff.	Errichtung, Betrieb u. wesentliche Änderung von gentechnischen Anlagen	E	Nein
Gentechnikgesetz § 14-16	Freisetzen und Inverkehrbringen gentechnisch veränderter Produkte	E	Nein
V über brennbare Flüssigkeiten (VbF) zum Gerätesicherheitsgesetz (GSG), §§ 9, 10	Lagerung brennbarer Flüssigkeiten gemäß Tabelle 5.5	E (sog. Erlaubnis) A	entsprechend RL 97/11/EG
V über Druckbehälter, Druckgasbeh. u. Füllanl.(Druckbehälter V) zum GSG, §§ 26, 27	Füllanlagen in den in der V bestimmten Fällen	E (sog. Erlaubnis) A	Nein
DampfkesselV zum GSG, §§ 10, 13	Dampfkesselanlagen in den in der V bestimmten Fällen	E (sog. Erlaubnis) A	Nein
AufzugsV zum GSG	Mühlen-, Lagerhaus-, Behindertenaufzüge	E A (andere Aufzüge)	Nein
V über Gashochdruckleitungen zum GSG	Gashochdruckltg. > 16 bar bei öff. Versorgung, bzw. wenn sie Werksgrenzen überschreiten	A 8 Wo. vor Errichtung oder wesentlicher Änderung	entsprechend RL 97/11/EG
Acethylenverordnung zum GSG, §§ 7,9	Acethylenanlagen in den bestimmten Fällen	E (sog. Erlaubnis) A	entsprechend RL 97/11/EG
Energiewirtschaftsgesetz	Aufnahme der Energieversorgung in den in § 3 des Gesetzes genannten Fällen	E	

Fortsetzung Tabelle 5.1: Übersicht der wichtigsten Anzeigen und Genehmigungen des Umweltrechts und angrenzender Rechtsgebiete

Gesetz	Genehmigungs-gegenstand bzw. -bezeichnung	E: einfaches Verfahren	UVP erforderlich
Landes-Naturschutzgesetze	Zustimmung zu Eingriffen gem. § 8 BNatSchG	im Rahmen anderer Genehmigungen	entsprechend RL 97/11/EG
NatSchG der Länder Baden-Württemberg (§ 13), Niedersachsen (§ 17ff.), Sachsen (§12)	Abbau übertägiger Bodenschätze	E bzw. im Rahmen anderer notwendiger Genehmigungen	entsprechend RL 97/11/EG
Landeswaldgesetze	Waldumwandlungs-genehmigung	E	Nein
Gemeindliche Gehölz-schutzsatzungen	Fällgenehmigung	E	Nein
Tierschutzgesetz § 8	Tierversuche	E	Nein
Tierschutzgesetz §§ 11, 11a	Tierhaltung, Versuchstierzucht	E	Nein
Strahlenschutz-vorsorgegesetz	Genehmigungen entsprechend Verordnungen zum Gesetz	E	Nein

5.3
Raumordnungsverfahren

In Kapitel 4 wurde ausgeführt, daß das Vorliegen eines Bebauungsplans eine wesentliche Grundlage der Standortsicherung einer Industrieanlage bzw. eines Gewerbebetriebes ist. Für Fälle, in denen die Bauleitplanung noch nicht so weit fortgeschritten ist, und für Fälle, in denen aufgrund der Eigenart des beabsichtigten Vorhabens überörtliche Wirkungen entstehen (d.h. das Vorhaben ist „raumbedeutsam"), hat der Gesetzgeber das Raumordnungsverfahren vorgesehen.

Das Raumordnungsverfahren ist ein Verwaltungsverfahren, das dem Genehmigungsverfahren vorgeschaltet wird. Es ergibt, ob eine raumbedeutsame Planung oder Maßnahme an einem Standort den Zielen der Raumordnung und Landesplanung entspricht. Wenn ein Vorhaben diesen Zielen entspricht, heißt das noch nicht, daß es zulässig wäre; dies muß im anschließend folgenden Genehmigungs-verfahren überprüft werden. Man kann ungefähr sagen, daß ein positiver Raumordnungsbeschluß in der Wirkung für den Antragsteller einen Bebauungs-plan ersetzt[28].

Rechtsquelle für das Raumordnungsverfahren ist das Raumordnungsgesetz (ROG) des Bundes, in Verbindung mit der Verordnung zu § 6a Abs. 2 des Raumordnungsgesetzes (Raumordnungsverordnung – RoV). Wenn erkennbar ist, daß ein Vorhaben den Zielen der Raumordnung und Landesplanung entspricht oder widerspricht, ist ein Raumordnungsverfahren nicht erforderlich. Dies ist ins-besondere dann der Fall, wenn ein rechtsverbindlicher Landesentwicklungsplan oder Regionalplan (bzw. Bebauungsplan, s.o.) vorliegt, der diese Aussage zuläßt. Das Raumordnungsgesetz (ROG) führt in § 6a Abs. 3 dazu aus:

> „Von einem Raumordnungsverfahren kann abgesehen werden, wenn eine ausreichende Berücksichtigung der Erfordernisse der Raumordnung und Landesplanung auf andere Weise gewährleistet wird; dies gilt insbesondere, wenn das Vorhaben
>
> 1. räumlich und sachlich hinreichend konkreten Zielen der Raumordnung und Landes-planung entspricht oder widerspricht oder
> 2. den rechtsverbindlichen Festsetzungen eines den Zielen der Raumordnung und Lan-desplanung angepaßten Bebauungsplans im Sinne des § 30 Abs. 1 des Baugesetzbuchs entspricht oder widerspricht und sich die Zulässigkeit dieses Vorhabens nicht nach den in § 38 des Baugesetzbuchs genannten Rechtsvorschriften bestimmt oder
> 3. in einem anderen gesetzlichen Abstimmungsverfahren unter Beteiligung der Landes-planungsbehörde festgelegt worden ist.“

§ 1 der Raumordnungsverordnung (RoV) enthält eine Liste von Vorhaben, für die ein Raumordnungsverfahren durchgeführt werden soll, wenn sie „... im Einzelfall raumbedeutsam sind und überörtliche Bedeutung haben.“ Diese Vorhaben sind:

1. Errichtung einer Anlage im Außenbereich im Sinne des § 19 Abs. 1 Nr. 3 des Baugesetzbuchs, die der Genehmigung in einem Verfahren unter Einbezie-hung der Öffentlichkeit nach § 4 des Bundes-Immissionsschutzgesetzes be-darf ...;
2. Errichtung einer ortsfesten kerntechnischen Anlage ...;
3. Errichtung einer Anlage zur Sicherstellung und zur Endlagerung radioaktiver Abfälle, die einer Planfeststellung nach § 9b des Atomgesetzes bedarf;
4. Errichtung einer Anlage zur Ablagerung von Abfällen (Deponie), die der Planfeststellung bedarf;
5. Bau einer Abwasserbehandlungsanlage, die einer Zulassung nach § 18c des Wasserhaushaltsgesetzes bedarf;
6. Errichtung und wesentliche Trassenänderung einer Rohrleitungsanlage zum Befördern wassergefährdender Stoffe, die der Genehmigung nach § 19a des Wasserhaushaltsgesetzes bedarf;
7. Herstellung, Beseitigung und wesentliche Umgestaltung eines Gewässers oder seiner Ufer, die einer Planfeststellung nach § 31 des Wasserhaushaltsge-

---

[28] Der Raumordnungsbeschluß entfaltet zwar gegenüber dem Vorhabenträger selbst keine Rechtswirkung, anders als der Bebauungsplan, der eine kommunale Satzung ist. Dieser Unter-schied ist aber für den Vorhabenträger an dieser Stelle unerheblich.

setzes bedürfen, sowie von Häfen ab einer Größe von 100 ha, Deich- und Dammbauten und Anlagen zur Landgewinnung am Meer;

8. Bau einer Bundesfernstraße ...;

9. Neubau und wesentliche Trassenänderung von Schienenstrecken der Eisenbahnen des Bundes sowie Neubau von Rangierbahnhöfen und von Umschlageinrichtungen für den kombinierten Verkehr;

10. Errichtung einer Versuchsanlage nach dem Gesetz über den Bau und den Betrieb von Versuchsanlagen zur Erprobung von Techniken für den spurgeführten Verkehr;

11. Ausbau, Neubau und Beseitung einer Bundeswasserstraße ...;

12. Anlage und wesentliche Änderung eines Flugplatzes, die einer Planfeststellung nach § 8 des Luftverkehrsgesetzes bedürfen;

13. Errichtung von Renn- und Teststrecken für Automobile und Motorräder;

14. Errichtung von Freileitungen mit 110 kV und mehr Nennspannung und von Gasleitungen mit einem Betriebsüberdruck von mehr als 16 bar;

15. Errichtung von Feriendörfern ...;

16. bergbauliche Vorhaben, soweit sie der Planfeststellung nach § 52 Abs. 2a bis 2c des Bundesberggesetzes bedürfen;

17. andere als bergbauliche Vorhaben zum Abbau von oberflächennnahen Rohstoffen mit einer vom Vorhaben beanspruchten Gesamtfläche von 10 ha oder mehr.“

Die Länder können gesetzlich bestimmen, daß für Vorhaben, die in § 1 RoV nicht aufgeführt sind, ein Raumordnungsverfahren durchführt werden muß. Z.B. stellt § 14 des Sächsischen Landesplanungsgesetzes dies allgemein in das Ermessen des Regierungspräsidiums als höherer Raumordnungsbehörde.

Die Länder können auch gesetzlich bestimmen, daß in das Raumordnungsverfahren eine raumordnerische Umweltverträglichkeitsprüfung (UVP) integriert ist. Hierdurch werden die einheitlich für die UVP geltenden Verfahrensschritte obligatorisch. Die Untersuchungstiefe der raumordnerischen UVP wird nicht vorgeschrieben; sie richtet sich allein nach dem Planungsstand des Vorhabens. Wird eine raumordnerische UVP durchgeführt, so müssen in der UVP im anschließenden Genehmigungsverfahren alle Punkte, die im Raumordnungsverfahren schon behandelt wurden, nicht mehr behandelt werden.

Durchführung. Ein Raumordnungsverfahren beginnt mit Antrag des Vorhabenträgers oder von Amts wegen. Letzteres bedeutet, daß die zuständige Behörde eine verbindliche Information über die Absichten des Vorhabenträgers bekommen haben muß. Über die Notwendigkeit, ein Raumordnungsverfahren durchzuführen, muß die Behörde innerhalb einer Frist von vier Wochen nach Einreichung der hierfür erforderlichen Unterlagen entscheiden. *Das Raumordnungsverfahren ist nach Vorliegen der vollständigen Unterlagen innerhalb einer Frist von sechs Monaten abzuschließen* (§ 6a Abs. 8 ROG).

Nach UVPG und Verwaltungsvorschrift zum UVPG (UVPVwV) hat das Raumordnungsverfahren mit UVP den folgenden Ablauf. Einzelheiten des Raumordnungsverfahrens sind darüberhinaus landesrechtlich (in Sachsen: § 14 Sächsisches Landesplanungsgesetz) geregelt.

Der erste Verfahrensschritt ist für den Vorhabenträger freiwillig: Das sog. „Scoping"[29], das der Ermittlung des voraussichtlichen Untersuchungsrahmens der UVU durch die zuständige Behörde dient. Hierzu legt der Vorhabenträger Unterlagen vor („Tischvorlage zum Scoping-Termin"), die das geplante Vorhaben und seine voraussichtlichen Auswirkungen auf die Umwelt vollständig, aber grob beschreiben. Es ist Sache des Vorhabenträgers, welche Unterlagen er vorlegt; allerdings kann die Behörde Nachforderungen stellen, wenn die Unterlagen zur Beurteilung des vorläufigen Untersuchungsrahmens der UVU nicht aureichen. Sie darf dabei keine Unterlagen verlangen, die etwa die UVU oder den Genehmigungsantrag schon vorwegnehmen, und auch nicht solche, die Sachverhalte berühren, die nicht entscheidungsrelevant sind[30].

Auf Basis dieser Unterlagen muß die Behörde mit dem Vorhabenträger den Untersuchungsrahmen unverzüglich, ggfs. auch in Teilschritten, (auf sog. „Scoping-Terminen") besprechen. Sie darf dabei Dritte, diese allerdings nur, soweit sie berührt sind, nicht jedoch die Öffentlichkeit, zu den Gesprächen zuziehen. Dritte können – zum Beispiel in Sachsen lt. SächsLPlG – die Gemeinden, deren Zusammenschlüsse und die Landkreise, die Regionalen Planungsverbände, die anderen öffentlichen Planungsträger, die nach § 29 Bundesnaturschutzgesetz anerkannten Verbände, die anderen Träger öffentlicher Belange, die Nachbarbundesländer und die Nachbarstaaten Sachsens[31] sein, sofern sie jeweils betroffen sind.

Die Behörden müssen dem Vorhabenträger alle Unterlagen, die zur Erarbeitung der UVU zweckdienlich sind, unaufgefordert zur Verfügung stellen, wenn sie bei der Behörde vorliegen oder im Wege der Amtshilfe beschaffbar sind, sofern diese nicht die Rechte Dritter wie z.B. Geschäftsgeheimnisse oder den Datenschutz berühren. Solche Unterlagen können z.B. sein: Gutachten aller Art, Emissions-, Immissions-, Lärm- und Altlastenkataster, Biotopkartierungen, Luftaufnahmen, schon früher durchgeführte Umweltverträglichkeitsuntersuchungen, Möglichkeiten zur Nutzung von Informationsquellen und -sammlungen, Landschaftspläne.

Der Schritt des Scoping schließt damit ab, daß die Behörde den Vorhabenträger schriftlich über den voraussichtlichen Untersuchungsrahmen der UVU unterrichtet. Diese Unterrichtung ist jedoch für beide Seiten nicht rechtlich bindend, was die Behörde deutlich machen muß[32]. Auf Verlangen des Vorhabenträgers kann die Behörde diesem einen Entwurf des Unterrichtungsschreibens vorab zur Stellungnahme zuleiten. Der Vorhabenträger kann gegenüber der Genehmigungsbehörde auf die Unterrichtung verzichten, d.h. er muß das Unterrichtungsschreiben nicht abwarten, sondern kann sofort mit der UVU beginnen.

---

[29] scope (am.) = Untersuchungsumfang

[30] Die Richtlinie 97/11/EG stellt ins Ermessen der Mitgliedsstaaten, das Scoping verbindlich vorzuschreiben. Derzeit (6/1999) ist noch nicht abschließend geklärt, wie dies in deutsches Recht umgesetzt werden wird, also ob es bei der bisherigen Regelung bleibt oder nicht.

[31] Eine nach dem Konferenzort „ESPOO-Konvention" genannte internationale Vereinbarung legt fest, daß Nachbarstaaten bei UVP-pflichtigen Vorhaben, die grenzüberschreitenden Wirkung haben können, gegenseitig zu beteiligen sind.

[32] weicht die Behörde aber vom Ergebnis des Scoping ab, so muß sie dies im Regelfall besonders begründen, weil durch das Scoping ein Vertrauenstatbestand des Vorhabenträgers geschaffen wird [Lan99, Fel99].

Unabhängig davon, daß das sog. Scoping einen für den Verhabenträger freiwilligen Schritt darstellt, ist ein frühzeitige Kontaktaufnahme mit der Genehmigungsbehörde grundsätzlich sinnvoll, da im Raumordnungsverfahren – wie im späteren vorhabenbezogenen Genehmigungsverfahren auch – Gutachten beauftragt werden müssen, deren Erarbeitung Zeit erfordert. Ein einziges fehlendes Gutachten kann den gesamten Zeitplan „kippen". Da erst vollständige Unterlagen die Behördenfristen zur Verfahrensdurchführung in Gang setzen, liegt der „Hebel" des Vorhabenträgers in der zügigen Erstellung seiner Unterlagen. Die Behörden sind verpflichtet, verbindlich mitzuteilen, welche Gutachten erforderlich sind und welche Anforderungen an die Qualifikation der Gutachter bestehen und welche Gutachter, die vom Vorhabenträger im Einvernehmen mit den Behörden beauftragt werden, anerkannt werden. § 13 Abs. 2 der 9. BImSchV bestimmt, daß Gutachter, die vom Antragsteller im Einvernehmen mit der Behörde beauftragt werden, anerkannt werden. Diese Bestimmung betrifft zwar nicht das Raumordnungsverfahren, sondern das Genehmigungsverfahren nach BImSchG, aber es wäre widersinnig, nicht auch im Raumordnungsverfahren so verfahren zu können.

Der Träger des Vorhabens erarbeitet im nächsten Schritt die raumordnerische UVU. Diese muß die Auswirkungen des Vorhabens auf die im UVPG genannten Schutzgüter einschließlich der Wechselwirkungen entsprechend dem Planungsstand deutlich machen und mindestens enthalten (§ 14 Abs. 5 SächLPlG):

1. Beschreibung des Vorhabens nach Standort, Art und Umfang sowie Bedarf an Grund und Boden,
2. Beschreibung der sonstigen erheblichen Auswirkungen, insbesondere auf die Umwelt,
3. Beschreibung der Maßnahmen, mit denen erhebliche Beeinträchtigungen der Umwelt vermieden, vermindert oder soweit möglich ausgeglichen werden, sowie der Ersatzmaßnahmen bei nicht ausgleichbaren, aber vorrangigen Eingriffen in Natur und Landschaft,
4. Übersicht über die wichtigsten, vom Träger des Vorhabens geprüften Vorhabenalternativen und Angaben der wesentlichen Auswahlgründe,
5. eine allgemeinverständliche Zusammenfassung dieser Angaben.

Anhang 1 der Verwaltungsvorschrift zum UVPG enthält sog. Orientierungshilfen für die Bewertung der Ausgleichbarkeit eines Eingriffs in Natur und Landschaft, für die Bewertung der Auswirkungen auf Fließgewässer und die stoffliche Bodenbeschaffenheit. Anhang 2 enthält Hinweise für die voraussichtlich beizubringenden Unterlagen bei Vorhaben mit zu erwartenden erheblichen oder nachhaltigen Beeinträchtigungen der Funktions- und Leistungsfähigkeit des Naturhaushaltes oder des Landschaftsbildes. Dazu können folgende Erhebungen erforderlich sein:

- Biotoptypen- und Biotopausprägungs-Kartierung,
- Angaben zu Bestand und Bestandsentwicklung gefährdeter und bedeutsamer Tier- und Pflanzenarten und -gesellschaften,
- Oberflächengewässer und Gewässersysteme,
- Grundwasservorkommen, Grundwasserneubildungsgebiete und Deckschichten,
- Bodenarten, Bodentypen, geologische Ausgangssituation,
- Geländeklima,

- strukturbildende Landschaftsbestandteile und Einzelelemente,
- Geländemorphologie,
- Nutzungsarten und -intensitäten in den Bereichen Landwirtschaft, Forstwirtschaft, Fischwirtschaft, Erholung, Wasserwirtschaft,
- Nutzungen für Zwecke des Natur- und Landschaftsschutzes einschließlich kulturhistorischer Nutzungsformen.

Anhang 3 enthält Hinweise für die voraussichtlich beizubringenden Unterlagen bei Vorhaben mit zu erwartenden Auswirkungen auf Gewässer.

Von den unter Anhang 2 aufgeführten Unterlagen können insbesondere die Biotopkartierungen zeitraubend sein, wenn verlangt wird, daß über mindestens eine Vegetationsperiode zu kartieren ist. In diesem Fall sind die eventuell schon behördenseitig vorliegenden Kartierungen von großer Bedeutung für einen zügigen Fortgang des Raumordnungsverfahrens.

Die Behörde kann auf Kosten des Vorhabenträgers Gutachten anfertigen lassen. Es ist üblich, daß sich der Vorhabenträger nach Vorliegen solcher Angebote zur Kostenübernahme bereit erklärt oder daß vom Vorhabenträger nach vorheriger Zustimmung der Behörde ein Gutachter direkt beauftragt wird. Die Gutachten gelten dann als unabhängige Gutachten.

Sobald der Vorhabenträger die raumordnerische UVU vorgelegt hat, muß die Behörde unverzüglich, d.h. binnen vier Wochen, überprüfen, ob sie vollständig ist. Eine vollständige UVU setzt eine Frist von 6 Monaten in Gang, innerhalb der das Raumordnungsverfahren abzuschließen ist.

Der nächste Schritt besteht jetzt in der Beteiligung der Behörden und Träger öffentlicher Belange einerseits und der Öffentlichkeit andererseits durch die zuständige Behörde. § 14 SächsLPlG regelt die Öffentlichkeitsbeteiligung analog Verwaltungsverfahrensgesetz: Demnach ist die UVU in den Gemeinden, in denen sich das Vorhaben voraussichtlich auswirkt, für einen Monat zur Einsicht auszulegen. Ort und Zeit der Auslegung sind mindestens eine Woche vorher auf Kosten des Vorhabenträgers ortsüblich (Anm.: d.h. durch Veröffentlichung im Amtsblatt und einer Tageszeitung, die im Einwirkungsbereich des Vorhabens gelesen wird) bekanntzumachen. Jedermann kann sich bis zwei Wochen nach Ablauf der Auslegungsfrist bei der Gemeinde zu dem Vorhaben (schriftlich bzw. mündlich zur Niederschrift) äußern; darauf ist in der Bekanntmachung hinzuweisen. Rechtsansprüche werden gemäß § 9 Abs. 3 UVPG durch die Einbeziehung der Öffentlichkeit nicht begründet; die Verfolgung von Rechten im nachfolgenden Zulassungsverfahren bleibt unberührt.

Die zuständige Behörde fertigt anschließend aus der UVU, den Stellungnahmen der Behörden und Träger öffentlicher Belange, eigenen Ermittlungen sowie den Stellungnahmen der Öffentlichkeit die *Zusammenfassende Darstellung* der Umweltauswirkungen gem. § 11 UVPG. Dies ist ein behördeninternes Schriftstück, das alle entscheidungserheblichen Sachverhalte (und nur diese) abschließend enthält. Nur auf der Grundlage der Zusamenfassenden Darstellung fertigt die Behörde zuletzt das Dokument *Bewertung der Umweltauswirkungen* gem. § 12 UVPG. Dieses gehört zu der *raumordnerischen Beurteilung* (anderer Begriff: raumordnerische Stellungnahme), die den Abschluß des Raumordnungsverfahrens bildet. In der raumordnerischen Beurteilung stellt die Behörde sowohl fest, ob das Vorhaben mit den Erfordernissen der Raumordnung und Landesplanung übereinstimmt, als auch „... wie es mit anderen raumbedeutsamen Planungen und Maßnahmen unter den Gesichtspunkten der Raumordnung abgestimmt werden kann" (§ 14 Abs. 3 SächsLPlG).

Das Ergebnis des Raumordnungsverfahrens ist in den betroffenen Gemeinden einen Monat zur Einsicht auszulegen, hierauf ist ortsüblich bekanntzumachen.

5.4
Genehmigung nach dem Bundes-Immissionsschutzgesetz

5.4.1
Genehmigungsarten

Das Bundes-Immissionsschutzgesetz (BImSchG) stellt die Errichtung, den Betrieb und die wesentliche Änderung von Lage, Beschaffenheit oder Betrieb von Anlagen unter den Vorbehalt der immissionsschutzrechtlichen Genehmigung. Zum Bundes-Immissionsschutzgesetz wurden insgesamt 28 Rechtsverordnungen erlassen, u.a. die 4. Verordnung zur Durchführung des Bundes-Immissionsschutzgesetzes, die auch „Anlagenverordnung" heißt. Sie enthält in einem Anhang zu ihrem § 2 diejenigen Anlagen mit ihren Leistungsgrenzen, die dem Genehmigungsvorbehalt unterliegen: Spalte 1 dieses Anhangs nennt die Anlagen, die im sog. förmlichen, Spalte 2 diejenigen, die im vereinfachten Verfahren genehmigt werden müssen. Die Durchführung des förmlichen Genehmigungsverfahrens ist in § 10 BImSchG, die Durchführung beider Genehmigungsverfahren darüberhinaus abschließend in der 9. Verordnung zur Durchführung des Bundes-Immissionsschutzgesetzes (9. BImSchV) geregelt.

5.4.1.1
Genehmigungsverfahren

Das *vereinfachte Genehmigungsverfahren* wird in § 19 BImSchG und in der 9. BImSchV geregelt. Es ist dadurch gekennzeichnet, daß keine Öffentlichkeitsbeteiligung stattfindet. Für diese Anlagen muß keine UVP durchgeführt werden.

Das *förmliche Genehmigungsverfahren* wird in § 10 BImSchG und in der 9. BImSchV geregelt. Es ist ein Verfahren mit Öffentlichkeitsbeteiligung. Das bedeutet: Die Antragsunterlagen werden während des Genehmigungsverfahrens für einen Monat in der Nähe der zu genehmigenden Anlage ausgelegt. Jedermann hat das Recht, sie während dieser Frist einzusehen und in der Einwendungsfrist, die die Auslegungsfrist sowie den Zeitraum von bis zu zwei Wochen danach umfaßt, Einwendungen bei der Genehmigungsbehörde einzulegen, die von dieser geprüft werden müssen. Für diejenigen Anlagen, die im förmlichen Verfahren genehmigt werden müssen und die außerdem in der Anlage des „Gesetzes über die Umweltverträglichkeitsprüfung" (UVP-Gesetz) aufgeführt sind, muß eine Umweltverträglichkeitsprüfung (UVP) durchgeführt werden.

5.4.1.2
Wesentliche Änderung

Das Bundes-Immissionsschutzgesetz geht in den §§ 15 und 16 auch auf den Fall ein, daß eine Anlage geändert wird. Dabei wird die *wesentliche Änderung* von der einfachen (d.h. nicht wesentlichen) Änderung der Anlage unterschieden. Die *wesentliche Änderung* der Lage, Beschaffenheit oder des Betriebes einer Anlage bedeutet entsprechend, daß sich die Emissionen wesentlich ändern können. Die Genehmigung der wesentlichen Änderung ist ebenfalls in dem Verfahren zu erteilen, in dem die Neugenehmigung der Anlage erfolgen würde, also entweder im förmlichen oder im vereinfachten Verfahren. Für wesentliche Änderungen derjenigen Anlagen, deren Neugenehmigung eine UVP erfordert, ist ebenfalls eine UVP durchzuführen. Der Anlagenbetreiber muß

- die Genehmigung einer Änderung beantragen oder
- (zumindest) eine geplante Änderung der Lage, der Beschaffenheit oder des Betriebes der Anlage mindestens einen Monat, bevor mit der Änderung begonnen werden soll, anzeigen.

Bei einer Anzeige der beabsichtigten Änderung entscheidet die Genehmigungsbehörde binnen eines Monats, ob die Änderung wesentlich ist, also eine Genehmigung erfordert. Äußert sie sich während dieser Frist nicht, so ist die Durchführung der Änderung gestattet. Zu Einzelheiten s. Abschn. 5.5.8.1.

5.4.2
Besonderheiten: Errichtungsvorbehalt, Konzentrationswirkung, privatrechtlicher Bestandsschutz, gebundene Genehmigung

Errichtungsvorbehalt, Konzentrationswirkung und privatrechtlicher Bestandsschutz sind Elemente der immissionsschutzrechtlichen Genehmigung, die in der heutigen Form (!) schon in der Gewerbeordnung des Norddeutschen Bundes von 1869 [GewO69] enthalten waren und damit traditionelle Elemente des deutschen Industrieanlagenzulassungsrechts darstellen.

Errichtungsvorbehalt bedeutet, daß die nach BImSchG genehmigungsbedürftigen Anlagen ohne diese Genehmigung selbst dann nicht errichtet werden dürfen, wenn dafür schon eine Baugenehmigung vorliegt. Der Gesetzgeber wollte dadurch - schon im 19. Jahrhundert! - die Möglichkeit ausschließen, daß Industrieanlagen einer bestimmten Kategorie ohne (immissionsschutzrechtliche bzw. gewerberechtliche) Betriebsgenehmigung in Betrieb gehen. Wer eine nach dem BImSchG genehmigungsbedürftige Anlage dennoch vorsätzlich oder fahrlässig errichtet, handelt ordnungswidrig und kann mit einer Geldbuße von bis zu 100.000 DM belegt werden.

Konzentrationswirkung. § 13 BImSchG bestimmt, daß die immissionsschutzrechtliche Genehmigung nach BImSchG andere, die Anlage betreffende behördliche Entscheidungen einschließt. Infolge der Konzentrationswirkung bei immissionsschutzrechtlichen Genehmigungsverfahren müssen die anderen Genehmigungen, so z.B. die Baugenehmigung, also nicht extra bei den dafür sonst zuständigen

Behörden beantragt werden. Natürlich werden die entsprechenden Sachverhalte alle geprüft - und erfordern ausreichende Darstellung in den Antragsunterlagen -, aber der Antragsteller muß sich in diesem Fall nicht selber um verschiedene Genehmigungen kümmern, sondern bekommt diese nach erfolgreichem Abschluß des Genehmigungsverfahrens schließlich „am Stück" überreicht. Insbesondere sind das öffentlich-rechtliche Genehmigungen, Zulassungen, Verleihungen, Erlaubnisse und Bewilligungen, mit Ausnahme von: Planfeststellungen, Zulassungen bergrechtlicher Betriebspläne, Zustimmungen, behördlichen Entscheidungen aufgrund atomrechtlicher Vorschriften. Nur die wasserrechtliche Erlaubnis nach § 7 bzw. Bewilligung nach § 8 WHG muß zusätzlich zur immissionsschutzrechtlichen Genehmigung beantragt werden.

Privat(=Zivil)rechtlicher Bestandsschutz. § 14 BImschG bestimmt: „Auf Grund privatrechtlicher, nicht auf besonderen Titeln beruhender Ansprüche zur Abwehr benachteiligender Einwirkungen von einem Grundstück auf ein benachbartes Grundstück kann nicht die Einstellung des Betriebs einer Anlage verlangt werden, deren Genehmigung unanfechtbar ist; es können nur Vorkehrungen getroffen werden, die die benachteiligenden Wirkungen ausschließen. Soweit solche Vorkehrungen nach dem Stand der Technik nicht durchführbar oder wirtschaftlich nicht vertretbar sind, kann lediglich Schadenersatz verlangt werden."

Diese Bestimmung gilt nur für im förmlichen Verfahren erteilte Genehmigungen, da der Nachbar im förmlichen Verfahren Gelegenheit hatte, seine berechtigten Einwendungen gegen das Vorhaben vorzubringen.

Mit dieser Bestimmung des privatrechtlichen Bestandsschutzes wird für den Antragsteller ein erhebliches Maß an Investitionssicherheit erreicht. Sie gibt ihm die stärkste Stellung, die das deutsche Anlagenzulassungsrecht vorsieht. Der privatrechtliche Bestandsschutz ist der wesentliche Vorteil, den das förmliche Genehmigungsverfahren gegenüber dem vereinfachten Verfahren hat.

Unanfechtbarkeit einer Genehmigung bedeutet, daß keine Rechtsbehelfe gegen sie mehr eingelegt werden können. Unanfechtbar ist eine Genehmigung dann, wenn binnen einer Frist von einem Monat nach Zustellung des Genehmigungsbescheides an den Einwender ein Widerspruch nicht eingelegt worden ist oder über eingelegte Rechtsbehelfe unanfechtbar entschieden ist.

Der Begriff der Unanfechtbarkeit gilt für alle Genehmigungen. Im vereinfachten Verfahren gibt es keine Öffentlichkeitsbeteiligung und es werden keine Genehmigungsbescheide an Dritte zugestellt. Die Widerspruchsfrist bis zur Unanfechtbarkeit beträgt ein Jahr.

Gebundene Genehmigung. Nach § 6 BImSchG *ist* die Genehmigung zu erteilen, wenn die Bestimmungen des Immissionsschutzrechts und andere öffentlich-rechtliche Vorschriften und Belange des Arbeitsschutzes nicht entgegenstehen. Die Behörde muß die Genehmigung erteilen, wenn die im Gesetz genannten Voraussetzungen vorliegen; sie hat kein Ermessen. Dies wird in der juristischen Fachliteratur mit „gebundene Genehmigung" im Gegensatz zu „Ermessensentscheidung" bezeichnet.

Mit der Formulierung „andere öffentlich-rechtliche Vorschriften und Belange des Arbeitsschutzes" soll ausgedrückt werden, daß für den Arbeitsschutz auch die Erfüllung aller einschlägigen Unfallverhütungsvorschriften der für den Wirtschaftszweig zuständigen Berufsgenossenschaften sowie technische Regeln privater oder halbprivater Organisationen (z.B. Technische Regeln Druckbehälter) genehmigungsrelevant sind, also auch Vorschriften außerhalb des öffentlichen Rechts.

5.4.3
Prinzipien: Immissionsbegrenzung, Emissionsbegrenzung, Wärmenutzung, Abfallvermeidung, Betriebseinstellung

Das Bundes-Immissionsschutzgesetz bewirkt Gefahrenabwehr durch Immissionsbegrenzung und Umweltvorsorge durch Emissionsbegrenzung. In § 1 des Gesetzes heißt es:

„Zweck dieses Gesetzes ist es, Menschen, Tieren und Pflanzen, den Boden, das Wasser, die Atmosphäre sowie Kultur- und sonstige Sachgüter vor schädlichen Umwelteinwirkungen und, soweit es sich um genehmigungsbedürftige Anlagen handelt, auch vor Gefahren, erheblichen Nachteilen und erheblichen Belästigungen, die auf andere Weise herbeigeführt werden, zu schützen und dem Entstehen schädlicher Umwelteinwirkungen vorzubeugen."

Die Begriffe „Immissionen" und „Emissionen" werden in § 3 BImSchG definiert:

„(2) Immissionen im Sinne dieses Gesetzes sind auf Menschen, Tiere und Pflanzen, den Boden, das Wasser, die Atmosphäre sowie Kultur- und sonstige Sachgüter einwirkende Luftverunreinigungen, Geräusche, Erschütterungen, Licht, Wärme, Strahlen und ähnliche Umwelteinwirkungen. (3) Emissionen ... sind die von einer Anlage ausgehenden Luftverunreinigungen, Geräusche, Erschütterungen, Licht, Wärme, Strahlen und ähnliche Erscheinungen."

Die Immissionen durch eine neue Anlage müssen im Einwirkungsbereich der Anlage (sog. Beurteilungsgebiet) begrenzt sein. Durch Berechnung der zu erwartenden Immissionen muß der Antragsteller im Genehmigungsverfahren nachweisen, daß die zulässigen Immissionen im Beurteilungsgebiet nicht überschritten werden. Für Luftschadstoffe erhält man die zulässigen Immissionswerte aus der Ersten Allgemeinen Verwaltungsvorschrift zum Bundes-Immissionsschutzgesetz (Technische Anleitung zur Reinhaltung der Luft - TA Luft). Diese Werte sind Konzentrationswerte für die Luftschadstoffe und ergeben sich jeweils aus der gemessenen Vorbelastung und einer errechneten Zusatzbelastung durch die neue Anlage. Dieser Nachweis muß für jeden Schadstoff getrennt durchgeführt werden; Wechselwirkungen zwischen den Schadstoffen werden nicht betrachtet. Daneben gibt es noch einen Vorsorge-Immissionswert für SO_2.

Die Größe des Beurteilungsgebietes der Luftschadstoffe ist ebenfalls in der TA Luft aufgeführt. Das Beurteilungsgebiet besteht bei Anlagen, die einen Schornstein haben, im Regelfall aus denjenigen *Beurteilungsflächen*, die vollständig in einem Kreis mit einem Radius der 30fachen Schornsteinhöhe liegen. Jede Beurteilungsfläche ist im Regelfall eine quadratische Fläche von 1 km x 1 km Größe. Bei Anlagen ohne Schornstein wird eine quadratische Fläche von 2 km x 2 km Größe, wenn die Emissionsquelle kleiner als 0,04 km² ist, sonst 4 km x 4 km, als Beurteilungsgebiet angesetzt. Weitere Einzelheiten regelt Nr. 2.6.2.2 der TA Luft.

Nach der Richtlinie 96/62/EG vom 27.9.1996 über die Beurteilung und die Kontrolle der Luftqualität und den zwei dort in Bezug genommenen Tochterrichtlinien 98/C214/01 über Grenzwerte für Schwefeldioxid, Stickstoffoxide, Partikel und Blei in der Luft (Inkraftgetreten April 1999) sowie 1999/C138/12 über Grenzwerte für Benzol und CO in der Luft werden sich die Immissionswerte nach Umsetzung dieser Richtlinien in deutsches Recht gegenüber der TA Luft verschärfen. Zum Teil treten für neue Schadstoffe Grenzwerte hinzu (z.B. Feinstaub < 10 µm). Für die neuen Immissionsgrenzwerte liegen noch keine Berechnungs-, nur Meßverfahren vor. Hieran wird derzeit gearbeitet. 2010 dürfen die Grenzwerte nicht mehr überschritten werden; Übergangsfristen von 2001 bis 2010 sind vorgesehen.

Emissionen: Der Entstehung schädlicher Umwelteinwirkungen (Umwelt*vorsorge*) wird dadurch vorgebeugt, daß die Emissionen einer Anlage zu begrenzen sind. Die zulässigen Emissionswerte für Luftschadstoffe von Industrieanlagen sind Konzentrationswerte am Austritt unter genormten Bedingungen. Die Schadstofffracht ist jedoch nicht begrenzt. Emissionswerte genehmigungsbedürftiger Anlagen sind enthalten in

– der 13. BImSchV (Großfeuerungsanlagenverordnung) für Großfeuerungsanlagen oberhalb einer Feuerungswärmeleistung von 50 MW, abweichend von 100 MW bei ausschließlich gasförmigen Brennstoffen,
– der 17. BImSchV für Abfallverbrennungsanlagen,
– der TA Luft für alle anderen nach BImSchG genehmigungsbedürftigen Industrieanlagen.

Neben diesen feststehenden Werten gilt jedoch, daß für jede Genehmigung (Neugenehmigung und Änderung) der *Stand der Technik* für die Emissionsbegrenzung ausschlaggebend ist (s. Abschn. 5.4.4). Der konkrete Inhalt des durch diesen unbestimmten Rechtsbegriff umschriebenen Sachverhalts muß jeweils ermittelt werden und liefert dann die Anforderungen, die seitens der Genehmigungsbehörde an die Anlage gestellt werden. Hierdurch werden die in den oben angegebenen Vorschriften enthaltenen Grenzwerte ständig verschärft. Die Höhe der anzuwendenden Grenzwerte bei Anlagengenehmigungen hat schon oft zu Auseinandersetzungen zwischen Antragstellern und Behörden geführt.

Wärmenutzung. Eine Vorschrift zur Wärmenutzung ist in der 17. Verordnung zur Durchführung des BImSchG enthalten (17. BImSchV). Für Abfallverbrennungsanlagen und Verbrennungsanlagen für ähnliche Stoffe (Anlagen gem. § 1 der 17. BImSchV) gilt gem. § 8 der 17 BImSchV, daß entstehende Wärme, die nicht an Dritte abgegeben wird, in Anlagen des Betreibers zu nutzen ist, soweit dies nach Art und Standort der Anlage technisch möglich und zumutbar ist sowie mit den Pflichten nach § 5 Abs. 1 Nr. 1 bis 3 BImSchG vereinbar ist (Anm.: Gemeint ist, kurz gesagt, umweltschonender Betrieb einschließlich der umweltschonenden Abfallbeseitigung). Soweit aus der bei der Verbrennung entstehenden Wärme, die nicht an Dritte abgegeben wird oder die nicht in Anlagen des Betreibers genutzt wird, eine elektrische Klemmenleistung von mehr als 0,5 MW erzeugbar ist, muß elektrische Energie erzeugt werden (§ 8 Satz 2 der 17. BImSchV).

Abfallvermeidung. Abfälle sind gemäß § 5 Abs. 3 BImSchG beim Anlagenbetrieb möglichst zu vermeiden. Sie werden vermieden, indem sie nicht anfallen oder in der Anlage selbst in einer Weise genutzt werden, die dem Betriebszweck zuzuordnen ist. Wenn sie - nach der technischen Möglichkeit oder dem wirtschaftlich Zumutbaren - nicht vermieden werden können, sind sie zu verwerten oder - in letzter Folge - schadlos zu beseitigen. Zu den Abfällen gehören auch Betriebsabwässer sowie der bei der Abgasentschwefelung im Kraftwerk anfallende Gips, nicht jedoch Abgase.

Wann eine Abfallvermeidung die umweltfreundlichste Alternative darstellt, kann durch eine Bilanzierung der In- und Outputs der Anlage festgestellt werden. Diese kann sich nur auf gleichartige Umweltmedien (d.h. jeweils auf den Boden, das Wasser oder die Luft) erstrecken, da allgemeingültige Maßstäbe zur Bilanzierung zwischen unterschiedlichen Medien nicht existieren. Die enge Auslegung der Emissionsgrenzwerte durch die Genehmigungsbehörde hat im übrigen die Erzeugung von Abfall zur Folge. So führt die Rauchgasentschwefelung in Deutschland systembedingt zum Anfall einer großen Menge an Gips. Von diesem kann nur etwa die Hälfte als Baustoff genutzt werden. Die andere Hälfte (meistens von minderer Qualität) wird verfüllt.

Immissionen, Emissionen und Abfälle nach Betriebseinstellung. § 5 Abs. 3 BImSchG verlangt, daß auch nach Betriebseinstellung keine Gefahren, erheblichen Nachteile oder erheblichen Belästigungen für die Nachbarschaft und Allgemeinheit von der Anlage ausgehen, vorhandene Reststoffe ordnungsgemäß und schadlos verwertet oder als Abfall ordnungsgemäß ohne Beeinträchtigung des Wohls der Allgemeinheit beseitigt wurden. Die Genehmigungsbehörde kann hierzu Sicherheitsleistungen verlangen und bis 10 Jahre nach Betriebseinstellung Überwachungsmaßnahmen anordnen oder in Nebenbestimmungen zum Genehmigungsbescheid festschreiben.

5.4.4
Begriff „Stand der Technik"

Der *Stand der Technik* ist ein Rechtsbegriff, dessen faktische Bedeutung sich mit der technischen Entwicklung ändert und dessen Inhalt unterschiedlichen Interpretationen unterliegt. Dies bedeutet, daß er für die jeweilige Genehmigung ermittelt werden muß. § 3 Abs. 6 BImSchG definiert:

„Stand der Technik ... ist der Entwicklungsstand fortschrittlicher Verfahren, Einrichtungen oder Betriebsweisen, der die praktische Eignung einer Maßnahme zur Begrenzung von Emissionen gesichert erscheinen läßt. Bei der Bestimmung des Standes der Technik sind insbesondere vergleichbare Verfahren, Einrichtungen oder Betriebsweisen heranzuziehen, die mit Erfolg im Betrieb erprobt worden sind".

Der Gemeinschaftsausschuß der Technik (GdT) im VDI definiert (zitiert in [Bla97]): „Stand der Technik ist der zu einem bestimmten Zeitpunkt erreichte Stand technischer Einrichtungen, Methoden und Verfahren, der sich nach Meinung der Mehrheit der Fachleute in der Praxis bewährt hat oder dessen Eignung für die

Praxis von ihnen als nachgewiesen angesehen wird. (Als Zeitpunkt ist hierbei der jeweils im Einzelfall betrachtete Zeitpunkt zu verstehen)".

Kurz gesagt, ist Stand der Technik die fortschrittliche Praxis, und zugleich auch das Bewährte und somit nicht notwendig das jeweils Modernste. Eine Anlage nach dem Stand der Technik muß im Betrieb bewährt sein oder zumindest unter Betriebsbedingungen erfolgreich erprobt sein. Will man Anlagen, die noch nicht im Betrieb erprobt wurden, dahingehend beurteilen, ob sie den Stand der Technik repräsentieren, so muß man bedenken, daß

- die Maßstabsvergrößerung (Scale-up) von Labor- und Technikumsanlagen stets eine anspruchsvolle Ingenieuraufgabe darstellt, für die keine allgemeingültigen Regeln aufgestellt wurden (die Verfahrenshersteller hüten das Scale-up als betriebliches Know-how);
- die Dauer der Erprobung für eine Beurteilung der Standzeit unter Betriebsbedingungen unzureichend sein kann.

Pütz/Buchholz geben eine Negativdefinition: Kein Stand der Technik liegt vor, wenn Grenzwerte, die in Vorschriften stehen, nicht eingehalten werden können. Der Stand der Technik wird in solchen Fällen auch dann nicht erreicht, wenn in der Praxis wirksamere Verfahren angewendet werden [Püt97].

Zur Klärung der Frage, was im speziellen Fall der Stand der Technik ist, werden auch überbetriebliche technische Festlegungen herangezogen. Nach einem vom Gemeinschaftsausschuß der Technik (GdT) vorgeschlagenen Ordnungsschema können technische Regelwerke wie in Abb. 5.1 angegeben gegliedert werden. Nach dem vorgeschlagenen Begriff „Gemeinschaftsarbeit mit vollem Konsens" (z.B. DIN-Norm) beschreibt deren Ergebnis den Stand der Technik. Bei Meinungsverschiedenheiten bzw. Verwaltungsstreitigkeiten muß nach Blass [Bla97] derjenige, der anzweifelt, daß eine Gemeinschaftsarbeit mit vollem Konsens dem Stand der Technik entspricht, dies beweisen.

Der GdT gibt ein Verzeichnis deutscher und internationaler technischer Regelwerke heraus, soweit dies keine Rechtsnormen und Verwaltungsvorschriften des Bundes bzw. der Länder sind [GdT99]. Weiterhin unterhält er eine Informationsstelle über technische Regelwerke, die kostenlos Auskünfte und Recherchen über Regeln der Technik und deren Bezugsmöglichkeiten sowie Hinweise über in Ausarbeitung befindliche technische Regeln anbietet.

		Kategorien			
		privat-rechtlich		öffentlich-rechtlich	
	Einzel-/ Gruppenarbeit	Gemeinschaftsarbeit mit		in staatl. Auftrag erarbeitet	vom Gesetzgeber erlassen
		eingeschränktem Konsens	vollem Konsens		
Beispiel	Lehrbuch	VDI-Richtlinie	DIN-Norm	techn. Regeln Dampfkessel	Verordnungen

Abb. 5.1. Ordnungsrahmen für überbetriebliche technische Festlegungen nach einem Vorschlag des Gemeinschaftsausschusses der Technik im VDI (GdT), zitiert in Blass [Bla97].

5.4.4.1
Zukünftige Entwicklung: Begriff „Beste verfügbare Technik" der IVU-Richtlinie

Mit der Richtlinie 96/61/EG des Rates über die integrierte Vermeidung und Verminderung der Umweltverschmutzung (IVU-Richtlinie) werden für die im Anhang der Richtlinie bezeichneten industriellen Tätigkeiten (dies ist der Betrieb größerer Industrieanlagen etwa entsprechend Spalte 1 der 4. BImSchV) die „besten verfügbaren Techniken" als zukünftig europaweit geltender Genehmigungsmaßstab aufgestellt. Die Richtlinie muß bis zum 31.10.1999 in das Recht der Mitgliedstaaten umgesetzt sein.

In Artikel 2 Nr. 11 der IVU-Richtlinie werden „beste verfügbare Techniken" definiert[33] als

> „effizientester und fortschrittlichster Entwicklungsstand der Tätigkeiten und entsprechenden Betriebsmethoden, der spezielle Techniken als praktisch erscheinen läßt, grundsätzlich als Grundlage für die Emissionsgrenzwerte zu dienen, um Emissionen in und Auswirkungen auf die gesamte Umwelt allgemein zu vermeiden, oder, wenn dies nicht möglich ist, zu vermindern; Es bedeuten:
>
> „Techniken" sowohl die angewandte Technologie als auch die Art und Weise, wie die Anlage geplant, gebaut, gewartet, betrieben und stillgelegt wird;
>
> „verfügbar" die Techniken, die in einem Maßstab entwickelt sind, der unter Berücksichtigung des Kosten/Nutzen-Verhältnisses die Anwendung unter in dem betreffenden industriellen Sektor wirtschaftlich und technisch vertretbaren Verhältnissen ermöglicht, gleich, ob diese Techniken innerhalb des betreffenden Mitgliedsstaates verwendet oder hergestellt werden, sofern sie zu vertretbaren Bedingungen für den Betreiber zugänglich sind;
>
> „beste" die Techniken, die am wirksamsten zur Erreichung eines allgemein hohen Schutzniveaus für die Umwelt insgesamt sind."

---

[33] Dieser etwas seltsame Satzbau stammt aus der wörtlichen Übersetzung des ursprünglich englischen Textes der Richtlinie.

Bei der Festlegung der besten verfügbaren Techniken sollen die Behörden der Mitgliedsstaaten der EU auch die die von der Kommission gemäß Artikel 16 Abs. 2[34] der IVU-Richtlinie oder von internationalen Organisationen veröffentlichten Informationen berücksichtigen.

Das entscheidende Merkmal der europarechtlichen Definition „beste verfügbare Technik" ist die umfassende Betrachtung der Umweltwirkung anstelle der Forderung, jeweils für ein einzelnes der Umweltmedien (Luft, Wasser, Boden) Emissionsgrenzwerte einzuhalten und dabei möglicherweise nicht oder nicht ausreichend zu berücksichtigen, daß durch die technischen Maßnahmen Emissionen nicht vermieden, sondern nur in ein anderes Medium verlagert werden (wie in dem genannten Beispiel: Entstehung von Gipsabfällen infolge der Rauchgasentschwefelung).

Sofern die Auflagen über einzuhaltende Grenzwerte von Emissionen, die von Genehmigungsbehörden Antragstellern nach dem 31.10.1999 gemacht werden, gegenüber den in Rechtsverordnungen und der TA Luft festgelegten Werten nur insgesamt ein niedrigeres Schutzniveau gewährleisten, werden sie mit dem europäischen Recht unvereinbar sein. Dies wäre zum Beispiel dann der Fall, wenn eine Verbesserung der Abgasgrenzwerte einer Feuerungsanlage durch unverhältnismäßig hohe Wirkungsgradverluste erkauft wird. Die den Wirkungsgradverlust ersetzende zusätzliche Kraftwerksleistung und die damit verbundenen Emissionen müssten in diesem Fall mitbilanziert werden.

Bei diesen Bilanzen können nur gleichartige Emissionen über gleichartige Emissionspfade (Luft, Wasser, Abfall) miteinander verglichen werden, weil hierfür kein pfadübergreifender, allgemein anwendbarer Maßstab existiert. Eine andere Möglichkeit ist, nicht nur bestimmte Emissionen, sondern auch den kumulierten Primärenergieverbrauch für die verglichenen Technologien zu bilanzieren. Die VDI-Richtlinie VDI 4600 standardisiert die Begriffe und Berechnungsmethoden für den Kumulierten (Primär)-Energieaufwand (KEA).

5.5
Durchführung immissionsschutzrechtlicher Genehmigungsverfahren

Die Abläufe des förmlichen immissionsschutzrechtlichen Genehmigungsverfahrens mit UVP und des vereinfachten Genehmigungsverfahrens sind in Abb. 5.2 mit Tabelle 5.2 dargestellt. Die Abläufe beider Verfahren sind in der 9. Verordnung zur Durchführung des Bundes-Immissionsschutzgesetzes (Verordnung über das Genehmigungsverfahren - 9. BImSchV) detailliert geregelt.

Welche Behörde für immissionsschutzrechtliche Genehmigungsverfahren zuständig ist, richtet sich nach dem Landesrecht. In Sachsen sind die Landratsämter

---

[34] Die Kommission führt einen Informationsaustausch zwischen den Mitgliedsstaaten und der betroffenen Industrie über die besten verfügbaren Techniken, die damit verbundenen Überwachungsmaßnahmen und die Entwicklungen auf diesem Gebiet durch. Alle drei Jahre veröffentlicht die Kommission die Ergebnisse des Informationsaustausches.

für Genehmigungen im vereinfachten, die Regierungspräsidien für Genehmigungen im förmlichen Verfahren zuständig.

5.5.1
Stellung der Genehmigungsbehörde

Die Genehmigungsbehörde hat im Genehmigungsverfahren die Aufgabe, zwischen den berechtigten Interessen des Antragstellers und der durch sein Vorhaben eventuell betroffenen Nachbarschaft und Allgemeinheit auf der Grundlage der Gesetze objektiv abzuwägen. Sie hat sich dabei jeder direkten oder indirekten Parteinahme zu enthalten und darf den Antragsteller weder behindern noch Informationen zurückhalten, die der Antragsteller für den Genehmigungsantrag und das Verfahren benötigt. Sie darf keine Informationen aus dem Genehmigungsverfahren in einer Weise an Dritte geben, die über die Bestimmungen der Öffentlichkeitsbeteiligung im Genehmigungsverfahren hinausgeht. Nach dem Umweltinformationsgesetz (UIG) des Bundes stehen jedermann behördenbekannte Umweltinformationen zu, nicht jedoch soweit sie laufende Verwaltungsverfahren betreffen.

5.5.2
Vorinformation durch die Behörde – Scoping

§ 2 Abs. 2 der 9. BImSchV bestimmt:

> „Sobald der Träger des Vorhabens die Genehmigungsbehörde über das geplante Vorhaben unterrichtet, soll diese ihn in Hinblick auf die Antragstellung beraten und mit ihm den zeitlichen Ablauf des Genehmigungsverfahrens sowie sonstige für die Durchführung dieses Verfahrens erhebliche Fragen erörtern. Sie kann andere Behörden hinzuziehen, soweit dies für Zwecke des Satzes 1 erforderlich ist.
> Die Erörterung soll insbesondere der Klärung dienen,
> 1. welche Antragsunterlagen bei Antragstellung vorgelegt werden müssen (Anm.: die Genehmigungsbehörden halten Antragsformulare auf Diskette vor),
> 2. welche voraussichtlichen Auswirkungen das Vorhaben auf die Allgemeinheit und die Nachbarschaft haben kann und welche Folgerungen sich daraus für das Verfahren ergeben,
> 3. welche Gutachten voraussichtlich erforderlich sind und wie doppelte Gutachten vermieden werden können,
> 4. wie der zeitliche Ablauf des Genehmigungsverfahrens ausgestaltet werden kann und welche sonstigen Maßnahmen zur Vereinfachung und Beschleunigung des Genehmigungsverfahrens vom Träger des Vorhabens und von der Genehmigungsbehörde getroffen werden können,
> 5. ob eine Verfahrensbeschleunigung dadurch erreicht werden kann, daß der behördliche Verfahrensbevollmächtigte, der die Gestaltung des zeitlichen Verfahrensablaufs sowie die organisatorische und fachliche Abstimmung überwacht, sich auf Vorschlag oder mit Zustimmung und auf Kosten des Antragstellers eines Projektmanagers bedient,
> 6. welche Behörden voraussichtlich im Verfahren zu beteiligen sind.“

Bei UVP-pflichtigen Vorhaben gilt ergänzend § 2a der 9. BImSchV:

> „(1) Sobald der Träger eines UVP-pflichtigen Vorhabens die Genehmigungsbehörde über das geplante Vorhaben unterrichtet, soll diese mit ihm über die Beratung nach § 2

> Abs. 2 hinaus entsprechend dem jeweiligen Planungsstand und auf der Grundlage geeigneter, vom Träger des Vorhabens vorgelegter Unterlagen (Anm.: Dies ist die sog. Tischvorlage zum Scoping-Termin) den Gegenstand, Umfang und Methoden der Umweltverträglichkeitsprüfung sowie sonstige für deren Durchführung erhebliche Fragen erörtern. Hierzu kann sie andere Behörden, deren Aufgabenbereich durch das Vorhaben berührt wird, sowie Sachverständige und Dritte, insbesondere Standort- und Nachbargemeinden, hinzuziehen. Die Genehmigungsbehörde soll den Träger des Vorhabens über den voraussichtlichen Untersuchungsrahmen der Umweltverträglichkeitsprüfung sowie über Art und Umfang der nach den §§ 3 bis 4e voraussichtlich beizubringenden Unterlagen (Anm.: Antragsunterlagen und UVU) unterrichten. Verfügt die Genehmigungsbehörde über Informationen, die für die Beibringung der in den §§ 4 bis 4e genannten Unterlagen zweckdienlich sind, soll sie den Träger des Vorhabens darauf hinweisen und ihm die Unterlagen zur Verfügung stellen, soweit nicht Rechte Dritter entgegenstehen. Der Träger des Vorhabens kann gegenüber der Genehmigungsbehörde auf eine Unterrichtung verzichten."

Dieser Schlußsatz bedeutet, daß der gesamte Schritt des „Scoping" für den Antragsteller freiwillig ist. Das bedeutet, daß dieser Schritt noch nicht zum Genehmigungsverfahren gehört und daß noch keine Fristen beginnen und keine Rechtsansprüche begründet werden.

Die Tischvorlage zum Scoping-Termin, auf die in der im Zitat eingeschobenen Anmerkung hingewiesen wurde, soll das geplante Vorhaben und seine möglichen Auswirkungen auf die Schutzgüter des UVPG grob beschreiben, aber die UVU nicht vorwegnehmen. Es ist grundsätzlich Sache des Antragstellers, welche Unterlagen er vorlegt. In seinem Interesse liegt, unter Nutzung des vom Gesetzgeber vorgegebenen freiwilligen Instrumentes des Scoping diejenigen Untersuchungen festzulegen, die erforderlich sind, um die für die Genehmigung entscheidungserheblichen Sachverhalte (und nur diese) zu ermitteln. Solche Untersuchungen können zeitaufwendig sein: So können z.B. Biotopkartierungen über eine volle Vegetationsperiode hinweg verlangt werden, die leicht einen Zeitverlust von einem Jahr bedeuten. Folglich sollte der Antragsteller möglichst frühzeitig wissen, welche Untersuchungen von ihm verlangt werden.

Der im Zitat enthaltene Ausdruck „vorläufiger Untersuchungsrahmen" suggeriert, daß behördlicherseits immer wieder Nachforderungen für Untersuchungen gestellt werden können. Dies ist jedoch nicht der Fall: Solche Forderungen könnten nur bei neuen Erkenntnissen erhoben werden, also solchen, die im Scoping-Termin nicht bekannt waren. Der Ausdruck in der Rechtsverordnung dient nur der rechtlichen Absicherung der Behördenseite.

Wie in Kap. 4 schon ausführlich dargelegt wurde, ist dem Antragsteller anzuraten, von sich aus die genehmigungsrelevanten Randbedingungen seines Standortes zu erheben.

Hinzuweisen ist auch darauf, daß diejenigen Inhalte einer UVU, die in einem vorgelagerten Raumordnungsverfahren schon erarbeitet wurden, im Genehmigungsverfahren nicht mehr erarbeitet werden müssen.

5.5.2.1
Tischvorlage zum Scoping-Termin

Die Tischvorlage zum Scoping-Termin muß – wie später auch die UVU – die Unterscheidung in Bau-, Betriebs- und Nachbetriebsphase des Projektes aufgreifen. Nach der Richtlinie 97/11/EG müssen mindestens folgende Angaben in einer UVU enthalten sein:

– eine Beschreibung des Projekts nach Standort, Art und Umfang;
– eine Beschreibung der Maßnahmen, mit denen erhebliche nachteilige Auswirkungen vermieden, verringert und soweit möglich ausgeglichen werden sollen;
– die notwendigen Angaben zur Feststellung und Beurteilung der Hauptauswirkungen, die das Projekt voraussichtlich auf die Umwelt haben wird;
– eine Übersicht über die wichtigsten anderweitigen vom Projektträger geprüften Lösungsmöglichkeiten und Angabe der wesentlichen Auswahlgründe im Hinblick auf die Umweltauswirkungen;
– eine nichttechnische Zusammenfassung der vorstehenden Angaben.

Für die Darstellung der Umweltauswirkungen auf die einzelnen Schutzgüter bieten sich Checklisten an, die individuell erarbeitet und „abgehakt" werden können.

Das sächsische Staatsministerium für Wirtschaft und Arbeit gibt eine Broschüre „Prüfung der Umweltverträglichkeit bei Straßenbauvorhaben – UVP-Leitfaden" mit insgesamt vier Checklisten für eine UVU heraus [SMWA]. Deren – wegen der großen Umweltauswirkungen von Straßenbauprojekten weitreichenden – Angaben können sinngemäß auch für andere Projekte genutzt werden.

Checkliste 1 (Anlage 1 des Leitfadens) enthält die Angaben zur Beschreibung des Vorhabens. Folgende der dort aufgeführten Angaben sind allgemeingültig:

– Angaben über Art und Umfang des Vorhabens;
– Übersicht geprüfter Varianten und Angaben über die wesentlichen Auswahlgründe (Anm.: Dies ist eine Forderung des europäischen UVP-Rechts, dem aber bei immissionsschutzrechtlichen Genehmigungsverfahren keine praktische Bedeutung zukommt, weil für diese Projekte ein Genehmigungsanspruch besteht, wenn sie gesetzeskonform sind);
– Übersicht über Flächenbedarf einschließlich aller erforderlichen Sekundärflächen (Deponien, Entnahmen, Nebenbetriebe);
– Angaben zur Bauphase: Baudurchführung einschließlich Zeiten und Abläufe, Bauverfahren, Angaben zu Baumaterialien, Entnahmen, Verwertung und Deponien, Arbeits-, Lagerflächen, Baustraßen, Luftschadstoffe, Lärm, Erschütterungen, Staub;
– Angaben zum Betrieb: Vorsorgemaßnahmen gegen Lärmbelastungen und Luftverunreinigungen, Boden- und Gewässerbelastungen, mögliche Folgen von Unfällen, insbesondere im Bereich von Schutzgebieten (Anm.: Dies ist im Bereich der Industrieanlagen relevant bei Störfallanlagen, d.h. solchen mit Stoffmengen nach Anhang I, Spalte 2 der Richtlinie 96/82/EG; dort kann dieser Komplex auch in dem Dokument „Konzept zur Verhütung schwerer Unfälle" behandelt werden, worauf dann in der UVU zu verweisen ist, s. Abschn. 5.7.3).

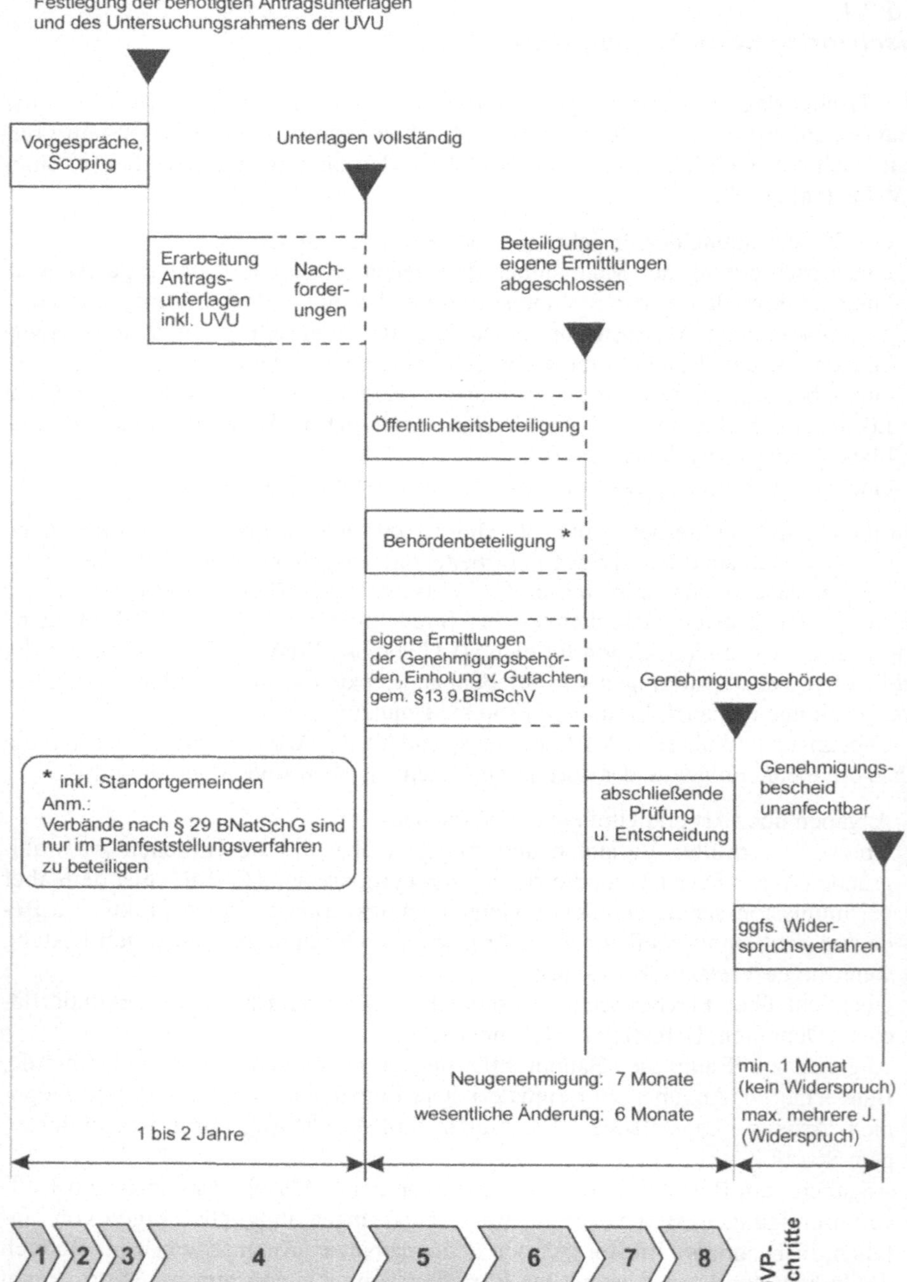

Abb. 5.2. Ablauf des förmlichen immissionsschutzrechtlichen Genehmigungsverfahrens mit integrierter Umweltverträglichkeitsprüfung (UVP).

Tabelle 5.2 zu Abb. 5.2: Schritte der Umweltverträglichkeitsprüfung (UVP)

Schritte des Projektstrukturplans	UVP-Schritte	Dienstleistungen durch sachverständige Gutachter zur Verfahrensbeschleunigung gem. § 13 9. BImSchV
Vorgespräche, Scoping	1 Unterrichtung der Behörde über das Vorhaben 2 Erörterung des Voraussichtlichen Untersuchungsrahmens der UVU (Scoping) 3 Unterichtung des Antragstellers über den voraussichtlichen Untersuchungsrahmen	Tischvorlage zum Scoping-Termin, Protokoll des Scoping-Termins
Erarbeitung Antragsunterlagen	4 Erarbeitung der UVU	UVU, Prüfung der UVU auf Vollständigkeit und Inhalt
Beteiligungen Dritter	5 Auslegung der UVU 6 Erörterung der Einwendungen	Einwendungsverarbeitung, Vorlage der Niederschrift des Erörterungstermins
abschließende Prüfung und Entscheidung	7 Erarbeitung des behördeninternen Dokumentes „Zusammenfassende Darstellung der Umweltauswirkungen" 8 Erarbeitung des Dokumentes „Bewertung der Umweltauswirkungen"	Erstellung der Zusammenfassenden Darstellung, Erarbeitung einer Vorlage zur Bewertung der Umweltauswirkungen, Erarbeitung einer Vorlage des Genehmigungsbescheides inkl. der Nebenbestimmungen

Anlage 2 des Leitfadens enthält die allgemeingültigen Punkte zur Beschreibung und Beurteilung der Umwelt. Diese Punkte legen die Erhebungen fest, die – bezogen auf die einzelnen nachfolgend aufgeführten Schutzgüter – im konkreten Fall, sofern sie entscheidungsrelevant sind, notwendig sein können und im Scoping-Prozeß festgelegt werden können, sofern dieser stattfindet:

- Mensch/Siedlung: Vorhandene bauliche Nutzungen und Siedlungsstrukturen, vorhandene Funktionsbezüge, vorhandene Lärmimmissionen, vorhandene Schadstoffimmissionen, Erholungsgebiete, Erholungsinfrastruktur, bestehende Nutzungsstruktur der Landschaft, Sonderbauflächen, sonstige Sachgüter;
- Tiere und Pflanzen: Bestand und Bestandsentwicklung an Tieren, Pflanzen und deren Lebensräumen, schützenswerte Ökosysteme, Schutzgebiete, Biotopver-

bundsysteme, seltene und gefährdete Arten, vorhandene Lärm- und Schadstoff-
belastungen;
– Boden: Bodentypen, Bodenart, Bodengenese, Bodenlagerung und
  -schichtung, Bodenchemie (Sorptionsvermögen, Pufferfähigkeit), potentielle
  Erosionsgefährdung, Altlasten;
– Wasser: a) Grundwasser: Güte, Flurabstand, Deckschichten, Neubildungsrate,
  Fließrichtung, Einzugsgebiet; b) Oberflächenwasser: Güte, Naturnähe, Ausbau-
  zustand, Überschwemmungsgebiete;
– Klima/Luft: Frischluftentstehungsgebiete, Kaltluftabfluß, Luftaustauschbahnen,
  Windrichtung, Inversionshäufigkeit;
– Landschaft: Erlebnisqualität der Landschaft, Freiraumsituation im besiedelten
  Bereich, landschaftsprägende Elemente, regionaltypische Besonderheiten;
– Kulturgüter: Bodendenkmäler, Naturdenkmäler, Baudenkmäler, archäologische
  Gegebenheiten, historische Landbauformen und Wegebeziehungen.

Anlage 3 des Leitfadens enthält die Checkliste zur Ermittlung und Beurteilung der
Wirkungen des Vorhabens. Für die Tischvorlage zum Scoping-Termin müssen die
Wirkungen grob angegeben werden. Runge [Run98] empfiehlt für diese Einschät-
zung eine Dreierauswahl

- das Vorhaben hat erhebliche Umweltauswirkungen (bzw. Auswirkungen auf das
  entsprechende Schutzgut),
- möglicherweise hat das Vorhaben erhebliche Umweltauswirkungen,
- das Vorhaben hat keine erheblichen Umweltauswirkungen.

Abb. 5.3 enthält hierzu eine in dieser Weise erstellte Wirkungsmatrix für ein Beispiel zum Straßenbau. Die möglichen Wirkungen sind gemäß der Anlage 3 des
Leitfadens:

– Mensch/Siedlung: Auswirkungen auf das Wohlbefinden und die Gesundheit der
  Wohnbevölkerung, das Wohnen und die städtebaulichen Funktionen, das Na-
  turerleben und die Erholungsmöglichkeiten im siedlungsnahen Bereich;
– Tiere und Pflanzen: Auswirkungen auf den Bestand, das Artengefüge und die
  Entwicklung von Fauna und Flora, die Lebensraumstrukturen und deren ökolo-
  gische Funktionen;
– Boden: Auswirkungen auf das Relief und die Erosionsanfälligkeit, die Altlasten,
  die natürliche Struktur und die biotischen und abiotischen Eigenschaften des
  Bodens;
– Wasser: Auswirkungen auf Fließ- und Stillgewässer, Gewässerränder, Retenti-
  onsflächen etc. sowie das Grundwasser;
– Klima/Luft: Auswirkungen auf landschafts- und siedlungsklimatische Gegeben-
  heiten, Kaltluftentstehungsflächen, Abflußbahnen, Luftaustausch sowie die
  Luftqualität;
– Landschaft/Landschaftsbild: Auswirkungen auf Schutzgebiete, Vielfalt, Eigen-
  art und Schönheit der Landschaftsstrukturen sowie Erholungsfunktion der freien
  Landschaft;

– Kultur und sonstige Sachgüter: Auswirkungen auf siedlungshistorische Besonderheiten, Baudenkmäler, flächenhafte Natur- und Bodendenkmäler, besondere Nutzungsformen etc.

Anlage 4 des Leitfadens enthält einen Katalog straßenspezifischer Vermeidungs- und Kompensationsmaßnahmen für schädliche Umweltauswirkungen in allgemein gehaltener Form. Hierzu gehört z.B. der Verzicht auf Grundwasserabsenkung.

Da mit größeren Bautätigkeiten Eingriffe gemäß den in den Landesnaturschutzgesetzen gegebenen Definitionen verbunden sein können, müssen diese ausgeglichen und, wo dies nicht möglich ist, ersetzt werden[35]. Die Planung der Ausgleichs- und Ersatzmaßnahmen ist auch in Form eines sog. Landschaftspflegerischen Begleitplanes üblich, auf den, sofern dieser erstellt werden soll, die UVU verweist. Dies muß in der Phase des Scoping vereinbart werden, wenn dieses stattfindet.

5.5.3
Ablauf des förmlichen Verfahrens

5.5.3.1
Antragstellung und Fristen, Antragsunterlagen

Die Fristen für die Durchführung des Genehmigungsverfahrens werden erst mit Einreichung der vollständigen Antragsunterlagen in Gang gesetzt. § 7 der 9. BImSchV bestimmt, daß die Genehmigungsbehörde nach Eingang des Antrags und der Unterlagen unverzüglich, in der Regel innerhalb eines Monats, zu prüfen hat, ob der Antrag vollständig ist. Erst nach dieser Prüfung beginnen die Fristen.

Die Behörde kann die Frist in begründeten Ausnahmefällen einmal um zwei Wochen verlängern. Sind der Antrag oder die Unterlagen nicht vollständig, so hat die Behörde den Antragsteller unverzüglich aufzufordern, den Antrag oder die Unterlagen innerhalb einer angemessenen Frist zu ergänzen. Teilprüfungen sind auch vor Vorlage der vollständigen Unterlagen vorzunehmen, soweit dies nach den bereits vorliegenden Unterlagen möglich ist.

Die Behörde kann zulassen, daß Unterlagen, deren Einzelheiten für die Beurteilung der Genehmigungsfähigkeit der Anlage als solcher nicht unmittelbar von Bedeutung sind, bis zum Beginn der Errichtung oder der Inbetriebnahme der Anlage nachgereicht werden können. Dies betrifft z.B. die Ausführungsplanung der Anlage wie auch diejenige des Gebäudes. Die Ausführungsplanung des Gebäudes muß erst vor Beginn der Bauarbeiten bei der Behörde eingereicht werden, die daraufhin den Baufreigabeschein ausstellt, mit dem die Bauarbeiten beginnen können.

Unterlagen, die Geschäfts- bzw. Betriebsgeheimnisse enthalten, muß der Antragsteller als solche kennzeichnen. Sie werden nicht mit ausgelegt. Ggfs. muß der Antragsteller anstelle der nicht ausgelegten Unterlagen ersatzweise solche schaf-

---

[35] Der Unterschied ist systematischer Art: Nicht ausgleichbare Eingriffe bedeuten einen Verlust, z.B. eines Biotopverbundes durch eine Straße (durch Zerschneidung). Sowohl der Ausgleich als auch der Ersatz von Eingriffen sind für den Vorhabenträger mit Kosten verbunden. Zu Besonderheiten des Ausgleichs von Eingriffen im Rahmen der Bauleitplanung s. Abschn. 4.3.1.4.

fen, aus denen die für die Nachbarschaft und Allgemeinheit relevanten Aspekte der Anlage trotzdem ersichtlich sind (sog. Inhaltsbeschreibung nach § 10 Abs. 2 Satz 2 BImSchG). Dies gilt auch dann, wenn ausgelegte Antragsdetails dazu führen würden, daß Sabotagemaßnahmen gegen die Anlage verübt werden könnten (§ 4b Abs. 3 9. BImSchV). In diesem Fall kann die Genehmigungsbehörde die Vorlage einer aus sich heraus verständlichen und zusammenhängenden Darstellung verlangen, die für die Auslegung geeignet ist.

Sind die Unterlagen vollständig, so hat die Genehmigungsbehörde den Antragsteller über die voraussichtlich zu beteiligenden Behörden und den geplanten zeitlichen Ablauf des Genehmigungsverfahrens zu unterrrichten (§ 7 Abs. 2 der 9. BImSchV; Anm.: Sofern es zum „Scoping" gekommen ist, mußte dies schon in dessen Rahmen geschehen).

§ 10 BImSchG bestimmt die Fristen für die Durchführung der Genehmigungsverfahren. Über den Genehmigungsantrag im förmlichen Verfahren hat die Behörde nach Eingang des Antrags und der erforderlichen Unterlagen binnen sieben Monaten zu entscheiden.

Sie kann die Frist um jeweils drei Monate verlängern, wenn dies wegen der Schwierigkeit der Prüfung oder aus Gründen, die dem Antragsteller zuzurechnen sind, erforderlich ist. Die Fristverlängerung soll gegenüber dem Antragsteller begründet werden.

Der Inhalt des eigentlichen Antrags wird in § 3, die Inhalte der beizufügenden Unterlagen in den §§ 4 bis 4e der 9. BImSchV bestimmt. Landesrechtliche Verwaltungsvorschriften präzisieren diese Inhalte.

Nachfolgend werden zur Orientierung die erforderlichen Antragsunterlagen und Angaben entsprechend der in Nordrhein-Westfalen geltenden Verwaltungsvorschrift etwas gekürzt wiedergegeben[36]:

Antragsformular nach § 3 9. BImSchV (eigentlicher „Antrag"): Es besteht Formularzwang. Der Genehmigungsantrag muß den Namen und den Wohnort bzw. den Sitz des Antragstellers enthalten. Er muß vom Antragsteller oder von einem Vertretungsberechtigten unterzeichnet sein. Der Antrag wird bei der Genehmigungsbehörde eingereicht, in deren Bezirk die Anlage errichtet werden soll.

Aus dem Antrag muß sich ergeben, für welche Anlage die Genehmigung beantragt wird, welche Anlagenteile und ggf. Nebeneinrichtungen dazugehören und ob mehrere Anlagen in einem räumlichen und betriebstechnischen Zusammenhang stehen. Ferner sind der vorgesehene Inbetriebnahmezeitpunkt und die Rohbaukosten (gem. landesrechtlicher Verwaltungsgebührenordnung) anzugeben, da sich hiernach die Genehmigungsgebühr bemißt.

Antragsunterlagen nach §§ 4 bis 4e 9. BImSchV: Der Zahl der zu beteiligenden Behörden entsprechend werden Ausfertigungen benötigt von:

Allgemeinverständliche Kurzbeschreibung der Anlage, ihres Betriebes und die voraussichtlichen Auswirkungen auf Nachbarschaft und Allgemeinheit (die Kurzbeschreibung muß sich zur Auslegung eignen), topographische Karte im Maßstab 1:10000 bis 1:25000, die die Größe des Einwirkungsbereiches der Anlage umfaßt, Häufigkeit der Windrichtungsverteilung, Hauptwindrichtung, Kennzeichnung der

---

[36] Der Antragsteller muß sich die in seinem Bundesland geltenden Formulare und die entsprechende Verwaltungsvorschrift besorgen.

zu bebauenden Flächen mit Art der zulässigen Bebauung, Bauvorlagen nach Bau-PrüfVO (zum BauGB) mit Sicherheitszonen (falls diese erforderlich sind), Anlagen- und Betriebsbeschreibung, schematische Darstellung der zu errichtenden Anlage und der geplanten Betriebsabläufe, Immissionsprognosen für Luftschadstoffe, Lärm und ggfs. Erschütterungen, Ausgleichs- und Ersatzmaßnahmenplan für Eingriffe nach Landesnaturschutzgesetz (dieser kann auch ein Teil der UVU sein), bei Störfallanlagen Sicherheitsanalyse bzw. Konzept zur Verhütung schwerer Unfälle/Sicherheitsbericht[37], Plan zur Behandlung der Abfälle, Angabe zur Wärmenutzung (nur für Anlagen gem. § 8 17. BImSchV), Umweltverträglichkeitsuntersuchung (UVU). Zu Einzelheiten zur Immissionsprognose, zur Sicherheitsanalyse, zum Ausgleichs- und Ersatzmaßnahmenplan und zur UVU s. Abschn. 5.7. Bei den hiervon betroffenen Anlagen sind die Erlaubnisanträge zur Lagerung brennbarer Flüssigkeiten nach VbF und für Dampfkesselanlagen nach DampfkesselV gleichzeitig zu stellen. Die Genehmigungsbehörde leitet einen solchen Erlaubnisantrag nach VbF zur Stellungnahme an das zuständige Gewerbeaufsichtsamt und einen Erlaubnisantrag nach DampfkesselV zur Stellungnahme an den zuständigen TÜV.

Die Anlagen- und Betriebsbeschreibung muß enthalten:

1. alle die Kapazität und Leistung der Anlage und ggf. ihrer Teile kennzeichnenden Größen;
2. Apparateliste;
3. Art und Menge der Einsatzstoffe (möglichst mit Kurzbezeichnung, Trivial- oder Handelsname, chem. Bezeichnung (nach IUPAC[38]), Strukturformeln, Summenformeln, CAS-NR[39]., Einstufungen nach GefahrstoffV, StörfallV, TA Luft Nr./Klasse, SprengstoffG, UVV Peroxide-Lagergruppe, Wassergefährdungsklasse), Zwischen-, Neben- und Endprodukte, wassergefährdende Stoffe i.S.v. § 19g Abs. 5 WHG, die in der Anlage gelagert, abgefüllt oder umgeschlagen werden sollen sowie ggfs. weitere Stoffdaten[40];
4. anfallende Reststoffe, Abfälle und Abwässer einschließlich der Abwasserinhaltsstoffe;
5. Abwärme;
6. Betriebszeiten (einschichtig oder mehrschichtig);
7. Grundzüge des Verfahrens, Grundoperationen und -reaktionen, kalkulierbare Betriebsstörungen und dabei möglicherweise auftretende Nebenreaktionen und Nebenprodukte;
8. Angaben der Emissionen (bei einigen kohleverarbeitenden und chemischen Anlagen werden in NW zusätzlich Leckratenangaben gem. einer Leckratentabelle, die als Erlaß an die Behörden gegeben wurde, verlangt);

---

[37] Bezeichnung entsprechend der sog. Seveso II-Richtlinie
[38] IUPAC = International Union of Pure and Applied Chemistry
[39] CAS = Chemical Abstracts Service. CAS-Nr. ist die Substanz-Nr., die von den Chemical Abstracts, dem lückenlosen weltweiten Referateorgan für die technische Chemie, für bekanntgewordene chemische Verbindungen gegeben wurde.
[40] Je nach Anlage weitere, d.h. physikalische, sicherheitstechnische und toxikologische Stoffdaten.

Konfliktverursachende Wirkungen der geplanten Straße (Wirkungsrichtung ▶)

Gruppe	Wirkung	Nebel	Bodenressourcen	Grundwasser	Oberflächenwasser	Gelände- und Mikroklima	Luftmedium als Immissionsträger	Pflanzenwelt	Tierwelt	Visuelle Räume	Vogelschutz
Baubetrieb – dauernd	Abgrabungen	●	●	●	○			●	●	○	○
Baubetrieb – dauernd	Aufschüttungen	●	●	○	○	○		●	●	●	○
Baubetrieb – vorübergehend	Flächenbeanspruchung für Maschinen, Versorgungseinricht. etc.	○	○	○				○	○	○	
Baubetrieb – vorübergehend	Bauverkehr auf Zubringerwegen								○		○
Baubetrieb – vorübergehend	Baulärm						●		○		
Baubetrieb – vorübergehend	Abwasseranfall			●	●			○	○		
Anlage/Bauwerk	Überbauung, Flächenentzug	○	●	○	●	○		●	●	○	●
Anlage/Bauwerk	Dämme / Auftragsböschungen	●	●	○	○	○		●	●	●	●
Anlage/Bauwerk	Gelände-Einschnitte	●	●	●	○	○		●	●	●	●
Anlage/Bauwerk	Brücken	○	○	○		○			○	●	
Anlage/Bauwerk	Bodenversiegelung		●	●	○			○	○		
Anlage/Bauwerk	Gewässerverlegung		○	●	●			●	●	○	
Anlage/Bauwerk	Trennwirkung, (Bauwerk)					○			●	●	●
Verkehrsbetrieb	Gas-/Aerosol-Emissionen		●	○	○	○	●	●	○		
Verkehrsbetrieb	Feststoff-Emissionen		●	●	●			●	○		
Verkehrsbetrieb	Lärm-Emissionen						●		●		
Verkehrsbetrieb	Unfälle mit gefährlichen Stoffen		●	●	●		○	●	●		
Verkehrsbetrieb	Trennwirkung durch Verkehr								●	○	
Verkehrsbetrieb	Tierkollision								●		

Landschaftsfaktoren und -elemente als Belastungsträger

○ = zu erwartende Auswirkung
● = zu erwartende erhebliche Auswirkung
▶ = Wirkungsrichtung

Betroffene Nutzungen (Wirkungsrichtung ◀)

Nutzung	Nebel	Bodenressourcen	Grundwasser	Oberflächenwasser	Gelände- und Mikroklima	Luftmedium als Immissionsträger	Pflanzenwelt	Tierwelt	Visuelle Räume	Vogelschutz
Arten- und Biotopschutz	○	○	○	●	○	●	●	●		
Landwirtschaft	●	●	●	○	●	●	○	○		●
Forstwirtschaft	○	○	○	○	●	○	●	●		●
Wasserschutz	○	○	●	●		○				
Wohnen(Siedlung)					●	●			●	
Erholung	●			○	●	●	○	○	●	●
Landschaftsbild	●						●		●	

Abb. 5.3. Wirkungsmatrix potentieller straßenbedingter Auswirkungen auf die Umwelt [Froe87]

9. Darstellung des Arbeits-, Feuer- und Explosionsschutzes, der geordneten Lagerung von Abfällen, des Gewässerschutzes; Darstellung zum Arbeitsschutz insbesondere bei Betrieben, die Explosivstoffe i.S. des Sprengstoffgesetzes, krebserzeugende oder sehr giftige Stoffe gem. Chemikaliengesetz i.V. mit der Gefahrstoffverordnung und der Gefährlichkeitsmerkmaleverordnung zum Chemikaliengesetz verarbeiten: Darstellung der Personalbelegung der einzelnen Räume und Art und Menge der zur selben Zeit dort eingesetzten oder gelagerten Stoffe, Sicherheitsvorkehrungen.

Die schematische Darstellung enthält:

1. Verfahrensfließbild in der Darstellung des Grundfließbilds nach DIN 28004 Teil 1;
2. für bestimmte, landesrechtlich definierte Anlagen Entstehung, Führung und Behandlung von Abluft im Grundfließbild, für andere, ebenfalls landesrechtlich definierte Anlagen im Rohrleitungs- und Instrumentenfließbild nach DIN 28004 Teil 1[41];
3. Maschinenaufstellungsplan mit Treppen, Bühnen und Rettungswegen (diese Dinge dürfen auch in den Bauzeichnungen dargestellt werden).

5.5.3.2
Behördenbeteiligung

Spätestens gleichzeitig mit der öffentlichen Bekanntmachung des Vorhabens (s. Abschn. 5.5.3.3) muß die Genehmigungsbehörde die Behörden, deren Aufgabenbereich durch das Vorhaben berührt wird, auffordern, für ihren Zuständigkeitsbereich eine Stellungnahme binnen einer Frist von einem Monat abzugeben. Die Antragsunterlagen sollen gleichzeitig an alle diese Behörden versandt werden. Hat eine Behörde bis zum Ablauf dieser Frist keine Stellungnahme abgegeben, so ist davon auszugehen, daß die beteiligte Behörde sich nicht äußern will (§ 11 9. BImSchV).

Beteiligt werden alle Behörden, deren Entscheidungen der Konzentrationswirkung des § 13 BImSchG unterliegen oder die neben der Genehmigung eine selbständige Entscheidung in bezug auf die Anlage zu treffen haben. Auch diesen Behörden, z.B. der Standortgemeinde, steht kein Ermessen bei der Entscheidung zu; die Gemeinde hat nur aus dem Gesichtspunkt der kommunalen Gebietsentwicklungsplanung Stellung zu nehmen. In aller Regel sind neben der Standortgemeinde von der Genehmigungsbehörde (zugleich Immissionsschutzbehörde) folgende Behörden zu beteiligen:

- Höhere Verwaltungsbehörde, falls das Vorhaben im Außenbereich errichtet werden soll,
- Gewerbeaufsichts- bzw. Arbeitsschutzbehörde, die zum Arbeitsschutz Stellung nimmt,

---

[41] Es sollten keine detaillierteren Darstellungen eingereicht werden, als verlangt werden, da sonst jede konstruktive Detailänderung eine Anlagenänderung i.S. des BImSchG darstellen würde und genehmigt werden müßte!

- Bauaufsichtsbehörde (gibt die bauordnungsrechtliche Stellungnahme ab, die normalerweise der Baugenehmigung entspräche),
- Gesundheitsbehörde (nimmt Stellung zu den Gesundheitsgefahren für die Bevölkerung),
- Wasserbehörde (bei Umgang mit wassergefährdenden Stoffen und Einleitungen),
- Luftfahrtbehörde (bei Luftfahrthindernissen und innerhalb von Bauschutzbereichen nach Luftverkehrsgesetz)
- Naturschutzbehörde,
- Forstbehörde,
- Straßenbaubehörde,
- Straßenverkehrsamt.
- Ferner ist die Berufsgenossenschaft der betreffenden Branche hinsichtlich der Unfallverhütung zu beteiligen, soweit diese Frage von Bedeutung ist.

Häufig wird die Frage gestellt, was geschieht, wenn die Standortgemeinde ihre Zustimmung nicht erteilt. Die Standortgemeinde gibt ihr Einvernehmen (oder ihre Ablehnung) bezüglich der bauplanungsrechtlichen Aspekte des Vorhabens aufgrund ihres Rechts ab, bei Baugenehmigungen gehört zu werden. Zwar tritt bei immissionsschutzrechtlichen Verfahren die Immissionsschutzbehörde an die Stelle der Bauaufsichtsbehörde. Dennoch bleiben die Entscheidungskriterien, unter denen die Gemeinde ihr Einvernehmen verweigern darf, gegenüber dem normalen Baugenehmigungsverfahren unverändert; s. daher Abschn. 5.6.1.1.

Mit Ausnahme der Beauftragung von Prüfstatikern durch die Bauaufsichtsbehörde können die genannten Behörden nur mit Zustimmung der Genehmigungsbehörde ihrerseits Prüfungen durch Sachverständige in Auftrag geben. Die Kosten für alle derartigen Gutachten müssen vom Antragsteller getragen werden.

Bei grenzüberschreitenden Auswirkungen von UVP-pflichtigen Vorhaben müssen auch die Behörden der Nachbarländer beteiligt werden. Diese erhalten dieselben Unterlagen wie die Behörden im Inland; Nichtäußerung während der Frist von einem Monat wird hier wie dort als Zustimmung gewertet.

5.5.3.2.1
Beteiligung der Träger öffentlicher Belange

Parallel zur Behördenbeteiligung oder dananch werden von der Genehmigungsbehörde die sog. Träger öffentlicher Belange um ihre Stellungnahme gebeten, zweckmäßig mit Fristsetzung von 4 bis 6 Wochen. Über die Fristsetzung entscheidet die Genehmigungsbehörde. Sie ist an diese Stellungnahmen nicht gebunden. Träger öffentlicher Belange sind die vom Vorhaben in irgendeiner Weise berührten Träger öffentlicher Aufgaben (z.B. Abwasserzweckverband). Die Genehmigungsbehörde muß im jeweiligen Einzelfall entscheiden, welche Träger öffentlicher Belange außer der Standortgemeinde in Frage kommen[42]. Die Standortgemeinde ist stets Träger öffentlicher Belange; bezüglich ihrer Stellungnahme ist

---

[42] In Sachsen hat das Innenministerium eine Liste an die Genehmigungsbehörden herausgegeben, aus der die jeweils in Frage kommenden Träger öffentlicher Belange hervorgehen.

also zu unterscheiden, ob sie ihr bauplanungsrechtliches Einvernehmen (s.o.) gibt, was sie unter bestimmten Umständen verweigern darf und woran dann die Genehmigungsbehörde gebunden ist, oder ob sie als Träger öffentlicher Belange ihre Stellungnahme abgibt, über die sich die Genehmigungsbehörde hinwegsetzen darf!

5.5.3.3
Öffentlichkeitsbeteiligung

5.5.3.3.1
Öffentliche Bekanntmachung

§ 8 9. BImSchV bestimmt: Sind die zur Auslegung erforderlichen Unterlagen[43] vollständig, so hat die Genehmigungsbehörde das Vorhaben in ihrem amtlichen Veröffentlichungsblatt und außerdem in örtlichen Tageszeitungen, die im Bereich des Anlagenstandortes gelesen werden, bekanntzumachen. Abb. 5.4 zeigt beispielhaft eine derartige öffentliche Bekanntmachung.

Als örtliche Tageszeitung kann nach einheitlicher Rechtsprechung eine Zeitung angesehen werden, die im Umkreis von 10 km um die geplante Anlage gelesen wird.
Die Bekanntmachung muß

- enthalten, wo und wann der Antrag und die Unterlagen zur Einsicht ausgelegt sind,
- dazu auffordern, etwaige Einwendungen bei einer bezeichneten Stelle innerhalb der Einwendungsfrist (vom Beginn der Auslegung, die einen Monat dauert, bis zwei Wochen danach; der erste und letzte Tag der Einwendungsfrist ist in der Bekanntmachung anzugeben) vorzubringen, auf die Rechtsfolgen (vgl. folgendes) ist hinzuweisen,
- einen Erörterungstermin bestimmen und darauf hinweisen, daß die formgerecht erhobenen Einwendungen auch bei Ausbleiben den Antragstellers oder von Personen, die Einwendungen erhoben haben, erörtert werden[44],
- darauf hinweisen, daß die Zustellung der Entscheidung über die Einwendungen durch öffentliche Bekanntmachung ersetzt werden kann (Anm.: Die Zustellung der Entscheidung erfolgt durch Übersendung des Genehmigungsbescheides auch an die Einwender).

Zwischen der Bekanntmachung des Vorhabens und dem Beginn der Auslegungsfrist soll eine Woche liegen; maßgebend ist dabei der voraussichtliche Tag der Ausgabe des Veröffentlichungsblattes oder der Tageszeitung, die zuletzt erscheint.

---

[43] d.h. die ausführlichen Unterlagen ohne die Geschäftsgeheimnisse und bei Gefahr von Störungen und Sabotagen anstelle der detaillierten Anlagenbeschreibung eine Kurzbeschreibung
[44] ein Erörterungstermin findet aber nur statt, wenn tatsächlich Einwendungen vorliegen.

5.5.3.3.2
Auslegung und Einwendungen

Bei der Genehmigungsbehörde und, soweit erforderlich, bei einer geeigneten Stelle in der Nähe des Anlagenstandortes sind Antrag und Unterlagen auszulegen, bei UVP-pflichtigen Vorhaben auch in den Gemeinden, in denen sich das Vorhaben voraussichtlich auswirkt.

Jedermann ist während der Dienststunden zur Einsichtnahme in Antrag und Unterlagen berechtigt. Dienstzeit ist die normale Arbeitszeit, bei Gleitzeit die Kernzeit. Die Unterlagen dürfen nicht ausgeliehen und, mit Ausnahme der Kurzbeschreibung zum Genehmigungsantrag, nicht kopiert werden.

Auf die möglichen Kürzungen in Antragsunterlagen bei der Gefahr von Störungen und Sabotagen wurde bereits hingewiesen.

Einwendungen können während der Einwendungsfrist schriftlich mit einfacher Post sowie mündlich zur Niederschrift von jedermann erhoben werden. Zur Einwendung ist nicht erforderlich, eigene Rechte anzuführen bzw. anzugeben, in diesen verletzt zu sein.

5.5.3.3.3
Erörterung der Einwendungen

Nach Abschluß der Beteiligungen der Behörden und der Träger öffentlicher Belange und dem Ende der Einwendungsfrist sowie zweckmäßig nach Eingang der Fachgutachten im Rahmen der eigenen Ermittlungen der Genehmigungsbehörde findet ein Erörterungstermin statt (oder mehrere solcher Termine). Die Erörterung der Einwendungen dient dazu, den fristgerechten Einwendern (und nur diesen) rechtliches Gehör zu verschaffen, was ein Grundprinzip im Verwaltungsverfahren darstellt.

Der praktische Grund besteht in der sachlichen Klärung der Einwendungen. § 18 9. BImSchV bestimmt die Einzelheiten: Zum Erörterungstermin werden die Einwender und der Antragsteller eingeladen; bei Nichterscheinen einer oder beider Seiten kann der Erörterungstermin verlegt werden, wenn dies zweckmäßig ist. Hiervon sind Antragsteller und fristgerechte Einwender zu benachrichtigen, was durch öffenliche Bekanntmachung erfolgen kann.

Der Erörterungstermin ist nicht öffentlich. Der den Erörterungstermin leitende Vertreter der Genehmigungsbehörde entscheidet darüber, wer außer dem Antragsteller und den Einwendern teilnimmt[45]. Behördenvertreter und Auszubildende der Genehmigungsbehörde dürfen teilnehmen.

Die Funktion des Verhandlungsleiters erfordert großes Verhandlungsgeschick und Objektivität. Er darf weder für Einwender noch für den Antragsteller Partei ergreifen, muß sich während des Termins insbesondere jedes wertenden Kommentars enthalten und darf sich auch nicht dazu verleiten lassen, in der einen oder

---

[45] Eine Verwaltungsvorschrift in Nordrhein-Westfalen benennt die Möglichkeit, Pressevertreter teilnehmen zu lassen mit der gleichzeitigen Einschränkung, dies sei nicht zweckmäßig. Derartige Verwaltungsvorschriften sind manchmal politisch motiviert; im vorliegenden Fall entspricht die Verwaltungsvorschrift mindestens nicht dem Zweck des Gesetzes.

anderen Richtung Stellung zu beziehen. Erörterungstermine, die von Gegnern bestimmter Industrieprojekte dazu genutzt werden, nicht nur Widersprüche in der Argumentation des Antragstellers, sondern auch Formfehler der Genehmigungsbehörde zu provozieren, um das Verfahren zu blockieren, sind inzwischen Legion.

Der Verhandlungsleiter kann bestimmen, daß Einwendungen zusammengefaßt erörtert werden. Insofern besteht eine wichtige und manchmal sehr zeitraubende Aufgabe der Behörde bei der Vorbereitung des Erörterungstermins darin, die eingegangenen Einwendungen zu sichten und thematisch zu ordnen.

Wenn Einwendungen zusammengefaßt erörtert werden, muß der Verhandlungsleiter die Reihenfolge bekanntgeben. Er kann für einen bestimmten Zeitraum das Recht zur Teilnahme am Termin auf den Personenkreis beschränken, dessen Einwendungen gerade erörtert werden sollen.

Der Verhandlungsleiter erteilt das Wort und kann es demjenigen entziehen, der eine von ihm festgesetzte Redezeit für die einzelnen Wortmeldungen überschreitet oder Ausführungen macht, die nicht den Gegenstand des Erörterungstermins betreffen und nicht im sachlichen Zusammenhang mit der zu behandelnden Einwendung stehen.

Diese Bestimmung des § 18 9. BImSchV berücksichtigt, daß interessierte Seiten Genehmigungsverfahren gelegentlich über das Instrument der Öffentlichkeitsbeteiligung systematisch blockieren.

Der Verhandlungsleiter ist auch für die Ordnung verantwortlich. Er kann Personen, die seine Anordnungen nicht befolgen, entfernen lassen. Der Erörterungstermin kann ohne diese Personen fortgesetzt werden.

Der Verhandlungsleiter beendet den Erörterungstermin, wenn dessen Zweck erreicht ist. Er kann den Erörertungstermin für beendet erklären, wenn, auch nach einer Vertagung, der Erörterungstermin aus dem Kreis der Teilnehmer erneut so gestört wird, daß seine ordnungsgemäße Durchführung nicht mehr gewährleistet ist. Personen, deren Einwendungen dann noch nicht oder noch nicht abschließend erörtert wurden, können innerhalb eines Monats nach Aufhebung des Termins ihre Einwendungen gegenüber der Genehmigungsbehörde schriftlich erläutern; hierauf sollen die Anwesenden bei Aufhebung des Termins hingewiesen werden.

Über den Erörterungstermin ist eine Niederschrift zu fertigen, ein Wortprotokoll ist jedoch nicht erforderlich. Nach § 19 Abs. 1 9. BImSchV ist es zulässig, den Erörterungstermin auf Tonband aufzuzeichnen; das Band ist nach Unanfechtbarkeit der Genehmigung oder nach Eintritt der Unwirksamkeit des Vorbescheides zu löschen.

Verlauf und Ergebnisse des Erörterungstermins sind in der Niederschrift aufzunehmen, ferner Ort und Tag der Erörterung, Name des Verhandlungsleiters und Gegenstand des Genehmigungsverfahrens. Verhandlungsleiter und der von der Behörde bestellte Schriftführer unterschreiben die Niederschrift.

Zur Bearbeitung der Einwendungen bei der Vorbereitung des Erörterungstermins und beim Entwurf der Niederschrift können zur Beschleunigung des Genehmigungsverfahrens nach § 13 9. BImSchV im Fall der Zustimmung des Antragstellers und bei Kostenübernahme durch ihn sachverständige Gutachter eingesetzt werden.

5.5.3.4
Eigene Ermittlungen durch die Genehmigungsbehörde

Die zur Aufklärung aller genehmigungsrelevanten Fragen notwendigen Untersuchungen sind von der Genehmigungsbehörde selbst durchzuführen, soweit nicht mit Zustimmung des Antragstellers und der Verpflichtung des Antragstellers zur Kostenübernahme hierfür Sachverständige eingesetzt werden. Dies gilt unbeschadet der Verpflichtung des Antragstellers, vollständige Antragsunterlagen vorzulegen. Sachverständige können nach § 13 9. BImSchV auch zur Vorprüfung der Antragsunterlagen inkl. der UVU eingesetzt werden.

Zur Prüfung der Sicherheitsanalysen bei Störfallanlagen (Anlagen gemäß der Seveso II-Richtlinie, s. Abschn. 5.7.3) ist es üblich, unabhängige Ingenieurbüros einzusetzen. Diese werden durch die Genehmigungsbehörde beauftragt. Im Gegensatz zu den Sachverständigen zur Beschleunigung des Genehmigungsverfahrens ist für ihre Beauftragung durch die Behörde keine vorherige Zustimmung und keine Kostenübernahmeerklärung durch den Antragsteller erforderlich.

5.5.3.5
Abschließende Prüfung und Entscheidung,
Erarbeitung des Genehmigungsbescheides

Aus den Inhalten des Antrags mit den zugehörigen Unterlagen einschließlich der UVU, den Ergebnissen der Behörden- und Öffentlichkeitsbeteiligung (Einwendungen und Erörterungstermin) sowie aufgrund eigener Ermittlungen fertigt die Genehmigungsbehörde möglichst bis einen Monat nach Beendigung des letzten Erörterungstermins (§ 20 9. BImSchV) die sog. Zusammenfassende Darstellung der Umweltauswirkungen an. Dies ist ein wichtiges behördeninternes Schriftstück des UVP-Regelungsbereichs, der die gesamten Entscheidungsgrundlagen abschließend enthält.

Nur aus diesem Dokument wird die sog. Bewertung der Umweltauswirkungen abgeleitet. Dieses Dokument dient gemeinsam mit allen einschlägigen Rechts- und Verwaltungsvorschriften als Antragsbegründung bei den UVP-pflichtigen Vorhaben. Die Genehmigungsbehörde muß ihre Entscheidung für oder gegen den Antrag und die notwendigen Nebenbestimmungen zum Genehmigungsbescheid aus diesen Quellen ableiten.

Mit der Genehmigung werden die vom Antragsteller vorgelegten Antragsunterlagen für diesen verbindlich. Die Genehmigung kann mit Nebenbestimmungen versehen werden, die im Einzelfall den Darlegungen in den Antragsunterlagen vorgehen.

**Öffentliche Bekanntmachung des Regierungspräsidiums Leipzig
zur Durchführung des Bundes-Immissionsschutzgesetzes**
Az.:64-8823.12-07.01-27190

Der Hähnchenmast- und Landwirtschaftsbetrieb U. Wiesehügel in 04654 Greifenhain, Am Wiesenweg 8 beantragt die Errichtung und den Betrieb einer Hähnchenmastanlage nach §§ 4, 6 des Bundes-Immissionsschutzgesetzes (BImSchG) vom 14. Mai 1990 (BGBl. I S. 880) in der gegenwärtigen Fassung in Verbindung mit Nr. 7.1. Spalte 1 des Anhangs zur Vierten Verordnung zur Durchführung des BImSchG (Verordnung über genehmigungsbedürftige Anlagen – 4. BImSchV) in der Neufassung vom 14. März 1997 (BGBl. I S. 504) auf der ehemaligen „Alten Schäferei" am Standort 04655 Kohren-Sahlis, Gemarkung Sahlis, Flur 14, Flustück 352/5.

Die Anlage hat eine max. Kapazität von 69644 Hähnchenmastplätzen.

Die beantragte Errichtung (Einrichtung) und der Betrieb einer Hähnchenmast soll in zwei vorhandenen Ställen erfolgen, die dafür entsprechend umgebaut werden.

Das Vorhaben bedarf einer Genehmigung nach den Vorschriften des BImSchG und wird hiermit gemäß § 10 Abs. 3 BImSchG in Verbindung mit §§ 8 ff der Neunten Verordnung zur Durchführung des BImSchG (Verordnung über das Genehmigungsverfahren – 9. BImSchV) vom 29. Mai 1992 (BGBl. I S. 1001) in der gegenwärtigen Fassung öffentlich bekanntgemacht.

Der Genehmigungantrag und die dazugehörigen Unterlagen liegen nach der Bekanntmachung einen Monat vom 12.04.1999 bis einschließlich 11.05.1999 zur Einsicht beim Regierungspräsidium Leipzig, Abteilung Umwelt und Raumordnung, Zimmer Nr. 425 in 04107 Leipzig, Braustr. 2, sowie in der Stadtverwaltung der Stadt Kohren-Sahlis in 04655 Kohren-Sahlis im Bauamt, Markt 68 während der Dienstzeiten aus und können während dieser Zeit dort eingesehen werden. Etwaige Einwendungen gegen das Vorhaben können während der Einwendungsfrist vom 12.04.1999 bis einschließlich 25.05.1999 schriftlich bei den vorgenannten Stellen erhoben werden.

Nach Ablauf der Einwendungsfrist sind alle Einwendungen ausgeschlossen, die nicht auf besonderen privatrechtlichen Titeln beruhen.

Die Einwendungen haben neben dem Vor- und Familiennamen auch die volle leserliche Anschrift des Einwenders zu tragen.

Unleserliche Namen und Anschriften werden bei gleichförmigen Einwendungen unberücksichtigt gelassen. Darüber hinaus können auch nur solche Einwendungen berücksichtigt werden, die konkret angeben, welche Beeinträchtigungen befürchtet werden.

Desgleichen bleiben gem. § 17 Abs. 2 Satz 1 des Verwaltungsverfahrensgesetzes (VwVfG) Neufassung vom 21. Sept. 1999 (BGBl. I S. 3050) in der gegenwärtigen Fassung mit Bezug auf § 1 des Vorläufigen Verwaltungsverfahrensgesetzes für den Freistaat Sachsen (SächsVwVfG) vom 21. Januar 1993 gleichförmige Einwendungen unberücksichtigt, die nicht auf jeder mit einer Unterschrift versehenen Seite deutlich sichtbar Name und Anschrift des Vertreters der übrigen Unterzeichner erkennen lassen oder bei denen der Vertreter keine natürliche Person ist.

Die Einwendungsschreiben werden an den Antragsteller zur Stellungnahme weitergegeben. Auf Verlangen eines Einwenders werden dessen Namen und Anschrift unkenntlich gemacht, sofern die Angaben nicht zur Beurteilung des Inhalts der Einwendung erforderlich sind.

Die form- und fristgerechten Einwendungen werden in einem Erörterungstermin am 17.06.1999, 10.00 Uhr in der

**Gaststätte „Elisenhof"
Ortsteil Terpitz
04655 Kohren-Sahlis**

erörtert.Zu diesem Erörterungstermin sind alle Personen, die Einwendungen erhoben haben, eingeladen. Eine gesonderte Einladung ergeht nicht. Im übrigen ist der Termin nicht öffentlich. Es wird darauf hingewiesen, daß die erhobenen Einwendungen auch beim Ausbleiben des Antragstellers oder von Personen, die Einwendungen erhoben haben, erörtert werden.

Gemäß § 10 Abs. 8, Satz 1 und 2 BImSchG kann die Zustellung der Entscheidung der Genehmigungsbehörde über den Antrag mit Ausnahme an den Antragsteller durch öffentliche Bekanntmachung erfolgen.

Leipzig, den 16.03.1999
Artmann
Abteilungsleiter

Abb. 5.4. Öffentliche Bekanntmachung eines Vorhabens nach 4. BImSchV Spalte 1 [LVZ99]

Nebenbestimmungen dürfen nur soweit in den Genehmigungsbescheid aufgenommen werden, soweit eine Rechtsvorschrift es zuläßt oder wenn sie sicherstellen sollen, daß die gesetzlichen Voraussetzungen der Genehmigung erfüllt werden. Sie dürfen dem Genehmigungszweck nicht zuwiderlaufen. Nebenbestimmungen können sei (§ 36 VwVfG):

- *Befristungen.* Beispiel: Eine Genehmigung für eine Sonderabfallverbrennungsanlage mit chemisch-physikalischer Behandlungsanlage und Nebeneinrichtungen erlischt, wenn der Inhaber nicht innerhalb von 2 Jahren nach Bestandskraft des Genehmigungsbescheides mit der Errichtung der Anlage beginnt und wenn die Anlage oder Teile der Anlage nicht innerhalb von 4 Jahren nach Bestandskraft der Genehmigung in Betrieb genommen werden (Nach § 18 BImSchG setzt die Genehmigungsbehörde für den Beginn der Errichtung und des Betriebes angemessene Fristen).
- *Bedingungen.* Beispiel: Die Temperatur der Verbrennungsgase dieser Anlage nach der letzten Verbrennungsluftzuführung muß mindestens 1200°C betragen.
- *Widerrufsvorbehalte.* Beispiel: Die Baugenehmigung der genannten Anlage wird vorbehaltlich der endgültig abgeschlossenen statischen Prüfung erteilt.
- *Auflagen.* Beispiel: Ein Genehmigungsbescheid für die genehmigte Anlage enthält die Auflage zum Arbeitsschutz, daß kraftbewegte äußere Teile eines Brückenkrans zu Teilen der Umgebung einen Sicherheitsabstand von mindestens 0,5 m nach oben, nach unten und zu den Seiten haben.
- *Vorbehalte* der nachträglichen Aufnahme, Änderung oder Ergänzung einer Auflage.

Wird eine Auflage nicht erfüllt, zieht dies nur den Zwang zur Erfüllung der Auflage nach sich; die Genehmigung selbst wird dadurch nicht außer Kraft gesetzt (Anm.: Entsteht durch Verletzen einer Auflage ein Personen- oder Sachschaden, so haftet das Unternehmen dafür zivilrechtlich; die Verantwortlichen auch persönlich zivilrechtlich gegenüber dem Geschädigten sowie ggfs. strafrechtlich). Der Betrieb kann aber bis zur Erfüllung der Auflage ganz oder teilweise untersagt werden.

Beispiel für die Gliederung eines Genehmigungsbescheides.
I. Genehmigungsbescheid: Der Firma X GmbH wird am 6.2.1993 die Genehmigung erteilt, auf dem Grundstück in ..., Gemarkung ..., Flur ..., Flurstück .../... entsprechend den nachfolgend aufgeführten Plänen, Zeichnungen und Beschreibungen sowie nach Maßgabe der nachfolgend festgesetzten Nebenbestimmungen ein Entsorgungs- und Verwertungszentrum, bestehend aus einer Sonderabfallverbrennungsanlage mit einer Durchsatzleistung von 60 000 t Sonderabfall/Jahr, einer chemisch-physikalischen Behandlungsanlage mit einer Kapazität von 50 000 t Abfall/Jahr, gemeinsamen Nebeneinrichtungen sowie der Möglichkeit einer Inanspruchnahme der Sprühtrockner der Sonderabfallverbrennungsanlage zur Eindampfung von 22 000 t Fremdabwässern/Jahr zu errichten und zu betreiben. Die Genehmigung schließt die Baugenehmigung nach § 74 der Bauordnung des Landes ... sowie die wasserrechtlichen Eignungsfeststellungen gem. § 164 des Wassergesetzes für das Land ... und die gewerberechtlichen Erlaubnisse zur Lagerung brennbarer Flüssigkeiten nach VbF ein. Die Genehmigung erlischt, wenn nicht binnen 2 Jahren nach Bestandskraft mit dem Bau begonnen wird etc.

II. Auf folgende Antragsunterlagen und Gutachten wird Bezug genommen: Es folgen 26 Ordner (Anm.: Diese lagen insgesamt 13fach vor![46]), die ersten 4 Ordner enthalten: Formularsatz, Inhaltsverzeichnis, Kurzbeschreibung, Geschäftsgeheimnisse, Angaben zum Standort und zur Umgebung, Unterlagen für Genehmigungen, die von der Konzentrationswirkung nach § 13 BImSchG erfaßt sind, eine ergänzende Unterlage zur UVP, Angaben zu Maßnahmen nach Betriebseinstellung, Anlagen- und Verfahrensbeschreibung, Stoffangaben (Stoffmengen, Stoffdaten), Angaben zur Luftreinhaltung, zur Reststoffvermeidung und -entsorgung, zur Abwasserentsorgung, Wärmenutzungskonzept, Angaben zu Lärm, Erschütterungen und sonst. Immissionen, Ausführungen zur Anlagensicherheit (eine Sicherheitsanalyse nach StörfallV ist gesondert beigefügt), Angaben zum Arbeitsschutz, Brandschutz, zum Umgang mit wassergefährdenden Stoffen, Bauantrag.

III. Nebenbestimmungen gemäß § 12 BImSchG (s. obige Beispiele)

IV. Hinweise zu gesetzlichen Pflichten des Betreibers: Die Genehmigung erlischt, wenn die Anlage während eines Zeitraums von mehr als drei Jahren nicht mehr betrieben worden ist. Sie erlischt, wenn das Genehmigungserfordernis (durch Gesetzesänderung) aufgehoben wird. Die wesentliche Änderung von Lage, Beschaffenheit oder Betrieb bedarf einer erneuten Genehmigung. Bei Nichteinhalten einer Auflage kann der Betrieb untersagt werden (s.o.). Nach jeweils zwei Jahren muß der Betrieber mitteilen, ob und welche Abweichungen zum Genehmigungsantrag eingetreten sind. Nachträgliche Anordnungen können getroffen werden. Bauzustandsbesichtigungen durch die Bauaufsichtsbehörde sind zu dulden. Die vorgesehene landschaftspflegerischen Maßnahmen sind im einzelnen mit der unteren Naturschutzbehörde abzustimmen.

V. Begründung (nach einigen Vorbemerkungen zum Verfahren folgt die Zusammenfassende Darstellung)

VI. Kostenentscheidung: Auf das Verwaltungskostengesetz des Landes ... i.V.m. der allgemeinen Gebührenordnung des Landes wird Bezug genommen. Der Kostenbescheid ergeht gesondert.

VII. Rechtsbehelfsbelehrung: Gegen den Bescheid kann innerhalb eines Monats nach Zustellung schriftlich oder zur Niederschrift beim Regierungspräsidium ..., (Anm.: Adresse folgt), Widerspruch eingelegt werden. Es ist zweckmäßig, den Widerspruch zu begründen und einen bestimmten Antrag zu stellen.

Anlagen zum Bescheid: Angaben zu den Lagerbereichen und -behältern zur Lagerung flüssiger wassergefährdender Stoffe und brennbarer Flüssigkeiten, Erlaubnisbescheide gem. § 9 VbF, die weitere Nebenbestimmungen enthalten.

5.5.4
Ablauf des vereinfachten Verfahrens (ohne UVP)

Der Ablauf des vereinfachten Verfahrens unterscheidet sich vom im Abschn. 5.5.3 besprochenen förmlichen Verfahren nur dadurch, daß die Öffentlichkeitsbeteiligung und alle UVP-relevanten Schritte wegfallen. Alle anderen Pflichten der Behörde, wie mit dem Antragsteller auf seinen Wunsch hin Vorgespräche durchzuführen und ihm alle relevanten Unterlagen zugänglich zu machen sowie den Genehmigungsumfang, die benötigten Antragsunterlagen und Gutachten mitzuteilen sowie den Zeitablauf für das Genehmigungsverfahren festzulegen, sowie alle anderen Einzelheiten des Verfahrensablaufs, insbesondere der Behördenbeteiligung, bestehen hier wie dort.

---

[46] Für die zügige Behördenbeteiligung ist es zweckmäßig, die Unterlagen so zu gliedern, daß jede zu beteiligende Fachbehörde alle für ihre eigene Beurteilung notwendigen Angaben in *einem* Ordner findet.

Das vereinfachte Verfahren wird ohne UVP durchgeführt. Die gesetzlichen Anforderungen an die UVP bedeuten wegen der dort vorgeschriebenen Öffentlichkeitsbeteiligung automatisch ein förmliches Verfahren[47].

Die Frist vom Vorliegen der vollständigen Unterlagen bis zur Entscheidung beträgt drei Monate.

Auf Antrag des Vorhabenträgers wird statt des vereinfachten Verfahrens ein förmliches Verfahren durchgeführt. Er kann dann Interesse daran haben, wenn er an einem privatrechtlichen Bestandsschutz für seine Anlage interessiert ist (s. Abschn. 5.5.6).

5.5.5
Genehmigungsbescheid

Der Genehmigungsbescheid muß dem Antragsteller und, im förmlichen Verfahren, den Einwendern zugestellt werden. Die Zustellung an die Einwender kann gem. § 10 Abs. 8 BImSchG dadurch ersetzt werden, daß der verfügende Teil des Bescheides und die Rechtsbehelfsbelehrung nach denselben Bestimmungen wie für die öffentliche Bekanntmachung des Antrages öffentlich bekanntgemacht werden. Auf Auflagen ist dabei hinzuweisen. Im Fall der öffentlichen Bekanntmachung ist eine Ausfertigung des gesamten Bescheides vom Tage der Bekanntmachung an zwei Wochen zur Einsicht auszulegen. In der öffentlichen Bekanntmachung ist anzugeben, wo und wann der Bescheid und seine Begründung eingesehen und angefordert werden können. Mit dem Ende der Auslegungsfrist gilt der Bescheid auch gegenüber Dritten, die keine Einwendungen erhoben haben, als zugestellt; darauf ist in der Bekanntmachung hinzuweisen. Nach der öffentlichen Bekanntmachung können der Bescheid und seine Begründung bis zum Ablauf der Widerspruchsfrist von den Einwendern schriftlich angefordert werden.

Bei UVP-pflichtigen Vorhaben muß der Genehmigungsbescheid stets öffentlich bekanntgemacht werden, in anderen Fällen auch dann, wenn der Vorhabenträger dies beantragt.

5.5.5.1
Rechtsmittel gegen den Genehmigungsbescheid

Nach der Zustellung des Genehmigungsbescheides an den Antragsteller und die Einwender gibt es eine weitere wichtige Frist: Das Datum der Unanfechtbarkeit. Die Unanfechtbarkeit der Genehmigung bedeutet, daß kein Widerspruch gegen den Genehmigungsbescheid mehr möglich ist. Die im förmlichen Verfahren erteilte Genehmigung wird nach einem Monat, die im vereinfachten Verfahren erteilte Genehmigung nach einem Jahr unanfechtbar. Wenn im vereinfachten Verfahren Widerprüche betroffener Dritter nicht ausgeschlossen werden können, ist es möglich, diesen den Genehmigungsbescheid zuzustellen. In diesem Fall wird der

---

[47] Nicht jedoch umgekehrt: Die Durchführung eines förmlichen Verwaltungsverfahrens impliziert nicht automatisch eine UVP.

Genehmigungsbescheid gegenüber diesen Dritten nach einem Monat nach Zustellung unanfechtbar[48].

Widerspruchsberechtigt ist neben dem Antragsteller nur, wer sich durch die Genehmigung in seinen persönlichen Rechten verletzt sieht. Dies ist ein bedeutendes Merkmal des gesamten deutschen Anlagenzulassungsrechts: Eine Popularklage gibt es nicht, d.h. niemand kann gegen eine Genehmigung „zu Felde ziehen", die ihm aus irgendwelchen anderen Gründen nicht gefällt!

Bei förmlichen Genehmigungsverfahren gibt es darüberhinaus die Wirkung der *Präklusion*. Präklusion bedeutet: Nur wer im förmlichen Verfahren fristgerecht Einwendungen erhoben hat, ist später widerspruchs- und vor dem Verwaltungsgericht klageberechtigt. In diesem Verfahren müssen also beide Bedingungen für den Widerspruch erfüllt sein: Nur wer rechtzeitig Einwendungen erhoben hat und gleichzeitig die Verletzung eigener Rechte behauptet, ist widerspruchsberechtigt.

Einwendungen können von jedermann erhoben werden, d.h. natürlichen und juristischen Personen einschließlich Umweltverbänden. Umweltverbände sind jedoch nicht widerspruchsberechtigt, weil sie nicht in eigenen Rechten verletzt sein können (nur in einigen Landesnaturschutzgesetzen ist vorgesehen, daß die nach § 29 BNatSchG anerkannten Verbände insoweit widerspruchs- und klageberechtigt sind, als daß naturschutzrechtliche Bestimmungen nicht ausreichend berücksichtigt wurden; dies ist eine „Verbandsklage durch die Hintertür").

Der fristgerechte Widerspruch hat aufschiebende Wirkung, es sei denn, die Genehmigungsbehörde ordnet die sofortige Vollziehung an. Sie kann dies nach § 80 Abs. 1 Verwaltungsgerichtsordnung tun, wenn hierzu öffentliches Interesse oder das (andere Interessen) überwiegende Interesse eines Beteiligten (des Antragstellers) besteht, z.B. also dann, wenn mit Widersprüchen zu rechnen ist. Klagen gegen den Genehmigungsbescheid von Seiten der Projektgegner richten sich dann sehr häufig auf die Wiederherstellung der aufschiebenden Wirkung von Widersprüchen gemäß § 80 Abs. 5 Verwaltungsgerichtsordnung (im Genehmigungsjargon der sog. „80-fünfer-Antrag"). Über diese Dinge, die vor den Verwaltungsgerichten ausgetragen werden, können Jahre ins Land gehen.

Das Prozeßrisiko der Projektgegner im Verwaltungsgerichtsverfahren ist gegenüber Zivilklagen gering: Unterliegt ein Projektgegner im Verwaltungsgerichtsverfahen, so muß er nur die Kosten der Gegenseite, d.h. der Behörde, tragen. Im Zivilverfahren können aber die Kosten von Betriebsunterbrechungen bzw. der entgangene Gewinn von Seiten des Vorhabenträgers geltend gemacht werden. Deshalb werden oft Verwaltungsklagen gegen unerwünschte Genehmigungsbescheide, aber selten Zivilklagen auf Betriebseinstellung bzw. Unterlassung der Errichtung einer Anlage erhoben.

Zum Verwaltungsklageverfahren s. Kap. 2.

---

[48] Dies ist ebenso bei Baugenehmigungen mitunter ratsam, wenn nach Beginn der Bauarbeiten Widersprüche aus der Nachbarschaft zu erwarten sind. Den Nachbarn wird die Baugenehmigung dann zugestellt.

5.5.5.2
Rechtsfolgen unanfechtbarer Genehmigungen

Rechtsfolgen unanfechtbarer Genehmigungen können unterschieden werden in:

- Privat-(Zivil)rechtliche Folgen, d.h. die durch den Genehmigungsbescheid bewirkte rechtliche Stellung gegenüber in ihren Rechten betroffenen Nachbarn,
- Öffentlich-rechtliche Folgen: Dies betrifft die Bestandskraft der Genehmigung und Möglichkeiten der Behörde, sie aufzuheben oder zu ändern,
- Strafrechtliche Folgen: Dies betrifft die Strafbarkeit bei Verstößen gegen den Genehmigungsbescheid.

Tabelle 5.3 enthält diese Rechtsfolgen in einer Übersicht. Der öffentlich-rechtliche Bestandsschutz bedeutet, daß sich der Antragsteller grundsätzlich darauf verlassen kann, daß von Seiten der Behörden der Genehmigungsbescheid nicht wieder „kassiert" wird. Er kann aber, z.B. bei fortschreitendem Stand der Technik oder neuen Erkenntnissen über die Wirkungen von Immissionen, durch sog. nachträgliche Anordnungen nach § 17 BImSchG verschärft werden. Emissionswerte, die in Rechtsverordnungen zum BImSchG festgelegt sind, dürfen durch nachträgliche Anordnungen nicht verschärft werden.

Der privatrechtliche Bestandsschutz gilt gemäß § 14 BImSchG für im förmlichen Verfahren erteilte Genehmigungen. § 14 BImSchG gibt dem Antragsteller eine besondere Investitionssicherheit, indem er bestimmt, daß nach Unanfechtbarkeit der förmlichen Genehmigung niemand mehr Zivilklage gegen den Anlagenbetreiber auf Einstellung des Betriebes erheben darf, es sei denn, er hätte hierzu einen besonderen privatrechtlichen Titel. Es können nur Vorkehrungen zum Schutz vor Immissionen oder, wenn dies nicht möglich ist, Schadenenersatz verlangt werden. Dieser privatrechtliche Bestandsschutz ist aus Sicht des Antragstellers das stärkste Argument für die förmliche Genehmigung.

Verstöße gegen den Genehmigungsbescheid oder Zuwiderhandlungen gegen Anordnungen auf Einstellung des Betriebes haben die in Tabelle 5.3 dargestellten Folgen des Straf- und Ordnungswidrigkeitenrechts.

5.5.6
Genehmigungsvarianten

5.5.6.1
Teilgenehmigung, vorzeitiger Beginn und Vorbescheid

Grundsätzlich darf der Antragsteller vor Erhalt der immissionsschutzrechtlichen Genehmigung nicht einmal mit dem Bau der Anlage beginnen. Hierzu gibt es aber nach § 8a BImSchG eine Ausnahme: Auf Antrag kann die Behörde zulassen, daß bereits vor der Erteilung der Genehmigung mit der Errichtung einschließlich der Maßnahmen, die zur Prüfung der Betriebstüchtigkeit der Anlage erforderlich sind, begonnen wird, wenn mit einer Entscheidung zugunsten des Antragstellers gerechnet werden kann und ein öffentliches Interesse oder ein berechtigtes Interesse des

Antragstellers an dem vorzeitigen Beginn besteht (dies wird wohl selten nicht der Fall sein).

Weiterhin muß der Antragsteller sich verpflichten, in dem Fall, in dem er die Genehmigung wider Erwarten doch nicht erhält, den früheren Zustand wiederherzustellen, d.h. die Anlage abzubrechen und die Überreste der Baumaßnahme zu beseitigen.

Die Zulassung des vorzeitigen Beginns kann jederzeit widerrufen werden, unter Auflagen erteilt und mit einer Sicherheitsleistung verbunden werden, die der Antragsteller dafür leisten muß, daß er im Fall, daß er die Genehmigung nicht erhält, den früheren Zustand wieder herstellen wird.

Auf Antrag kann eine Genehmigung für die Errichtung eines Teils der Anlage erteilt werden (Teilgenehmigung nach § 8 BImSchG; auch Teilerrichtungsgenehmigung genannt), wenn die Genehmigungsvoraussetzungen für diesen Teil der Anlage vorliegen, ein berechtigtes Interesse an der Teilgenehmigung besteht (z.B. Dauer des Genehmigungsverfahrens bei Großanlagen) und eine vorläufige Beurteilung ergibt, daß der Genehmigung der gesamten Anlage keine von vornherein unüberwindlichen Hindernisse entgegenstehen. Diese Teilgenehmigung ist also nichts grundsätzlich anderes als die Genehmigung, aber gilt eben nur für einen Teil der Anlage.

§ 9 BImSchG bestimmt: Auf Antrag kann durch Vorbescheid über einzelne Genehmigungsvoraussetzungen (sog. Konzeptvorbescheid) sowie über den Standort der Anlage (Standortvorbescheid) entschieden werden, wenn die Auswirkungen der gesamten Anlage ausreichend beurteilt werden können und ein berechtigtes Interesse am Vorbescheid besteht. Der Vorbescheid wird unwirksam, wenn der Antragsteller nicht innerhalb von zwei Jahren nach Eintritt seiner Unanfechtbarkeit die Genehmigung beantragt. Zu den Konsequenzen des Vorbescheides s. Abschn. 4.4.2.

5.5.6.2
Änderungsgenehmigung

Änderungen an genehmigungsbedürftigen Anlagen haben ein große Bedeutung, weil sie *wesentlich* im Sinne des Bundes-Immissionsschutzgesetzes sein können. Wesentliche Änderungen erfordern eine Genehmigung. Dabei ist das Genehmigungsverfahren für die wesentliche Änderung einer Anlage, die im förmlichen Verfahren genehmigt werden muß, ebenfalls im förmlichen Verfahren, und zwar mitsamt UVP, durchzuführen! Entsprechend ist das Genehmigungsverfahren für die wesentliche Änderung einer Anlage, für deren Genehmigung das vereinfachte Verfahren ausreicht bzw. durchgeführt wurde, ebenfalls im vereinfachten Verfahren durchzuführen.

Das Gesetz spricht von der wesentlichen Änderung von Lage, Beschaffenheit und Betrieb der Anlage. Entscheidend dafür, ob eine wesentliche Änderung vorliegt, ist, ob dadurch eine Veränderung der Immissionen möglich ist. Demnach ist eine Veränderung der baulichen Hülle nicht unbedingt eine wesentliche Änderung. Eine Änderung der zugelassenen Brennstoffe einer Anlage ist eine wesentliche Änderung.

Tabelle 5.3. Rechtsfolgen unanfechtbarer, nach BImSchG erteilter Genehmigungen sowie strafrechtliche Folgen des unerlaubten Anlagenbetriebs

	Genehmigung im förmlichen Verfahren	**Genehmigung im vereinfachten Verfahren**
privatrechtliche Folgen	privatrechtlicher Bestandsschutz (s. Abschn. 5.4.2)	keine privatrechtsgestaltende Wirkung
öffentlich-rechtliche Folgen	genehmigungsrechtlicher Bestandsschutz öffentlich-rechtlicher Bestandsschutz auch gegenüber Klagen Dritter	
Ordnungswidrigkeiten	Errichtung oder wesentliche Änderung genehmigungsbedürftiger Anlagen ohne Genehmigung; Verstoß gegen Genehmigungsbestimmungen	
Straftaten	Betrieb genehmigungsbedürftiger Anlagen, wenn dieser untersagt wurde (§ 327 Abs. 2 StGB, s. auch Abschn. 5.2.1); Verstoß gegen Schutzgebietsverordnungen durch unerlaubten Anlagenbetrieb (§ 329 StGB); Verstoß gegen Genehmigungsbestimmungen, wenn dadurch bedeutende Schäden entstehen (§ 325 StGB)	

Die §§ 15 und 16 BImSchG enthalten die Bestimmungen zur Anlagenänderung. Der Anlagenbetreiber kann die wesentliche Änderung beantragen oder die beabsichtigte Änderung der Behörde anzeigen, die dann entscheidet, ob sie wesentlich ist oder nicht. Der Anzeige sind Unterlagen beizufügen, die die Beurteilung darüber zulassen. Nach Eingang der Unterlagen muß sich die Behörde binnen eines Monats äußern und mitteilen, daß keine wesentliche Änderung vorliegt – die Änderung folglich gestattet ist – oder weitere Unterlagen anfordern. Nichtäußerung während dieser Frist gilt als Zustimmung. Auch bei Änderungen, die nicht wesentlich sind, kann der Betreiber die Durchführung eines vereinfachten Genehmigungsverfahrens beantragen. Einer Änderungsgenehmigung bedarf es nicht, wenn Anlagenteile *im Rahmen der erteilten Genehmigung* lediglich ausgetauscht werden. Aus dieser Bestimmung wird deutlich, daß Detailkonstruktionen tunlichst nicht in die Anträge auf Genehmigung aufzunehmen sind, da eine Anlage grundsätzlich als wie beantragt genehmigt gilt (zzgl. entsprechender Nebenbestimmungen)!

Bei einer wesentlichen Änderung im förmlichen Verfahren kann auf die Auslegung der Antragsunterlagen auf Antrag des Vorhabenträgers abgesehen werden, wenn durch die Änderung allenfalls eine Verbesserung der Umweltsituation herbeigeführt werden kann.

Nur wenn die Änderungsunterlagen ausgelegen haben, gilt für die Änderung auch der privatrechtliche Bestandsschutz des § 14 BImSchG. Es gibt also Fälle, in denen der Anlagenbetreiber von sich aus Interesse an der Förmlichkeit des Änderungsverfahrens hat.

Über eine wesentliche Änderung bei Anwendung des förmlichen Verfahrens ist in allen Fällen – also auch bei Auslegung der Unterlagen – binnen sechs Monaten zu entscheiden, gerechnet ab Datum des vollständig vorliegenden Änderungsantrags.

Bei Neugenehmigungen werden für

– Großfeuerungsanlagen die Emissionsgrenzwerte der 13. BImSchV,
– bei Abfallverbrennungsanlagen der 17. BImSchV,
– bei allen übrigen Industrieanlagen der TA Luft

zugrunde gelegt. Wenn der Stand der Technik gegenüber den in diesen Vorschriften enthaltenen Grenzwerten fortgeschritten ist, wird aber gemäß § 5 Abs. 1 Satz 2 BImSchG dieser weitergehende Stand der Technik im Genehmigungsbescheid festgeschrieben.

Beantragt nun eine Anlagenbetreiber eine Änderungsgenehmigung, so ergibt sich folgende Situation: Auch bei wesentlichen Änderungen wird der fortgeschrittene Stand der Technik, wie dieser zum Zeitpunkt der wesentlichen Änderung vorliegt, von den Behörden verlangt, häufig – ohne die dafür notwendige gesetzliche Grundlage – auch für die Anlagenteile, die nicht geändert werden. Die Behörden gehen dabei von der Vorstellung aus, daß ja eine Anlage als Ganzes geändert werden soll. Das hat für den Anlagenbetreiber die unangenehme Folge, daß er sich plötzlich bei einer Anlagenänderung, selbst dann, wenn sie zu einer Verbesserung der Umweltsituation führen soll, weiterreichenden Forderungen der Genehmigungsbehörden gegenüber sieht. Seine Änderungen zur Verbesserung des Umweltschutzes darf er aber ohne Änderungsgenehmigung nicht durchführen. Bei Anlagen, deren Emissionswerte in Rechtsverordnungen, also der 13. und 17. BImSchV geregelt sind, dürfen ja auch keine nachträglichen Anordnungen zur weitergehenden Emissionsbegrenzung ergehen!

Praxisbeispiel: Co-Verbrennung von Abfällen in Industriefeuerungen.
§ 1 17. BImSchV bestimmt, daß Abfälle außer in Abfallverbrennungsanlagen (dies sind solche, für die die Emissionsgrenzwerte der 17. BImSchV gelten) auch in Industriefeuerungen und Kraftwerken verbrannt werden dürfen, wenn ihr Anteil an der Feuerungswärmeleistung 25% nicht übersteigt (sog. „Co-Verbrennung"). § 1 Abs. 3 17. BImSchV bestimmt Verbrennungseinheiten, für die dies nicht erlaubt ist.

Bei der Co-Verbrennung gelten für den tatsächlichen Anteil der Abfälle an der Feuerungswärmeleistung die Emissionsgrenzwerte der 17. BImSchV, für den übrigen Teil der Brennstoffe die für die Anlage sonst bestimmten Grenzwerte („Mischungsregel"). Wie oben schon angeführt, ist für diesen Anteil nicht der fortgeschrittene Stand der Technik zugrunde zu legen. Für die Genehmigung der Co-

Verbrennung muß ein Antrag auf wesentliche Änderung der Verbrennungsanlage gestellt werden, die wesentliche Änderung richtet sich dabei auf den zugelassenen Brennstoff.

Um nicht bei jeder Brennstoffänderung ein neues Genehmigungsverfahren durchlaufen zu müssen, empfiehlt es sich, die Co-Verbrennung für eine Reihe von Abfällen und Brennstoffmischungsverhältnisse (Abfallschlüsselnummern des Europäischen Abfallkataloges) zu beantragen (sog. Vielstoffgenehmigung nach § 6 Abs. 2 BImSchG).

5.5.6.3
Genehmigung aus nachträglicher Anordnung

Zur Immissionsbegrenzung bei allen genehmigungsbedürftigen Anlagen und zur Emissionsbegrenzung bei TA-Luft-Anlagen kann die zuständige Behörde gem. § 17 BImSchG nachträglich Anordnungen treffen, wenn diese verhältnismäßig sind. Ist zur Erfüllung der Anordnung eine wesentliche Änderung erforderlich, so ist das entsprechende Änderungsgenehmigungsverfahren durchzuführen.

Zur Verringerung der Emissionsfracht enthält § 17 Abs. 3a BImSchG sogar eine Kompensationsregelung: Auf nachträgliche Anordnungen zur Verringerung der Emissionen kann verzichtet werden, wenn der Betreiber einen Plan vorlegt, die Emissionen an seinen Anlagen *oder Anlagen Dritter* zu verringern. Die Durchführung des Plans ist durch Anordnung sicherzustellen.

5.6
Andere wesentliche Genehmigungen

5.6.1
Baugenehmigung

Die Baugenehmigung gehört zum Bauordnungsrecht. Dieses ist Sache der Länder. Die Behördenzuständigkeit für Baugenehmigungen ist landesgesetzlich, d.h. durch die Landesbauordnungen (das sind die Bauordnungsgesetze der Länder) geregelt. Meistens sind die unteren Verwaltungsbehörden, also Landkreise und kreisfreie Städte, Bauaufsichtsbehörden. Der Bauantrag wird in einigen Bundesländern (z.B. Sachsen) über die Gemeinde eingereicht, wenn er nicht, wie bei immissionsschutzrechtlichen Genehmigungsanträgen, zu den Antragsunterlagen eines anderen Verfahrens gehört.

Einfachere Vorhaben, die in der jeweiligen Landesbauordnung bestimmt sind, bedürfen keiner oder nicht zwingend einer Baugenehmigung, sondern nur einer Anzeige; andere Vorhaben sind ganz genehmigungsfrei. Hierbei handelt es sich um untergeordnete Gebäude geringer Größe, Nebengelasse, Einfriedungen etc.

Die technischen Anforderungen an den Bau, wie z.B. die zulässigen Abstände zum Nachbargrundstück, die Gebäudehöhe und der bauliche Brandschutz sind in der jeweiligen Landesbauordnung mit Verweisung auf die jeweils einschlägigen anderen technischen Vorschriften und Normen geregelt. Man muß also, wenn man ein Gebäude plant, zunächst die Landesbauordnung und die eventuell geltenden örtlichen Bauvorschriften (Bebauungsplan, aber auch kommunale Gestaltungssatzungen, soweit vorhanden) lesen.

5.6.1.1
Stellung der Gemeinde

Die Baugenehmigung darf außerhalb eines Bebauungsplans (oder wenn die Gemeinde noch keinen Beschluß zur Aufstellung des Bebauungplans gefaßt hat) nur im Einvernehmen mit der Gemeinde erteilt werden. Dies hängt damit zusammen, daß jedes Bauvorhaben außerhalb eines schon existierenden oder zur Aufstellung beschlossenene Bebauungsplans in die Planungshoheit der Gemeinde eingreift. Das Einvernehmen der Gemeinde ist jedoch nur für bauplanungsrechtliche Sachverhalte erforderlich. Die Bauaufsichtsbehörde darf sich über eine negative Stellungnahme der Gemeinde zu bauordnungsrechtlichen[49] Fragen hinwegsetzen. Die Gründe, aus denen die Gemeinde ihr Einvernehmen verweigern darf, sind in den §§ 31, 33, 34 und 35 BauGB abschließend bestimmt. Sie darf, kurz gesagt, nur dann das Einvernehmen verweigern, wenn das Vorhaben nach Art und Maß der baulichen Nutzung unzulässig ist oder wenn sie die ausreichende Erschließung nicht herstellen will (die Gemeinde ist Erschließungsträger). Zu den Definitionen der Art und des Maßes der baulichen Nutzung und der Zulässigkeit von Vorhaben im Innenbereich (§ 34 BauGB) und Außenbereich (§ 35 BauGB) s. ausführlich Abschn. 4.3.1.2.

Einvernehmen der Gemeinde ersetzt nicht die baurechtliche Zulässigkeit: Die Bauaufsichtsbehörde kann auch bei erteiltem Einvernehmen die Baugenehmigung versagen, nämlich dann, wenn es trotzdem nicht den Bestimmungen der Landesbauordnung entspricht!

Von praktischer Bedeutung sind die Konsequenzen für den Vorhabenträger, wenn die Gemeinde ihr Einvernehmen rechtswidrig versagt oder, was häufiger vorkommt, sich nicht entscheiden kann oder aus sachfremden Gründen gegen das Projekt eingestellt ist und daher ihre Stellungnahme verzögert.

Gem. § 36 Abs. 2 BauGB kann die Bauaufsichtsbehörde ein rechtswidrig versagtes Einvernehmen der Gemeinde ersetzen. Im immissionsschutzrechtlichen Verfahen darf dies die zuständige Behörde ebenfalls, da sie an die Stelle der Bauaufsichtsbehörde tritt. Das Einvernehmen der Gemeinde gilt als erteilt, wenn es nicht spätestens zwei Monate nach Eingang des Ersuchens der Genehmigungsbehörde verweigert wird; dem Ersuchen gegenüber der Gemeinde steht die Einreichung des Antrages bei der Gemeinde gleich, wenn diese nach Landesbauordnung vorgeschrieben ist (Anm.: Bei immissionsschutzrechtlichen Genehmigungsverfahren wird die Standortgemeinde ebenso wie die anderen Behörden mit einer Rückäußerungsfrist von einem Monat beteiligt, wobei Nichtäußerung als Zustimmung gilt).

Um eine verzögerte Weitergabe der Bauantragsunterlagen von der Gemeinde an die Bauaufsichtsbehörde zu unterbinden, ist z.B. in der Sächsischen Bauordnung bestimmt, daß die Baugenehmigung nach Ablauf von sechs Wochen als erteilt gilt,

---

[49] zum Unterschied Bauordnungsrecht – Bauplanungsrecht s. Abschn. 4.3.1.2.

wenn es sich um Vorhaben innerhalb eines Bebauungplans oder Vorhaben- und Erschließungsplans handelt oder wenn für das Bauvorhaben ein Vorbescheid nach § 66 SächsBO erteilt worden ist (Anm.: Auf Antrag kann zu einzelnen Fragen des Bauvorhabens ein Vorbescheid erteilt werden, der drei Jahre gilt).

5.6.1.2
Bauantragsunterlagen

Bauanträge müssen von den nach Landesbauordnung Bauvorlageberechtigten unterschrieben sein. Dies sind Architekten und Bauingenieure, die in einer Architektenrolle des Landes geführt werden; zusätzlich sind auch andere Architekten und Bauingenieure aus der EU bauvorlageberechtigt. Einzelheiten regelt die jeweilige Landesbauordnung. Für landesrechtlich geregelte sog. geringfügige Gebäude ist wiederum diese Bauvorlageberechtigung nicht erforderlich.

Der Bauantrag besteht aus dem Bauantragsformular und den Bauvorlagen. Formular und Vorlagen, auch in diesen verwendete Zeichen und Darstellungsarten, sind landesrechtlich in einer Rechtsverordnung zur Landesbauordnung bestimmt. Mindestens müssen das Formular und in etwa folgende Unterlagen dreifach eingereicht werden:

Lageplan: Amtlicher Lageplan auf der Grundlage der amtlichen Flurkarte in einem Maßstab nicht kleiner als 1:500 unter Angabe von:

1. Maßstab, Lage des Baugrundstücks zur Nordrichtung,
2. Grundstück und benachbarte Grundstücke nach Straße, Hausnummer, Grundbuch und Liegenschaftskataster unter Angabe der Eigentümer,
3. rechtmäßige Grenzen des Grundstücks, seinen Umringmaßen und seinem Flächeninhalt,
4. die Höhenlage der Eckpunkte des Grundstücks und die Höhenlage des engeren Baufeldes über NN,
5. die Breite und die Höhenlage angrenzender öffentlicher Verkehrsflächen über NN,
6. die vorhandenen baulichen Anlagen auf dem Grundstück und auf den benachbarten Grundstücken, bei Gebäuden auch mit Angabe ihrer Geschoßzahl, Wand- und Firsthöhen,
7. Denkmälern und geschützten Baumbeständen auf dem Bau- und den Nachbargrundstücken,
8. Flächen auf dem Grundstück, die von Baulasten betroffen sind,
9. Flächen auf dem Grundstück, die zu Gunsten der Träger von Energie- und Wasseranlagen belegt sind,
10. Hydranten und anderen Wasserentnahmestellen für Feuerlöschzwecke,
11. Bezeichnungen des Bebauungsplans mit den Festsetzungen über Art und Maß der baulichen Nutzung,
12. geplanten baulichen Anlagen unter Angabe der Außenmaße, Dachform, Wand- und Firsthöhen,
13. Abständen der geplanten baulichen Anlage zu öffentlichen Verkehrs-, Grün- und Wasserflächen,

14. der Aufteilung der nicht überbauten Flächen auf dem Grundstück mit Angabe
    der Lage, Anzahl und Größe der Stellplätze für Kfz,
15. der Lage der Entwässerungsgrundleitungen,
16. prüffähiger Berechnung der Grundfläche, Geschoßfläche und Zahl der Voll-
    geschosse und ihrer Baumasse für vorhandene und geplante bauliche Anlagen
    auf dem Grundstück,
17. festgesetzter Grundflächenzahl, Geschoßflächenzahl oder Baumassenzahl.

Bauzeichnungen. Im Maßstab von mindestens 1:100 sind darzustellen:

1. Maße, Brandverhalten, Feuerwiderstandsdauer der Bauteile; bei Änderungen:
   die zu beseitigenden und neuen Bauteile,
2. Grundrisse aller Geschosse mit Angabe über die vorgesehene Nutzung der
   Räume, die Treppen und Rampen, die Art und Anordnung der Türen an und
   in Rettungswegen, die Lage und Außenmaße der Abgasanlagen, Räume für
   die Aufstellung von Feuerstätten und die Brennstofflagerung, ortsfeste Behälter für schädliche oder brennbare Flüssigkeiten oder für verflüssigte oder
   nicht verflüssigte Gase,
3. Aufzugsschächte und die nutzbare Grundfläche der Fahrkörbe von Personen-
   aufzügen,
4. Lüftungsleitungen und Installationsschächte,
5. Feuermelde- und Feuerlöscheinrichtungen mit Angabe ihrer Art,
6. Aufstellungsort von Maschinen und Apparaten,
7. Schnitte, aus denen auch ersichtlich sind: Höhe des Erdgeschoßfußbodens
   über NN, Höhe des Fußbodens des höchstgelegenen Aufenthaltsraums über
   der Geländeoberfläche,
8. lichte Raumhöhen,
9. Anschnitt der vorhandenen und geplanten Geländeoberfläche,
10. die Höhe der Außenwände in dem zur Bestimmung der Abstandsflächen
    erforderlichen Umfang,
11. Höhen der Firste über der Geländeoberfläche und die Dachneigungen,
12. alle Ansichten mit dem Anschluß an Nachbargebäude unter Angabe von
    Baustoffen und -farben sowie der Geländeoberfläche und des Straßengefäl-
    les.

Baubeschreibung. In der Baubeschreibung gewerblicher genehmigungs- und er-
laubnisfreier Anlagen (Anm.: Erlaubnisse nach den auf Grund § 11 Gerätesicherheitsgesetz erlassenen Rechtsverordnungen) muß eine Betriebsbeschreibung Angaben enthalten über:

1. Art der gewerblichen Tätigkeit, Art und Zahl der Maschinen und Apparate,
   Art der Rohstoffe und der Erzeugnisse, Art ihrer Lagerung, insbesondere soweit sie feuer-, explosions- oder gesundheitgefährlich sind,
2. Art, Menge und Verbleib der Abfälle und des besonders zu behandelnden
   Abwassers,
3. Zahl der Beschäftigten.

Bautechnische Nachweise. Hierzu gehören:

1. Standsicherheit. Für die Prüfung der Standsicherheit müssen das gesamte statische System, die erforderlichen Konstruktionszeichnungen und Berechnungen vorgelegt werden. Hierzu muß auch die Beschaffenheit des Baugrunds und seine Tragfähigkeit nach DIN 1954 angegeben werden. Für diese Ermittlungen sind Baugrunduntersuchungen erforderlich.
2. Soweit erforderlich: Schallschutz nach Landesbauordnung i.V.m. den geltenden Schallschutznormen sowie
3. Wärmeschutz gem. Wärmeschutzverordnung,
4. Brandschutz nach Landesbauordnung i.V.m. den geltenden Brandschutznormen.

Die Fachplaner für diese Nachweise müssen ausreichend berufshaftpflichtversichert sein.

Sonstiges:
1. Soweit vorhanden ein Auszug des Bebauungplans bzw. des Vorhaben- und Erschließungsplans mit Eintragung des Baugrundstücks oder eine Kopie des Vorbescheids,
2. Erklärung des Bauvorlageberechtigten, daß die öffentlich-rechtlichen Vorschriften eingehalten werden und die Bauvorlagen vollständig erstellt sind,
3. Zum Bauantragsformular gehört auch eine Berechnung des umbauten Raums nach DIN 277 T.1 und der Baukosten. Für Gebäude, für die landesdurchschnittliche Rohbausätze je m³ umbauten Raumes nicht festgelegt sind, müssen die geschätzten Rohbaukosten angegeben werden, da hiernach die Genehmigungsgebühren erhoben werden.

Die Genehmigung wird mit grünem Stempel auf den Bauvorlagen erteilt und gilt nur für die so gekennzeichneten Vorlagen!

Durch die Baugenehmigung ist die Erlaubnis zum Baubeginn noch nicht erteilt worden, sondern hierzu bedarf es eines Baufreigabescheins. Dieser wird von der Bauaufsichtsbehörde erst erteilt, wenn die Ausführungsplanung mit den bautechnischen Nachweisen vorliegt und der vorgelegte Standsicherheitsnachweis geprüft wurde. Hierzu gibt es öffentlich zugelassene Prüfstatiker. Der Prüfstatiker wird von der Genehmigungsbehörde auf Kosten des Antragstellers – bei seiner Einwilligung – beauftragt. Korrekturen („Grüneintragungen") sind in die Unterlagen zu übernehmen. Die vom Prüfstatiker durch Prüfattest akzeptierte statische Berechnung wird einschließlich seines Prüfberichts Bestandteil der Bauvorlagen.

Die Bewehrung von Stahlbetonbauwerken muß vor dem Betonguß von einem Statiker abgenommen werden, der nicht als Prüfstatiker öffentlich zugelassen sein muß.

5.6.2
Planfeststellung

Planfeststellungsbedürftig sind u.a. folgende Vorhaben: Deponien (§ 31 KrW-AbfG), Herstellung, Beseitung oder Ausbau eines Gewässers und seiner Ufer

(§ 31 WHG), bergrechtlicher Rahmenbetriebsplan (§ 52 Abs. 2a BBerG), sofern das Bergbauvorhaben eine UVP erfordert.

Das Planfeststellungsverfahren ist ein seit der Mitte des 20. Jahrhunderts entwickeltes Genehmigungsverfahren für öffentliche Vorhaben (z.B. Straßen) und raumbedeutsame private Vorhaben (z.B. Deponien), das alle öffentlich-rechtlichen Beziehungen zwischen dem Träger des Vorhabens und den durch den Plan Betroffenen rechtsgestaltend regelt (§ 75 Abs. 1 VwVfG). Das bedeutet, daß es auch die Ermächtigungsgrundlage für Enteignungen enthält. Diese sind nur aus Gründen des Wohls der Allgemeinheit möglich. Darüberhinaus können Entschädigungsleistungen an Einzelne durch den Plan Betroffene bestimmt werden. Die Entschädigungen müssen im Plan geregelt sein, sonst gibt es keine Ansprüche auf Entschädigungen.

In dieser Hinsicht geht das Planfeststellungsverfahren über den Umfang und die Wirkung des förmlichen immissionsschutzrechtlichen Genehmigungsverfahrens noch hinaus. Die Regelung aller öffentlich-rechtlicher Beziehungen bedeutet auch eine vollständige Konzentrationswirkung des Planfeststellungsbeschlusses; es sind keine weiteren Genehmigungen oder Anzeigen erforderlich.

Die Einzelheiten des Planfeststellungsverfahrens sind in den §§ 72 ff. VwVfG abschließend geregelt. Der Ablauf ist dem des förmlichen immissionsschutzrechtlichen Genehmigungsverfahrens sehr ähnlich. Ein Unterschied liegt darin, daß nicht jedermann, sondern nur jeder durch den Plan Betroffene einwendungsbefugt ist. Bei größeren Projekten wie z.B. Autobahnen ist dieser Unterschied aber praktisch unbedeutend. Die Klagebefugnis gegen den Plan ist insoweit eingeschränkt, daß der Betroffene hier wie da nur aufgrund eigener Rechte klagen kann; die Klage auf Entschädigung hält den Plan nicht auf. In einigen Bundesländern können die nach § 29 BNatSchG anerkannten Verbände insoweit klagen, als Naturschutzbelange im Verfahren nicht ausreichend geprüft wurden.

Der Planfeststellungsbeschluß bietet auch privatrechtlichen Bestandsschutz für den Vorhabenträger.

5.6.3
Wasserrechtliche Erlaubnis und Bewilligung

Von der Konzentrationwirkung der immissionsschutzrechtlichen Genehmigung ausgenommen sind die Erlaubnis und Bewilligung für Gewässerbenutzungen.

Alle Gewässerbenutzungen erfordern eine Erlaubnis nach § 7 oder Bewilligung nach § 8 Wasserhaushaltsgesetz (WHG) durch die zuständige Landesbehörde. Gewässerbenutzung ist nach § 3 Abs. 1 WHG das Entnehmen und Ableiten von Wasser aus oberirdischen Gewässern sowie die Entnahme, das Zutagefördern, Zuleiten und Ableiten von Grundwasser. Wenn im Zuge von Erdbaumaßnahmen vorübergehend Wasserhaltung erforderlich wird, so entspricht diese schon einer Gewässerbenutzung nach WHG. Für das Einleiten von Wasser (in oberirdische Gewässer und das Grundwasser) darf die Erlaubnis und Bewilligung nur erteilt werden, wenn die Schadstofffracht so gering gehalten wird, wie dies nach dem Stand der Technik möglich ist (Anm.: Bei einer Genehmigung zur Einleitung in Kanalnetze gilt diese Bedingung nicht).

Die Erlaubnis wird, wenn es sich nicht zugleich um ein UVP-pflichtiges Vorhaben handelt, im vereinfachten Verfahren erteilt. Die Bewilligung wird grundsätzlich im förmlichen Verfahren erteilt.

Erlaubnis und Bewilligung unterliegen dem Bewirtschaftungsermessen der Behörden (anders als die Genehmigung nach dem BImSchG, für die der Antragsteller einen Rechtsanspruch hat, wenn sein Vorhaben allen Vorschriften genügt).

Die Bewilligung bietet einen weitgehenden privatrechtlichen Bestandsschutz: Hier gibt es gem. § 11 WHG keine Ansprüche Dritter auf Beseitigung der Störung, Unterlassung der Nutzung, Herstellung von Schutzeinrichtungen oder auf Schadenersatz. Die Rechtsfolgen sind in Tabelle 5.4 dargestellt.

5.6.3.1
Sonstige wasserrechtliche Genehmigungstatbestände

Die weiteren wasserrechtlichen Genehmigungstatbestände sind in Tabelle 5.1 am Ende von Abschn. 5.2 enthalten.

Hervorzuheben ist hierbei noch die Eignungsfeststellung durch die zuständige untere Wasserbehörde nach § 19h WHG für Anlagen zum Umgang mit wassergefährdenden Stoffen nach § 19g WHG (Anlagen zum Lagern, Abfüllen, Umschlagen, Herstellen, Behandeln und Verwenden wassergefährdender Stoffe). Die Eignungsfestellung ist eine wasserrechtliche Genehmigung. Sie ist gem. § 19h WHG nicht erforderlich für „Anlagen, Anlagenteile oder technische Schutzvorkehrungen einfacher und herkömmlicher Art", für die vorübergehende Lagerung, Bereitstellung oder Aufbewahrung zum Transport wassergefährdender Stoffe in (für den Gefahrguttransport) zugelassenen Transportbehältern, wenn sich die Stoffe im Arbeitsgang befinden oder in Laboratorien in für den Handgebrauch erforderlichen Mengen bereitgehalten werden. Die vorübergehende Lagerung umfaßt nach überwiegender Auffassung eine Frist von 24 Stunden. Der Arbeitsgang ist u.a. dadurch gekennzeichnet, daß die Behälter noch geöffnet sind.

Serienmäßig hergestellte Anlagen können der Bauart nach zugelassen werden; hierfür ist die untere Wasserbehörde zuständig, die für den Herstellungsort oder Sitz des Einfuhrunternehmens zuständig ist. Zur Definition der wassergefährdenden Stoffe s. Abschn. 4.3.1.6.

Tabelle 5.4. Rechtsfolgen der wasserrechtlichen Erlaubnis und Bewilligung

	Erlaubnis nach § 7 WHG	Bewilligung nach § 8 WHG
privatrechtlicher Bestandsschutz	keiner	gem. § 11 WHG
Befristungsmöglichkeit	nach § 7 Abs. 1 WHG	Regelfrist von 30 Jahren gem. § 8 Abs. 5 WHG
Widerrufsvorbehalt	gem. § 7 Abs. 1 WHG ohne Entschädigungsanspruch	gem § 12 WHG mit Entschädigungsanspruch
öffentlich-rechtlicher Bestandsschutz	keiner	im Rahmen der Befristung

5.6.4
Genehmigung gentechnischer Anlagen

Das Gentechnikrecht ist ein junges Gebiet, dessen Ursprünge vor etwa 25 Jahren in den U.S.A. lagen und das sich in Deutschland und anderen EU-Staaten parallel entwickelt hat. Die deutsche Gentechnikgesetzgebung setzt zum Teil die – parallel entstandene – EU-Gesetzgebung zur Gentechnik um.

Die spezifischen Probleme der Gentechnik liegen darin, daß gentechnisch veränderte Organismen, die ungewollt in die Umwelt gelangen, dort unkontrollierbare – und irreversible – Veränderungen hervorrufen können. Allerdings ist nach Ansicht eines Teils der Wissenschaft das Risiko durch gentechnisch veränderte Organismen nicht grundsätzlich höher als durch solche, die sich auf „natürlichem" Wege (d.h. durch Züchtung ohne Einsatz der Gentechnik) in ihren Genen verändert haben. Ein eher langfristiges Problem der Gentechnik wird zum Teil darin gesehen, daß sich auf diese Weise gewonnene sehr widerstandsfähige Arten rasch verbreiten und die natürliche Artenvielfalt weiter einschränken, und daß Adaptions- und Auslesevorgänge, zu denen bei natürlichen Genmutationen ausreichend Zeit vorhanden ist, nicht adäquat ablaufen können.

Die Gentechnikgesetze sind:

– Auf EU-Ebene: Richtlinie 90/219/EWG des Rates vom 23.4.1990 über die Verwendung von genetisch veränderten Mikroorganismen in geschlossenen Systemen (Systemrichtlinie),
– Richtlinie 90/220/EWG des Rates über die absichtliche Freisetzung genetisch veränderter Organismen in die Umwelt (Freisetzungrichtlinie).

In Deutschland ist das Gentechnikrecht bisher ausschließlich Bundesrecht und unterfällt der konkurrierenden Gesetzgebung:

• Gesetz zur Regelung der Gentechnik (Gentechnikgesetz – GenTG) in der Fassung vom 16.12.1993 mit den Rechtsverordnungen
• ZKBS – Verordnung über die Zentrale Kommission für die Biologische Sicherheit,
• GenTAufzV – Gentechnik-Aufzeichungsverordnung,
• GenTSV – Gentechnik-Sicherheitsverordnung,
• GenTAnhV – Gentechnik-Anhörungsverordnung,
• GenTVfV – Gentechnik-Verfahrensverordnung,
• BGenTGKostV – Bundeskostenverordnung zum Gentechnikgesetz,
• GenTBetV – Gentechnik-Beteiligungsverordnung,
• GenTNotfV – Gentechnik-Notfallverordnung.

In inhaltlichem Zusammenhang stehen auch die Biostoffverordnung zum Arbeitssicherheitsgesetz, die Technischen Regeln für biologische Arbeitsstoffe der Reihen 100 bis 500 sowie die Unfallverhütungsvorschrift VBG 102 - Biotechnologie.

Nachfolgend wird, entsprechend der Zielsetzung dieses Kapitels, die Genehmigung gentechnischer Anlagen erläutert. Der Begriff der gentechnischen Anlage ist in § 3 Nr. 4 GenTG so definiert: „Einrichtung, in der gentechnische Arbeiten ... im geschlossenen System durchgeführt werden und für die physikalische Schranken verwendet werden, gegebenenfalls in Verbindung mit biologischen oder chemischen Schranken, um den Kontakt der verwendeten Organismen mit Menschen und der Umwelt zu begrenzen" (Anm.: nicht auszuschließen!). Gentechnische Arbeiten sind lt. Nr. 2 die Erzeugung gentechnisch veränderter Organismen, die Verwendung, Vermehrung, Lagerung, Zerstörung oder Entsorgung sowie der innerbetriebliche Transport gentechnisch veränderter Organismen, soweit noch keine Genehmigung für das Freisetzen oder das Inverkehrbringen erteilt wurde. *Damit ist also auch eine Entsorgungsanlage für gentechnisch veränderte Organismen eine Anlage, die nach dem Gentechnikgesetz genehmigungsbedürftig ist.*

Die Genehmigungserfordernis der gentechnischen Anlage und der darin durchgeführten Arbeiten richtet sich danach, ob die Arbeiten zu Forschungs- oder gewerblichen Zwecken durchgeführt werden sollen ("Forschungsprivileg") und nach der sog. Sicherheitsstufe der gentechnisch veränderten Organismen. Hier wie im gesamten übrigen deutschen Recht der Biotechnologie hat sich dabei die Einstufung in vier Sicherheitsstufen durchgesetzt. Diese sind in § 7 GenTG definiert:

1. Sicherheitsstufe 1: Gentechnische Arbeiten, bei denen nach dem Stand der Wissenschaft nicht von einem Risiko für die menschliche Gesundheit und Umwelt auszugehen ist.
2. Sicherheitsstufe 2: Gentechnische Arbeiten, bei denen nach dem Stand der Wissenschaft von einem geringen Risiko für die menschliche Gesundheit und Umwelt auszugehen ist.
3. Sicherheitsstufe 3: Gentechnische Arbeiten, bei denen nach dem Stand der Wissenschaft von einem mäßigen Risiko für die menschliche Gesundheit und Umwelt auszugehen ist.
4. Sicherheitsstufe 4: Gentechnische Arbeiten, bei denen nach dem Stand der Wissenschaft von einem hohen Risiko oder dem begründeten Verdacht eines solchen Risikos für die menschliche Gesundheit und Umwelt auszugehen ist.

Die Zuordnung gentechnischer Arbeiten zu den Sicherheitsstufen ist in der Gentechnik-Sicherheitsverordnung geregelt.

Für die einzelnen Sicherheitsstufen bestehen folgende Genehmigungserfordernisse für die Errichtung und den Betrieb sowie die wesentliche Änderung der Lage, Beschaffenheit oder des Betriebes der Anlage:

- Sicherheitsstufe 1: Keine Genehmigung, sondern lediglich eine Anmeldung bei der nach Landesrecht zuständigen Behörde. Das Anmeldeverfahren ist in § 12 GenTG geregelt: Drei Monate nach Eingang der Anmeldeunterlagen (Formzwang, die Unterlegen werden in § 12 GenTG benannt) gilt die Anmeldung automatisch als erteilt.
- Sicherheitsstufen 2-4: Genehmigung. Eine UVP findet nicht statt. Die Einzelheiten des Genehmigungsverfahrens sind in der Gentechnik-Verfahrensverordnung zum GenTG bestimmt. Bei der Durchführung des Genehmigungsverfahrens holt die zuständige Behörde eine Stellungnahme der beim Robert-Koch-Institut dafür eingerichteten "Zentralen Kommission für die Biologische Sicherheit" ein.
- Für die Sicherheitsstufen 3-4 ist ein sog. Anhörungsverfahren (d.h. eine Öffentlichkeitsbeteiligung mit Auslegung der Unterlagen, Einwendungsmöglichkeit

für jedermann und Erörterungstermin) nach der Gentechnik-Anhörungs-verordnung zum GenTG in das Genehmigungsverfahren integriert, bei der Si-cherheitstufe 2 nur, wenn zugleich eine förmliche immissionsschutzrechtliche Genehmigung der Anlage erforderlich wäre (die hier nicht durchgeführt wird, weil die gentechnische Genehmigung der immissionsschutzrechtlichen Geneh-migung vorgeht!)

Die Genehmigung umfaßt die im Genehmigungsbescheid benannten gentechni-schen Arbeiten. Bei weiteren gentechnischen Arbeiten der Sicherheitsstufen 2 bis 4 und Forschungsarbeiten einer höheren Sicherheitsstufe ist eine neue Anla-gengenehmigung erforderlich, sonst lediglich eine Anmeldung. Bei weiteren gen-technischen Forschungsarbeiten ist hiervon abweichend lediglich eine Aufzeich-nungspflicht vorgesehen (keine Anmeldung).

Die im förmlichen Verfahren (d.h. hier mit der sog. Anhörung) erteilte gentech-nische Genehmigung bietet privatrechtlichen Bestandsschutz analog zur förmli-chen Genehmigung des BImSchG. Die Genehmigung soll in drei Monaten erteilt werden, was angesichts der Öffentlichkeitsbeteiligung und notwendigen Stellung-nahme des Robert-Koch-Institutes knapp erscheint. Allerdings wirkt sich der Weg-fall der UVP-Verfahrensschritte möglicherweise verkürzend auf die Dauer des Genehmigungsverfahrens aus.

Neben der Errichtung und dem Betrieb von gentechnischen Anlagen und der Durchführung anderer gentechnischen Arbeiten (d.h. einer Änderung des Betrie-bes; das GenTG führt den Genehmigungstatbestand der gentechnischen Arbeiten gesondert auf) unterliegt die Freisetzung gentechnischer Organismen im Inland und in anderen EU-Staaten besonderen Genehmigungsvorbehalten, die im GenTG und in der Gentechnik-Beteiligungsverordnung zum GenTG geregelt sind.

5.6.5
Anzeigen und Erlaubnisse für überwachungsbedürftige Anlagen nach Verordnungen zu § 11 Gerätesicherheitsgesetz (vormals § 24 Gewerbeordnung)

Folgende Rechtsverordnungen – zu denen verschiedene in den Rechtsverordnun-gen bezeichnete Anlagen gehören – existieren:

- Acetylenverordnung,
- Aufzugsverordnung,
- Verordnung über brennbare Flüssigkeiten (VbF),
- Dampfkesselverordnung,
- Druckbehälterverordnung,
- Verordnung über elektrische Anlagen in explosionsgefährdeten Bereichen,
- Verordnung über Gashochdruckleitungen,
- Getränkeschankanlagenverordnung,
- Medizingeräteverordnung,
- Kostenverordnung für die Prüfung überwachungsbedürftiger Anlagen.

Für einen Teil der durch diese Verordnungen erfaßten Anlagen ist vor Inbetrieb-nahme eine Erlaubnis durch das zuständige Gewerbeaufsichtsamt erforderlich, für einen Teil genügt eine Anzeige (s. Tabelle 5.1). Besonders häufig sind die Anzeige und Erlaubnis für die Lagerung brennbarer Flüssigkeiten nach VbF (s. Tabelle 5.5). Zusätzlich sind Abnahmeprüfungen und wiederkehrende Prüfungen (s. auch Abschn. 5.10) erforderlich, was durch den Ausdruck „überwachungsbedürftige Anlagen" zum Ausdruck kommt. Diese Prüfungen werden traditionell (schon seit dem vorigen Jahrhundert) von den Technischen Überwachungsvereinen (TÜV) durchgeführt, die hierfür, zuerst für Dampfkesselanlagen, von der gewerblichen Wirtschaft als Selbsthilfeorganisationen gebildet wurden. Größere Unternehmen haben betriebseigene technische Überwachungsstellen („Eigenüberwachung"), die vom Gewerbeaufsichtsamt anerkannt werden müssen.

Im Rahmen des Erlaubnisverfahrens (nicht förmliches Verwaltungsverfahren, d.h. ohne Öffentlichkeitsbeteiligung) werden von den Gewerbeaufsichtsämtern die geltenden technischen Bestimmungen überprüft. Diese sind nicht nur in den Verordnungen selbst enthalten, sondern vor allem in den dazu erlassenen „Technischen Regeln", die von Fachausschüssen erarbeitet werden, die außerdem die Bundesregierung oder den zuständigen Bundesminister in einschlägigen Fragen beraten.

Tabelle 5.5. Anzeige und Erlaubnis nach VbF. Der erste Zahlenwert in Spalte 3 und 4 ist die Mengenschwelle für die Anzeigepflicht, der zweite Wert für die Erlaubnispflicht. Gefahrklassen A sind mit Wasser nicht mischbare brennbare Flüssigkeiten, A I mit einem Flammpunkt unter 21°C (z.B. Benzin), A II unter 55 °C (z.B. Xylol), B sind in Wasser bei 15°C lösliche (d.h. mit Wasser mischbare Flüssigkeiten, z.B. verschiedene Alkohole) mit einem Flammpunkt unter 21°C. Leichtes Heizöl hat einen Flammpunkt, der über 55 °C liegt, und ist damit von der Anzeigepflicht frei.

1	2	3	4
Ort der Lagerung	Art der Behälter	Lagermenge in Litern Gefahrklasse A I	Lagermenge in Litern Gefahrklassen A II o. B
Lagerräume über und unter Erdgleiche	zerbrechliche Gefäße	60/200	200/1000
	sonstige Gefäße	450/1000	3000/5000
Läger für oberirdische Behälter im Freien	zerbrechliche Gefäße	-/0	25/100
	sonstige Gefäße	450/1000	3000/5000
Läger für unterirdische Tanks mit weniger als 0,8 m Erddeckung		0/1000	0/5000
Läger für unterirdische Tanks mit min. 0,8 m Erddeckung		0/10000	0/30000

Die für die überwachungsbedürftigen Anlagen geltenden Regelwerke sind:

- *Dampfkessel.* Technische Regeln für Dampfkessel (TRD) und sicherheitstechnische Richtlinien (SR);
- *Druckbehälter.* Technische Regeln Druckbehälter (TRB) und Druckgase (TRG), Unfallverhütungsvorschrift VBG[50] 61: Gase, VDTÜV: AD-Merkblätter (Arbeitsgemeinschaft Druckbehälter), Heymanns-Verlag Köln;
- *Gashochdruckleitungen.* Technische Regeln für Gashochdruckleitungen (TRGL),
- *Aufzüge.* Technische Regeln für Aufzüge (TRA), dazu Richtlinien gem. ZH 1-Verzeichnis des Hauptverbandes gewerblicher Berufsgenossenschaften,
- *Elektrische Anlagen in explosionsgefährdeten Bereichen.* DIN VDE 0165, DIN VDE 0170/0171 T1-10, VDI 2263, VDI 3673, Explosionsschutz-Richtlinien der BG Chemie, Veröffentlichungen zum Explosionsschutz für Staub-Luft-Gemische: Bartknecht W (1980): Explosionen, 2. Aufl. Springer Verlag, Kühnen G, Beck H (1987): Grundlegende Fragen der Sicherheitstechnik bei Staubbränden und Staubexplosionen, VDI-Berichte 494 S. 25, Veröffentlichung zu Explosionen von Brenngas-Luft-Gemischen: Nabert K, Schön G (1980): Sicherheitstechnische Kennzahlen brennbarer Gase und Dämpfe, Deutscher Eichverlag Braunschweig.
- *Acetylenanlagen.* Technische Regeln für Acetylenanlagen und Calciumcarbidläger (TRAC) und VBG 15, Richtlinien lt. ZH 1-Verzeichnis, Stichworte Acetylen und Schweißen, VDTÜV: Acetylen-Bestimmungen, Heymanns-Verlag Köln.
- *Brennbare Flüssigkeiten.* Technische Regeln für brennbare Flüssigkeiten (TRbF), Nabert K, Schön G (1980): Sicherheitstechnische Kennzahlen brennbarer Gase und Dämpfe, Deutscher Eichverlag Braunschweig.
- *Medizinisch-Technische Geräte.* VBG 103.

Die Technischen Regeln sind im Bundesarbeitsblatt veröffentlicht und werden laufend aktualisiert.

5.6.6
Anlagengenehmigungen des Abfallrechts

Im Abfallrecht, geregelt bundeseinheitlich im Kreislaufwirtschafts- und Abfallgesetz (KrW-AbfG) gibt es folgende Genehmigungstatbestände:

Errichtung und Betrieb sowie wesentliche Änderung von ortsfesten Anlagen zur Lagerung oder Behandlung von sog. Abfällen zur Beseitigung. Diese Anlagen sind genehmigungsbedürftig nach BImSchG, einer weiteren Zulassung nach Abfallrecht bedarf es nicht.

Die Errichtung und der Betrieb sowie die wesentliche Änderung von Deponien bedürfen einer Planfeststellung inkl. UVP. In denjenigen Fällen, die in § 31 Abs. 3 KrW-AbfG bestimmt sind, genügt eine Plangenehmigung nach Verwaltungsverfahrensgesetz (nichtförmliches Verfahren). Dies gilt z.B. für Versuchsdeponien;

---

[50] Unfallverhütungsvorschriften der gewerblichen Berufsgenossenschaften werden unter sog. VBG-Nummern aufgelistet.

diese können maximal 2 Jahre mit einer Plangenehmigung betrieben werden. Eine Verlängerung um ein weiteres Jahr ist zulässig. Deponien für besonders überwachungsbedürftige Abfälle erfordern jedoch immer eine Planfeststellung.

5.7
Besondere Antragsunterlagen

5.7.1
Immissionsprognose für Luftschadstoffe [51]

Der nachstehende Beitrag soll dem Ingenieur einen kurzgefaßten Überblick über die Durchführung von Immissionsprognosen geben. Es wird dabei weniger auf den bekannten Formalismus bei Standard-Immissionsprognosen nach TA Luft eingegangen (siehe z.B. [Kal86]); es werden vielmehr die naturwissenschaftlichen Gegebenheiten umrissen und es wird auf die über die TA Luft hinaus vorhandenen Methoden eingegangen. Für vertieften Wissensbedarf wird jeweils weiterführende Literatur benannt. Der Beitrag bezieht sich im wesentlichen auf Industrieanlagen, für Informationen über weitere wichtige Anwendungen wie z.B. die Immissionsprognose von Autoabgasen oder von Geruchsstoffen aus Anlagen der Landwirtschaft wird auf die entsprechenden Richtlinien des Vereins Deutscher Ingenieure, z.B. VDI 3782/8 (Ausbreitungsrechnung von Kfz-Emissionen) oder VDI 3788/1 (Ausbreitung von Geruchsstoffen in der Atmosphäre) verwiesen.

Für die Erstellung einer Immissionsprognose sind folgende Eingangsdaten erforderlich: Emissionen und Abmessungen der Anlage, Immissionsvorbelastung im Untersuchungsgebiet und meteorologische Verhältnisse im Untersuchungsgebiet. Auf der Basis dieser Eingangsdaten wird eine Ausbreitungsbestimmung (Berechnung oder Messung im Windkanal) durchgeführt, aus deren Ergebnis die Immissionsprognose abgeleitet wird. Im vorliegenden Beitrag wird auf diese Schritte näher eingegangen.

Bei einer Immissionsprognose ist von Anfang an darauf zu achten, daß sie der Fragestellung angepaßt erfolgt. Dies erfordert zunächst die Definition des Untersuchungsziels, wobei zu klären ist, ob z.B. für erste Plandiskussionen oder Variantenvergleiche nur ein Schätzwert für die Immissionen erarbeitet werden soll oder ein belastbarer Wert für eine Anlagengenehmigung. Diese Anforderung bestimmt den Aufwand, der sinnvoll in die Beschaffung der Eingangsdaten gesteckt werden kann und möglicherweise auch die Wahl des Ausbreitungsmodells. Hier liegt also ein erster Schlüssel zur Aufwands- und Kostenminimierung. Wenn nur Abschätzungen erwartet werden, oder wenn z.B. keine belastbaren Eingangsdaten vorhanden sind, dann ist der Einsatz aufwendiger Vorbelastungsmessungen oder aufwendiger, teurer Ausbreitungsmodelle nur von eingeschränktem Nutzen. Zu beachten ist weiterhin, daß es sich bei einer Immissionsprognose immer nur um eine Modellierung handelt, also ein vereinfachtes Abbilden der Vorgänge in der Natur. Aufgrund dieser Vereinfachungen können die Ergebnisse von Immissionsprogno-

---

[51] Von Dr.-Ing. Achim Lohmeyer, Ingenieurbüro Dr.-Ing. Achim Lohmeyer, Karlsruhe und Dresden

sen von den realen Verhältnissen in der Natur abweichen. Dies ist bei der Interpretation von Immissionsprognosen jeweils im Auge zu behalten.

5.7.1.1
Emissionen

Folgende Emissionsdaten sind z.B. gewöhnlich für die Prognose der Immissionen durch die Emission aus einem Schornstein erforderlich: Art des luftverunreinigenden Stoffes, pro Zeiteinheit emittierte Masse dieses Stoffes, Volumenstrom feucht und trocken, Temperatur der Abgase aus dem Schornstein, Mündungsdurchmesser und Höhe des Schornsteins. Zusätzlich können ggf. weitere Daten erforderlich sein, z.B. bei Immissionsprognosen für Staub die Korngrößenverteilung des Staubes, bei radioaktiven Emissionen die Aktivität etc. Es gibt hier je nach Anwendungsfall eine Vielzahl von Anforderungen. Diese Emissionen der Anlage sind im allgemeinen für den bestimmungsgemäßen Betrieb entweder durch Angaben des Anlagenherstellers oder durch Emissionsmessungen bekannt.

5.7.1.2
Immissionsvorbelastung

Zur Bewertung der Immission wird im allgemeinen die sogenannte Gesamtbelastung herangezogen. Die Gesamtbelastung ist die Summe aus der durch die Anlage verursachte Immission (genannt Zusatzbelastung) und der bereits ohne die Anlage oder den näher betrachteten Anlagenteil vorliegende Immission (genannt Vorbelastung). Die Immissionsvorbelastung kann entweder durch bestehende Routine- oder anlagenbezogene Rastermessungen bekannt sein oder sie kann für die Anlagenplanung gezielt erhoben werden (siehe TA Luft, 1986, dort Abschnitt 2.6). Falls Schätzwerte ausreichen, sind dafür oft auch bei den obersten Immissionsschutzbehörden der Länder Informationen über anzusetzende Werte vorhanden. Auch das Internet kann für eine Abschätzung der Luftschadstoffvorbelastung geeignete Informationen über die Luftschadstoffbelastung bieten, z.B. das Umweltbundesamt unter http://www.umweltbundesamt.de oder die Bundesländer, z.B. das Landesumweltamt Nordrhein-Westfalen unter http://www.lua.nrw.de. Andere Bundesländer sind mit ähnlichen Seiten vertreten. Anhaltswerte für die bundesweite Luftschadstoffvorbelastung sind z.B. auch zu finden in den „Daten zur Umwelt" (1997) des Umweltbundesamtes. Für die wichtigsten Luftschadstoffkomponenten innerhalb und außerhalb von Städten gibt es z.B. auch pauschale Angaben im Merkblatt über Luftverunreinigungen an Straßen, MLuS-92, Stand 1998, dort Kapitel Default-Vorbelastungswerte im Handbuch des dazugehörenden PC-Programms. Dieses Handbuch kann als Word-Dokument kostenlos aus dem Internet unter http://www.sfi-software.de heruntergeladen werden.

5.7.1.3
Meteorologie

Für die Immissionsprognose als Folge einer Anlage im bestimmungsgemäßen Betrieb ist im Standardfall eine sogenannte Ausbreitungsklassenstatistik erforderlich, das ist eine Statistik, welche die normierte Häufigkeit der einzelnen Windrichtungen, Windgeschwindigkeiten und Ausbreitungsklassen enthält. Die Ausbreitungsklassen beschreiben dabei die „Verdünnungsfähigkeit" für Abgasfahnen bzw. die Durchmischungsfähigkeit der Atmosphäre. Bei niedrigen Windgeschwindigkeiten hat man z.B. bei der Ausbreitungsklasse „labil" tagsüber bei Sonnenschein gute Ausbreitungsverhältnisse, denn vom von der Sonne erwärmten Boden steigen sogenannte Thermale (warme Luftpakete) auf und sorgen so für eine relativ gute vertikale Durchmischung der Luftschichten und damit Verdünnung der Abgase. Das Gegenteil, eine sogenannte „stabile" Ausbreitungsklasse (Inversionswetterlage) liegt z.B. nachts bei wolkenarmem Himmel vor, wenn der kalte Erdboden die Luft in Bodennähe abkühlt, so daß die Luft in Bodennähe kälter ist als in größeren Höhen. Weil kalte Luft schwerer ist als warme Luft, wird damit der vertikale Austausch von Luft behindert, die Ausbreitung von Abgasfahnen in vertikaler Richtung und damit ihre Verdünnung ist dann geringer als im Fall labiler Schichtung. Für ebenes Gelände sind beim Deutschen Wetterdienst, Offenbach, meist auf das Untersuchungsgebiet übertragbare, gemessene Ausbreitungsklassenstatistiken vorhanden. In topographisch gegliedertem Gelände sind die Windverhältnisse modifiziert. Bei Ausbreitungsrechnungen in solchem Gelände ist darauf zu achten, daß man dafür repräsentative Windverhältnisse zugrunde legt. Je nach örtlichen Verhältnissen und Anforderungen wird dann manchmal mit einer einzigen, für das ganze Untersuchungsgebiet repräsentativen (modifizierten) Ausbreitungsklassenstatistik gerechnet, z.B. im Rahmen einer Ausbreitungsrechnung nach TA Luft. Diese Ausbreitungsklassenstatistik kann vor Ort gemessen oder mit einem numerischen Strömungsmodell errechnet (z.B. [Schä96], dort Kapitel 7) oder von einem anderen Ort übertragen werden. Nähere Angaben bezüglich solcher, beim meteorologischen Input für Immissionsprognosen zu beachtenden Gegebenheiten und angemessene Vorgehensweisen, sind z.B. im Merkblatt „Anforderungen an die meteorologischen Eingangsdaten für Ausbreitungsrechnung nach TA Luft" des Länderausschuß für Immissionsschutz [LAI97] zu finden.

Wenn die Strömungsverhältnisse im Untersuchungsgebiet deutlich ortsabhängig sind, wird oft mit 3-dimensionalen numerischen Modellen gerechnet, welche für jeden Untersuchungspunkt des Untersuchungsgebiets die örtlichen Strömungsverhältnisse errechnen und für eine Ausbreitungsrechnung bereitstellen; siehe z.B. das später angesprochene Partikelmodell LASAT [Jan98]. Dieses ist z.B. auch in der Lage, modernere Stabilitätskriterien der Atmosphäre zu verarbeiten und zwar in Form sogenannter Monin-Obukhov-Längen (siehe z.B. [Pla82]) an Stelle der o.a. Ausbreitungsklassen. Da die dafür erforderlichen zusätzlichen Eingangsdaten derzeit jedoch meist nicht vorliegen, wird auch in der praktischen Anwendung von LASAT überwiegend mit Ausbreitungsklassen gearbeitet.

5.7.1.4
Ausbreitungsbestimmung

Die Ausbreitung von Luftschadstoffen in der Atmosphäre kann entweder durch Modellrechnungen oder durch Messungen an Modellen im Windkanal oder durch Analogieschlüsse auf Basis von Messungen in der Natur bestimmt werden. Auf die ersten beiden Methoden wird im folgenden kurz eingegangen.

5.7.1.4.1
Ausbreitungsrechnung

Die Ausbreitungsrechnung für den bestimmungsgemäßen Betrieb einer Anlage wird anders behandelt als die Ausbreitungsrechnung bei Störfällen. Im bestimmungsgemäßen Betrieb treten die Emissionen im allgemeinen gefaßt aus einem Schornstein aus, die Emissionen sind bekannt und die Immissionsprognose soll flächengemittelte Jahresmittelwerte und 98-Perzentilwerte der Immissionen liefern, also statistische Kenngrößen der Immissionsbelastung. Im Störfall geht es meist um bodennahe Emissionen, evtl. auch noch in Bereichen, in denen die Ausbreitung von Gebäuden beeinflußt ist. Für die Emission ist meist nur ein Schätzwert bekannt und bezüglich der Immissionen geht es nicht um die Bestimmung statistischer Kenngrößen, sondern darum, kurzfristig diejenigen Zonen zu ermitteln, in denen Explosionsgefahr oder giftige Atmosphäre herrscht, so daß Betrieb und Rettungskräfte auf diese Situationen reagieren können. Die Ausbreitungsrechnung muß in einem solchen Fall in das gesamte Störfallmanagement eingebunden sein.

5.7.1.4.2
Bestimmungsgemäßer Betrieb

In Deutschland wird die Immissionsprognose im Standardfall mit dem Ausbreitungsmodell nach Anhang C der TA Luft (1986) durchgeführt. Ein physikalisch verbessertes Modell ist mit der Richtlinie VDI 3782/1 (1992) gegeben. Diese berücksichtigt die seit dem Erscheinen der TA Luft (1986) erreichten Fortschritte auf dem Gebiet der Ausbreitungsmodellierung mit den sogenannten Gaußfahnenmodellen. Beide Verfahren sind konzipiert für ebenes Gelände und ohne den Einfluß von Gebäuden auf die Ausbreitung der Abgase. Nicht ebenes Gelände kann aber hilfsweise über diverse VDI-Richtlinien berücksichtigt werden, siehe dazu z.B. Angaben in [LAI97], dort Abschnitt 3.2. Auch der Einfuß von Gebäuden auf die Ausbreitung von Schornsteinabgasen kann für das Modell der TA Luft hilfsweise berücksichtigt werden und zwar mit dem im Auftrag des Umweltbundesamtes entwickelten Modell AUSTAL [Fat87]. Im Fall des Vorliegens von Topographie kann bei entsprechenden Ansprüchen an die Qualität des Ergebnisses der Ausbreitungsrechnung der Einsatz von 3-dimensionalen numerischen Modellen sinnvoll sein. Dabei wird ein 3-dimensionales Gitternetz über das Untersuchungsgebiet gelegt. An jedem Gitterpunkt wird mit einem Strömungsmodell die Windrichtung und die Windgeschwindigkeit errechnet. Dann wird in diesem Windfeld die Ausbreitung modelliert. Empfehlungen bezüglich der Vorgehensweisen bei der Anwendung solcher Modelle sind teilweise in Form von VDI-Richtlinien veröffentlicht, z.B. Richtlinie VDI 3945/3 „Atmosphärische Ausbreitungsmodelle. Partikelmodell", teilweise sind solche Richtlinien noch in Arbeit. Eine Angabe der jeweils veröffentlichten Richtlinien ist z.B. im Internet unter http://www.beuth.de zu finden. In der Praxis in Deutschland ist das derzeit wohl am häufigsten eingesetzte Modell für solche Fälle das Modell LASAT (siehe http://www.janicke.de). Wenn auch Gebäudeeinflüsse zu berücksichtigen sind, wird es oft in Verbindung mit dem Modell MISKAM (siehe http://www.lohmeyer.de/IND) eingesetzt. Nähere Information über die physikalischen Grundlagen modernerer Ausbreitungsmodelle finden sich z.B. in [Zen98], nähere Information über in Deutschland und Europa eingesetzte Modelle inklusive Demoversionen und Anwendungsbeispielen in http://aix.meng.auth.gr/AIR-EIA.

5.7.1.4.3
Störfälle

Wie zuvor erwähnt, sind bei Immissionsprognosen als Folge von Störfällen Einzelsituationen zu betrachten und auch exotische Emissionen, z.B. solche von Schwergas oder Flüssiggas, welches sich in der Atmosphäre anders ausbreitet als ein Gas mit der Dichte der umgebenden Luft oder eine Schornsteinfahne. Der VDI hat sich dieses Problems angenommen. Vorgehensweisen zur Ausbreitungsrechnung störfallbedingter Freisetzungen im Rahmen der Sicherheitsanalyse nach der Verwaltungsvorschrift zur Störfallverordnung sind für auftriebsbehaftete und dichteneutrale Gase empfohlen in der Richtlinie VDI 3783/1, für schwere Gase gibt diese Information die Richtlinie VDI 3783/2. Ein Überblick mit strukturierter Suchfunktion über die vielen in Europa vorhandenen und eingesetzten Modelle für die Ausbreitungsrechnung in Störfällen läßt sich im Internet gewinnen mit Hilfe des Model Documentation System (MDS) der European Environmental Agency (EEA) unter der Adresse http://aix.meng.auth.gr/lhtee/database.html. Für den Einsatz bei akuten Störfällen gibt es als Hilfe für Störfallleitzentralen der Industrie, des Katastrophenschutzes und der Feuerwehren diverse Programmsysteme, auf dem deutschen Markt z.B. COMPAS (Brenk Systemplanung, http://www.brenk.com), DISMA (TÜV Ostdeutschland, Berlin), SAFER (SAFER Sytems, http://www.safersystem.com), SAMS (Ingenieurbüro Lohmeyer, http://www.lohmeyer.de/IND/) und andere.

5.7.1.4.4
Ausbreitungsmessung im Windkanal

Wenn für die Bestimmung der Ausbreitung von Luftschadstoffen Rechenmodelle nicht oder nur mit untragbarem Qualitätsverlust einsetzbar sind, z.B. im Fall allzu komplexer Gebäudestrukturen oder bei exotisch geformten Gebäuden, dann kann eine Vermessung der Ausbreitung im Windkanal angebracht sein. Ein Beispiel für die dabei typische Vorgehensweise ist z.B. in Schatzmann et al. [Scha87] dargestellt. Die Richtlinie VDI 3783/12 „Physikalische Modellierung von Strömungs-

und Ausbreitungsvorgängen in der atmosphärischen Grenzschicht" gibt für solche Arbeiten detaillierte Hinweise und dient der Qualitätssicherung. Ein Beispiel für die Beschreibung eines konkreten Projekts ist z.B. in [Scha86] zu finden. Dort sind Messungen für die grundlegende Untersuchung der Genehmigungsfähigkeit der Rauchableitung von Kraftwerken über deren Naturzugkühltürme (anstelle von Schornsteinen) beschrieben. Der Windkanal wurde in diesem Beispiel für die Ausbreitungsbestimmung eingesetzt, weil es um die Ausbreitung im Einflußbereich sehr komplexer Gebäudestrukturen und vor allem auch runder Körper (der Naturzugkühltürme bei Starkwind) ging.

5.7.2
Lärmprognose – Ausbreitungsrechnung für Gewerbelärm[52]

Zum Schutz der Allgemeinheit und der Nachbarschaft vor schädlichen Umwelteinwirkungen sowie der Vorsorge gegen schädliche Umwelteinwirkungen durch Geräusche gilt für genehmigungsbedürftige und nicht genehmigungsbedürftige Anlagen, die dem zweiten Teil des Bundes-Immissionsschutzgesetzes unterliegen, die Technische Anleitung zum Schutz gegen Lärm (TA Lärm). Auf Grundlage dieser Verwaltungsvorschrift werden die tatsächlich vorhandenen oder zukünftig zu erwartenden Geräuschimmissionen von Anlagen beurteilt.

Bei der Planung von Anlagen oder Anlagenteilen besteht das Problem, daß die zukünftige Geräuschbelastung an einem Immissionsort in der Nachbarschaft nicht gemessen werden kann. Deshalb sieht die TA-Lärm für diesen Fall eine Ermittlung der Geräuschimmissionen durch eine Prognose vor. Die TA-Lärm ist auf Geräusche, das heißt, auf den Luftschall beschränkt. Erschütterungen werden durch sie nicht geregelt.

5.7.2.1
Grundlagen

Unter Luftschall versteht man die Ausbreitung von lokalen Druckschwankungen in dem Medium Luft. Die zeitlichen Druckschwankungen sind klein gegenüber dem statischen Umgebungsdruck und überlagern ihn. Der vom menschlichen Gehör wahrnehmbare Schalldruckbereich liegt z. B. bei 1000 Hz zwischen $2 \cdot 10^{-5}$ Pa (Hörschwelle) und 20 Pa (Schmerzschwelle)[53]. Der Schalldruck wird als Pegel in Dezibel (dB) mit dem Bezugsschalldruckeffektivwert $p_0 = 2 \cdot 10^{-5}$ Pa angegeben.

$$L_p = 10 \lg(p^2/p_0^2) \tag{5.1}$$

Damit ergeben sich bei 1000 Hz für die menschliche Schallwahrnehmung Pegelbereiche von 0 dB (Hörschwelle) bis ca. 120 dB (Schmerzschwelle).

Die Verdoppelung der Schallintensität (z. B. durch Hinzukommen einer zweiten Schallquelle gleicher Intensität wie der ersten) führt aufgrund der logarithmischen Addition zu einer Erhöhung des Schalldruckpegels um 3 dB.

---

[52] von Dipl.-Ing. Arno Flörke, afi Arno Flörke Ingenieurbüro, Haltern
[53] Gottlob: Beurteilung von Geräuschimmissionen, S. 87.

Eine kennzeichnende Größe der Schallabstrahlung einer Schallquelle ist deren Schalleistung. Auch die Schalleistung wird als Pegel in dB mit der Bezugsschallleistung $P_0 = 10^{-12}$ W angegeben.

$$L_P = 10 \ \lg(P/P_0) \tag{5.2}$$

Das menschliche Gehör nimmt tiefe und hohe Frequenzen leiser wahr als mittlere Frequenzen. Diese frequenzabhängige Wahrnehmung ist bei niedrigeren Schalldrücken stärker ausgeprägt als bei höheren. Um diese Eigenschaften des Gehörs bei Messungen und Prognosen zu berücksichtigen, wurden Frequenzbewertungen eingeführt. In der DIN EN 60651 sind für Messungen die A-, B- und C-Bewertungskurven festgelegt, die für unterschiedliche Lautstärken eingesetzt werden sollen. In der Praxis hat sich für Umweltgeräusche die A-Bewertung und in besonderen Fällen die C-Bewertung durchgesetzt.

Geräuschsituationen können durch unterschiedliche Pegel beschrieben werden. Grundgröße der Beschreibung von Geräuschen ist der momentane Schalldruckpegel $L_{AF}(t)$ mit der Frequenzbewertung A und bei Messungen der Geräusche der Zeitbewertung F (Fast).[54] Kurzzeitige Geräuschspitzen des Schalldruckpegels werden durch den A-bewerteten Maximalpegel L_{Amax} beschrieben. Zur Bestimmung der Impulshaltigkeit eines Geräusches wird nach TA-Lärm der Taktmaximalpegel $L_{AFT}(t)$ und der Taktmaximal-Mittelungspegel L_{AFTeq} benötigt. Der Taktmaximalpegel ist der Maximalwert des Schalldruckes $L_{AF}(t)$ während einer festgelegten Taktzeit. Die TA-Lärm sieht eine Taktzeit von 5 s vor. Geräusche werden oft durch den energieäquivalenten Mittelungspegel L_{Aeq} beschrieben. Er gibt den Pegel eines stationären Signals während einer Bezugszeit T an, das den gleichen Energieinhalt hat wie das Ausgangsgeräusch mit wechselnden Schalldruckpegeln $L_{AF}(t)$. Dabei kann sich die Bezugszeit von der Dauer des Ausgangsgeräusches durchaus unterscheiden.

Zur Beurteilung einer Geräuschsituation mit den Richtwerten der TA-Lärm wird der Beurteilungspegel L_r und der Maximalpegel L_{AFmax} verwendet. Der Beurteilungspegel ist der aus dem Mittelungspegel L_{Aeq} des zu beurteilenden Geräusches und gegebenenfalls aus Zuschlägen für Ton- und Informationshaltigkeit, Impulshaltigkeit sowie ein Zuschlag für Tageszeiten mit erhöhter Empfindlichkeit gebildete Wert zur Kennzeichnung der mittleren Geräuschbelastung während jeder Beurteilungszeit[55].

5.7.2.2
Prognose von Geräuschimmissionen

Bei der Beurteilung der Geräuschimmissionen von Gewerbeanlagen unterscheidet man Vor-, Zusatz- und Gesamtbelastungen sowie Fremdgeräusche. Dabei ist die Vorbelastung die Belastung eines Immissionsortes mit Geräuschen von allen Anlagen, die der TA-Lärm unterliegen, ohne den Immissionsbeitrag der zu beurteilenden Anlage. Die Zusatzbelastung ist der Immissionsbeitrag der zu beurteilenden Anlage. Diese beiden Belastungen zusammen ergeben die Gesamtbelastung. Die

---

[54] DIN EN 60651.
[55] TA-Lärm, S. 504.

Fremdgeräusche sind alle Geräusche ohne den Immissionsbeitrag der zu beurteilenden Anlage, d. h. auch Geräusche von Schallquellen, die nicht in den Geltungsbereich der TA-Lärm fallen, wie z. B. Verkehrslärm von öffentlichen Straßen.

Vorbelastungen und Fremdgeräusche werden entsprechend Anhang A3 der TA-Lärm gemessen. Die Zusatzbelastung von geplanten Anlagen oder Anlagenteilen muß hingegen durch eine Berechnung prognostiziert werden. Das Verfahren für die Prognose von Geräuschen ist im Anhang A2 der TA-Lärm erläutert.

Die Beurteilung der Geräuschbelastungen erfolgt für die Immissionsorte, an denen eine Überschreitung der Richtwerte der TA-Lärm am ehesten zu erwarten ist oder an denen aufgrund der Vorbelastung die größte Überschreitung der Immissionsrichtwerte durch die Gesamtbelastung zu erwarten ist (maßgebliche Immissionsorte). Oft ist vor der Prognose allerdings nicht bekannt, welche möglichen Immissionsorte die maßgeblichen Immissionsorte sind. Deshalb werden sinnvollerweise bei einer Prognose alle Immissionsorte berücksichtigt, die als maßgebliche Immissionsorte in Frage kommen. Die Immissionsorte liegen bei bebauten Flächen 0,5 m außerhalb vor der Mitte des geöffneten Fensters des von Geräuschen am stärksten betroffenen schutzwürdigen Raumes oder bei unbebauten Flächen oder Bebauung ohne schutzbedürftige Räume an dem am stärksten betroffenen Rand der Fläche, wo nach Bau- und Planungsrecht Gebäude mit schutzbedürftigen Räumen erstellt werden dürfen. Bei Geräuschübertragung innerhalb von Gebäuden und bei Körperschallübertragung liegen sie innerhalb von betriebsfremden schutzbedürftigen Räumen[56]. Die Immissionsorte werden durch ihre Lage, Höhe und die zulässige bauliche Nutzung der Fläche, auf der sie liegen, bzw. bei fehlender Festsetzung durch Bebauungspläne durch die Realnutzung beschrieben.

Das Ziel der Schallimmissionsprognose ist die Berechnung des Beurteilungspegels an einem Immissionsort für die Beurteilungszeiten Tag (16 h von 6.00 Uhr bis 22.00 Uhr) und Nacht (8h von 22.00 Uhr bis 6.00 Uhr) bzw. die lauteste volle Nachtstunde (1h). Dazu wird für jede Schallquelle aus den Schallemissionen der Schallquelle und deren Lage, Höhe und der Dämpfungen des Schalls während der Ausbreitung zum Immissionsort der Schalldruckpegel der Schallquelle errechnet. Die Schallausbreitungsrechnung erfolgt entsprechend dem Entwurf der DIN ISO 9613-2.

Für die Prognose sind alle relevanten Schallquellen (z. B. Maschinen, Lüfter, Rohrleitungen, Kamine, Hallenwände/Dächer...) der zu beurteilenden Anlage oder des Anlagenteils zu berücksichtigen. Dazu zählen auch die betriebszugehörigen Fahrzeuggeräusche auf dem Betriebsgelände (z. B. Ein- und Ausfahrten, Transportfahrten). Sonstige Fahrgeräusche auf dem Gelände, die nicht der zu beurteilenden Anlage zugeordnet werden können, werden bei der Vorbelastung mit berücksichtigt. Die Schallquellen werden als Punktschallquellen betrachtet. Linien- und Flächenschallquellen müssen für die Berechnung in Teilabschnitte bzw. Teilflächen unterteilt werden, die im Verhältnis zum Abstand Schallquelle-Immissionsort ausreichend klein sind und wiederum als Punktschallquellen in die Berechnung eingehen. Geräusche des An- und Abfahrtverkehrs auf öffentlichen Verkehrsflächen werden getrennt von der Anlage beurteilt. Eine Prognose der

---

[56] TA-Lärm, S. 510.

Beurteilungspegel erfolgt für den Straßenverkehr nach der Richtlinie für den Lärmschutz an Straßen - Ausgabe 1990 - RLS 90 und für den Schienenverkehr nach der Richtlinie zur Berechnung der Schallimmissionen von Schienenwegen - Ausgabe 1990 - Schall 03.

Bei einer detaillierten Prognose des Gewerbelärms müssen die Schallemissionen einer Schallquelle als Oktavband-Schalleistungspegel für die Frequenzbänder von 63 - 4000 Hz (in Ausnahmen bis 8000 Hz), die Richtwirkung der Schallquelle für die einzelnen Frequenzbänder, der Zeitverlauf des Geräusches (z. B. Betriebszeiten, kontinuierlicher oder diskontinuierlicher Betrieb) und Informationen zur Informations- und Tonhaltigkeit sowie der Impulshaltigkeit der Geräusche bekannt sein. Diese Daten können aus Messungen oder Herstellerangaben ermittelt oder aus Erfahrungswerten mit anderen Anlagen abgeleitet werden.

Liegen innerhalb einer Beurteilungszeit unterschiedliche Geräuschemissionen vor oder sind innerhalb dieses Zeitraumes unterschiedliche Zuschläge für die Ton-, Informations-, Impulshaltigkeit oder unterschiedliche Zuschläge für die erhöhte Empfindlichkeit von Tageszeiten erforderlich, so muß die Beurteilungszeit in Teilzeiten aufgeteilt werden, in denen die Geräuschemissionen im wesentlichen gleichartig sind und die gleichen Zuschläge vergeben werden können.

Für jede einzelne Schallquelle und jedes Oktavband wird nun für jede Teilzeit aus dem

- Oktavband-Schallleistungspegel L_W,
- der Richtwirkung der Schallquelle D_c,
- der Dämpfung aufgrund der geometrischen Ausbreitung A_{div},
- der Dämpfung durch Luftabsorption A_{atm},
- der Dämpfung aufgrund des Bodeneffektes A_{gr},
- der Dämpfung aufgrund von Abschirmung A_{bar} und
- der Dämpfung durch weitere Effekte wie Bewuchs, Industriegelände oder Bebauungsflächen im Ausbreitungsweg A_{misc}

der Oktavband-Schalldruckpegel $L_{fT}(DW)$ errechnet. Bei diesem ersten Rechenschritt wird für die meteorologischen Bedingungen der Schallausbreitung eine Mitwindsituation (DW) mit 1-5 m/s Windgeschwindigkeit vorausgesetzt.

Die einzelnen Schalldruckpegel $L_{fT}(DW)$ für jedes Oktavband werden nun mit den Werten der A-Bewertungskurve bewertet und zu einem A-bewerteten Schalldruckpegel $L_{AT}(DW)$ energetisch addiert.

Die verschiedenen Schallquellen haben innerhalb einer Teilzeit unterschiedliche Einwirkzeiten, in der die Schallquelle Schall emittiert. Die bisher berechneten Schalldruckpegel beschreiben den Schalldruckpegel während dieser Einwirkzeit. Eine Umrechnung der Pegel auf die Teilzeit erfolgt durch die Berechnung des energieäquivalenten Mittelungspegels für die Teilzeit. Die energetische Addition der energieäquivalenten Mittelungspegel aller Schallquellen ergibt den energieäquivalenten Mittelungspegel $L_{Aeq,j}(DW)$ einer Teilzeit j am Immissionsort. Dieser Pegel stellt aufgrund der vorausgesetzten Mitwindsituation ein Ergebnis für eine pessimistische Geräuschsituation dar. Für die Beurteilung von Gewerbelärm interessiert aber die über einen langen Zeitraum auftretende Belastung. Deshalb wird der A-bewertete Mittelungspegel durch eine meteorologische Korrektur C_{met}, die aus einer lokalen Wetterstatistik berechnet werden muß, auf einen Pegel mit Berücksichtigung der örtlichen Witterungsbedingungen korrigiert. Weiterhin werden der Zuschlag für die Ton- und Informationshaltigkeit $K_{T,j}$, für die Impulshaltigkeit $K_{I,j}$ und der Zuschlag für die Tageszeiten mit erhöhter Empfindlichkeit $K_{R,j}$ addiert. Die energetische Mittelung auf die Beurteilungszeit und eine energetische Summation der Mittelungspegel aller Teilzeiten ergibt dann den Beurteilungspegel der Zusatzbelastung L_z für die zu beurteilende Anlage an dem betrachteten Immissionsort. Mit der gemessenen Vorbelastung L_V kann daraus die Gesamtbelastung L_G für die Beurteilung der Geräuschimmissionen errechnet werden.

Ist zu erwarten, daß kurzzeitig auftretende Geräuschspitzen die Richtwerte der TA-Lärm überschreiten, wird der A-bewertete Maximalpegel L_{AFmax} für jede Schallquelle mit kurzzeitigen Geräuschspitzen wie oben beschrieben entsprechend dem Entwurf der DIN ISO 9613-2 berechnet. Treten mehrere Geräuschspitzen gleichzeitig auf, werden für jeden Immissionsort die Maximalpegel der gleichzeitig wirkenden Schallquellen energetisch addiert.

Schon bei einer geringen Anzahl verschiedener Schallquellen und zu berücksichtigender Hindernisse ergibt sich ein großer Rechenaufwand für die Geräuschimmissionsprognose. Die Berechnung von Isophonen ist aufgrund der großen Zahl der zu berechnenden Immissionsorte ohne spezielle Ausbreitungsrechnungsprogramme kaum durchführbar. Weiterhin ist eine fachkundige und sorgfältige Bearbeitung aller Eingangsdaten für die Berechnung der Schallimmissionen zwingend erforderlich, um eine Prognose mit ausreichender Genauigkeit erstellen zu können.

5.7.2.3
Spezielle Literatur zum Lärmschutz

1. DIN 9613-2 Entwurf - Dämpfung des Schalls bei der Ausbreitung im Freien, Teil 2: Allgemeines Berechnungsverfahren; Ausgabe September 1997.
2. DIN EN 60651 - Schallpegelmesser; Ausgabe Mai 1994.
3. Gottlob D, Kürer R (1995) Beurteilung von Geräuschimmissionen. In Heckel, M., Müller, H. A.: Taschenbuch der Technischen Akustik; 2. Auflage, Springer-Verlag Berlin
4. Sechste Allgemeine Verwaltungsvorschrift zum Bundes-Immissionsschutzgesetz (Technische Anleitung zum Schutz gegen Lärm – TA-Lärm) in der Fassung vom 26. August 1998. In Gemeinsames Ministerialblatt 49. Jahrgang, Nr. 26 vom 28. August 1998; Bundesministerium des Inneren Bonn, 1998.
5. Richtlinie für den Lärmschutz an Straßen Ausgabe 1990 – RLS 90; Bundesministerium für Verkehr, Abteilung Straßenbau, Bonn, 1990.
6. Richtlinie zur Berechnung der Schallimmissionen von Schienenwegen Ausgabe 1990 - Schall 03. In information Deutsche Bundesbahn, Bundesbahn - Zentralamt München, München 1990.

5.7.3
Sicherheitsanalyse für Störfallanlagen [57]

Größere Industrieunfälle in der jüngeren Zeit, die von der Öffentlichkeit stark wahrgenommen wurden[58] (eine Auswahl derartiger Ereignisse zeigt Tabelle 5.6), haben dazu geführt, daß in verschiedenen Staaten Sicherheitsanalysen als Genehmigungsvoraussetzung für bestimmte Industrieanlagen eingeführt wurden. Derartige Sicherheitsanalysen sollen schon in der Planungs- und Genehmigungsphase größeren Unfällen bei dem späteren Anlagenbetrieb wirkungsvoll vorbeugen bzw. dafür sorgen, daß die Auswirkungen derartiger Unfälle zumindest beschränkt bleiben.

In Deutschland wurde durch Novellierung des BImSchG vom 19.10.1998 die Richtlinie 96/82/EG des Rates zur Beherrschung der Gefahren bei schweren Unfällen mit gefährlichen Stoffen (sog. Seveso II-Richtlinie) in ihren Kernpunkten in deutsches Recht umgesetzt und dabei die Bundesregierung ermächtigt, die übrigen Anforderungen durch Rechtsverordnung in deutsches Recht umzusetzen. Der Stichtag für diese Umsetzung, die derzeit (6/99) noch aussteht, war der 3.2.1999. Für genehmigungsbedürftige Anlagen nach BImSchG gilt noch bis zu ihrer Novellierung die (alte) 12. Verordnung zur Durchführung des Bundes-Immissionsschutzgesetzes (12. BImSchV - Störfallverordnung). In einigen Punkten geht die Seveso II-Richtlinie der alten Störfallverordnung wegen des Stichdatums 3.2.1999 jetzt schon vor.

Diese Vorschriften enthalten die in Deutschland anzuwendenden Bestimmungen über die Störfallprävention einschließlich der Anforderungen an Sicherheitsanalysen. Dies sind ingenieurtechnische Gutachten zur Anlagensicherheit und Störfallprävention, die in den Fällen, die das Störfallrecht dafür vorsieht, zu den Antragsunterlagen gehören.

5.7.3.1
Arten und Ursachen industrieller Störfälle

„Störfälle", d.h. schwere Unfälle, sind im wesentlichen Freisetzungen toxischer Gase oder wassergefährdender Flüssigkeiten sowie Brände und Explosionen. Durch jedes derartiger Ereignisse können Folgeunfälle entstehen (z.B. Gewässerschäden durch verunreinigtes Löschwasser). Man spricht vom Dominoeffekt, wenn infolge eines Störfalls in einer Anlage benachbarte Anlagen ebenfalls havarieren,

---

[57] Ich danke Herrn Dr.-Ing. Klaus Wagner, INBUREX GmbH, Hamm, sehr herzlich für die Durchsicht dieses Abschnitts.

[58] Im Durchschnitt aller Anlagen erscheinen die Risiken durch Chemieanlagen im Vergleich zu anderen Lebensrisiken in Deutschland gering. Unterstellt man, daß das Risiko eines Nachbarn einer Chemieanlage nicht über dem des Beschäftigten in der chemischen Industrie liegt, so liegt sein individuelles Lebensrisiko durch die Anlage unterhalb des Risikos, innerhalb des gleichen Zeitraums im Straßenverkehr oder im privaten Bereich (Haushalt, Schule, Sport) durch einen Unfall ums Leben zu kommen. Dieser Vergleich sagt natürlich nichts darüber aus, ob das zusätzliche Risiko durch die Anlage von ihm akzeptiert wird.

z.B. wenn bei einem Großbrand benachbarte Anlagen ebenfalls Feuer fangen oder explodieren.

Eine unvollständige Statistik von Lees mit Großunfällen seit 1920 bis 1979 zeigt eine Verteilung dieser Unfälle zu etwa ¾ auf brennbare und etwa ¼ auf toxische Stoffe [Lee80, zitiert in Har84]. Bei den toxischen Stoffen ist mit etwas mehr als der Hälfte Chlor beteiligt. An der nächsten Stelle in der Rangfolge der Gefahrenquellen steht Ammoniak.

Diese Tendenz wird auch durch Erhebungen des statistischen Bundesamtes grundsätzlich gestützt [UBA97]. In den Jahren 1992-1995 wurden nach § 11 StörfallV rund 130 Ereignisse, davon 60% Betriebsstörungen und 40% „echte" Störfälle im Sinne der Verordnung gemeldet. Dabei waren zu rund 40% Brände entstanden und zu ebenfalls 40% Giftstoffe freigesetzt worden. Ca. 25% der 130 Ereignisse waren Mehrfachereignisse (Explosion mit Folgebrand, Stofffreisetzung und Explosion, Stofffreisetzung und Brand, Stofffreisetzung und Explosion und Brand).

Die Hälfte der gemeldeten Ereignisse entfielen auf Chemieanlagen und davon wiederum 60% auf den Prozeß. Diese Übersicht verdeutlicht, daß Chemieanlagen hinsichtlich ihres Sicherheitsverhaltens genauer als andere Industrieanlagen betrachtet werden müssen.

Die nachfolgend aufgeführten Arten von Unfällen sind in Chemieanlagen immer wieder aufgetreten.

– *Freisetzungen* von: Giftigen Gasen; Gasen oder Dämpfen, die mit Luft explosionsfähige Gemische bilden; von wassergefährdenden oder brennbaren Flüssigkeiten. Freisetzungsursachen giftiger Gase sind z.B. Anlagenlecks oder -havarien, ferner Versagen von Schutzeinrichtungen (Beispiel: Freisetzung von Methylisocyanat in Bhopal/Indien mit ca. 2500 Toten nach gleichzeitigem Versagen mehrerer Schutzeinrichtungen), Explosionen. Wassergefährdende Flüssigkeiten können auch verunreinigtes Löschwasser sein (Beispiel: Sandoz-Unfall in Basel). Brennbare und zugleich wassergefährdende Flüssigkeiten werden auch freigesetzt, wenn z.B. bei einem Mineralöl-Tanklagerbrand im Tank vorhandenes Wasser zu kochen beginnt und zum Überlaufen des Mineralöls führt (sog. Boil Over).

> Freigesetzte toxische Gase sind besonders gefährlich, wenn sie, wie z.B. Chlor oder Brom, schwerer sind als Luft. Lt. VDI 3783 Blatt 2 kann ab einer Dichte des 1,16fachen von Luft von einem schweren Gas gesprochen werden, wenn zugleich das Quellvolumen bei spontaner Freisetzung größer als 0,1 m³ ist. Bei schweren toxischen Gasen ist eine rasche Verdünnung unter einen schädlichen Wert stark eingeschränkt; sie können sich in Kellerräumen und Geländevertiefungen sammeln. Die Beurteilung der Toxizität eines freigesetzten Stoffes ist für die Betrachtung von Störfallszenarien und davon abgeleiteten Notfall- bzw. Evakuierungsplänen wichtig. Als Zahlenwert für die akute Toxizität für die orale Applikation verwendet man die letale Dosis LD in mg/kg Körpergewicht, für die Giftwirkung beim Einatmen von Gas, Nebel oder Staub die letale Dosis LC in ppm bzw. mg/l. Die Werte werden an Versuchstieren, meist kleinen Nagern, gewonnen, und rechnerisch auf den Menschen übertragen, was nicht unproblematisch ist. Hartwig führt in einer Veröffentlichung von 1984 aus, daß bis dahin nur für Chlor eine Dosis-Wirkungs-Beziehung für den Menschen vorlag [Har84]. LC_{50} gibt die Konzentration an, die nach kontinuierlicher Einwirkung während einer bestimmten Zeit (Angabe in Stun-

den) zum Tod von 50% der Tiere innerhalb von 14 Tagen führt. Die für die Kennzeichnung und Handhabung der Stoffe wichtigen Gefährlichkeitsmerkmale sehr giftig, giftig und gesundheitsschädlich werden nach einer EG-Richtlinie durch LD_{50}- bzw. LC_{50}-Werte in Anhang I GefahrstoffV definiert. Für die Ausbreitung über den Luftpfad können die MAK (Maximale Arbeitsplatz-Konzentrations)-Werte herangezogen werden, die jährlich von der Senatskommission der DFG neu herausgegeben werden [DFG]. Für krebserregende Stoffe, für die eine unschädliche Dosis nicht angegeben werden kann, gelten die Technischen Richtkonzentrationswerte (TRK-Werte) [DFG]. Die MAK- und TRK-Werte sind auf den dauerhaften Arbeitseinsatz bezogen und daher niedriger als solche Konzentrationen, die im Störfall – kurzfristig – ertragen werden können. Solche – höheren – Konzentrationswerte sind in verschiedenen Staaten gebräuchlich. Tabelle 5.7 enthält hierzu eine Übersicht. Eine vollständige Übersicht über die bisher veröffentlichten toxikologischen Zahlenwerte findet sich in der Datenbank RTECS. Vergleichszahlen für die akute Toxizität nennt Lewis [Lew92]. Für die Anwendung dieser Werte muß man auf der Grundlage von Szenarien oder in Echtzeit Ausbreitungsrechnungen durchführen; s. Abschn. 5.7.1. In der Broschüre „Schadenausmaßeinschätzung" der Direktion des Inneren des Kantons Zürich liegt hierzu auch eine tabellierte Lösung vor. Ausgehend von einer Menge schwerer Schadgase, die spontan freigesetzt wird („Puff-Modell") kann eine Wirkdistanz abgelesen werden, bei der noch 10% der Personen im Freien mit gesundheitlichen Auswirkungen rechnen müssen [Zür92].

– *Explosionen.* Explosionen sind sehr rasche Ausdehnungen von Gasen oder Dämpfen durch chemische Umsetzungen. Detonationen sind heftige Explosionen, die Ausbreitungsgeschwindigkeiten im Überschallbereich besitzen und die nicht durch Wärme- und Stofftransport, sondern durch die der Flammenfront vorauslaufende Druckwelle zünden. Gefürchtet, wenn auch selten, sind Feststoffdetonationen (Beispiel: Explosion eines Düngemittel-Freilagers der BASF in Oppau im Jahr 1921 durch versehentliche Zündung mit über 500 Toten). Explosionen von Gas- und Dampfwolken verlaufen umso heftiger, je stärker sie verdämmt sind und können große Schäden verursachen (Beispiel: Explosion eines Chemiewerkes in Flixborough/Großbritannien im Jahr 1974, bei der die Anlage vollständig zerstört wurde). Vor allem im Steinkohlenbergbau treten Explosionen von Luft-Methangemischen auf, die man dort „schlagende Wetter" nennt. Detonationen von Gaswolken sind selten. Neben Gasen und Dämpfen können auch brennbare Stäube mit Luft explosionsfähige Gemische bilden und sogar detonieren. Staubexplosionen kommen häufig in Holzverarbeitungsbetrieben, Futtermittel-, Mühlenbetrieben und anderen Betrieben vor, in denen brennbare Stäube entstehen (Beispiel: Explosion von 40 Getreidesilos in Westwego/Louisiana im Jahr 1977, wobei ein 80 m hoher Turm auf ein Verwaltungsgebäude fiel).

Zur Beurteilung der Explosionswirkung dient der maximale Explosionsüberdruck. Zur Abschätzung von Druckwellen in verschiedenen Abständen vom Explosionszentrum abhängig von der Menge der explodierenden Substanz (Referenzbeispiel: Propangas-Luft-Gemisch) gibt es Tabellen und Diagramme in [Zür92].

Tabelle 5.6. Einige nichtnukleare Industrieunfälle der Jahre 1974-1999 nach [IAEA95], ergänzt

Jahr	Ort/Land	Art	Tote	Verletzte	Evakuierte
1974	Flixbo-rough/Groß-britannien	Gaswolken-explosion (verdämmt)	28	89	3000
1978	Hulmanguil-le/Mexiko	Explosion eines Rohres	58		
1980	Mandir Asod/ Indien	Anlagen-explosion	50		
1981	Tacoa/ Vene-zuela	Explosion (Öl)	145	1000	
1982	Caracas/ Venezuela	Tank-explosion	101		
1984	Bhopal/Indien	Runaway mit Gasfrei-setzung	ca. 2500	ca. 50000	ca. 200000
1984	Sao Paulo/ Brasilien	Explosion einer Benzin-pipeline	508	3	
1984	Mexico-City/ Mexiko	BLEVE (Domino-effekt)	452	4248	31000
1999	Wuppertal/ Deutschland	Anlagenex-plosion mit Gasfreiset-zung und Folgebrand		91	

– *Brände* sind nicht nur wegen möglicher schädlicher Brandprodukte, sondern oft wegen ihrer großen Wärmestrahlung gefährlich. Brisante Brandfolgen sind: a) Zerknall eines Behälters für druckverflüssigte oder tiefkaltverflüssigte Gase, nachdem über dem Flüssigkeitsspiegel die Behälterwand durch äußere Hitzeeinwirkung geschwächt wurde (Hitzeeinwirkung unterhalb des Flüssigkeitsspiegels führt durch die Kühlung der – kochenden – Flüssigkeit i.d.R. nicht zum Zerknall). Dieses Ereignis wird „BLEVE" genannt (Boiling Liquid Expanding Vapour Explosion). Die freiwerdende Aerosolwolke brennt innerhalb weniger Sekunden als Feuerball mit großer Wärmestrahlung und mäßiger Druckwirkung ab (Beispiel: Dominoeffekt von BLEVEs von insgesamt 44 Flüssiggastanks in

Mexiko-City im Jahr 1984, bei dem über 500 Personen starben). b) Poolbrände; dies sind Brände von Flüssigkeitslachen oder Tanklägern für brennbare Flüssigkeiten, meistens Mineralölen. Eine Ausweitung der Poolbrände entsteht infolge des Boil-Overs, wenn Wasser (z.B. Löschwasser, eingesunkenes Schwimmdach) im Tank vorhanden ist. c) Bei schwacher Verdämmung brennen Gaswolken unter starker Wärmestrahlung ab, anstelle zu explodieren (Flash Fire). d) Jet Fire nennt man Stichflammen, die an Lecks von unter Überdruck stehenden Apparaten durch Entzündung des ausströmenden Gases entstehen. Hierdurch können weitere Brände oder Explosionen ausgelöst werden.

> Zur Beurteilung der unmittelbaren Strahlungswirkung von Bränden dient die Wärmestromdichte in kW/m² in Verbindung mit ihrer Einwirkungszeit. Der Mensch hält 1,5 kW/m² längere Zeit aus, die Schmerzschwelle liegt bei 6,5 kW/m². Bei 36 kW/m² sind nach 10 s Verbrennungen 3. Grades zu erwarten, Holz zündet dann spontan. Dieser Wert wird bei einem Feuerball nach einem BLEVE in 30 m Abstand von seinem Zentrum bereits dann erreicht, wenn nur 100 kg brennbare Substanz vorliegen! Auch zur Abschätzung der Wärmestromdichten in Abhängigkeit vom Abstand und der Menge brennbarer Substanz bei Feuerbällen und Lachenbränden gibt es Diagramme und Tabellen in [Zür92].

Innerhalb von Apparaten können Explosionen durch unbeabsichtigte Zündung oder durch außer Kontrolle geratene chemische Reaktionen (durchgehende Reaktionen oder *Runaways*) hervorgerufen werden. Ihre Ursache liegt darin, daß die Reaktionsgeschwindigkeitskonstante mit Steigerung der Reaktionstemperatur überproportional zunimmt (in der Praxis um den Faktor 2-3 bei 10 K Temperatursteigerung) und bei verzögerten oder unerkannten Reaktionen oder Defekten der Wärmeabtransport durch Konvektion oder Kühlung nicht ausreicht. Als Folge können unerwünschte exotherme Reaktionen auftreten, die bei normalen Reaktionsbedingungen nicht auftreten würden, meistens Zersetzungsreaktionen des Reaktionsgemisches.

Durch die Temperaturerhöhung und die Entwicklung von nichtkondensierbaren Zersetzunggasen steigt der Druck im Reaktor, was im ungünstigsten Fall zu seiner Explosion führen kann. Daneben können die Zersetzungsgase zündfähige Gemische bilden. Eine besondere Aufgabe der konstruktiven Sicherheitstechnik ist es, die im Reaktor entstehenden Stoffe durch geeignete Schutzeinrichtungen in der Anlage zu halten oder kontrolliert abzuführen und gleichzeitig zu verhindern, daß die Anlage zerstört wird. Zu diesen Maßnahmen gehört die explosionsdruckfeste Bauweise, die Druckentlastung (Sicherheitsventile, Explosionsklappen, Berstscheiben) und die explosionstechnische Entkopplung. Abhängig von dem möglichen Störfall werden weitere Schutzeinrichtungen eingesetzt.

Bei Explosionen durch unbeabsichtigte Zündung oder bei Druckaufbau durch erhöhte Wärmezufuhr eignen sich vor allem Druckentlastung, Notkühlung, Prozeßleittechnik (Abschaltung über prozeßleittechnische Schutzeinrichtungen).

Für durchgehende Reaktionen ist eine Druckentlastung mit ungefährlicher Ableitung in Auffangbehälter und Direktkondensation eine gute Lösung [Her93].

Explosionsdruckstoßfeste Bauweise sowie Löscheinrichtungen in Form von Explosionsunterdrückungsanlagen eignen sich besonders für staubexplosionsgefährdete Anlagen.

Tabelle 5.7. Werte für die akute Toxizität, die für die Störfallabwehr in Deutschland und international gebräuchlich sind. Nach einer Empfehlung der Störfallkommission kann der ERPG2-Wert störfallbedingten Ausbreitungsszenarien zugrunde gelegt werden.

Abk.	Name	Bedeutung	Quelle
MAK*	Maximale Arbeitsplatz-Konzentration	unschädlich bei Dauereinwirkung am Arbeitsplatz (8h/d, 40 h/Woche)	DFG
ERPG1 ERPG2 ERPG3	Emergency Response Planning Guidelines	ERPG1: 1-stündiger Aufenthalt ohne Gesundheitsschäden, ERPG2: ohne bleibende Gesundheitsschäden, ERPG3: ohne Lebensgefahr	AIHA American Industrial Hygiene Association, P.O. Box 27632, Richmond VA 23261-7632, Fax +703-207-3561
IDLH	Immediate Dangerous to Life and Health	Flucht bei Versagen des Atemschutzgerätes innerhalb von 30 Minuten ohne bleibende Gesundheitsschäden	NIOSH National Institute for Occupational Safety and Health, http://www.cdc.gov/niosh/idlhintr.html

* in den U.S.A. gilt der vergleichbare TLV = Threshold Limit Value

Die Analyse der Unfälle nach ihren Arten und Entstehungsmechanismen zeigt, daß in allen Phasen der Planung und des Betriebs von Industrie-, insbesondere von Chemieanlagen, grundsätzliche Fragen der Prozeß- und Anlagensicherheit beantwortet werden müssen, wie z.B:

- Können bei der Reaktionsroute auch bei Prozeßabweichungen, An-, Abfahr- und Wartungsvorgängen gefährliche Zustandsbereiche von Produkten und Zwischenprodukten entstehen? Hierzu gibt Blass in [Bla97, S. 134 ff.] eine Heuristik zur Prozeßgestaltung an.
- Kann man davon ausgehen, daß alle sicherheitsrelevanten Stoffeigenschaften bekannt sind?
- Können innerhalb von Anlagenteilen Zündenergien wirken?
- Können Anlagenteile jetzt oder später, auch bei Veränderung der Prozeßparameter, korrodieren?
- Ist Materialversprödung unter allen Betriebszuständen ausgeschlossen? Zu Korrosion und Materialversprödung s. [Böh92].
- Können Korrosionsprodukte als Katalysatoren für Haupt- und unerwünschte Nebenreaktionen dienen?

- Wie müssen die Revisionszyklen (ggfs. über das für bestimmte Apparate vorgeschriebene Maß hinaus) beschaffen sein, um Korrosionsschäden und Lecks an Flanschen, Ventilen, Dichtungen vorzubeugen?
- Können Reaktionen durchgehen? Zu durchgehenden Reaktionen gibt Gustin in [Gus93] eine umfangreiche Übersicht mit vielen Beispielen aus der Industrie einschließlich der in der Phase des Verfahrensentwurfs erforderlichen reaktionstechnischen Untersuchungen.
- Ist sichergestellt, daß auch bei Veränderungen der Produktion oder bei Umbauten der Anlage durch den Betrieb in ausreichender Weise Sicherheitsüberlegungen angestellt werden?
- Wie kann dafür Sorge getragen werden, daß die vorgesehenen Sicherheitmaßnahmen und -einrichtungen immer funktionieren?
- Genügt der Standort jetzt und in Zukunft (Näherrücken der Wohnbebauung, Lage zu Nachbaranlagen) sicherheitstechnischen Anforderungen?

Die große Bedeutung der letzten drei Fragen kann durch die Unfälle in Flixborough (1974), Bhopal (1984) und Mexiko-City (1984) belegt werden. In Flixborough überbrückte die Betriebsmannschaft einen (nach Korrosionsschaden revisionsbedürftigen) Reaktionskessel mit einem doppelt gewinkelten Rohr. Für dieses Rohr existierten weder Kontruktionszeichnungen noch Berechnungen. Der Innendruck des Rohres wirkte als Kräftepaar und knickte das Rohr ab, so daß die Flansche leck schlugen. Etwa 50 t Cyclohexan mit einer Temperatur von 160°C wurden frei und verursachten die Explosion mit dem Verlust des Werkes. In Bhopal gelangte aus ungeklärter Ursache Wasser in einen Reaktionsbehälter mit Methylisocyanat. Dies führte zum Durchgehen des Reaktors. Der dem Sicherheitsventil nachgeschaltete Wäscher war nicht auf dieses Ereignis hin ausgelegt. Das Reaktionsgemisch passierte den Wäscher und eine Fackel, die aber wegen einer Revision abgeschaltet war. Die zusätzlich vorhandenen Wasserwände um die Anlage funktionierten nicht, weil der Wasserdruck nicht ausreichte. Die Methylisocyanat-Gaswolke überraschte die Wohnbevölkerung um das Werk im Schlaf und wirkte als akutes Atemgift (die Bebauung reichte bis an das Werk heran). In Mexiko-City war zum Zeitpunkt des Baus des Flüssiggaslagers darauf geachtet worden, daß ein Abstand zur Wohnbebauung von 300 m bestand. Nach dem Unfall war bis zu einem Abstand von 300 m um die Anlage die Bebauung vernichtet, die jedoch erst nach Inbetriebnahme des Werks dort entstanden war.

5.7.3.2
Störfallgesetzgebung

Die gegenwärtigen Rechtsgrundlagen zur Störfallprävention bei der Anlagenzulassung sind:

- Im europäischen Recht: „Richtlinie 96/82/EG des Rates zur Beherrschung der Gefahren bei schweren Unfällen mit gefährlichen Stoffen", die sog.
  Seveso II-Richtlinie, in Kraft getreten am 3.2.1997 [Sev97].
- Im deutschen Recht: Bundes-Immissionsschutzgesetz mit 12. Verordnung (Störfallverordnung) in der noch geltenden Fassung (Stand: 6/99) vom 20.4.1998

und drei Verwaltungsvorschriften zur Störfallverordnung (Bund) sowie Verwaltungsvorschriften auf Länderebene; Einzelheiten zur Sicherheitsanalyse sind in der 2. Störfallverwaltungsvorschrift geregelt.

Die Störfallverordnung nimmt Bezug auf eine Vielzahl technischer Gesetze und Verordnungen sowie Technischer Regeln, Normen und Unfallverhütungsvorschriften von Berufsgenossenschaften. Marschall hat 1981 im Auftrag des Umweltbundesamtes hierzu ein Verzeichnis erstellt, das insgesamt 750 technische Regeln (einschließlich Normen und Unfallverhütungsvorschriften) und 117 Rechts- und Verwaltungsvorschriften auf Bundes- und Länderebene umfaßt! [Mar86] Dieses Verzeichnis ist nicht wieder aufgelegt worden. Dafür gibt es die Fachdatenbank Anlagensicherheit, herausgegeben von H.-J. Uth, im UB-Media-Verlag, zu erreichen unter der Internet-Adresse www.e-lex.de. Hier sind diejenigen Vorschriften zu finden, die die einzelnen Sicherheitsbestimmungen enthalten, auf die die Störfallverordnung Bezug nimmt. Hervorzuheben sind folgende Vorschriften: Verordnung über Anlagen zum Umgang mit wassergefährdenden Stoffen (VAwS), diese ist jeweils Landesrecht, aber von Land zu Land praktisch identisch; Verordnung über brennbare Flüssigkeiten (VbF) zu § 11 Gerätesicherheitsgesetz mit den Technischen Regeln über brennbare Flüssigkeiten (TRbF) und der Löschwasserrückhalterichtlinie (LöRüRl). Weiterhin spielen die Technischen Regeln für Gefahrstoffe TRGS 300, die Empfehlung des Bundesministers für Arbeit und Sozialordnung zur Aufstellung von Flucht- und Rettungsplänen nach § 55 Arbeitsstättenverordnung, die Berichte des Technischen Ausschusses Anlagensicherheit (TAA) und die Verordnung über elektrische Anlagen in explosionsgefährdeten Bereichen (ElexV) eine wichtige Rolle. Diese (und weitere) Vorschriften können auch über www.umweltrecht.de abgerufen werden.

5.7.3.2.1
Neuerungen im Störfallrecht durch die Seveso II-Richtlinie

Die Richtlinie 96/82/EG des Rates zur Beherrschung der Gefahren bei schweren Unfällen mit gefährlichen Stoffen (sog. Seveso II-Richtlinie) schreibt die frühere Richtlinie 82/501/EWG mit Änderung 87/216/EWG fort und erweitert sie in ihrem Geltungsbereich. Ihre wesentlichen Neuerungen, die insbesondere auf die Unfälle in Bhopal und Mexico-City Bezug nehmen, sind:

– Die Richtlinie gilt immer dann, wenn in Anlagen des Betreibers innerhalb seines *Betriebs* (s.u.) gefährliche Stoffe in bestimmten Mengen enthalten sind oder bei Störungen entstehen können, und zwar unabhängig von der Art der Anlage oder dem Zulassungsgesetz für die Anlage. Damit ist ein wesentlicher „Konstruktionsfehler" auch des bisherigen deutschen Störfallrechts beseitigt, das Sicherheitsanalysen nur bei nach BImSchG genehmigungsbedürftigen Anlagen mit bestimmten Stoffinhalten verlangte.) Die Mengenschwellen sind in Anhang I der Richtlinie angegeben; dabei enthält Teil 1 Mengenschwellen für namentlich angegebene Stoffe und Teil 2 Mengenschwellen für Stoffe, die über die dort angegebenen Gefährlichkeitsmerkmale definiert werden. Der bisher geltende Unterschied in den Mengen zwischen Produktionsanlagen und Lägern ist weggefallen. Dadurch verringern sich die Mengenschwellen für die erweiterten Sicherheitspflichten (s. Abschn. 5.7.3.3) für die Lagerung folgender Stoffe (neue Stoffmengen in t in Klammern): Reine Ammoniumnitratdünger und Volldünger (5000); Arsen (V)oxid, Arsen(V)säure und ihre Salze (2); Arsen(III)oxid, Arsen(III)säure und ihre Salze (0,1), Brom (100), Chlor (25), Atemgängige pulverförmige Nickelverbindungen (1), Fluor (20), 4,4′-Methylen-bis (2-chloranilin) und seine Salze, pulverförmig (0,01), Arsentrihydrid (Arsin; 1); Schwefeltrioxid (75), Polychlordibenzofurane und -dioxine (0,001), die krebserregenden Stoffe 4-Aminobiphenyl und seine Salze, Benizidin und seine Salze, Bis(chlormethyl)ether, Chlormethylmethylether, Dimethylcarbamoylchlorid, Dimethylnitrosamin, Hemamethylphosphortriamid, 2-Naphtylamin und seine Salze und 1,3-Propansulfon sowie 4-Nitrodiphenyl (0,001). In mehreren Fällen liegen die Mengenschwellen jedoch höher als in der StörfallV; der Stoff „explosionsfähige Staub-/Luftgemische" ist in den Tabellen überhaupt nicht enthalten. Damit würden einige Anlagen bzw. Betriebe nicht mehr unter diesen Regelungsbereich fallen, wobei abzuwarten ist, ob die Stoffliste bzw. die Mengenschwellen in der neuen StörfallV nicht gegenüber der Seveso-II-Richtlinie geändert werden.

– Die Richtlinie bezieht sich nicht auf einzelne Anlagen, sondern auf *Betriebe*. Artikel 3 der Richtlinie bestimmt Betrieb als den gesamten unter der Aufsicht eines Betreibers stehenden *Bereich*, in dem gefährliche Stoffe in einer oder in mehreren Anlagen, einschließlich gemeinsamer oder verbundener Infrastrukturen und Tätigkeiten, vorhanden sind. Die BImSchG-Novelle vom 19.10.1998 spricht vom „Betriebsbereich". *Anlage* ist eine technische Einheit innerhalb eines Betriebs, in der gefährliche Stoffe (Anm.: entsprechend des Anhangs der Seveso II-Richtlinie) hergestellt, verwendet, gehandhabt oder gelagert werden. Sie umfaßt alle Einrichtungen, Bauwerke, Rohrleitungen, Maschinen, Werkzeuge, Privatgleisanschlüsse, Hafenbecken, Umschlageinrichtungen, Anlagebrücken, Lager oder ähnliche, auch schwimmende, Konstruktionen, die für den Betrieb der Anlage erforderlich sind. *Betreiber* ist jede natürliche oder juristische Person, die den Betrieb oder die Anlage betreibt oder besitzt oder, wenn dies in den einzelstaatlichen Rechtsvorschriften vorgesehen ist, der maßgebliche wirtschaftliche Verfügungsgewalt hinsichtlich des technischen Betriebs übertragen worden ist. Durch die neue Definition des „Betriebs" im Störfallrecht fallen also auch z.B. mehrere Anlagen eines Betreibers auf einem Werksgelände unter die Mengenschwellen, was tendenziell zu einer Ausweitung der von den sog. erweiterten Sicherheitspflichten (s. Abschn. 5.7.3.3) betroffenen Anlagen führt. Wieviele davon zusätzlich (bisher fallen ca. 2000 Anlagen in Deutschland unter die erweiterten Pflichten) betroffen sein werden, ist noch nicht zu sagen. Allerdings war auch schon in der (alten) Störfallverordnung bestimmt worden, daß die Mengenschwellen für einzelne Anlagen desselben Betreibers für die Anwendung der Verordnung zu addieren sind, wenn sie weniger als 500 m auseinander liegen. Insoweit bringt also die Betriebsdefinition nichts grundsätzlich Neues. Durch die Erweiterung der Störfallvorsorge auf Anlagen außerhalb der immissionsschutzrechtlichen Genehmigungspflicht wird es ebenfalls zu einer

Vergrößerung des davon betroffenen Anlagenumfangs kommen. Auch hier ist noch nicht bekannt, wieviele Anlagen dies sein werden.

- Die Mitgliedsstaaten müssen dafür sorgen, daß in der Bauleitplanung ausreichende Sicherheitsabstände von Störfallanlagen zur Wohnbebauung eingehalten (d.h. geplant und überwacht) werden; allerdings sagt die Richtlinie nichts dazu aus, wie groß solche Sicherheitsabstände sein müssen.

- *Domino-Effekt.* Die Mitgliedstaaten müssen dafür sorgen, daß die zuständige Behörde unter Verwendung der von dem Betreiber für die internen und externen *Notfallpläne* (s. 5.7.3.3) gegebenen Informationen und unter Verwendung der *Sicherheitsberichte* festlegt, bei welchen Betrieben oder Gruppen von Betrieben aufgrund ihrer Standorte und ihrer Nähe sowie ihrer Verzeichnisse gefährlicher Stoffe eine erhöhte Wahrscheinlichkeit oder Möglichkeit schwerer Unfälle bestehen kann und inwieweit solche Unfälle folgenschwer sein können. Die Mitgliedsstaaten müssen dafür sorgen, daß ein sachdienlicher Informationsaustausch „hinsichtlich dieser Betriebe" stattfindet, damit diese ihr komplettes Sicherheitssystem aufeinander abstimmen können, ferner dafür, daß die Betriebe die für die Erstellung der externen Notfallpläne erforderlichen Informationen rechtzeitig abgeben und die Öffentlichkeit unterrichtet wird. Diese Bestimmungen müssen in Form eines Gesetzes oder einer Rechtsverordnung auf Bundesebene umgesetzt werden. Nach welchen Kriterien dies geschehen kann, d.h. also wann sich Betriebe gegenseitig so gefährden können, daß der Domino-Effekt eintreten kann, wird in der Seveso II-Richtlinie nicht geregelt und wird in Deutschland in den Gremien derzeit diskutiert.

Tabelle 5.8 enthält in einer Übersicht die Anforderungen der Seveso II-Richtlinie. Demnach verlangt die Richtlinie im einzelnen vom Betreiber von Störfallanlagen im engeren Sinne folgende Leistungen (vgl. auch rechte Spalte der Tabelle 5.8):

1. *Sicherheitsbericht nach Anhang II.* Ebenso wie die bisherige deutsche Regelung verlangt die Richtlinie eine Sicherheitsanalyse (dort Sicherheitsbericht genannt) für bestimmte industrielle Tätigkeiten, die unter die (im Schrifttum so genannten) „erweiterten Pflichten" fallen. Der Sicherheitsbericht soll darlegen, daß ein Konzept zur Verhütung schwerer Unfälle umgesetzt wurde und ein Sicherheitsmanagement zu seiner Anwendung gemäß den Elementen des Anhangs III vorhanden ist. Die weiteren Anforderungen sind eine Beschreibung des Umfeldes des Betriebs, der Anlage, eine Ermittlung und Analyse möglicher Unfälle (Störfallszenarien) und Mittel zu deren Verhütung sowie Schutz- und Notfallmaßnahmen zur Begrenzung von Unfallfolgen. Es ist davon auszugehen, daß das bisherige deutsche Regelwerk hierzu ausreicht; s. daher 5.7.3.3 [Uth99]. Die zugrunde zu legenden Störfallszenarien sind nicht fest vorgeschrieben; die in Abschn. 5.7.3.1 erläuterten Arten und Ursachen schwerer Industrieunfälle können hierzu eine Anleitung sein.

Tabelle 5.8. Übersicht über die Anforderungen der Seveso II-Richtlinie (nach [Wag98])

Kleinere Mengen: Keine Anwendung der Richtlinie	Menge* nach Anhang I, Spalte 2 (Teil 1 oder 2): Anwendung der Richtlinie	Menge* nach Anhang I, Spalte 3: Zusätzliche Anwendung der Artikel 9, 11, 15 (entspricht etwa den bisherigen „erweiterten Pflichten" gemäß Störfallverordnung)
	Maßnahmen ergreifen, um schwere Unfälle zu verhüten (Art. 5)	Sicherheitsbericht nach Art. 9 und Anhang II (entspricht der bisherigen „Sicherheitsanalyse") mit Sicherheitsmanagement nach Anhang III und Notfallplan (Art. 11; entspricht etwa dem bisherigen „betrieblichen Alarm- und Gefahrenabwehrplan")
	Mitteilung des Betreibers (Art. 6)	Unterrichtung der Betroffenen über Sicherheitsmaßnahmen bei einem Unfall (Art. 13)
	Konzept zur Verhütung schwerer Unfälle ausarbeiten (Art. 7; in etwa „kleine Sicherheitsanalyse"), enthält auch Managementbeschreibung	
	Verhinderung von Dominoeffekten (Art. 8)	
	Aktualisierung bei Anlagenänderung (Art. 10)	
	Unterrichtung der Behörde nach einem schweren Unfall (Art. 14)	

* wenn Menge $= \Sigma q_i/Q_i > 1$ mit: q_i: Vorhandene Menge Stoff i, Q_i: Mengenschwelle für Stoff i

2. *Sicherheitsmanagement nach Anhang III.* Anhang III enthält die Grundsätze für ein Sicherheitsmanagement, denen nach einer Analyse von Wagner [Wag98] mit den Elementen eines Qualitätsmanagementsystems nach DIN ISO 9000 ff. entsprochen werden kann. Zusätzlich sind die „Gefahren schwerer Unfälle" zu ermitteln. Eine quantitative (wahrscheinlichkeitstheoretische) Risikoermittlung, die im deutschen Recht bisher nicht vorgesehen war, wird auch hier nicht ausdrücklich verlangt, allerdings muß gemäß Anhang III c) ii) die „Eintrittswahrscheinlichkeit und Schwere" von schweren Unfällen „abgeschätzt" werden. Nach einer Auskunft des Umweltbundesamtes wird auch in Zukunft in Deutschland keine probabilistische Risikoermittlung erforderlich sein [Uth99].

3. *Externer und interner Notfallplan.* Die Betriebe nach der Seveso II-Richtlinie müssen interne Notfallpläne aufstellen und den zuständigen Behörden innerhalb folgender Fristen die für die externen Notfallpläne erforderlichen Informationen liefern: Bei neuen Betrieben vor der Inbetriebnahme; bei bestehenden, bisher nicht unter die Richtlinie 82/501/EWG (Seveso I-Richtlinie) fallenden Betrie-

ben bis zum 3.2.2002; bei sonstigen Betrieben bis zum 3.2.2001. Die Öffentlichkeit ist zu den externen Notfallplänen zu hören. Interne Notfallpläne müssen enthalten:

- Namen oder betriebliche Stellung der Personen, die zur Einleitung von Sofortmaßnahmen ermächtigt sind sowie der Person, die für die Durchführung und Koordinierung der Abhilfemaßnahmen auf dem Betriebsgelände verantwortlich ist;
- Namen oder betriebliche Stellung der Person, die für die Verbindung zu der für den externen Notfallplan zuständigen Behörde verantwortlich ist.
- Für vorhersehbare Umstände oder Vorfälle, die für das Eintreten eines schweren Unfalls ausschlaggebend sein können, in jedem Einzelfall eine Beschreibung der Maßnahmen, die zur Kontrolle dieser Umstände bzw. dieser Vorfälle sowie zur Begrenzung der Folgen zu treffen sind, sowie eine Beschreibung der zur Verfügung stehenden Sicherheitsausrüstungen und Einsatzmittel.
- Vorkehrungen zur Begrenzung der Risiken für Personen auf dem Betriebsgelände, einschließlich Angaben über die Art der Alarmierung sowie das von den Personen bei Alarm erwartete Verhalten;
- Frühwarnvorkehrungen der für Einleitung der im externen Notfallplan vorgesehenen Maßnahmen zuständigen Behörde, Art der Informationen, die bei der ersten Meldung mitzuteilen sind, sowie Vorkehrungen zur Übermittlung von detaillierten Informationen, sobald diese verfügbar sind.
- Vorkehrungen zur Ausbildung des Personals in den Aufgaben, deren Wahrnehmung von ihm erwartet wird, sowie gegebenenfalls zur Koordinierung dieser Ausbildung mit externen Notfall- und Rettungsdiensten.
- Vorkehrungen zur Unterstützung von Abhilfemaßnahmen außerhalb des Betriebsgeländes.

Externe Notfallpläne müssen enthalten:

- Namen oder Stellung der Personen, die zur Einleitung von Sofortmaßnahmen bzw. zur Durchführung und Koordinierung von Maßnahmen außerhalb des Betriebsgeländes ermächtigt sind;
- Vorkehrungen zur Entgegennahme von Frühwarnungen sowie zur Alarmauslösung und zur Benachrichtigung der Notfall- und Rettungsdienste;
- Vorkehrungen zur Koordinierung der zur Umsetzung des externen Notfallplans notwendigen Einsatzmittel;
- Vorkehrungen zur Unterstützung von Abhilfemaßnahmen auf dem Betriebsgelände;
- Vorkehrungen betreffend Abhilfemaßnahmen außerhalb des Betriebsgeländes;
- Vorkehrungen zur Unterrichtung der Öffentlichkeit über den Unfall sowie über das richtige Verhalten;
- Vorkehrungen zur Unterrichtung der Notfall- und Rettungsdienste anderer Mitgliedsstaaten der EU im Fall eines schweren Unfalls mit möglichen grenzüberschreitenden Folgen.

Für Anlagenplaner und -betreiber spielt bis zur Umsetzung eine Rolle, welche Festsetzungen der Seveso II-Richtlinie unmittelbar gelten, d.h. mit dem Stichtag 3.2.1999 angewendet werden müssen. Diese Frage ist nicht einfach zu beantworten:

Nach der ständigen Rechtsprechung des Europäischen Gerichtshofes gilt europäisches Recht dann ab dem Datum, zu dem die Richtlinie hätte umgesetzt sein müssen, wenn es den Bürger nicht belastet. Der Bürger kann dabei ein Anlagenbetreiber oder Antragsteller sein, aber auch ein sonstiger an einem Genehmigungsverfahren beteiligter Bürger. Wenn jetzt eine europäische Richtlinie weitergehende Prüfungen der Anlagensicherheit verlangt, als es nationale Regelungen bisher vorsahen, belastet dies den Antragsteller bzw. -betreiber. Das bedeutet, daß solche europäischen Regeln nicht unmittelbar gelten. Eine größere Rechtssicherheit ist hier jedenfalls vonnöten.

Ohne Zweifel steht fest, daß für existierende Anlagen von den Behörden externe Notfallpläne erarbeitet werden müssen.

5.7.3.3
Anforderungen an Sicherheitsanalysen

Eine Sicherheitsanalyse ist eine - normalerweise von einem oder mehreren darauf spezialisierten Ingenieurbüros erstellte - Studie, in der alle Sicherheitsaspekte und technische sowie organisatorische Überlegungen zur Störfallvorsorge und Störfallabwehr zum Ausdruck kommen. Sie ist Bestandteil der Genehmigungsunterlagen. Ihr Ziel ist der Nachweis, daß durch die Anlage keine sog. ernste Gefahr ausgeht. Dieser Begriff wird in § 2 der Störfallverordnung definiert: Eine ernste Gefahr liegt vor, wenn das Leben von Menschen bedroht ist oder schwerwiegende Gesundheitsbeeinträchtigungen von Menschen zu befürchten sind, die Gesundheit einer großen Zahl von Menschen beeinträchtigt werden kann oder die Umwelt in einem das Gemeinwohl beeiträchtigenden Maß geschädigt wird. Die Gefahrenschwelle liegt also, wie der Begriff „ernste Gefahr" nahelegt, höher als im Umweltschutz.

Die Bereiche, die an der Sicherheitsanalyse mitwirken, können z.B. sein:

– Brandschutz,
– Bauplanung,
– Technische Sicherheit,
– Immissionsschutz/Ausbreitungsrechnungen für Luftschadstoffe,
– Gewässerschutz.

In § 13 Abs. 1 9. BImSchV ist geregelt, daß die Einholung von Sachverständigengutachten zur Beurteilung der Angaben in der Sicherheitsanalyse „in der Regel notwendig" ist. Das bedeutet, daß – neben der Stellungnahme der Immissionsschutzbehörde – mindestens ein solches Gutachten eingeholt wird. Derartige Gutachten stammen ebenfalls von auf Sicherheitsfragen spezialisierten Ingenieurbüros. Diese sind nicht identisch mit den Büros, die die Sicherheitsanalyse im Auftrag des Antragstellers anfertigen.

Gutachtenaufträge über die Sicherheitsanalyse werden von der Genehmigungsbehörde in Form von Werkverträgen nach §§ 631 ff. BGB vergeben. Die Kosten hierfür trägt gemäß § 52 Abs. 4 BImSchG der Antragsteller. Nach § 13 Abs. 2 der 9. BImSchV ist es auch möglich, daß der Antragsteller einen Gutachtenauftrag selber, jedoch nach vorheriger Abstimmung mit der Behörde, vergibt. Diese Bestimmung wurde in die Verordnung eingefügt, um zu einer Beschleunigung von Genehmigungsverfahren durch Entbürokratisierung beizutragen.

Inhalte und Methoden für die Anfertigung von Sicherheitsanalysen sind in § 7 Störfallverordnung und in der 2. Verwaltungsvorschrift zur Störfallverordnung geregelt, die, wie schon erwähnt, in der vorliegenden Fassung den Anforderungen der Seveso II-Richtlinie entspricht. Nachfolgend werden diese Festlegungen daher in den wesentlichen Punkten kommentiert wiedergegeben.

Zu unterscheiden ist bei der Sicherheitsanalyse mindestens zwischen den Arten des bestimmungsgemäßen Betriebes

– Normalbetrieb,
– An- und Abfahrbetrieb,
– Probebetrieb,
– Inspektions-, Wartungs- und Instandsetzungsbetrieb

und den Einflüssen durch

• die in der Anlage vorhandenen Stoffe und die Anlage selbst,
• das Bedienungspersonal und
• von außen.

Vollständigkeit. Die Sicherheitsanalyse ist eine aus sich heraus verständliche Dokumentation, in der der Betreiber die systematische Untersuchung aller für die Sicherheit der Anlage und ihres Betriebes bedeutsamen Umstände zusammenfaßt und bewertet. Der Betreiber muß aufgrund der Sicherheitsanalyse die Überzeugung von der Sicherheit seiner Anlage gewinnen können. Folgende Inhalte sind nach der geltenden Störfallverordnung obligatorisch und werden günstig in der folgenden Form erbracht:

– *Anlagenbeschreibung:* Die Unterlagen müssen Angaben enthalten über die Anlagenteile, Verfahrensschritte und Nebeneinrichtungen, auf die sich das Genehmigungserfordernis erstreckt, sowie den Bedarf an Grund und Boden. Es ist auf die örtliche Lage, Zugänglichkeit, Schutzstreifen und Exzonen, Bauwerke und Anlagenteile bzw. Komponenten mit Nebeneinrichtungen einzugehen. Pütz und Buchholz empfehlen dies in Form zeichnerischer Darstellungen mit topographischer Karte M 1:25000, Lageplan M 1:1000, Bodengutachten, Baupläne für Bauwerke, Aufstellungspläne für Behälter und Apparate, Apparateliste oder Verfahrensfließbild sowie Tabellen der in Lagern oder Tanklagern vorhandenen Stoffe und Stoffmengen in Verbindung mit einem kompakten Text [Püt97]. Die Seveso II-Richtlinie verlangt zudem ausdrücklich in Anhang III:
  Zum Umfeld des Betriebs:
     Beschreibung des Standorts und seines Umfelds einschließlich der geographischen Lage, der meteorologischen, geologischen und hydrographischen Daten sowie gegebenenfalls der Vorgeschichte des Standortes; Ver-

zeichnis der Anlagen und Tätigkeiten innerhalb des Betriebs, bei denen die Gefahr eines schweren Unfalls bestehen kann; Beschreibung der Bereiche, die von einem schweren Unfall betroffen werden könnten.

Zur Anlagenbeschreibung:

Beschreibung der wichtigsten Tätigkeiten und Produktionen, der sicherheitsrelevanten Betriebsteile, der Ursachen potentieller schwerer Unfälle sowie der Bedingungen, unter denen der jeweilige schwere Unfall eintreten könnte, und Beschreibung der vorgesehenen Schutzmaßnahmen.

– *Verfahrensbeschreibung* einschließlich der kennzeichnenden Verfahrensbedingungen im bestimmungsgemäßen Betrieb unter Verwendung von Fließbildern. Kennzeichnende Verfahrensbedingungen sind diejenigen, die der Betreiber kennen muß, um seine Anlage zu beherrschen. Das müssen nicht nur die unmittelbar sicherheitsrelevanten Aspekte sein. Der bestimmungsgemäße Betrieb umfaßt den Normalbetrieb, An- und Abfahrbetrieb, Probebetrieb sowie den Inspektions-, Wartungs- und Instandsetzungsbetrieb. Die Verfahrensbeschreibung sollte möglichst auf Zeichnungen erfolgen und muß erkennen lassen, aus welchen Lagern oder Lagerbehältern die Stoffe entnommen werden, bei welchen Drücken, Temperaturen und welchen Mengen die Stoffe gehandhabt und verarbeitet werden und wo sie zwischen- bzw. endgelagert werden. Für die Darstellung der Verfahrenszüge reicht das Grundfließbild Nr. 1 mit den Symbolen nach DIN 28004, Teil 1 aus, wobei Angaben zu betrieblichen Zwischenlagerungen, Einsatz-, Reaktions- und Durchsatzmengen, Drücke und Temperaturen der einzelnen Verfahrensschritte, erforderliche Behälter, Apparate und Maschinen sowie benötigte Energie und Energieträger einzutragen sind.

– *Stoffbeschreibung:* Diese muß alle Stoffe nach den Anhängen zur Störfallverordnung nach Art und Menge enthalten, die im bestimmungsgemäßen Betrieb vorhanden sein oder bei einer Störung des bestimmungsgemäßen Betriebes innerhalb oder außerhalb der Anlage entstehen können. Für alle Anlagenteile, in denen Stoffe „in sicherheitstechnisch bedeutsamer Menge" vorhanden sein können, sind die Stoffmengen einzeln auszuweisen. Diese Anlagenteile sind insbesondere Arbeits- oder Lagerbehälter (Tanks, Bunker, Silos), Reaktoren, Öfen, Filter, Abscheider, Wäscher, Kolonnen, Destillationseinrichtungen, Trockner, Pumpen, Verdichter, Gebläse, Wärmeaustauscher einschließlich Kühler und Rohrleitungen. In der Stoffbeschreibung müssen die Stoff- und Reaktionskenndaten angegeben werden, die zur Beurteilung der Maßnahmen zur Verhinderung von Störfällen oder zur Begrenzung von Auswirkungen von Bedeutung sein können. Vorgeschrieben sind hierzu die Parameter Druck, Temperatur, Konzentration und Aggregatzustand im bestimmungsgemäßen Betriebszustand und bei Beginn der Störung. Weiterhin sind je nach Art der Gefährdung folgende Daten von Bedeutung:

- Schmelztemperatur,
- Siedetemperatur,
- spezifische Wärme,
- Dampfdruck,
- Dampfdichte,
- Dichte,

- Korngröße,
- Löslichkeit,
- Aggregatzustand unter Normalbedingungen,
- Verdampfungswärme,
- Explosionsgrenzen,
- Flammpunkt,
- Zündtemperatur,
- Brennbarkeit von Feststoffen,
- Selbstentzündungstemperatur,
- Daten zur thermischen Stabilität,
- Toxizität (akute, subakute, chronische),
- Persistenz,
- Reizwirkung,
- Langzeitwirkungen,
- synergistische (sich gegenseitig verstärkende) Wirkungen,
- Warnsymptome (Geruchsschwelle),
- MAK (Maximaler Arbeitsplatz-Konzentrations)-Wert oder TRK (Technischer Richtkonzentrations)-Wert.

– *Sicherheitstechnisch bedeutsame Anlagenteile:* Hierzu gehören Anlagenteile mit sicherheitstechnisch bedeutsamen Stoffinhalt (s.o.), Schutzeinrichtungen und sonstige für die Betriebssicherheit erforderliche Anlageteile. Zu den Schutzeinrichtungen gehören:

- Einrichtungen zur Begrenzung der Freisetzung von Stoffen wie Schnellschlußeinrichtungen, Auffangwannen, Wasser- oder Dampfschleier, Berieselungseinrichtungen, Druckluftsperren oder Schlängel (Bildung von Auffangräumen auf Wasseroberflächen),
- Brandschutzanlagen und -einrichtungen wie Brandwände, Auffangräume für brennbare Flüssigkeiten, Löschanlagen, Berieselungsanlagen zur Kühlung,
- Einrichtungen zum Schutz von Explosionswirkungen wie Druckentlastungseinrichtungen, Schutzmauern, Schutzwälle und Bunker.

Die Sicherheitsanalyse muß - verständlicherweise - exakt der beantragten Anlage einschließlich der Betriebsweisen, für die die Genehmigung beantragt wird, entsprechen. Das bedeutet, daß z.B. die verwendeten Roh- oder Brennstoffe im Antragstext und in der Sicherheitsanalyse identisch sind.

Die Sicherheitsanalyse bedarf der Schriftform; eine bestimmte Gliederung ist nicht vorgeschrieben. Empfehlenswert ist jedoch eine Gliederung, die sich an der 2. StörfallVwV und an dem TAA-Bericht (TAA – Technischer Ausschuß für Anlagensicherheit: TAA-GS-03: Abschlußbericht: Novellierung der 2. StörfallVwV 1994) orientiert. Sie darf auch auf die Antragsunterlagen Bezug nehmen, muß aber aus sich heraus verständlich bleiben.

5.7.3.4
Methoden für Sicherheitsanalysen

Die 2. Störfallverwaltungsvorschrift schlägt – nicht erschöpfend – für die Sicherheitsanalysen u.a. folgende systematische Methoden vor:

- vorläufige Gefahrenanalyse nach DIN 25448,
- Ausfall-Effekt-Analyse (eng. FMEA[59]) nach DIN 25448,
- Operabilitäts-Analyse; in Deutschland als PAAG-Verfahren bekannt [PAAG], in der englischen Literatur als HAZOP,
- Störfall-Ablaufanalyse nach DIN 25419,
- Fehlerbaum-Analyse nach DIN 25424.

Pilz sytematisiert in [Pil85] diese und weitere in der Literatur angegebenen Methoden und analysiert ihre Vor- und Nachteile sowie ihre Eignung zur Bewältigung bestimmter Teilaufgaben. Tabelle 5.9 enthält die Zuordnung der Methoden zu den einzelnen Phasen der Projektgrobstruktur in Anlehnung an [Pil85] ergänzt um marktgängige Softwareprodukte.

5.8
Einheitliche technische Anforderungen aus verschiedenen Regelungsbereichen

Eine auch nur halbwegs erschöpfende Darstellung der technischen Anforderungen aus den Regelungsbereichen des Umwelt-, Bau- und technischen Sicherheitsrechts an Industrieanlagen ist im Rahmen eines Buches nicht möglich. Daher soll nachfolgend nur auf einige wenige, aber dafür hinsichtlich der Kosten und Freizügigkeit der Planung oft bestimmende Regeln hingewiesen werden.

Man kann sich die für die eigene Anlage geltenden Bestimmungen dadurch erschließen, daß man zunächst die Bestimmungen in demjenigen Gesetz, das das Genehmigungserfordernis regelt, und die dort in Bezug genommenen Rechts- und Verwaltungsvorschriften sowie technischen Regeln (z.B. Technische Regeln brennbarer Flüssigkeiten - TRbF) nachliest.

Oftmals treten Unfallverhütungsvorschriften der Berufsgenossenschaften hinzu. Ferner werden durch die generelle Verweisung auf den Stand der Technik in vielen Zulassungsgesetzen die einschlägigen Normen des DIN und des Deutschen Vereins für das Gas- und Wasserfach e.V. verbindlich erklärt. Im Rang zurück stehen die Richtlinien von VDI, VDE und Normentwürfe.

Zunehmend wird durch die Geltung von EG-Richtlinien auch auf europäische Normen (EN) Bezug genommen, so daß diese gesetzliche Geltung erlangen. Hier kommt es in Zukunft besonders darauf an, die europäische Rechtsetzung und Normungsarbeit zu beobachten.

In der Datenbank unter der Internet-Adresse www.umweltrecht.de sind das Gesetzeswerk und Technische Regeln nach Gebieten geordnet aktuell zu ersehen.

---

[59] FMEA = Failure Modes and Effects Analysis; zugleich Vorstufe zur Fehlerbaum-Analyse

Tabelle 5.9. Systematik sicherheitsanalytischer Arbeitsmethoden

Zweck	Phase	Methode/Software/Preis
Identifikation von Gefahrenquellen	Basic Engineering; Genehmigungsplanung	Checklisten; Wechselwirkungs-Matrizen (z.B. zwischen Stoffen) FMEA/CHEMRISK/2500 \$; PAAG/HAZOPtimizer/400 \$
Bestimmung Eintritts-wahrscheinlichkeit	Detail Engineering	Störfall-Ablaufanalyse, Fehlerbaumanaly-se/CHEMRISK/2500\$
Analyse der Stör-fallauswirkungen	Störfall-Szenariobetrachtung für Sicherheitsbericht und Notfallplan	s. [Zür92] und die dort verwendeten Modelle

5.8.1
Baurechtliche Anforderungen und Baunormen zum baulichen Brandschutz

Der bauliche Brandschutz ist weitgehend in die Bauordnungsgesetze der Länder (Landesbauordnungen) integriert. In Nordrhein-Westfalen existieren daneben die Erlasse „Einführung Technischer Baubestimmungen nach § 3 Abs. 3 BauONW", Kunststofflager-Richtlinie (Brandschutz) und „Umweltschonendes Bauen des Landes". Folgende bauaufsichtliche Richtlinien sind von übergreifender Bedeutung: Industriebaurichtlinie – Baulicher Brandschutz im Industriebau; Hohlraumböden – Brandschutztechnische Anforderungen an Hohlraumestriche und Doppelböden; Feuerwehrfreiflächen – Flächen für die Feuerwehr auf Grundstücken. Zur Bauordnung des Landes Baden-Württemberg gibt es eine Verwaltungsvorschrift Leitungen – Brandschutzanforderungen an Leitungen und Leitungsanlagen. Hervorzuheben ist, daß die Lagerung brennbarer Flüssigkeiten in Durchgängen und Durchfahrten, Treppenräumen, allgemein zugänglichen Fluren, auf Dächern von Wohnhäusern, Krankenhäusern, Bürohäusern und ähnlichen Gebäuden sowie in deren Dachräumen, in Arbeitsräumen sowie in Gast- und Schankräumen unzulässig ist (§ 11 VbF). In Wohnungen und Räumen, die mit Wohnungen in unmittelbarer Verbindung stehen, Kellern von Wohnhäusern und Verkaufs- und Vorratsräumen des Einzelhandels dürfen brennbare Flüssigkeiten nur in geringer Menge (Mengenschwellen siehe § 11 VbF) gelagert werden.

5.8.2
Anlagensicherheit, Brand- und Explosionsschutz

Für die Anlagensicherheit sind insbesondere die Verordnungen zu § 11 Gerätesicherheitsgesetz und die in Abschn. 5.6.5 zitierten Vorschriften zu beachten.

5.8.3
Anlagenbezogener Gewässerschutz

Für den anlagenbezogenen Gewässerschutz sind insbesondere die landesrechtlichen Verwaltungsvorschriften über Anlagen zum Umgang mit wassergefährdenden Stoffen (VAwS), die Löschwasserrückhalterichtlinie und die VbF mit den TRbF zu beachten. Diese Vorschriften enthalten technische Anforderungen an Einrichtungen zum Umgang mit wassergefährdenden Stoffen, insbesondere vorzusehende Rückhaltevolumina.

5.8.4
Arbeits- und Gesundheitsschutz

Für Arbeitsstätten aller Art gilt die Arbeitsstättenverordnung zum Arbeitsschutzgesetz, die detailliert die konstruktive Ausbildung von Arbeitsplätzen einschließlich Schutzeinrichtungen wie z.B. Fluchtwege, aber auch die Beleuchtung, Temperatur, Belüftung und ähnliches bestimmt.

So müssen z.B. alle Arbeits- und Pausenräume eine Sichtverbindung zur Umgebung des Gebäudes ins Freie haben. Arbeitsräume müssen eine Grundfläche von mindestens 8 m² und bei einer Grundfläche bis 50 m² eine lichte Höhe von mindestens 2,50 m besitzen (bei größeren Grundflächen mehr). Jeder ständig anwesende Arbeitnehmer muß über einen Mindesluftraum von 12 m³ bei überwiegend sitzender Tätigkeit, 15 m³ bei überwiegend nichtsitzender Tätigkeit und 18 m³ bei schwerer körperlicher Arbeit verfügen. Pausenräume sind ab 10 Beschäftigten vorzusehen und müssen auf 21 °C heizbar sein. Wenn mehr als fünf Arbeitnehmer verschiedenen Geschlechts beschäftigt werden, müssen getrennte Toilettenräume vorhanden sein. Flucht- und Rettungswege müssen freigehalten werden, dürfen nicht verschlossen und müssen gekennzeichnet sein.

Daneben sind die einschlägigen Unfallverhütungsvorschriften der Berufsgenossenschaften zu beachten. Ein vollständiges Verzeichnis befindet sich in der alljährlich vom Hauptverband der gewerblichen Berufsgenossenschaften − Berufsgenossenschaftliche Zentrale für Sicherheit und Gesundheit − BGZ, 53754 Sankt Augustin, herausgegebenen „Betriebswacht" [HBG].

5.8.5
Immissionsschutz

Die Bundesregierung ist lt. BImSchG ermächtigt, immissionsschutzrechtliche Bestimmungen auch für nicht genehmigungsbedürftige Anlagen zu erlassen. Die 1. BImSchV − Kleinfeuerungsanlagenverordnung betrifft Feuerungsanlagen bis

1 MW Feuerungswärmeleistung. Die Verordnung enthält Emissionsgrenzwerte und technische Anforderungen. Nach § 15 1. BImSchV müssen folgende Feuerungsanlagen jährlich vom Bezirksschornsteinfegermeister überprüft werden: Mechanisch beschickte Feuerungsanlagen für feste Brennstoffe (Kohle, Torf, naturbelassenes Holz, Stroh) ab einer Nennwärmeleistung von 15 kW bzw. 50 kW (andere feste Brennstoffe gem. § 3 1. BImSchV), Öl- und Gasfeuerungsanlagen ab 11 kW Nennwärmeleistung.

5.8.6
Betriebliche Abfall- und Gefahrstofflagerung

Produzierende Unternehmen dürfen, sofern sie nicht zugleich Entsorgungsunternehmen sind bzw. Genehmigungen zum Betrieb von Entsorgungsanlagen besitzen, Abfälle vom selben Unternehmensstandort oder anderen Standorten desselben Unternehmens an einem beliebigen Unternehmensstandort zur Entsorgung bereitstellen. Die Bereitstellung erfordert besondere Läger, wenn die Abfälle zugleich Gefahrstoffeigenschaften (explosionsgefährlich, brandfördernd, hochentzündlich, leichtentzündlich, entzündlich, sehr giftig, giftig, gesundheitsschädlich, ätzend, reizend, sensibilisierend, krebserzeugend, fortpflanzungsgefährdend, erbgutgefährdend oder umweltgefährlich) besitzen. Besondere Umweltgefahren können sein:

- Wassergefährdung (siehe VAwS und Löschwasserrückhalterichtlinie; sog. besonders überwachungsbedürftige Abfälle gem. KrW-AbfG haben immer die Wassergefährdungsklasse WGK 3; diese Abfälle sind in der „Bestimmungsverordnung besonders überwachungsbedürftige Abfälle" mit ihrer Bezeichnung und Abfallschlüssel-Nr. aufgeführt);
- Brennbarkeit (siehe VbF mit den TRbF und Landesbauordnung),
- Neigung zur Brandförderung und Gifteigenschaft (siehe TRGS 514, 515).

Der Verband der Chemischen Industrie (VCI) hat einen Zusammenlagerungskatalog für Chemikalien entwickelt, aus dem die Zonung und technische Ausrüstung eines Gefahrgutlagers aufgrund der unterschiedlichen Rechtsvorschriften und Technischen Regeln entnommen werden kann [VCI].

Auf den Bau und die Ausrüstung von Gefahrgutlägern haben sich einige Ingenieurunternehmen spezialisiert, die außerdem die notwendigen Schritte des Behördenverkehrs begleiten.

5.8.7
Energieeinsparung

Zur Energieeinsparung müssen Gebäude grundsätzlich nach den Bestimmungen der Wärmeschutzverordnung zum Energieeinsparungsgesetz errichtet werden.

5.8.8
Bodenschutz

Die bisher vorgelegten Entwürfe einer Rechtsverordnung zum Bundes-Bodenschutzgesetz enthalten Vorsorgewerte für Schwermetallkonzentrationen in Böden. Sind diese überschritten, dürfen jährlich nur bestimmte zusätzliche flächenbezogene Frachten in den Boden eingetragen werden.

Dies wird für die immissionsschutzrechtlichen Anlagenzulassungen, bei denen Immissionswerte geprüft werden, in Zukunft bedeuten, daß zuzüglich zu den Immissionswerten der TA Luft auch die Schwermetalleinträge geprüft werden müssen, sofern die Vorbelastungen den Schwellwert überschreiten [Schö99].

5.9
Zeitdauer und Kosten von Genehmigungsverfahren

Bei verfahrenstechnischen Anlagen betragen die Planungskosten je nach der Komplexität und Größe der Anlage zwischen 8 und 28% der Gesamtinvestitionssumme. Der niedrigere Werte gilt für große Anlagen (ca. 100 Mio DM Investition) bzw. eine geringe Komplexität, der höhere Wert für kleine Anlagen (5 Mio. DM) bzw. hohe Komplexität [Her74]. In diesen Kosten sind die Kosten für die Genehmigungsplanungen einschließlich der Kosten der erforderlichen Gutachten enthalten. Für sich gesehen, machen die reinen Genehmigungskosten etwa zwischen 1,5 und 3% der Gesamtinvestitionssumme aus. Hinzu kommen etwa 0,5 bis 0,7% für Genehmigungsgebühren.

Diese Kosten sind kaum zu beeinflussen. Entscheidend ist jedoch die Zeitdauer des Genehmigungsverfahrens selbst. Eine Verzögerung zu einem Zeitpunkt, zu dem bereits erhebliche Planungsleistungen erbracht sind, verteuert das Vorhaben wegen der damit verbundenen Kapitalbindungskosten erheblich. Nimmt man beispielsweise an, daß sich nach Abschluß aller Planungen das Genehmigungsverfahren um ein Jahr verzögert, so bedeutet dies zusätzliche Kapitalbindungskosten für die Planungskosten (also knapp 2% der Investitionssumme). Wesentlich schwerer wiegt aber der unternehmerische Nachteil, der durch die verspätete Inbetriebnahme der Anlage entsteht, weil dadurch die Wettbewerbssituation des Unternehmens nachhaltig beeinträchtigt werden kann. Wenn sich im Genehmigungsverfahren zeigt, daß Umplanungen erforderlich sind, belastet dies das Budget und die Wettbewerbssituation zusätzlich.

5.9.1
Beschleunigung von Genehmigungsverfahren

Bernecker führt in [Ber84] an, daß im wesentlichen die frühzeitige Fertigstellung von fünf Schlüssel-Engineering-Leistungen den terminlichen und kostenmäßigen Erfolg der gesamten Planungsabwicklung und der Fertigstellung der Anlage entscheidend beeinflußt:

1. Ausführlicher Terminplan mit den Aktivitäten für Planung, Beschaffung und Montage in dem jeweils erforderlichen Auflösungsgrad,
2. Aufstellungsplan,
3. „eingefrorene" basic-design-Dokumentation mit endgültigen Verfahrensschemata und Auslegungsvorschriften für die Ausrüstungen,
4. Rohrleitungsspezifikation und Rohrleitungs- und Instrumentenschemata (Anm.: Diese gehören möglichst nicht in die Genehmigungsunterlagen, weil sonst jede Leitungsänderung eine Änderungsgenehmigung erfordert!)
5. Antragsunterlagen zum Genehmigungsantrag nach BImSchG.

In Kapitel 4 und den vorangegangenen Abschnitten wurde dazu detailliert ausgeführt, welchen Weg der Antragsteller beschreiten muß, um einen genehmigungsfähigen Standort und die erforderliche Betriebsgenehmigung rechtzeitig zu erhalten.

Zur Beschleunigung des immissionsschutzrechtlichen Genehmigungsverfahrens dienen folgende Möglichkeiten, die der Antragsteller nutzen sollte:

Sachverständigengutachten sollten nur in Abstimmung mit der Genehmigungsbehörde oder an solche Gutachter gegeben werden, die nach § 29a Abs. 1 Satz 1 BImSchG von der nach Landesrecht zuständigen Behörde bekanntgegeben worden sind. Diese Gutachten gelten als unabhängig und erfordern nicht die abermalige Überprüfung durch weitere Gutachter (s. § 13 Abs. 2 9. BImSchV).

Nach § 13 Abs. 1 9. BImSchV können Sachverständige hinzugezogen werden, wenn der Antragsteller einwilligt und dadurch das Genehmigungsverfahren beschleunigt wird. Derartige Gutachter übernehmen insbesondere die Leistungen gem. Tabelle 5.2 zur Durchführung der UVP-spezifischen Verfahrensschritte. Grundsätzlich ist es möglich, sämtliche nicht hoheitlichen Aufgaben im Rahmen des Genehmigungsverfahrens an solche privaten Gutachter zu geben. Auf derartige Leistungen haben sich einige Ingenieurbüros spezialisiert.

Der in Tabelle 5.2 angegebene Schritt „Prüfung der UVP auf Vollständigkeit und Inhalt" kann entfallen, wenn der Gutachtenauftrag zur Erarbeitung der UVU von der Genehmigungsbehörde im Einvernehmen mit dem Antragsteller erteilt wird.

Die Gutachtenaufträge zur Verfahrensbeschleunigung müssen von der Genehmigungsbehörde, abhängig von der Auftragssumme EU-weit, ausgeschrieben werden. Sie werden als Werkverträge nach § 631 ff. BGB erteilt. Der Antragsteller muß sein Einverständnis dadurch dokumentieren, daß er vor Erteilung des Sachverständigenauftrags eine Kostenübernahmeerklärung gegenüber der Genehmigungsbehörde unterzeichnet.

Die Sachverständigenkosten zur Verfahrensbeschleunigung liegen (ohne die Kosten zur Erstellung der UVU) unter 1% der Gesamtinvestitionssumme. Dieser Aufwand erscheint angesichts der damit verbundenen Vorteile gerechtfertigt.

Kriterien für die Auswahl eines Sachverständigen zur Verfahrensbeschleunigung sind seine Erfahrung mit ähnlichen Anlagen, sein Ansehen bei der Genehmigungsbehörde vor Ort und seine Fachkenntnis hinsichtlich der anzuwendenden Vorschriften und des Genehmigungsverfahrens.

5.10
Inbetriebnahme- und wiederkehrende Prüfungen

Inbetriebnahmeprüfungen (Abnahmen) sind sowohl für anzeige- und genehmigungsbedürftige Anlagen als auch für solche Anlagen erforderlich, die ohne Anzeige oder Genehmigung betrieben werden dürfen. Je nach Vorschrift bzw. Art der Prüfung muß sie durch eine Behörde, durch Sachverständige oder durch Sachkundige erfolgen.

Die Landesunfallkasse Freie und Hansestadt Hamburg gibt eine Arbeitshilfe „Prüfpflichtige Anlagen und Einrichtungen" heraus [LUK99]. Nach Kenntnis des Verfassers ist dies das vollständigste Verzeichnis seiner Art. In dieser Unterlage sind die Abnahme- und wiederkehrenden Prüfungen aufgrund der Rechtsverordnungen zu § 11 Gerätesicherheitsgesetz (s. Abschn. 5.6.4), der Arbeitsstättenverordnung, Verordnungen zum Strahlenschutzgesetz, Technischen Regeln, Unfallverhütungsvorschriften und Vorschriften des Deutschen Vereins für das Gas- und Wasserfach zusammengestellt. Tabelle 5.10 enthält einen Auszug aus diesem Verzeichnis, ergänzt um Bestimmungen des BImSchG.

Tabelle 5.10. Inbetriebnahme- und wiederkehrende Prüfungen für Anlagen

Vorschrift	Anlagen	Prüfung
1. BimSchV	Kleinfeuerungs-anlagen > 4 KW	vier Wochen nach der Inbetriebnahme durch Bezirksschornsteinfegermeister, jährlich bei Anlagen > 11 KW
BimSchG	genehm.-bed. Anlagen	Abnahmeprüfung vor Inbetriebnahme
ArbStättVO § 53(2) GUV 0.1 VBG 1 § 39(3)	Lüftungstechnische Anlagen	jährlich auf Funktionstüchtigkeit, ohne Luftreinhaltung alle 2 Jahre
AcetV § 11	Acetylenanlagen	Abnahmeprüfung vor Inbetriebnahme alle 2 Jahre
Röntgenverordnung § 18 (4)	Röntgenanlagen	alle 5 Jahre
AufzV	Aufzüge und Bauaufzüge	Abnahmeprüfung vor Inbetriebnahme, alle 2 Jahre
	Kranführeraufzüge	Abnahmeprüfung vor Inbetriebnahme, jährlich bzw. nach jeder Aufstellung, alle 4 Jahre auf Betriebssicherheit
HaustechÜVO § 3, DIN VDE 0185, Teil 1	Blitzschutzanlagen	alle 6 Jahre auf Funktionsfähigkeit
VbF §§ 13, 14, 15	Verbindungsleitungen und Fernleitungen für brennbare Flüssigkeiten	Abnahmeprüfung vor Inbetriebnahme, alle 2 Jahre
	erlaubnisbedürftige Anlagen zur Lagerung oder Abfüllung brennbarer Flüssigkeiten	Abnahmeprüfung vor Inbetriebnahme, alle 5 Jahre
DampfkV	Dampfkesselanlagen	Abnahmeprüfung vor Inbetriebnahme, bei Dampfkesseln der Gruppe II und IV innere Prüfung alle 3 Jahre, Wasserdruckprüfung alle 9 Jahre, äußere Prüfung jährlich

Fortsetzung Tabelle 5.10. Inbetriebnahme- und wiederkehrende Prüfungen für Anlagen

Vorschrift	Anlagen	Prüfung
DruckbehV	Druckbehälter u. Druckrohrleitungen	Abnahmeprüfung vor Inbetriebnahme
ZH 1/43 Ziffer 6	Einrichtungen, die Elektromagnetische Felder erzeugen	jährlich auf betriebssicheren Zustand
ElexV	Elektrische Anlagen in explosionsgefährdeten Räumen	Abnahmeprüfung vor Inbetriebnahme, alle 3 Jahre
	Elektrische Anlagen und ortsfeste elektrische Betriebsmittel in Betriebsstätten	jährlich
Ex-RL	Explosionsgefährdete Anlagen	Abnahmeprüfung vor Inbetriebnahme
VBG 55a Explosivstoffe-Allgemeine Vorschrift	Elektrische Anlagen in gefährlichen Gebäuden und auf gefährlichen Plätzen	Abnahmeprüfung vor Inbetriebnahme auf Nichtvorhandensein von Zündgefahren, jährlich auf ordnungsgemäßen Zustand
VBG 55a § 81	Einrichtungen zur Vermeidung von Zündgefahren infolge elektrostatischer Aufladung	Abnahmeprüfung vor Inbetriebnahme, alle 3 Jahre
ZH 1/484 Ziffer 6.1 + 6.2	Fahrtreppen und Fahrsteige	Abnahmeprüfung vor Inbetriebnahme, jährlich auf betriebssicheren Zustand, vierteljährlich auf ordnungsgemäßen Zustand
GUV 10.10 Ziffer 6	Feuerlöscher	alle 2 Jahre
ArbStättV § 53 (2) GUV 0.1 VBG 1 § 39 (3)	Feuerlöscheinrichtungen	jährlich
ZH 1/388 Kapitel 17	Flüssiggaseinrichtungen	innere Prüfung alle 5 Jahre, Druckprüfung alle 10 Jahre äußere Prüfung alle 2 Jahre

Fortsetzung Tabelle 5.10. Inbetriebnahme- und wiederkehrende Prüfungen für Anlagen

Vorschrift	Anlagen	Prüfung
GUV 9.9 VBG 61 § 53	Anlagen und Anlagenteile für Gase	Abnahmeprüfung vor Inbetriebnahme einmal jährlich auf Zustand und Funktion
VBG 61 § 54	Leitungen und Behälter für Gase	nach Instandsetzungen und wesentlicher Änderung
VBG 61 § 56	Gaswarneinrichtungen	Abnahmeprüfung vor Inbetriebnahme, in angemessenen Zeitabständen
GUV 4.5, VBG 14 §§ 38 (1) + (3), 40, 41, 42 46	Hebebühnen	Abnahmeprüfung vor Inbetriebnahme, jährlich Sicht- und Funktionsprüfung
VBG 43 § 53	Heiz-, Flamm- und Schmelzgeräte für Bau- und Montagearbeiten	Abnahmeprüfung vor Inbetriebnahme, jährlich
GUV 5.1; VBG 12	Fahrzeuge	jährlich
ZH 1/498 Ziffer 6.1, 6.2, 6.3, 6.4	Industrieöfen und Trockner	Abnahmeprüfung vor Inbetriebnahme, jährlich, halbjährlich durch Elektrofachkraft
GUV 2.5 VBG 20 § 30(1)+(2)	Kälteanlagen, Wärmepumpen und Kühleinrichtungen	Abnahmeprüfung vor Inbetriebnahme
	Flexible Kältemittelleitungen	Abnahmeprüfung vor Inbetriebnahme, Prüfung alle 6 Monate auf Dichtheit
GUV 3.0, VBG 5 § 29 (1)	Kraftbetriebene Arbeitsmittel	Abnahmeprüfung vor Inbetriebnahme
ZH 1/597 Ziffer 6.1	Berührungslos wirkende Schutzeinrichtungen	Abnahmeprüfung vor Inbetriebnahme, jährlich auf Funktionsfähigkeit
GUV 4.1, VBG 9 § 25, ZH 1/26	Krane	Abnahmeprüfung vor Inbetriebnahme, jährlich, zusätzliche Prüfung alle 4 Jahre
DVGW-Arbeitsblatt G 621 Ziffern 11.2	Notduschen	monatlich

Fortsetzung Tabelle 5.10. Inbetriebnahme- und wiederkehrende Prüfungen für Anlagen

Vorschrift	Anlagen	Prüfung
StrlSchV	Umschlossene radioaktive Stoffe	bei mechanischer Beschädigung oder Korrosion auf Dichtheit der Umhüllung
	Anlagen zur Erzeugung ionisierender Strahlen und Bestrahlungseinrichtungen mit radioaktiven Quellen	jährlich auf sicherheitstechnische Funktion, Sicherheit und Strahlenschutz
	Strahlengeräte für die Grammaradiographie	jährlich auf sicherheitstechnische Funktion, Sicherheit und Strahlenschutz
VBG 55 a § 84	Feuerlöscheinrichtungen	halbjährlich auf Funktionsfähigkeit
ArbStättV § 53 (2), GUV 0.1, VBG 1 § 39 (3)	Lüftungstechnische Anlagen	alle 2 Jahre auf Funktionsfähigkeit
ArbStättV § 53 (2), GUV 0.1, VBG 1 § 39 (3) HaustechÜVO § 3	Rauch- und Wärmeabzugsanlagen (RWA-Anlagen)	jährlich bzw. alle 3 Jahre
ArbStättV § 53 (2), GUV 0.1, VBG 1 § 39	Rauchmelder	jährlich bzw. alle 3 Jahre

6 Unternehmerpflichten im Betrieb

In diesem Kapitel werden die Unternehmerpflichten des Umweltrechts rein aus Sicht der Produktion behandelt. Für die produzierten Produkte und deren Inverkehrbringen gelten weitere, zum Teil sehr umfassende Bestimmungen, wie z.B. für die Zulassung von Arzneimitteln. Deren Darstellung ist nicht das Anliegen dieses Buches. In Abschnitt 6.4.1 wird jedoch als Exkurs die Anmeldung neuer Stoffe nach dem Chemikaliengesetz behandelt, weil dieser Aspekt für das Verständnis und die Anwendung des Chemikaliengesetzes und seiner Rechtsverordnungen wesentlich ist.

6.1
Pflichten nach abgeschlossenen Genehmigungsverfahren

6.1.1
Pflichten aus dem Genehmigungsbescheid

Hat ein Unternehmen die Genehmigung zur Errichtung einer Anlage erwirkt, so darf er sie nur so errichten, wie es der Genehmigungsbescheid vorschreibt. Der Genehmigungsbescheid kann mit Auflagen und Nebenbestimmungen versehen sein. Dies sind meistens detaillierte technische Bestimmungen, die der Inhaber der Anlage sorgfältig einhalten muß, weil er sonst die Genehmigung verlieren kann! Daneben können Auflagen auch darin bestehen, Abnahmeprüfungen durchführen zu lassen, noch fehlende Berechnungen und sonstige Nachweise nachzuholen und mit dem Bau erst dann zu beginnen, wenn diese vorliegen. Bei einer immissionsschutzrechlichen Genehmigung setzt die Behörde gemäß § 18 BImSchG eine angemessene Frist für den Beginn der Errichtung oder des Betriebes der Anlage. Die Genehmigung erlischt, wenn nicht binnen dieser Frist mit dem Bau oder dem Betrieb begonnen wurde oder wenn die Anlage während eines Zeitraumes von drei Jahren nicht mehr betrieben worden ist.

6.1.2
Anpassungen an den Stand der Technik nach dem Bundes-Immissionsschutzgesetz

§ 17 BImSchG ermächtigt die zuständigen Behörden zu nachträglichen Anordnungen bei genehmigten Anlagen. Dies bedeutet, daß sie den Betreiber z.B. zu niedrigeren Emissionswerten der Anlage verpflichten kann, als diese nach der vorher noch geltenden Genehmigung erzeugen durfte. Emissionswerte, die in Rechtsverordnungen zum BImSchG festgelegt sind (also solche für Großfeuerungsanlagen nach der 13. BImSchV, Abfallverbrennungsanlagen nach der 17. BImSchV und Einäscherungsanlagen nach der 27. BImSchV) dürfen aber von den Genehmigungsbehörden nur dann verschärft werden, wenn dies der Gefahrenabwehr einschließlich der Abwehr erheblicher Nachteile und Belästigungen dienen soll. Eine Verschärfung der Emissionsgrenzwerte allein aus Gründen der Vorsorge ist in diesen Fällen nicht vom Gesetz gedeckt.

Die Behörde soll von nachträglichen Anordnungen absehen, wenn der Anlagenbetreiber in eigenen oder fremden Anlagen Maßnahmen durchführt, die zu größeren Emissionsminderungen führen, als durch die nachträgliche Anordnung erreicht worden wäre. Der Ausgleich ist nur zwischen denselben oder in ihrer Auswirkung vergleichbaren Stoffen zulässig (§ 17 Abs. 3 BImSchG).

6.2
Allgemeine Pflichten

Neben den Pflichten aus Verwaltungsakten (zu denen die Genehmigungen gehören) gibt es für Unternehmen allgemeine Betreiberpflichten. Sie ergeben sich aus Gesetzen und Verordnungen sowie, im Bereich des Arbeitsschutzes, auch aus berufsgenossenschaftlichen Bestimmungen.

6.2.1
Prüf-, Dokumentations- und Berichtspflichten

Prüfpflichten werden in Tabelle 5.10. dargestellt. Tabelle 6.1 enthält die wichtigsten Berichte des Umweltrechts und Arbeitsschutzes, die ein Unternehmen entweder unaufgefordert an die zuständigen Behörden (bzw. die zuständige Berufsgenossenschaft als Träger der gesetzlichen Unfallversicherung) geben muß, in geeigneter Weise veröffentlichen muß oder vorzuhalten und auf Verlangen der Behörde vorzulegen hat. Einzelheiten sind den in Tabelle 6.1. angegebenen Vorschriften zu entnehmen.

Diese Vorschriften gelten aber nicht für jedes Unternehmen, sondern immer nur unter bestimmten Voraussetzungen, wie z.B. bei der Emissionserklärung nach § 27 BImSchG, wenn ein Unternehmen genehmigungsbedürftige Anlagen betreibt.

6.2.2
Organisationspflichten und Betriebsbeauftragte

Nach unterschiedlichen Gesetzen des Umweltschutzes sowie anderen Regelungsbereichen wie z.B. dem Arbeitsschutz müssen Unternehmen sog. Betriebsbeauftragte bestellen; s. Tabelle 6.2. Diesen obliegt die Selbstkontrolle der Unternehmen. Einzelheiten der Funktion, der Bestellungsvoraussetzungen und der Bestellungsmodalitäten ergeben sich aus der jeweils genannten Vorschrift.

Der Begriff „Betriebsbeauftragter für Umweltschutz" entspricht nicht den gesetzlichen Bestellungspflichten, sondern drückt aus, daß jemand mehrere der gesetzlich vorgeschriebenen Beauftragtenfunktionen des Umweltschutzes wahrnimmt. Eine solche Beauftragung ist grundsätzlich erlaubt. Größere Unternehmen haben Konzernbeauftragte, die die einzelnen Beauftragtenfunktionen bündeln und die in den einzelnen Werken durch Vor-Ort-Mitarbeiter unterstützt werden.

In Tabelle 6.2 sind die Unternehmensvertreter für die Fachgebiete des Immissionsschutzes nach § 52a BImSchG und des Abfalls nach § 53 KrW-AbfG nicht angeführt. Diese sind keine Betriebsbeauftragten im eigentlichen Sinn (d.h. ihre Aufgabe ist nicht die betriebliche Selbstkontrolle), sondern von den Unternehmen benannte Verantwortliche gegenüber den Behörden. Außer in den gesetzlich bestimmten Fällen können Unternehmen diese Vertreter auch freiwillig bestellen, etwa wenn bestimmte Personen diese Verantwortungen tragen sollen. Bestellt werden können auch Geschäftsführer des Unternehmens oder Mitglieder des Vorstandes.

Als Betriebsbeauftragte können nur natürliche Personen bestellt werden, die Angestellte des Unternehmens oder Dritte sein können (nur der Strahlenschutzbeauftrage muß immer ein Mitarbeiter sein). Werden Dritte bestellt, kann dies im Rahmen eines Dienst-, Werk- oder Geschäftsbesorgungsvertrages erfolgen. Die Bestellung hat schriftlich zu erfolgen mit gleichzeitiger Anzeige an die zuständige Behörde, die die Bestellung – z.B. wegen bekannter mangelnder Zuverlässigkeit des Bestellten – auch ablehnen kann. Die Bestellung ist formlos, muß aber für den Beauftragten und die Behörde insoweit transparent sein, als daß sich ergeben muß, wofür die Beauftragung erfolgt.

Die Betriebsbeauftragtenfunktion ist eine typische Stabsfunktion. Das Freisein von Linienverantwortung ist für die Aufgabenerfüllung des Betriebsbeauftragten im Sinne einer wirksamen Kontrolle der unternehmensinternen Abläufe ratsam, wenn auch nirgends vorgeschrieben (bei Sicherheitsbeauftragten empfohlen). Der Betriebsbeauftragte hat gegenüber dem Vorstand bzw. der Geschäftsführung des Unternehmens keine Weisungsbefugnis; ebenso arbeitet der Beauftragte weisungsfrei.

Der Beauftragte muß sich die einschlägigen Vorschriften und vorliegenden Genehmigungen des eigenen Betriebes besorgen (Holschuld!) und diese auf Einhaltung sowie die Betriebsanlagen auf Mängel, die Betriebsstätte auf ordnungsgemäßen Betrieb einschließlich aller Aufzeichnungen überprüfen. Der Beauftragte muß an die Betriebsleitung Mitteilung über festgestellte Mängel machen und Vorschläge zu deren Beseitigung unterbreiten. Er soll auf umweltfreundliche Verfahren und Betriebsweisen hinwirken und muß die Betriebsangehörigen über die von den Anlagen ausgehenden potentiellen schädlichen Umwelteinwirkungen und die getroffenen Schutzmaßnahmen aufklären. Die Betriebsbeauftragten für Abfall und für Immissionsschutz haben das Recht zur Stellungnahme bei Investitionsentscheidungen. Der Störfallbeauftragte kann, aber muß nicht mit Entscheidungsbefugnissen ausgestattet werden, z.B. derjenigen, bei erkennbaren Gefahren die Produktion rechtzeitig stillzusetzen.

Tabelle 6.1. Wichtige Dokumentations- und Berichtspflichten für Unternehmen aufgrund umweltrechtlicher und arbeitsschutzrechtlicher Anforderungen (Bundesrecht). Landesrechtliche Spezialvorschriften, insbes. des Abfall- und Wasserrechts, können hinzutreten

Vorschrift/Bericht	Verpflichteter/Art der Berichterstattung
Arbeitsunfall inkl. Wegeunfall	Jedes Unternehmen/Meldung an Berufsgenossenschaft und Gewerbeaufsicht binnen 3 Tagen
§ 11 12. BImSchV/Störfall oder Betriebsstörung	Betreiber von Störfallanlagen/Sofort an die Behörde, binnen einer Woche schriftlich
§ 11a 12. BImSchV/Information der Öffentlichkeit über Sicherheitsmaßnahmen und Verhalten bei Störfällen	Betreiber von Störfallanlagen/Wird von Behörde festgelegt, Wiederholung in angemessenen Abständen
Mitteilung der Betriebsbeauftragten nach unterschiedl. Vorschriften (s. Abschn. 6.2.2)	zur Bestellung von Betriebsbeauftragten Verpflichtete/einmal formlos an die zust. Behörde
Jahresberichte der Betriebsbeauftragten	Betriebsbeauftragte/jährlich an das eigene Unternehmen; bereithalten für Behörden
§ 27 BImSchG, 11. BImSchV/ Emissionserklärung	Betreiber genehmigungsbedürftiger Anlagen/alle vier Jahre an zust. Behörde
§ 52a BImSchG, Mitteilung zur Betriebsorganisation	Betreiber genehmigungsbedürftiger Anlagen/einmal schriftlich an Behörde
§§ 19, 20 KrW-AbfG/ Abfallwirtschaftskonzept und -bilanz	Konzeptverpflichtete/Konzept erstmals 1999, alle 5 Jahre, Bilanz jährlich
§ 53 Abs. 2 KrW-AbfG/Mitteilung zur Betriebsorganisation	Betreiber genehmigungsbedürftiger Anlagen und andere, die in § 53 Abs. 2 KrW-AbfG bestimmt sind/einmalig an Behörde
§ 11 Abs. 2,3 Abwasserabgabengesetz/ Erklärung der eingeleiteten Schadeinheiten	Direkteinleiter/ einmal jährlich
§§ 7, 9 12. BImSchV/Sicherheitsanalyse	Betreiber von Störfallanlagen/bereithalten
§ 16 Abs. 1 17. BImSchV/Betriebsstörungen	Betreiber von Abfallverbrennungsanlagen/ unverzüglich an Behörde
§ 18 17. BImSchV/ Unterrichtung d. Öffentlichk. ü. kontinuierliche Emissionsmessungen	Betreiber von Abfallverbrennungsanlagen/ fortlaufend
§ 40-48 KrW-AbfG/Nachweisverfahren für Abfallentsorgung	Besitzer und Entsorger von überwachungsbedürftigen Abfällen/fortlaufend; s. Abschn. 6.3
TA Abfall/Betriebstagebuch	Betreiber von Abfallentsorgungsanlagen/ bereithalten

Tabelle 6.2. Wichtige Betriebsbeauftragtenfunktionen des Umweltrechts und anderer Gebiete

Betriebsbeauftragter/Vorschrift	erforderlich bei:
für Immissionsschutz; §§ 53 ff. BImSchG/5. BImSchV	immer: Anlagen gem. Anhang I der 5. BImSchV; sonst: auf behördl. Anordnung
für Abfall; §§ 54, 55 KrW-AbfG	Anlagen lt. § 1 V über Betriebsbeauftragte für Abfall
für Gewässerschutz; §§ 4 Abs. 2, 19i Abs. 3, 21a ff., WHG	immer: Direkteinleiter mit mehr als 750 m³ Abwasser/Tag; sonst: auf behördl. Anordnung
Störfallbeauftragter; §§ 58a ff. BImSchG/ 5. BImSchV	lt. 5. BImSchV und bei Stoffmengen nach Anhang I, Spalte 3 der RL 96/82/EG
Gefahrgutbeauftragter; Gesetz über die Beförderung gefährlicher Güter/ § 1 GefahrgutbeauftragtenV	alle Unternehmen und Betriebe, die an der Beförderung gefährlicher Güter beteiligt sind; Ausnahmen: Beförderung freigestellter bzw. begrenzter Mengen, insbesondere gem. Anlage A zum ADR, Rn 2009, Anlage B Rn 10603, 10011, auch wenn das Unternehmen weniger als 50t/Kalenderjahr gefährliche Güter für den Eigenbedarf befördert
für die biologische Sicherheit; § 11 Abs. 3 i.V.m. § 3 Nr. 11 GenTG	bei Antragstellung für eine gentechnische Anlage
Kesselwärter nach § 26 DampfkesselV i.V.m. § 2 Gerätesicherheitsgesetz	Dampferzeuger mit Dampfkesseln der Gruppe IV sowie Steinhärtekessel
Strahlenschutzverantwortlicher und Strahlenschutzbeauftragter nach §§ 29-31 StrahlenschutzV zum Atomgesetz	in den in § 29 StrahlenschutzV bestimmten Fällen
Fachkraft für Arbeitssicherheit nach §§ 5-10 Arbeitssicherheitsgesetz, VBG 122	jeder Arbeitgeber, bis 30 Beschäftigte bis 2001 Übergangsfrist
Arbeitsschutzausschuß nach § 11 Arbeitssicherheitsgesetz	> 20 Beschäftigte inkl. Teilzeitbeschäftigte
Betriebsarzt nach VBG 123	nachweisbar für alle mit Übergangsfrist 1-10 AN: 31.3.2002
Sicherheitsbeauftragter nach § 22 Abs. 1 Sozialgesetzbuch VII	bei mehr als 20 Beschäftigten immer, darunter bei besonderen Gefahren für Leben und Gesundheit
Ersthelfer nach VBG 109	< 20 Versicherte pro Schicht 1 Ersthelfer, darüber 10% der Anwesenden
Weitere Beauftragte nach Vorschriften der Berufsgenossenschaften	

Der Betriebsbeauftragte muß an seine Betriebsleitung jährlich über getroffene und beabsichtigte Maßnahmen Bericht erstatten.

Betriebsangehörige Betriebsbeauftragte haften grundsätzlich nicht anders als andere Mitarbeiter sowohl gegenüber dem Unternehmen als auch nach außen. Obliegenheitsverletzungen der Betriebsbeauftragten führen also, sofern sie zu einem wirtschaftlichen Schaden des Unternehmens geführt haben (z.B. durch Inanspruchnahme durch Dritte bei einem Störfall), im selben Maß zur zivilrechtlichen Haftung gegenüber dem Unternehmen wie bei jedem anderen Mitarbeiter (s. Abschn. 6.5). Im Falle des Fehlverhaltens des betriebsangehörigen Beauftragten besteht als Sanktionsmöglichkeit dessen Abberufung, die durch das Unternehmen, auch bei Verlangen der zuständigen Behörde, erfolgt.

Der Strahlenschutzbeauftragte hat Mitteilungspflichten gegenüber Behörden. Die übrigen Betriebsbeauftragten haben gegenüber Behörden lediglich Auskunftspflichten zur Abwehr akuter Gefahren (die jedoch für jeden Betriebsangehörigen gelten). Beauftragte betrifft dies höchstens deshalb besonders, weil sie über besondere Kenntnisse des Unternehmens verfügen.

Die Nichtbestellung von Beauftragten oder deren mangelhafte Schulung und unzureichende Unterstützung gilt als Obliegenheitsverletzung des Geschäftsführers bzw. Vorstandes und kann sogar dazu führen, daß dieser dem Unternehmen für die Schäden, die sonst nicht aufgetreten wären, persönlich haftet. Die Nichtbestellung von Betriebsbeauftragten kann eine Ordnungswidrigkeit und damit bußgeldbewehrt sein (Betriebsbeauftragter für Abfall, Gewässerschutzbeauftragter). Zu Einzelheiten gibt der Verband der Betriebsbeauftragten für Umweltschutz e.V. Auskunft (Adresse: Alfredstr. 77-79, 45130 Essen).

Der Betriebsbeauftragte befindet sich grundsätzlich in einem gewissen „Spannungsverhältnis" gegenüber den verantwortlich Handelnden des Unternehmens. Er muß, schon um seinen Obliegenheiten gegenüber dem Unternehmen (nicht gegenüber dem einzelnen verantwortlich handelnden Kollegen oder dem Geschäftsführer!) nachzukommen, Probleme des Betriebes und Gesetzesabweichungen gegenüber der Geschäftsführung bzw. dem Vorstand so zur Kenntnis geben, daß daraus Veranlassung zur Abhilfe entsteht. Aus dem Blickwinkel des Tagesgeschäfts ist aber die Versuchung groß, diese Dinge nicht mit der genügenden Dringlichkeit anzugehen. Spätestens bei einem Unfall wird nun aber jeder in der Verantwortung Stehende versuchen, sich zu entlasten und die Verantwortung für fehlende Schutzmaßnahmen dem Betriebsbeauftragten zu geben. Der Betriebsbeauftrage muß seine gesetzlichen Verpflichtungen auch gegen Widerstände im eigenen Unternehmen erfüllen. Eine fruchtbare Tätigkeit des Betriebsbeauftragten, die, abgesehen vom Willen des Gesetzgebers zur betrieblichen Selbstkontrolle, dem Unternehmen letztlich eine höhere technische Sicherheit und geringere Haftungsrisiken bietet, setzt den Willen und die aktive Unterstützung dieser Funktion durch die Geschäftsleitungsebene voraus.

6.3
Betreiberpflichten unterschiedlicher Fachbereiche

Die wichtigsten Betreiberpflichten des Umweltrechts bestehen in den Fachbereichen Abfall, Immissionsschutz und Gewässerschutz. Diese betreffen den Umweltschutz bei der Produktion, während die Umwelt vor den Wirkungen der Produkte durch das Stoffschutzrecht mit dem Chemikaliengesetz als Hauptgesetz geschützt wird, s. hierzu Abschn. 6.4.

6.3.1
Umgang mit Abfällen

Der besseren Übersicht wegen sei den Ausführungen dieses Abschnitts das geltende deutsche Abfallrecht des Bundes in Tabellenform vorangestellt. Neben diesen bundesrechtlichen Vorschriften regeln die Abfallgesetze der Länder Zuständigkeit und Organisation, aber auch technische und logistische Fragen, z.B. welche öffentlich-rechtliche Körperschaften für die Abfallentsorgung aus Haushalten zuständig ist, welche Planungsprioritäten für Entsorgungsanlagen und eventuell welche Andienungspflichten für Abfälle bestehen, ob flächendeckend kompostiert werden soll etc.

Tabelle 6.3. Abfallgesetze, -verordnungen und –verwaltungsvorschriften des Bundes

Vorschrift	wesentliche Bestimmungen
Kreislaufwirtschafts- und Abfallgesetz (Krw-AbfG)	Hauptgesetz der Abfallwirtschaft. § 3 Definitionen, § 4 Grundsätze: Rangfolge Vermeidung-Verwertung-Beseitigung v. Abfall, § 12 Ermächtigungsnorm für Getrennthaltung und Sammlung zur umweltschonenden Beseitung, § 13 Überlassungspflichten an die öffentliche Hand, §§ 15-18 Organisation der Abfallwirtschaft, § 19 betriebliche Abfallwirtschaftskonzepte, §§ 23, 24 Ermächtigungsnorm für V zu Produktverboten und zur Produktrücknahme, §§ 27-29 Planung und Ordnung der Beseitigung durch den Staat, §§ 40-52 Überwachung und Nachweis der ordnungsgemäßen Entsorgung, §§ 53-55 Betriebsbeauftragter für Abfall.
V über Betriebsbeauftragte für Abfall	§ 1 Anlagen, für die ein Betriebsbeauftragter für Abfall zu bestellen ist, § 4 Betriebsbeauftragte können auch Betriebsfremde sein (z.B. Ingenieurbüro)

Fortsetzung Tabelle 6.3. Abfallgesetze, -verordnungen und –verwaltungsvorschriften des Bundes

V über Abfallwirtschaftskonzepte und Abfallbilanzen (Abfallwirtschaftskonzept- und –bilanzverordnung - AbfKoBiV)	Mindestinhalt des betrieblichen Abfallwirtschaftskonzepts, § 3 Darstellung des Verbleibs, § 4 Entsorgungsweg (Darstellung für die nächsten 5 Jahre aufgrund Gesetz).
V über Verwertungs- und Beseitigungsnachweise (Nachweisverordnung - NachwV)	§ 1 Anwendungsbereich (nicht für: Privathaushalte, Klärschlammverwertung, grenzüberschreitende Abfalltransporte. § 2 Nachweispflichtige (jeder Betrieb mit mehr als 2 t/a Anfall besonders überwachungsbedürftiger Abfall (Sonderabfall).
Bestimmungsverordnung besonders überwachungsbedürftiger Abfälle (BestbüAbfV)	definiert 255 besonders überwachungsbedürftige Arten von Sonderabfällen zur Beseitigung
Bestimmungsverordnung besonders überwachungsbedürftiger Abfälle zur Verwertung (BestbüVAbfV)	(diese V ersetzt die frühere Reststoffbestimmungsverordnung;) definiert Abfallarten, die besonders überwachungsbedürftig sind und verwertet werden sollen
V zur Einführung des Europäischen Abfallkataloges (EAK-Verordnung – EAKV)	Führt 6-stelligen europäischen Abfallschlüssel ein. Etwa 400 Abfälle wurde dabei „vergessen" und sollen im Jahr 2000 zusätzlich aufgenommen werden [Nöt99].
V über die Überlassung und umweltverträgliche Entsorgung von Altautos (Altauto-Verordnung – AltautoV)	Letztbesitzer eines Autos muß bei Abmeldung den Export oder die Überlassung an bestimmte, dafür zugelassene Betriebe nachweisen.
Klärschlammverordnung (AbfKlärV)	Aufbringung von Klärschlämmen auf landwirtschaftliche Flächen, § 4 Aufbringungsverbote, § 6 zulässige Aufbringungsmenge, § 7 Nachweispflichten
V über die Rücknahme und Entsorgung gebrauchter Batterien und Akkumulatoren (Batterieverordnung – BattV)	§§ 3ff. Rücknahmepflicht für Batterien durch Handel und Industrie, § 13 Batterien, deren Verkauf verboten ist: Alkali-Mangan-Batterien mit mehr als 0,025 Gew.-% Quecksilber (für längere Nutzung unter Extrembedingungen 0,05 %). Knopfzellen bleiben erlaubt; Geräte müssen die Batterieentnahme gestatten oder nach Nutzung zurückgenommen werden.
Altölverordnung (AltölV)	Zulässigkeit der Altölaufarbeitung, § 2 für die Aufarbeitung zugelassene Öle, § 3 Grenzwerte, § 4 Vermischungsverbote

Fortsetzung Tabelle 6.3. Abfallgesetze, -verordnungen und –verwaltungsvorschriften des Bundes

V über die Vermeidung von Verpackungsabfällen (Verpackungsverordnung – VerpackV)	Verkaufsverpackungen müssen „über die Ladentheke" zurückgenommen werden, es sei denn, Handel/Hersteller verfügen über ein flächendeckendes Sammelsystem bei Verwertung der Verpackungen
Erste Allgemeine Abfallverwaltungsvorschrift über Anforderungen zum Schutz des Grundwassers bei der Lagerung und Ablagerung von Abfällen	Bestimmungen zum Deponiebau
Zweite Allgemeine Verwaltungsvorschrift zum Abfallgesetz – Teil 1: Technische Anleitung zur Lagerung, chemisch/physikalischen und biologischen Behandlung, Verbrennung und Ablagerung von besonders überwachungsbedürftigen Abfällen (TA Abfall)	Prioritätenfestsetzung für Entsorgungsverfahren je nach Abfallart (so ist für einige Arten z.B. auch Hausmüllverbrennung zulässig); Anforderungen an Anlagen, insbesondere Aufbau von Deponien und Eigenschaften des Deponiegutes (z.B. Glühverlust des Trockenrückstandes < 10%)
Dritte Allgemeine Verwaltungsvorschrift zum Abfallgesetz – Technische Anleitung zur Verwertung, Behandlung und sonstigen Entsorgung von Siedlungsabfällen (TA Siedlungsabfall)	Technische Anforderung an die Siedlungsabfallentsorgung, insbes. Ablagerungskriterien und Aufbau von Deponien. Nach dem 1.6.2005 darf z.B. der Glühverlust max. 5% betragen, was vorherige Verbrennung von Haushaltsabfällen erfordert; Ausnahmen sind jedoch eingeschränkt zulässig[60]. Alternativparameter zum Glühverlust werden derzeit in den Fachgremien diskutiert (Atmungsaktivität, Gasbildungsrate).
Abfallverbringungsgesetz	Spezialvorschriften für den grenzüberschreitenden Abfalltransport. § 3 Beseitigung im Inland hat Vorrang.

---

[60] Das Regierungspräsidium Hannover genehmigte eine Mechanisch-Biologische Aufbereitungsanlage mit einer Laufzeit über das Jahr 2005 hinaus mit der Begründung, die Ablagerung des Restes auf einer dort bestehenden Deponie verschlechtere die Umweltsituation nicht meßbar, da ohnehin schon eine große Menge unbehandelten Abfalls deponiert wurde und wird.

6.3.1.1
Grundsätze

Die wesentlichen Grundsätze des Kreislaufwirtschafts- und Abfallgesetzes (KrW-AbfG sind:

1. Jeder Abfallerzeuger und –besitzer ist für die gesamte nachfolgende Kette der Entsorgung (Def.: Entsorgung = Verwertung und Beseitigung) verantwortlich. Dies bedeutet, daß er z.B. für Kosten zur Beseitigung der Folgen von illegalen Entsorgungsvorgängen herangezogen werden kann. Er macht sich strafbar, wenn er nicht in von den einschlägigen Rechtsverordnungen zum KrW-AbfG definierter Form dafür Sorge getragen hat, daß der Entsorgungsvorgang lükkenlos nachgewiesen ist. Der Abfallerzeuger ist Adressat der gesetzlichen Vorschriften, die eine Prioritätenfolge Vermeidung - Verwertung – Beseitigung definieren.
2. Hersteller tragen nicht nur für ihre Abfälle, sondern auch für die von ihnen erzeugten Produkte eine umfassende Verantwortung. Diese Vorschrift des KrW-AbfG greift aber erst dann, wenn sie – nach der Ermächtigungsgrundlage in § 23 und § 24 – per Rechtsverordnung zur Produktrücknahme verpflichtet werden.

6.3.1.2
Definition des Abfalls, Konsequenzen

§ 3 Abs. 1 KrW-AbfG enthält die Abfalldefinition: „Abfälle im Sinne dieses Gesetzes sind alle beweglichen Sachen, die unter die in Anhang I aufgeführten Gruppen (Anm.: Q1 bis Q16) fallen und deren sich ihr Besitzer entledigt, entledigen will oder entledigen muß." Q16 enthält die Auffangdefinition „Stoffe und Produkte aller Art, die nicht einer der oben erwähnten Gruppen angehören".

Der Entledigungswille ist gem. Abs. 3 anzunehmen, wenn die Abfälle anfallen, ohne daß der Zweck der jeweiligen Handlung hierauf gerichtet ist oder die ursprüngliche Zweckbestimmung entfällt oder aufgegeben wird, ohne daß ein neuer Verwendungszweck unmittelbar an deren Stelle tritt. Das bedeutet also, daß z.B. auch Schrotte, die bei der Weiterverarbeitung von Eisen- und Stahlhalbzeugen anfallen, Abfall im Sinne des KrW-AbfG sind, unbeschadet der Tatsache, daß sie einen wirtschaftlichen Wert haben.

Nach § 3 Abs. 1 KrW-AbfG werden Abfälle in *Abfälle zur Verwertung* und *Abfälle zur Beseitigung* unterschieden. Abfälle, die nicht verwertet werden, sind Abfälle zur Beseitung. Es genügt also nicht, daß ein Abfallbesitzer die Verwertungsabsicht lediglich behauptet, wenn es sich in Wirklichkeit um einen Abfall handelt, der nicht verwertet, sondern nur beseitigt werden kann.

Man schätzt, daß durch diese gesetzliche Abfalldefinition der Geltungsbereich des Abfallrechts und die behördliche Kontrolle der Stoffströme im Vergleich zu der früheren gesetzlichen Regelung[61], die Abfälle und Wirtschaftsgüter voneinander unterschieden hatte, erheblich erweitert wurde.

Das KrW-AbfG tritt hinter den Vorschriften folgender Gesetze zurück:

- Tierkörperbeseitigungsgesetz,
- Fleischhygiene- und Geflügelfleischhygienegesetz,
- Lebensmittel- und Bedarfsgegenständegesetz,
- Milch- und Margarinegesetz,
- Tierseuchengesetz,
- Pflanzenschutzgesetz,
- Atomgesetz,
- Rechtsverordnungen zum Strahlenschutzvorsorgegesetz,
- Bundesberggesetz: Hier unterliegen Bergeabfälle in der Bergaufsicht unterstehenden Betrieben nicht dem KrW-AbfG.

Damit fallen die nach den Vorschriften dieser Gesetze beseitigten Stoffe nicht unter die Bestimmungen des KrW-AbfG. (Anm.: Das bedeutet aber nicht, daß diese Stoffe nicht in den Geltungsbereich des KrW-AbfG gelangen können.)

6.3.1.3
Rangfolge Vermeidung - Verwertung - Beseitigung

§ 4 Krw-AbfG bestimmt: „Abfälle sind in erster Linie zu vermeiden, insbesondere durch die Verminderung ihrer Menge und Schädlichkeit, in zweiter Linie stofflich zu verwerten oder zur Gewinnung von Energie zu nutzen (thermische Verwertung)".

Zur Abfallvermeidung gehört also auch, anfallende Abfälle in Betriebsanlagen zu entgiften.

Diese generelle Bestimmung wird im Gesetz in der Weise präzisiert, daß Betriebe, die zur Aufstellung eines betrieblichen Abfallwirtschaftskonzeptes verpflichtet sind (s. Abschn. 6.3.4), in diesem darlegen müssen, warum Abfälle beseitigt und nicht verwertet werden.

Die Verwertung hat nur dann Vorrang vor der Beseitigung, wenn sie umweltschonender ist, ohne daß das KrW-AbfG ausdrücklich vorschreibt, wie dies belegt werden soll. Auch ein allgemeiner Vorrang der stofflichen vor der energetischen Verwertung oder umgekehrt besteht nicht. § 6 Abs. 2 KrW-AbfG bestimmt lediglich, daß die energetische Verwertung nur zulässig ist, wenn der Heizwert (Anm.: Unterer Heizwert H_U) des einzelnen Abfalls, ohne Vermischung mit anderen Stoffen, mindestens 11000 kJ/kg beträgt, ein Feuerungswirkungsgrad von mindestens 75% erzielt wird, entstehende Wärme selbst genutzt oder an Dritte abgegeben wird und die Abfälle der energetischen Verwertung möglichst ohne Nachbehandlung deponiefähig sind Diese Kriterien müssen allesamt erfüllt sein. Die Forderung, daß die Abfälle (unvermischt) den Heizwert von 11000 kJ/kg aufweisen müssen,

---

[61] Die Verordnungsermächtigungen des KrW-AbfG sind am 7.10.1994, die übrigen Teile am 6.10.1996 in Kraft getreten.

ist von der Europäischen Kommission schon beanstandet worden [FAZ99][62]. Sie hat in einem Vorverfahren zu einem Vertragsverletzungsverfahren die Auffassung vertreten, daß es für eine Verwertung ausreicht, wenn durch die Verbrennung von Abfällen Energie gewonnen würde, auch im untergeordneten Maße[63].

Die Abfallverbrennung ist nach geltendem deutschen Recht auch dann zulässig, wenn die Kriterien für die energetische Verwertung nicht eingehalten werden; sie gilt dann lediglich nicht als Verwertung. Dies ist bei der Hausmüllverbrennung der Fall. Die stoffliche Verwertung des Hausmülls hat also lt. Gesetz gegenüber der – klassischen – Verbrennung Vorrang. Allerdings ist unklar, ob dies für Teile eines Abfallgemisches auch gilt oder ob die Abfälle sortenrein gesammelt werden müssen, wonach sich dann entscheidet, welche Sorte Abfall zur Verwertung und welche Sorte Abfall zur Beseitigung ist. Diese Gesetzeslücke hat nicht nur hinsichtlich des zu beschreitenden Verfahrensweges, sondern auch hinsichtlich der Überlassungspflichten von Abfällen an die öffentliche Hand zu erheblichen Rechtsunsicherheiten geführt (s.u.).

§ 6 Abs. 1 KrW-AbfG enthält eine Ermächtigung für die Bundesregierung zum Erlaß von Rechtsverordnungen, für bestimmte Abfallarten den Vorrang der stofflichen oder energetischen Verwertung zu bestimmen. Dies ist (6/1999) noch nicht geschehen. Lt. [Nöt99] ist eine „TA Verwertung" in Vorbereitung (die dann wohl auf das aktuelle EG-Recht Bezug nehmen muß, vgl. oben).

6.3.1.4
Produktverantwortung

Die für die produzierende Wirtschaft bedeutendsten Regelungen des KrW-AbfG sind die Ermächtigung der Bundesregierung in § 23 zu Produktverboten, in § 24 zu Produktrücknahmepflichten nach Ablauf ihrer Nutzung. Dadurch wird die Verantwortung für die Verwertung und Entsorgung dem verursachenden Unternehmen zugewiesen (ohne solche Rechtsverordnungen läuft das Postulat der Kreislaufwirtschaft allerdings auch „leer", denn im Gesetz wird die Produktrücknahmepflicht selbst nicht statuiert, sondern auf die Verordnung verwiesen).

Schon 1991[64] hat die Bundesregierung die Verordnung über die Vermeidung von Verpackungsabfällen (Verpackungsverordnung – VerpackV) erlassen. Anlaß für die Verordnung war der hohe Volumen- und Gewichtsanteil gebrauchter Verpackungen im Hausmüll gewesen. Sie verpflichtet Hersteller und Handel gemeinsam zur Rücknahme gebrauchter Verpackungen. Diese muß dann nicht „über die

---

[62] Sie soll verhindern, daß der – meistens heizwertärmere – Hausmüll in Industriefeuerungen mit im Vergleich zur Müllverbrennung oft geringerem technischen Niveau der Rauchgasreinigung verbrannt wird. Allerdings wird noch immer (6/1999) der meiste Hausmüll in Deutschland unbehandelt deponiert.

[63] Derzeit (6/99) zeichnet sich auf europäischer Ebene eine Wende ab. Die Kommission hat eine Änderungsrichtlinie für die europäische Abfallrichtlinie vorgelegt, nach der eine energetische Verwertung Vorrang vor der stofflichen Verwertung nur dann hat, wenn der Mindestheizwert der Abfälle 17000 kJ/kg beträgt. Dies ist ein Wert, der teilweise noch über dem von Primärbrennstoffen liegt. Inwieweit sich dieser Entwurf durchsetzen wird, ist noch offen [FAZ99]

[64] Die Ermächtigungsgrundlage war damals das Vorgängergesetz des KrW-AbfG, das Gesetz über die Vermeidung und Entsorgung von Abfällen (Abfallgesetz – AbfG).

Ladentheke" erfolgen, wenn ein flächendeckendes Sammelsystem für die gebrauchten Verpackungen errichtet wird, das den Rückfluß der gebrauchten Verpackungen zu einem bestimmten Prozentsatz (80 Gew.-%) und die Verwertung der gesammelten Verpackungen zu bestimmten Prozentsätzen (Glas, Weißblech, Aluminium: Je 90 Gew.-%, Pappe, Karton, Papier, Kunststoffe, Verbunde: Je 80 Gew.-% der gesammelten Menge) garantiert. Dies ist durch die Errichtung des „Dualen Systems Deutschland Gesellschaft für Abfallvermeidung und Sekundärrohstoffgewinnung mbH" (Duales System Deutschland - DSD) geschehen[65].

Der Gesetzgeber ist bis heute zurückhaltend mit dem Erlaß weiterer Rücknahmeverordnungen gewesen. Seit einem Jahrzehnt streiten sich Gesetzgeber und Wirtschaftsverbände über Einzelheiten einer Elektronikschrottverordnung. Ein Problem ist hier z.B. die Behandlung der Importe. Inzwischen liegen die Batterie- und die Altautoverordnung vor (Einzelheiten s. Tabelle 6.3).

Derartige Verordnungen stellen stets einen großen Markteingriff dar und bergen damit auch die Gefahr, gegen das europäische Vertragswerk zum Abbau der Handelsbeschränkungen zu verstoßen und damit Vertragsverletzungsklagen vor dem europäischen Gerichtshof nach sich zu ziehen.

6.3.1.5
Überlassungs- und Entsorgungspflichten

Das KrW-AbfG hat den Markt für die Abfallverwertung und –beseitigung gegenüber der früher geltenden Regelung des Abfallgesetzes geöffnet. Bisher galt generell eine Überlassungspflicht an die (per Landesgesetz definierten) öffentlich-rechtlichen Entsorgungsträger (entsorgungspflichtige Körperschaft), die diese von sich aus wiederum einschränken konnten, indem sie bestimmte Abfälle, meistens Industrieabfälle, von ihrer Entsorgungspflicht ausschlossen. Inwieweit ein Unternehmen seine Abfälle also auf dem freien Entsorgungsmarkt „unterbringen" konnte, war vom Verhalten der für dieses Unternehmen zuständigen öffentlich-rechtlichen Entsorgungskörperschaft abhängig gewesen.

Die Überlassungspflichten wurden nun in § 13 KrW-AbfG neu formuliert. Grundsätzlich ist zunächst jeder für seine Abfälle selbst verantwortlich. Abweichend hiervon sind Erzeuger oder Besitzer von Abfällen aus privaten Haushaltungen verpflichtet, diese den öffentlich-rechtlichen Entsorgungsträgern zu überlassen, soweit sie zu einer Verwertung nicht in der Lage sind oder diese nicht beabsichtigen. Die gewerbliche Wirtschaft ist zur Überlassung von Abfällen zur Beseitigung verpflichtet, soweit sie die Abfälle nicht in eigenen Anlagen beseitigt *oder überwiegende öffentliche Interessen* eine Überlassung erfordern.

§ 13 Abs. 2 KrW-AbfG nennt wiederum Ausnahmen von dieser Überlassungspflicht. Sie gilt nicht, wenn

– Dritte oder private Entsorgungsträger nach §§ 16-18 KrW-AbfG zur Verwertung oder Beseitigung beauftragt wurden,

---

[65] Seine Finanzierung erfolgt durch die Zeichennutzungsrechte für den „grünen Punkt" auf den Verpackungen. Die Kosten werden also auf den Produktpreis (flächendeckend) überwälzt.

– Abfälle einer Rücknahme- oder Rückgabepflicht aufgrund einer Rechtsverordnung nach § 24 KrW-AbfG unterliegen,
– diese durch gemeinnützige Sammlung einer ordnungsgemäßen und schadlosen Verwertung zugeführt werden,
– sie durch gewerbliche Sammlung einer ordnungsgemäßen und schadlosen Verwertung zugeführt werden, soweit dies den öffentlich-rechtlichen Entsorgungsträgern nachgewiesen wird und nicht überwiegende öffentliche Interessen entgegenstehen.

Die Neuregelung der Überlassungspflichten hat zu erheblichen Auseinandersetzungen um die Andienung der Abfälle zwischen der öffentlichen Hand und der gewerblichen Wirtschaft geführt, da frühere Kapazitätsplanungen für öffentliche Entsorgungsanlagen dadurch hinfällig geworden sind. Von Seiten der Wirtschaft wird kritisiert, daß die entsorgungspflichtigen Körperschaften, die meistens zugleich untere Abfallbehörde sind und damit Aufsichtsfunktionen wahrnehmen, nur zur Auslastung der eigenen Anlagen Überlassungspflichten (dann allerdings unter Begründung des überwiegenden Wohls der Allgemeinheit) anordnen. Dagegen kann sich ein Unternehmen nur auf dem Verwaltungsgerichtsweg wehren. Umgekehrt wird inzwischen beobachtet, daß gewerbliche Abfälle durch die gesamte Bundesrepublik gefahren werden, damit die momentan kostengünstigste Entsorgung erreicht wird. Dagegen können die Abfallbehörden letztlich nichts ausrichten.

Bei dem Disput zwischen Wirtschaft und öffentlicher Seite über die Überlassungspflichten geht es auch darum, wann Abfälle als Abfälle zur Verwertung eingestuft werden (die gewerbliche Wirtschaft darf Abfälle zur Verwertung selbst oder durch Dritte verwerten und muß sie nicht der öffentlich-rechtlichen Entsorgungskörperschaft überlassen). Insbesondere ist dabei unklar, wie Abfallgemische anzusehen sind, die verwertbare Teilfraktionen enthalten. Die neuere Rechtsprechung geht davon aus, daß Mischabfälle, insbesondere sog. hausmüllähnliche Gewerbeabfälle, nicht pauschal als Abfälle zur Beseitigung eingestuft werden dürfen. Ein Urteil des Bundesverwaltungsgerichts steht in dieser Sache (Stand 6/99) noch aus.

Der Einsatz von Abfällen als Versatzmaterial unter Tage gilt nach deutschem Recht als Verwertung; dies wurde allerdings von der EU-Kommission schon gerügt. Der Verwertungszweck beruht darauf, daß Füllmaterial substituiert wird, das zur Reduzierung von Bergsenkungen im Steinkohlen-Bruchbau (Pumpversatz) oder in stillgelegte Strecken wieder eingebracht wird. In den einzelnen Bundesländern herrschen unterschiedliche Annahmebedingungen, so daß der Bergversatz in unterschiedlicher Weise als Verwertung gilt. Im Ruhrgebiet werden u.a. Kraftwerksstäube, in Baden-Württemberg z.B. auch Kunststoffgranulate aus der DSD-Negativsortierung unter Tage verbracht.

Für besonders überwachungsbedürftige Abfälle zur Beseitigung (Fachausdruck: Sonderabfälle; der Begriff kommt im Gesetz nicht vor) können die Länder Andienungspflichten an bestimmte Entsorgungsanlagen (meistens im Besitz landeseigener Entsorgungsgesellschaften) vorschreiben. § 13 Abs. 4 KrW-AbfG enthält darüberhinaus eine Verordnungsermächtigung für die Bundesregierung, damit solche Andienungspflichten auch für besonders überwachungsbedürftige Abfälle zur Verwertung vorgeschrieben werden können.

Diese Andienungspflichten sind auch nach der jüngeren Rechtsprechung zulässig (OVG Rheinland-Pfalz 8 A 10057/98.OVG). Lt. Urteilsbegründung sei ein Indiz für besondere Umweltgefahren, die eine Andienungspflicht rechtfertigen, der negative Marktwert der Stoffe. Die für die umweltschonende Abfallentsorgung errichteten Anlagen könnten ohne Markteingriffe nicht wirksam gefördert werden.

6.3.1.6
Betriebliches Abfallwirtschaftskonzept

§ 19 KrW-AbfG bestimmt: „Erzeuger, bei denen jährlich mehr als insgesamt 2000 kg besonders überwachungsbedürftige Abfälle oder jährlich mehr als 2000 t überwachungsbedürftige Abfälle[66] je Abfallschlüssel[67] anfallen, haben ein Abfallwirtschaftskonzept über die Vermeidung, Verwertung und Beseitigung der anfallenden Abfälle zu erstellen. Das Abfallwirtschaftskonzept dient als internes Planungsinstrument und ist auf Verlangen der zuständigen Behörde zur Auswertung für die Abfallwirtschaftsplanung vorzulegen. Das Abfallwirtschaftskonzept hat zu enthalten:

1. Angaben über Art, Menge und Verbleib der besonders überwachungsbedürftigen Abfälle, überwachungsbedürftigen Abfälle zur Verwertung sowie der Abfälle zur Beseitigung,
2. Darstellung der getroffenen und geplanten Maßnahmen zur Vermeidung, zur Verwertung und zur Beseitigung von Abfällen,
3. Begründung der Notwendigkeit der Abfallbeseitigung, insbesondere Angaben zur mangelnden Verwertbarkeit aus den in § 5 Abs. 4 KrW-AbfG genannten Gründen (Anm.: Kein Markt vorhanden oder Verwertungkosten in keinem sinnvollen Verhältnis zum Nutzen oder wirtschaftlich nicht zumutbar),
4. Darlegung der vorgesehenen Entsorgungswege für die nächsten fünf Jahre; bei Eigenentsorgern Angaben zur notwendigen Standort- und Anlagenplanung sowie ihrer zeitlichen Abfolge,
5. gesonderte Darstellung des Verbleibs der unter 1. genannten Abfälle bei der Verwertung oder Beseitigung außerhalb der Bundesrepublik Deutschland. ...“

Das Abfallwirtschaftskonzept muß erstmals bis zum 31.12.1999 für die nächsten fünf Jahre erstellt und alle fünf Jahre fortgeschrieben werden. Die Länder können von diesen Terminsetzungen Abweichungen festlegen.

Die zum Abfallwirtschaftskonzept Verpflichteten haben jeweils für das Vorjahr Abfallbilanzen zu erstellen über Art, Menge und Verbleib der verwerteten oder beseitigten besonders überwachungsbedürftigen oder überwachungsbedürftigen Abfälle und diese auf Verlangen der zuständigen Behörde vorzulegen.

Einzelheiten regelt die Verordnung über Abfallwirtschaftskonzepte und Abfallbilanzen (Abfallwirtschaftskonzept- und –bilanzverordnung – AbfKoBiV). Dort ist auch festgelegt, daß Unternehmen, die eine für gültig erklärte Umwelterklärung

---

[66] Alle Abfälle zur Beseitigung, die nicht besonders überwachungsbedürftig sind, sowie alle Abfälle zur Verwertung nach der Bestimmungsverordnung überwachungsbedürftige Abfälle zur Verwertung; s. Abschn. 6.3)
[67] Abfallschlüssel-Nr. des Europäischen Abfallkatalogs lt. EAK-V.

nach der Verordnung (EWG) 1836/93 (Öko-Audit-Verordnung) vorlegen, von gesonderten Abfallwirtschaftskonzepten und -bilanzen befreit sind (zur Öko-Audit-Verordnung s. Abschn. 6.6).

6.3.1.7
Betriebsbeauftragte für Abfall

§ 1 der Verordnung über Betriebsbeauftragte für Abfall benennt Anlagen, für die die Pflicht zur Bestellung von Betriebsbeauftragten für Abfall besteht. Ihre Aufgabe ist die Überwachung der rechtmäßigen, schadlosen Entsorgung (Verwertung und Beseitigung) der in Betrieben mit diesen Anlagen anfallenden Abfälle, die Aufklärung der Betriebsangehörigen über die möglichen Umweltgefahren der Abfälle und die Techniken und Vorschriften zu ihrer Entsorgung. Bei nach BImSchG genehmigungsbedürftigen Anlagen und solchen, in denen regelmäßig besonders überwachungsbedürftige Abfälle anfallen, muß der Betriebsbeauftragte für Abfall darüberhinaus darauf hinwirken, daß umweltfreundliche und abfallarme Verfahren einschließlich solcher zur Abfallvermeidung und umweltfreundliche und wiederverwertbare Produkte entwickelt werden. Definitionsgemäß gehört zur Vermeidung die innerbetriebliche Verwertung ebenso wie die Verminderung von Menge und Schädlichkeit der innerbetrieblich nicht nutzbaren Abfälle. Einzelheiten zu den Betriebsbeauftragtenfunktionen allgemein s. Abschn. 6.2.2.

6.3.1.8
Abfallüberwachung; Umgang mit Sonderabfall (Normalverfahren)

Jeder Erzeuger von Abfall ist, ebenso wie alle anderen Besitzer von Abfall in der Entsorgungskette (also der Einsammler/Beförderer, auch der Betreiber der Verwertungs- oder Beseitigungsanlage) für die ordnungsgemäße und schadlose Entsorgung nach den Bestimmungen der Gesetze verantwortlich. Für den Abfallerzeuger genügt es nicht, einen Dritten mit der Entsorgung zu beauftragen! Erweist sich, daß dieser Dritte vertragswidrig die Abfälle nicht ordnungsgemäß verwertet oder beseitigt hat, dann ist der Erzeuger trotzdem für die Beseitigungskosten haftbar. Die rechtswidrige und umweltgefährdende Abfallentsorgung ist darüberhinaus nach § 326 StGB, auch bei Fahrlässigkeit, strafbar. Die Strafhaftung kann dadurch auch den Abfallerzeuger bzw. seine verantwortlichen Personen betreffen, wenn diese nämlich nicht im üblichen Maß überprüfen, ob das beauftragte Entsorgungsunternehmen zu einer ordnungsgemäßen Entsorgung willens und in der Lage ist.

Diese Vorschriften sind deshalb notwendig geworden, weil in der Vergangenheit immer wieder Abfälle umweltgefährdend beseitigt wurden.

Die öffentlich-rechtliche Verantwortung und die Strafandrohung genügte dem Gesetzgeber noch nicht. Bei solchen Abfällen, die potentiell umweltgefährdende Stoffeigenschaften aufweisen, den sog. besonders überwachungsbedürftigen Abfällen, ist darüberhinaus der Nachweis der ordnungsgemäßen Verwertung oder Beseitigung mit einem gesetzlich genau vorgeschriebenen Nachweisverfahren zu führen. Dieses Nachweisverfahren gliedert sich wie folgt:

– Entsorgungsnachweisverfahren: Dieses stellt eine behördliche Genehmigung des beabsichtigten Entsorgungsweges dar.
– Begleitscheinverfahren: Dieses dient der Kontrolle des (zuvor mit dem Entsorgungsnachweis genehmigten) tatsächlichen Entsorgungsweges und dem Nachweis seiner Ordnungsmäßigkeit für alle Beteiligten untereinander und gegenüber der Abfallbehörde.

Abb. 6.1 zeigt eine Übersicht der Verordnungen zur Bestimmung von Abfällen nach [IHK96]. Abb. 6.2 zeigt die unterschiedlichen Varianten der Nachweisverfahren entsprechend der Vorschriften der Verordnung über Verwertungs- und Beseitigungsnachweise (Nachweisverordnung - NachwV). Die Nichtbefolgung dieser Vorschriften kann gem. § 61 KrW-AbfG mit einer Geldbuße von bis zu 20.000,-- DM geahndet werden.

Betriebe, in denen mehr als 2 t/Jahr besonders überwachungsbedürftige Abfälle anfallen (dabei ist es unerheblich, ob es Abfälle zur Beseitigung oder zur Verwertung sind), müssen den Entsorgungsnachweis führen. Unterhalb dieser Mengenschwelle gilt die sog. Kleinmengenregelung, die besagt, daß der Betrieb nicht mehr als Abfallerzeuger im Sinne des Gesetzes auftritt, sondern die Abfälle einem Einsammler oder an eine Sammelstelle übergibt. Der Einsammler bzw. der Betreiber der Sammelstelle wird dadurch rechtlich zum Erzeuger. Der ursprüngliche Abfallbesitzer muß lediglich Übernahmescheine des Einsammlers ausfüllen und aufbewahren (Privathaushalte müssen keine Belege aufbewahren). Welche Abfälle besonders überwachungsbedürftig sind, ergibt sich aus den Rechtsverordnungen zum KrW-AbfG:

– Bestimmungsverordnung besonders überwachungsbedürftiger Abfälle (BestbüAbfV);
– Bestimmungsverordnung besonders überwachungsbedürftiger Abfälle zur Verwertung (BestbüVAbfV)

(s. Abb. 6.1). Das Grundverfahren des Entsorgungsnachweises ist in Abb. 6.3 dargestellt; hierbei sind die in der NachwV vorgegebenen Formulare zu verwenden. Es muß nur dann nicht angewendet werden, wenn die Entsorgung durch § 13 NachwV von der Pflicht, Abfälle erst nach vorangegangener Bestätigung durch die Behörden anzunehmen, freigestellt ist. Es lohnt sich für den Abfallerzeuger also, sich danach zu erkundigen, ob der Entsorger nach § 13 freigestellt ist: Er spart dadurch Zeit und Geld.

Die Handhabung des Entsorgungsnachweises verläuft wie folgt [IHK96]: Der Abfallerzeuger füllt das Deckblatt (Formular EN) und die verantwortliche Erklärung (VE) aus und holt die Deklarationsanalyse (DA) für den Abfall in der Regel von einem hierauf spezialisierten Laborunternehmen ein. Diese Unterlagen gehen an den Entsorger. Ist dieser zu Entsorgung in seiner Entsorgungsanlage bereit, füllt er eine Annahmeerklärung aus (AE) und übersendet sie dem Abfallerzeuger. Das Original der Nachweiserklärung (VE mit DA und AE) leitet der Entsorger ergänzt um das Formblatt „behördliche Bestätigung" (BB)[68] an seine für die Entsorgungsanlage zuständige Überwachungsbehörde. Die Behörde muß nun dem Abfaller-

---

[68] von Entsorgerbehörde ausgestellt

zeuger binnen 10 Tagen den Eingang der Dokumente bestätigen. Dieses Datum sollte dieser auf EN vermerken. Die Behörde muß nun bei Bedarf weitere Informationen einholen und binnen 30 Tagen die Entsorgung mit BB bestätigen oder ablehnen. Nichtäußerung innerhalb dieser Frist gilt als Bestätigung! Die Bestätigung der Entsorgung (mit BB) gilt längstens fünf Jahre und kann mit Auflagen, Befristungen und Bedingungen verknüpft werden.

In bestimmten Fällen kann anstelle des Entsorgungsnachweises in der beschriebenen Form ein Sammelentsorgungsnachweis durchgeführt werden. Dieser ist dann anzuwenden, wenn je (6-stelliger) Abfallschlüssel-Nr. der Nachweisverordnung und Kalenderjahr bei dem Abfallerzeuger nicht mehr als 15 t Abfälle anfallen (bei Abfällen gemäß Anlage 2 zur Nachweisverordnung: 20 t), alle eingesammelten Abfälle die gleiche Schlüssel-Nr. und den gleichen Entsorgungsweg haben sowie in ihrer Zusammensetzung den im Sammelentsorgungsnachweisformular genannten Maßgaben entsprechen; Einzelheiten siehe [IHK96] bzw. in der NachweisV.

Die Dokumentation des physischen Entsorgungsvorgangs erfolgt nach Vorliegen der behördlichen Bestätigung BB nunmehr durch das Begleitscheinverfahren gemäß NachwV; das sich aus Abb. 6.4 ergibt.

6.3.1.9
Aufbewahrung der Entsorgungsbelege, Nachweisbücher

Alle am Entsorgungnachweisverfahren und am Begleitscheinverfahren Beteiligten müssen die für sie bestimmten Belege in sog. Nachweisbüchern abheften. Begleitscheine müssen innerhalb von 10 Arbeitstagen nach Erhalt dem jeweiligen Entsorgungsnachweis in zeitlicher Reihenfolge zugeordnet werden. Die Aufbewahrungsfrist für die Nachweisbücher beträgt 3 Jahre, bei stillgelegten Entsorgungsanlagen sogar 10 Jahre nach Stillegung.

Die Nachweisbücher müssen auf Verlangen der zuständigen Behörde vorgelegt werden, dienen also dazu, daß der zum Führen des Nachweisbuches Verpflichtete jederzeit auskunftsfähig ist. Wer ein Nachweisbuch nicht führt oder Belege nicht vorlegt, handelt ordnungswidrig und kann gem. § 61 KrW-AbfG mit einer Geldbuße bis 20.000,-- DM belegt werden. Daneben gilt die ordnungsgemäße Nachweisführung als Sorgfaltsbeweis im Fall der öffentlich-rechtlichen bzw. strafrechtlichen Haftung. Im Falle der strafrechtlichen Haftung muß bei sorgfältiger Nachweisführung der Staatsanwalt beweisen, daß der zum Nachweis Verpflichtete rechtswidrig gehandelt hat.

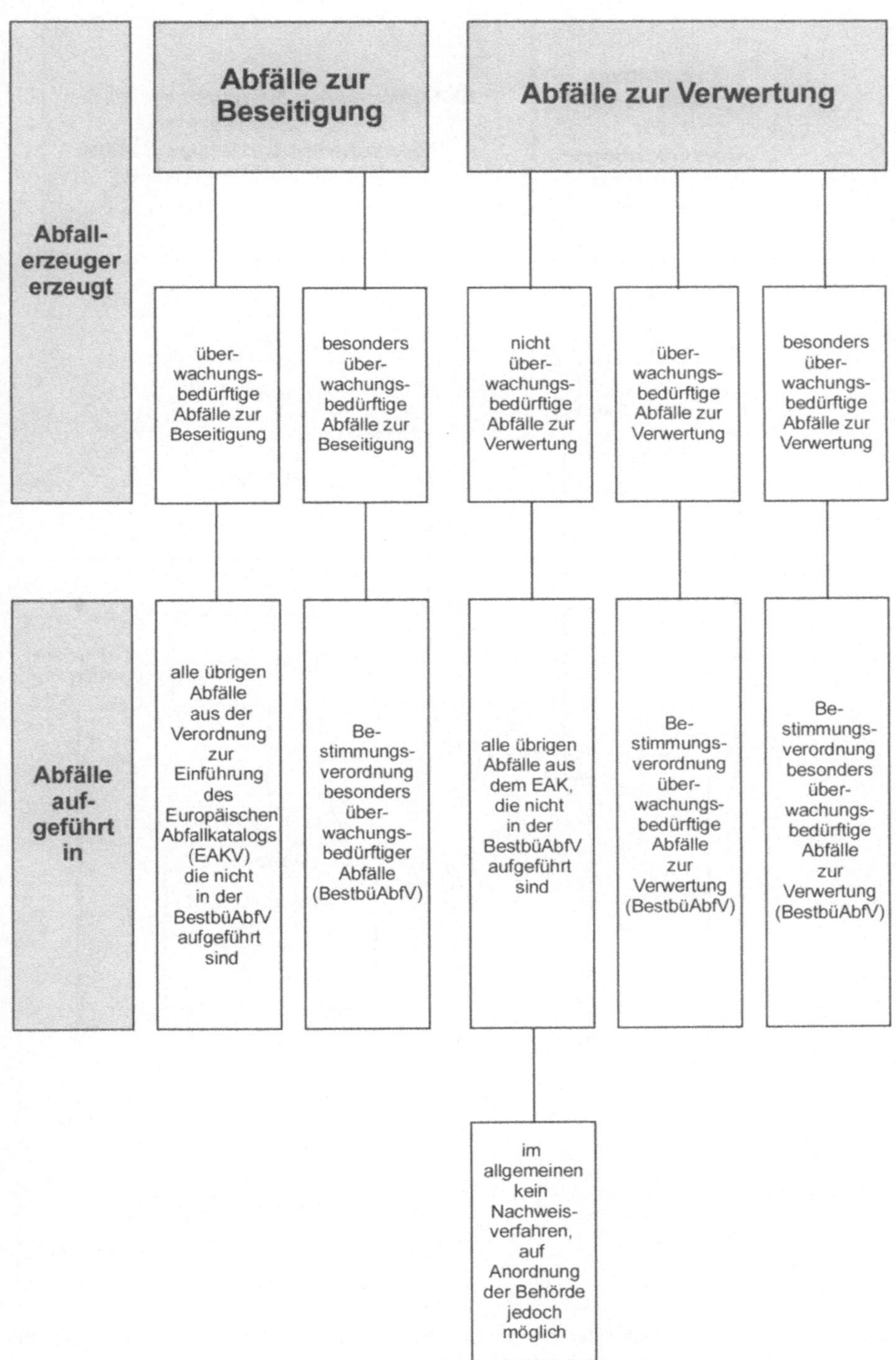

Abb. 6.1. Übersicht der Verordnungen zur Definition von Abfällen nach [IHK96]

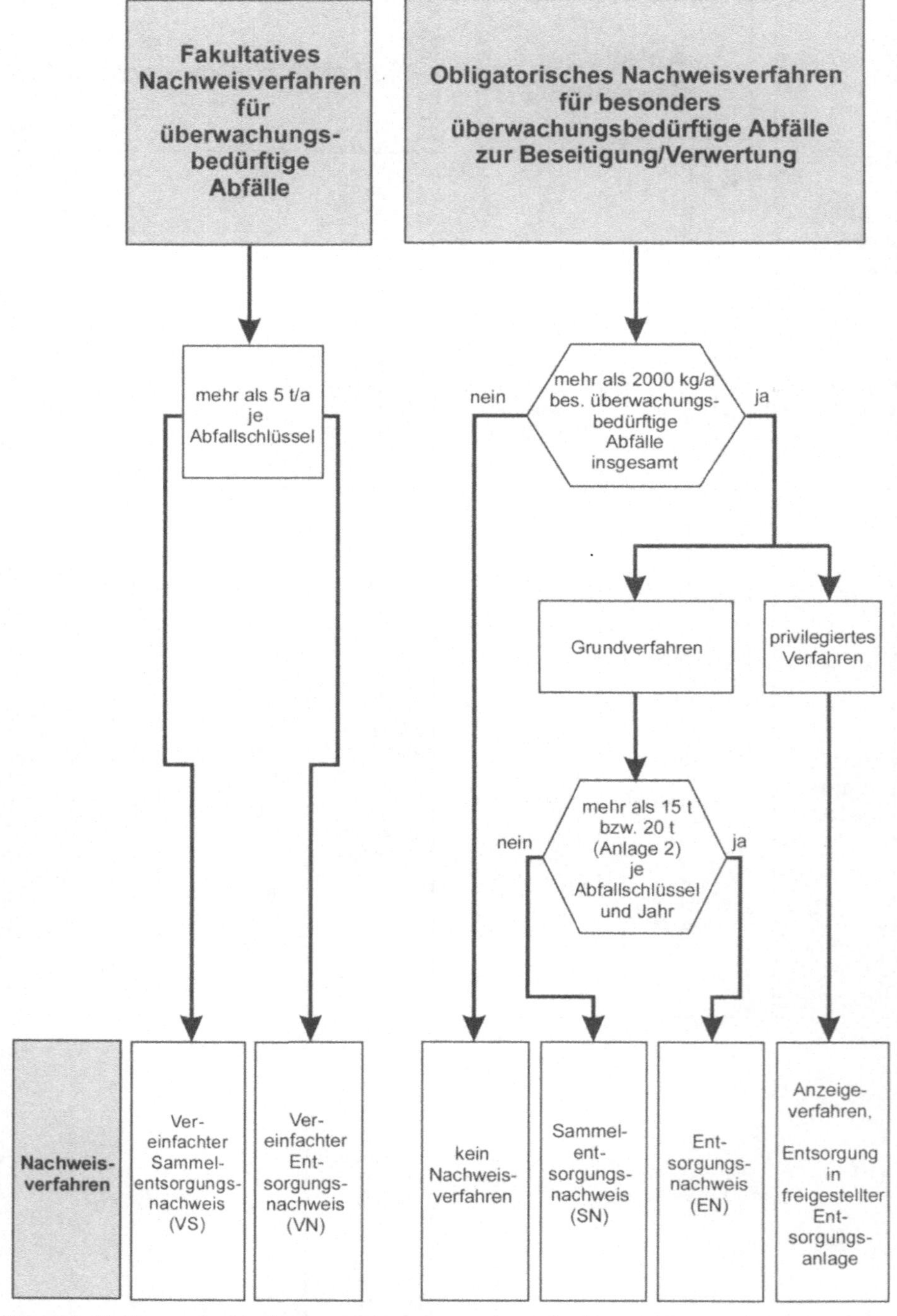

Abb. 6.2. Varianten der Nachweisverfahren entsprechend der Vorschriften der Verordnung über Verwertungs- und Beseitigungsnachweise (Nachweisverordnung - NachwV)

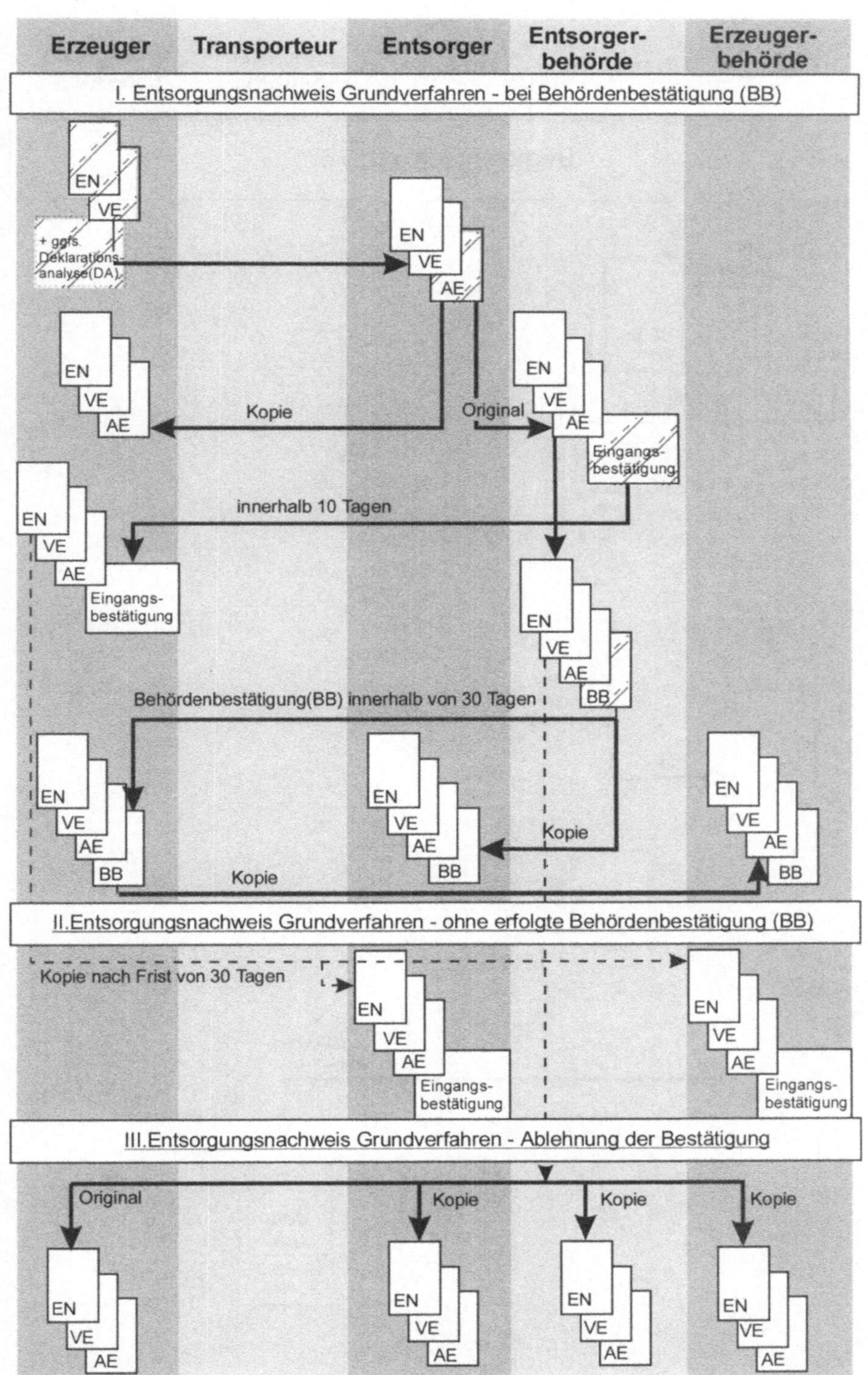

Abb. 6.3. Entsorgungsnachweis im Normalverfahren nach [IHK96]

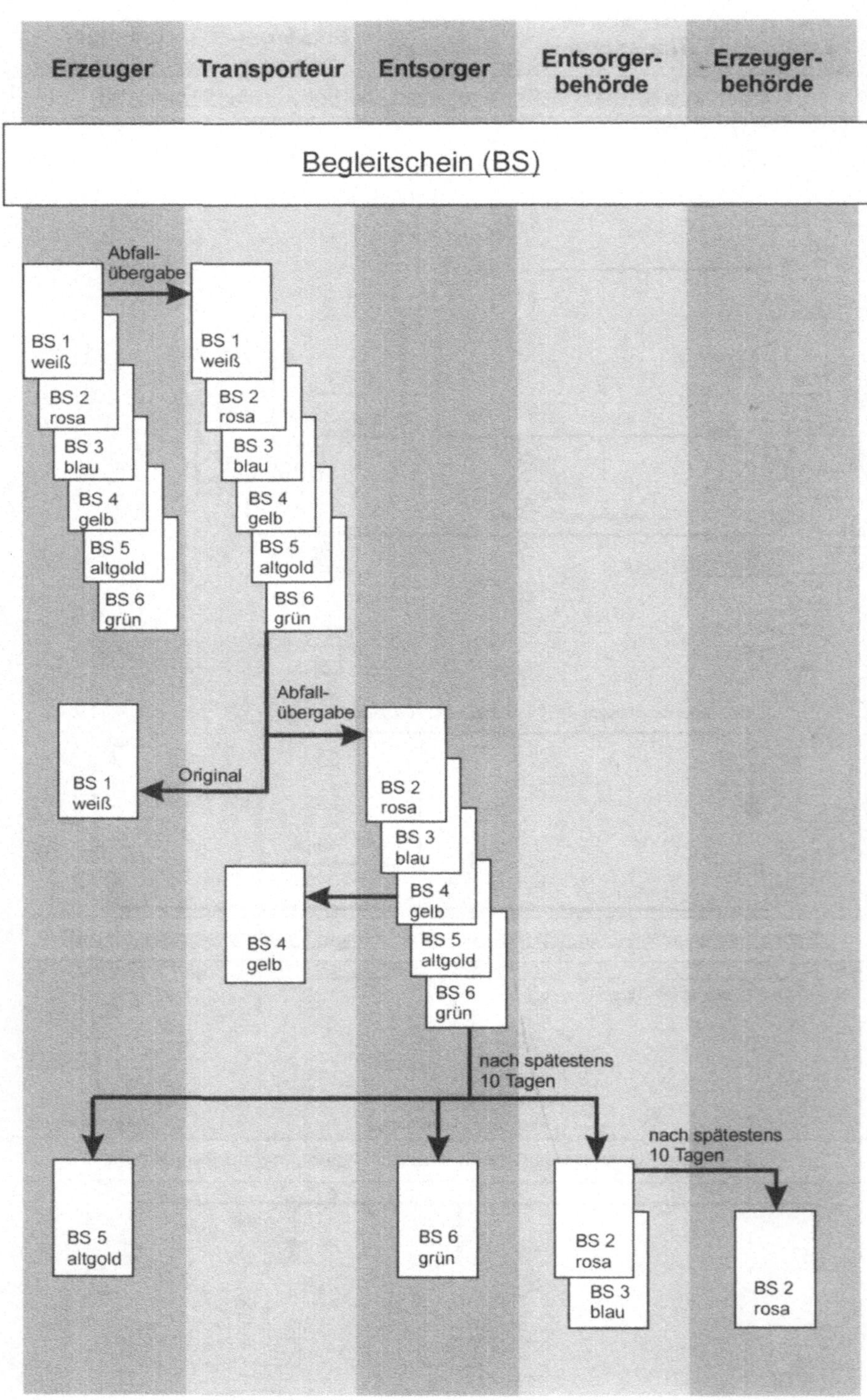

Abb. 6.4. Begleitscheinverfahren nach [IHK96]

6.3.1.10
Handhabung und Lagerung von Abfällen

Handhabung und Lagerung von Abfällen, insbesondere solchen mit gefährlichen Stoffeigenschaften, richten sich nicht nur nach den Bestimmungen des Abfallrechts, sondern vor allem des Gefahrstoffrechts (mit der Gefahrstoffverordnung zum Chemikaliengesetz), des Wasserrechts und des technischen Sicherheitsrechts. Abfallentsorgungsanlagen sind zumeist nach BImSchG genehmigungsbedürftige Anlagen (s. Kapitel 5). Zur betrieblichen Abfallagerung s. Abschn. 5.8.

6.3.2
Anlagenüberwachung nach dem
Bundes-Immissionsschutzgesetz

Die Anlagenüberwachung nach dem Bundes-Immissionsschutzgesetz (BImSchG) gliedert sich in die behördliche Überwachung nach § 52 BImSchG, die Eigenüberwachung nach den §§ 53-58d BImSchG und die Pflicht zur Ermittlung von Emissionen nach den §§ 26-31a BImSchG einschließlich der Pflicht zur Abgabe der Emissionserklärung nach § 27 BImSchG.

6.3.2.1
Behördliche Überwachung

In § 52 BImSchG sind die Grundsätze der behördlichen Überwachung, vor allem die Befugnisse der Behörden geregelt. Sie dürfen z.B. Grundstücke und Betriebe, sogar in bestimmten Fälle Wohnungen, betreten und Auskünfte verlagen.

Wesentlich ist, daß zur Auskunft niemand verpflichtet ist, wenn er auf Grund dieser Auskunft straf- oder ordnungsrechtliche Konsequenzen für sich oder seine Angehörigen befürchten muß (§ 52 Abs. 5 BImSchG).

6.3.2.2
Eigenüberwachung durch den Betriebsbeauftragten für
Immissionsschutz und den Störfallbeauftragten

Bezüglich der Rechte und Pflichten dieser Betriebsbeauftragten s. Abschn. 6.2.2.

6.3.2.3
Pflicht zur Messung von Emissionen und Immissionen

Zur Durchführung von Emissions- und Immissionsmessungen sind verpflichtet:

- Betreiber jeder genehmigungsbedürftigen und auf behördliche Anordnung hin jeder nicht genehmigungsbedürftigen Anlage,
- Betreiber von Großfeuerungsanlagen gem. 13. BImSchV, und zwar entweder zu Einzelmessungen gemäß Anordnung durch die Behörde oder zu kontinuierlichen Messungen gemäß § 25ff. 13. BImSchV (Staub, CO, NO_x bei Anlagen > 400 MW, SO_2, O_2),

– Betreiber von Oberflächenbehandlungsanlagen, Anlagen zur chemischen Reinigung, Textilausrüstungsanlagen und Extraktionsanlagen gem. §§ 3-5 2. BImSchV (Einzelmessungen oder stattdessen kontinuierliche Messungen gem. § 12 Abs. 7 2. BImSchV),
– Betreiber von Abfallverbrennungsanlagen gem. § 17. BImSchV; Einzel- und kontinuierliche Messungen gem. §§ 9-15 17. BImSchV sowie den Bestimmungen des Genehmigungsbescheides oder nach Festlegung durch die zuständige Behörde.

Werden bei den genehmigungsbedürftigen Anlagen die Emissionsmassenströme gem. Nr. 3.2.3 der TA Luft überschritten, so sind die Emissionskonzentrationen derjenigen Stoffe, bei denen die Massenströme überschritten sind, kontinuierlich zu messen.

Für die Emissions- und Immissionsmessungen geben die nach Landesrecht zuständigen Behörden (z.B. in Sachsen: Staatsministerium für Umwelt und Landwirtschaft) diejenigen Stellen bekannt, die für die Messungen beauftragt werden dürfen. Die Betreiber messen die Emissionen und Immissionen also nicht selbst, es sei denn, in die Anlage sind kontinuierlich arbeitende Meßgeräte eingebaut. Dabei werden die Meßstellen (meistens sind dies spezialisierte Ingenieurbüros) nach einem Schlüssel danach unterschieden, welche Emissionen und Immissionen von ihnen gemessen werden können, ob sie selber Analysen durchführen und ob sie kontinuierlich arbeitenden Meßgeräte prüfen und kalibrieren können.

Der Einbau von Meßgeräten zur kontinuierlichen Emissionsmessung ist mitunter sehr kostspielig.

6.3.2.4
Emissionserklärung

Betreiber genehmigungsbedürftiger Anlagen nach BImSchG müssen von sich aus, d.h. ohne gesonderte behördliche Anordnung, gem. § 27 BImSchG i.V. mit der 11. Verordnung zur Durchführung des Bundes-Immissionsschutzgesetzes (Emissionserklärungsverordnung - 11. BImSchV) alle vier Jahre jeweils bis zum 30.4. des ungeradzahligen Kalenderjahres eine Emissionserklärung für das Vorjahr abzugeben, wenn die Anlage im Vorjahr betrieben wurde. Wenn die Anlage nicht im gesamten Vorjahr betrieben wurde, muß der Betreiber die Erklärung nur für den betriebenen Zeitraum abgeben; bei einem Wechsel des Betreibers muß jeder der Betreiber eine Emissionserklärung für den anteiligen Zeitraum abgeben, oder die Betreiber geben gemeinsam eine Erklärung ab. § 1 11 BImSchV schränkt die Anlagen, für die die Pflicht zur Abgabe der Emissionserklärung besteht, ein: Sie besteht *nicht* für die Anlagen des Anhangs zu § 2 der 4. BImSchV der Nummern 1.6, 1.7, 1.8, 2.1, 2.14, 2.15 Spalte 12, 3.11, 3.12, 3.13, 3.15, 3.22, 6.2, 6.4, 7.2, 7.4, 7.6, 7.7, 7.13, 7.19, 7.21, 7.32, 9.1, 9.5 bis 9.9, 9.13, 9.22, 10.13, 10.17, 10.18, 10.19 und für Anlagen nach Nr. 10.1 nur, soweit dort explosionsgefährliche Stoffe vernichtet werden.

Die Form der Emissionserklärung ist in § 4 11. BImSchV geregelt. § 6 11. BImSchV bestimmt, welche Meßergebnisse heranzuziehen sind. Dies sind fortlaufend aufgezeichnete Meßergebnisse, Ergebnisse von Einzelmessungen auf

Grund von Anordnungen nach den §§ 26, 28 BImSchG, Meßergebnisse von gleichartigen Anlagen und begründete Berechnungen. Die Unterlagen müssen nach Abgabe der Erklärung noch mindestens vier Jahre lang aufbewahrt werden.

6.3.3
Anlagenüberwachung nach dem Gewässerschutzrecht

Das Gewässerschutzrecht unterscheidet sich in den einzelnen Bundesländern und wird hier daher nur kurz dargestellt. Eigenüberwachung ist speziell den Betreibern von Abwasseranlagen aufgegeben, die sowohl von den Einleitern selbst als auch durch Dritte durchgeführt werden kann, die nach den Bestimmungen der Wassergesetze der Länder von den obersten Wasserbehörden zuzulassen sind [Klo98]. Zum Gewässerschutzbeauftragten s. Abschn. 6.2.2.

6.4
Umgang mit gefährlichen Stoffen und biologischen Agenzien

Dem Schutz vor gefährlichen Stoffen dient das Chemikaliengesetz mitsamt der auf seiner Grundlage erlassenen Rechtsverordnungen, insbesondere der Gefahrstoffverordnung (GefStoffV), der Chemikalienverbotsverordnung (ChemVerbotsV), Prüfnachweisverordnung und FCKW-Verordnung. Das Chemikaliengesetz tritt in § 2 im Rang hinter andere Vorschriften zurück, die für spezielle Stoffe gelten (z.B. für Tabakerzeugnisse, kosmetische Mittel des Lebensmittel- und Bedarfsgegenständegesetzes, Arzneimittel, die unter das Arzneimittelgesetz fallen, Abfälle und radioaktive Abfälle und teilweise die Vorschriften über die Beförderung gefährlicher Güter außerhalb eines Betriebes).

Das Chemikaliengesetz (ChemG) wurde seit 1981 einige Male geändert, wobei auch mehrere EG-Richtlinien integriert wurden (die wiederum zum Teil auf deutscher Initiative hin entstanden sind). Die hier zugrundeliegende Fassung des ChemG ist die vom 14.5.1998.

Auf der Ermächtigungsgrundlage des Chemikaliengesetzes, des Arbeitsschutzgesetzes und des Heimarbeitsgesetzes wurde die Verordnung über Sicherheit und Gesundheitsschutz bei Tätigkeiten mit biologischen Arbeitsstoffen (Biostoffverordnung – BioStoffV) vom 27. Januar 1999 erlassen.

An diesem Zusammenwirken der einzelnen Vorschriften kann man erkennen, daß das Stoffschutzrecht sowohl den Umwelt- als auch den Arbeitsschutz betrifft.

Das Freisetzen und Inverkehrbringen gentechnisch veränderter Organismen fällt nicht unter das Chemikaliengesetz, sondern unter das Gentechnikgesetz (GenTG) und muß nach den Bestimmungen der §§ 14-16 GenTG genehmigt werden. Auch die Aufnahme gentechnischer Arbeiten in gentechnischen Anlagen muß genehmigt werden; s. hierzu Abschn. 5.6.4.

6.4.1
Anmeldung neuer Stoffe nach dem Chemikaliengesetz

Seit Inkrafttreten des ersten Chemikaliengesetzes im Jahr 1981 müssen neue Stoffe vor ihrem Inverkehrbringen überprüft und angemeldet werden. Anmeldestelle ist die Bundesanstalt für Arbeitsschutz und Arbeitsmedizin, Dortmund, die insoweit der Fachaufsicht des Bundesumweltministeriums untersteht. Inverkehrbringen bedeutet die Abgabe an Dritte oder die Bereitstellung für Dritte in Deutschland. Der Transitverkehr unter zollamtlicher Überwachung gilt nicht als Inverkehrbringen. Stoffe, die in einem anderen Land der Europäischen Gemeinschaften und des Europäischen Wirtschaftsraums in gleichartiger Weise angemeldet wurden, müssen in Deutschland nicht angemeldet werden.

In § 3 ChemG werden Stoffe definiert als „chemische Elemente oder chemische Verbindungen, wie sie natürlich vorkommen oder hergestellt werden, einschließlich der zur Wahrung der Stabilität notwendigen Hilfsstoffe und der durch das Herstellungsverfahren bedingten Verunreinigungen, mit Ausnahme von Lösungsmitteln, die von dem Stoff ohne Beeinträchtigung seiner Stabilität und ohne Änderung seiner Zusammensetzung abgetrennt werden können". Als neu gelten Stoffe, die nicht als solche oder als Bestandteil von Zubereitungen vor dem 18. September 1981 in einem Mitgliedsstaat der EG in den Verkehr gebracht worden sind.

Zur Anmeldung verpflichtet sind Hersteller und Einführer eines neuen Stoffes als solchen oder als Bestandteil einer Zubereitung, die den Stoff gewerbsmäßig oder im Rahmen sonstiger wirtschaftlicher Unternehmungen in Deutschland in den Verkehr bringen. Ausnahmen von der Anmeldepflicht sind in § 5 ChemG festgelegt. Demnach ist keine Anmeldung erforderlich für

– Stoffe, die in Mengen unter 10 kg/Jahr vom Hersteller in den europäischen Wirtschaftsraum in den Verkehr gebracht werden,
– Polymere, die nicht mehr als 2 Massenprozent neue Stoffe enthalten,
– Stoffe für wissenschaftliche und Forschungszwecke unter bestimmten Bedingungen (Inverkehrbringen in Mengen unter 100 kg jährlich je Hersteller in den europäischen Wirtschaftsraum; Stoffe für die Verfahrensentwicklung, wenn sie maximal ein Jahr von sachkundigen Personen genutzt werden).

> Jährlich werden weltweit ungefähr 300 bis 400 neue Stoffe auf den Markt gebracht. Die Anzahl der sog. alten Stoffe (Altstoffe) ist nicht genau bekannt. Hierbei handelt es sich um diejenigen Stoffe, die schon in Umlauf waren, bevor das Chemikaliengesetz das Inverkehrbringen von Stoffen regelte. Man schätzt ihre Anzahl auf weltweit 50000 bis 100000 Stoffe.
> In der EU werden Altstoffe einheitlich im Altstoffverzeichnis der Europäischen Gemeinschaften „European Inventory of Existing Commercial Chemical Substances" (EINECS) geführt. Die Fortschreibungen dieses Verzeichnisses werden jeweils im Amtsblatt der EU veröffentlicht. Das Inverkehrbringen dieser Altstoffe ist ohne Anmeldung möglich.

Die Überprüfungs- und Anmeldevorschriften für neue Stoffe haben den Sinn, denjenigen, der sie in den Verkehr bringt, zu zwingen, die für Umwelt, Gesundheit und Arbeitssicherheit relevanten Stoffeigenschaften zu bestimmen, damit festliegt, welche Sicherheitsmaßnahmen im Umgang mit den Stoffen ergriffen werden müssen. Darüberhinaus soll den Behörden eine Möglichkeit zum Einschreiten gegeben werden, wenn sich zeigt, daß ein neuer Stoff so gefahrdrohend ist, daß sein Inverkehrbringen nicht oder nur unter besonderen Sicherheitsauflagen möglich ist. Eine Untersagungsermächtigung hat die Anmeldestelle auch für den Fall, daß der Anmelder notwendige Prüfungen nicht vornimmt (§ 11 Abs. 3 ChemG).

Die Anmeldung neuer Stoffe ist eine Anzeige bei der Anmeldebehörde nach vorangegangener Prüfung der Stoffeigenschaften durch den Anmelder. In der Anmeldung müssen gem. § 6 Abs. 1 ChemG Angaben zum Hersteller und zum Stoff gemacht und Prüfnachweise vorgelegt werden.

Wenn neue Stoffe gefährlich sind, muß zusätzlich ein Sicherheitsdatenblatt vorgelegt werden. Gefährlich sind Stoffe dann, wenn sie eines oder mehrere der Gefährlichkeitsmerkmale gem. § 3a ChemG aufweisen: Explosionsgefährlich, brandfördernd, hochentzündlich, leichtentzündlich, entzündlich, sehr giftig, giftig, gesundheitsschädlich, ätzend, reizend, sensibilisierend, krebserzeugend, fortpflanzungsgefährdend, erbgutgefährdend, umweltgefährdend. Diese Eigenschaften müssen nach Methoden, die in der Gefahrstoffverordnung zum ChemG geregelt sind, vom Anmelder ermittelt werden.

§ 6 ChemG enthält den Inhalt der Anmeldung, § 7 die Prüfnachweise der Grundprüfung, die immer zu durchlaufen ist. Dort ist bestimmt, daß sich die Prüfnachweise der Grundprüfung erstrecken müssen auf:

1. physikalische, chemische und physikalisch-chemische Eigenschaften,
2. akute Toxizität,
3. Anhaltspunkte für eine krebserzeugende oder erbgutverändernde Eigenschaft,
4. Anhaltspunkte für fortpflanzungsgefährdende Eigenschaften,
5. reizende und ätzende Eigenschaften,
6. sensibilisierende Eigenschaften,
7. subakute Toxizität,
8. abiotische und leichte biologische Abbaubarkeit,
9. Toxizität gegenüber Wasserorganismen nach kurzzeitiger Einwirkung,
10. Hemmung des Algenwachstums,
11. Bakterieninhibition,
12. Adsorption und Desorption.

Abhängig von Mengenschwellen der in Verkehr gebrachten Menge sind auch noch Zusatzprüfungen 1. Stufe (§ 9 ChemG) und 2. Stufe (§ 9a ChemG) erforderlich. Die Grundprüfung und die Zusatzprüfungen sind nach den sog. Grundsätzen der Guten Laborpraxis (GLP) durchzuführen; s. § 19a ChemG. Das beauftragte Labor muß über eine GLP-Bescheinigung der zuständigen Behörde verfügen.

Jeder, der gefährliche neue und alte Stoffe (als Hersteller oder Einführer) in den Verkehr bringt, muß sie nach den Bestimmungen der Gefahrstoffverordnung einstufen, kennzeichnen und verpacken.

Neue Erkenntnisse über anmeldungsrelevante Stoffeigenschaften muß der Anmelder der zuständigen Behörde gemäß §§ 16-16e ChemG unverzüglich mitteilen.

§ 17 ChemG ermächtigt die Bundesregierung zum Erlaß von Rechtsverordnungen, die Stoffbeschränkungen, -verbote und besondere Genehmigungen vorsehen. Der Verstoß gegen solche Verordnungen (z.B. FCKW-Verbotsverordnung, Chemikalien-Verbots-Verordnung) kann strafbar sein. Die Strafvorschriften finden sich im ChemG selbst und in den Verordnungen.

6.4.2
Umgang mit gefährlichen Stoffen am Arbeitsplatz

Nach § 16 Gefahrstoffverordnung (GefStoffV) hat jeder Arbeitgeber, der mit einem Stoff, einer Zubereitung oder einem Erzeugnis umgeht, die Pflicht, festzustellen, ob es sich dabei um einen Gefahrstoff handelt. Er ist gem. § 16 Abs. 3a GefStoffV verpflichtet, darüber ein Verzeichnis mit Mengen, Einstufungen und Arbeitsbereichen, in denen mit dem Stoff umgegangen wird, zu führen. Die Belastung der Luft am Arbeitsplatz ist gem. § 18 GefStoffV zu messen, falls der Verdacht besteht, daß in der Luft gefährliche Stoffe enthalten sind. Der Arbeitgeber hat eine arbeits- und stoffbezogene Betriebsanweisung zu erstellen und die Arbeitnehmer bei der Messung von Gefahrstoffen in der Luft am Arbeitsplatz zu unterrichten und anzuhören. Die mit den Gefährlichkeitsmerkmalen T und T+ (giftig und sehr giftig) gekennzeichneten Gefahrstoffe dürfen nur unter Verschluß oder nur so gelagert werden, daß nur fachkundiges Personal Zugang hat. Das mit Gefahrstoffen umgehende Personal muß vorher arbeitsmedizinisch untersucht werden.

Der Umgang mit krebserzeugenden Gefahrstoffen muß der zuständigen Behörde gesondert angezeigt werden. Einzelheiten enthält § 37 GefStoffV.

Gefahrstoffe dürfen nicht in Heimarbeit verwendet werden. Jeder Unternehmer, der hiergegen oder gegen Kennzeichnungs-, Verpackungs- und Umgangspflichten verstößt, handelt ordnungswidrig; wer verbotene Stoff herstellt oder verwendet, macht sich strafbar. Weitere Einzelheiten können dem Gesetzestext des ChemG bzw. den Verordnungstexten entnommen werden.

Gefährdungsbeurteilung. Ermittlungs- und Sorgfaltspflichten des Arbeitgebers ergeben sich nicht nur aus dem Stoffrecht (mit dem Chemikaliengesetz und der Gefahrstoffverordnung), sondern auch aus dem Arbeitsschutzgesetz. Dies gilt für alle Arbeitsplätze mit Ausnahme von Hausangestellten in privaten Haushalten, von Beschäftigten auf Seeschiffen und in Betrieben, die dem Bundesberggesetz unterliegen, *soweit dafür entsprechende Rechtsvorschriften bestehen.*

Der Arbeitgeber muß gem. § 4 Arbeitsschutzgesetz die Arbeit grundsätzlich so gestalten, daß eine Gefährdung für Leben und Gesundheit möglichst vermieden wird und die verbleibende Gefährdung möglichst gering gehalten wird. Dabei müssen der Stand der Technik, Arbeitsmedizin und Hygiene sowie sonstige gesicherte arbeitswissenschaftliche Erkenntnisse berücksichtigt werden.

Der Arbeitgeber muß gem. § 5 Arbeitsschutzgesetz durch eine *Gefährdungsbeurteilung* (auch: Gefährdungsanalyse) ermitteln, welche Maßnahmen des Arbeitsschutzes erforderlich sind. Die Gefährdungsbeurteilung ist je nach Art der Tätigkeit vorzunehmen; bei gleichartigen Arbeitsbedingungen ist die Beurteilung eines Arbeitsplatzes oder einer Tätigkeit ausreichend.

Arbeitgeber mit 11 und mehr Beschäftigten müssen die Dokumentation der Gefährdungsbeurteilung aufbewahren.

Zu den Inhalten der Gefährdungsbeurteilung gehört u.a. die Auswahl und der Einsatz von Arbeitsmitteln, insbesondere von Arbeitsstoffen. Weitere Einzelheiten enthält § 5 Arbeitsschutzgesetz.

6.4.3
Umgang mit biologischen Agenzien am Arbeitsplatz [69]

Gefahrstoffe biologischen Ursprungs sind Mikroorganismen (Bakterien, Pilze, Viren) einschließlich gentechnisch veränderter Mikroorganismen, in-vitro-Kulturen menschlicher, tierischer oder pflanzlicher Zellen und humanpathogene Endoparasiten, sofern sie beim Menschen Infektionen, sensibilisierende oder toxische Wirkungen hervorrufen können. Prionen sowie Teile von Mikroorganismen, die zur Weitergabe von Erbmaterial fähig sind, zählen ebenfalls zu den Gefahrstoffen.

Für biotechnische Arbeiten und Verfahren setzte die Berufsgenossenschaft der chemischen Industrie bereits im Jahre 1988 die Unfallverhütungsvorschrift VBG 102 „Biotechnologie" in Kraft, deren Geltungsbereich die Anwendung biotechnischer und gentechnischer Verfahren in Industrie und Forschung umfaßte.

Die Arbeiten mit Krankheitserregern in Medizin und Humanmedizin, die zur Diagnostik und Therapie von Infektionskrankheiten dienen, wurden vom Geltungsbereich der Unfallverhütungsvorschrift „Gesundheitsdienst" (1982) der Berufsgenossenschaft für Gesundheitsdienst und Wohlfahrtspflege eingeschlossen. Diese Unfallverhütungsvorschriften gelten bis heute und verpflichten den Unternehmer, zum Schutz von Leben und Gesundheit der Beschäftigten biologische, technische und organisatorische Schutzmaßnahmen zu treffen, die mindestens den allgemein anerkannten sicherheitstechnischen, arbeitsmedizinischen und hygienischen Regeln entsprechen.

In den Jahren 1990 bzw. 1999 wurden gesetzliche Regelungen in Form des Gentechnikgesetzes und der Biostoffverordnung geschaffen. Die Biostoffverordnung ist umfassender und betrifft alle einleitend genannten Gefahrstoffe, einschließlich der genetisch veränderten Organismen.

Tätigkeiten im Sinne dieser Verordnung sind detailliert definiert und betreffen das Herstellen und Verwenden von biologischen Arbeitsstoffen, insbesondere das Erzeugen und das Vermehren, das Aufschließen, das Ge- und Verbrauchen, das Be- und Verarbeiten, Ab- und Umfüllen, Mischen und Abtrennen sowie das innerbetriebliche Befördern, das Lagern einschließlich Aufbewahren, das Inaktivieren oder Entsorgen. Zu diesen Tätigkeiten zählt auch der berufliche Umgang mit Menschen, Tieren, Pflanzen, biologischen Produkten, Gegenständen und Materialien, wenn dabei biologische Arbeitsstoffe freigesetzt werden können und direkter Kontakt möglich ist. Allerdings gilt die Biostoffverordnung nicht für Tätigkeiten, die dem Gentechnikgesetz unterliegen, sofern dort gleichwertige oder strengere Regelungen bestehen.

Entscheidend für den Arbeitsschutz beim Umgang mit biologischen Gefahrstoffen ist die Gefährdungsbeurteilung vor Aufnahme der Tätigkeit. Auch für alle

---

[69] von Dr. rer. nat. Lutz Jatzwauk, Krankenhaushygieniker des Universitätsklinikums Dresden

anderen Gefahrstoffe ist die Gefährdungsbeurteilung eine Pflicht des Arbeitgebers (s. Abschn. 6.4.2).

Für die Gefährdungsbeurteilung hat sich der Unternehmer ausreichende Informationen zu beschaffen. Von besonderer Wichtigkeit sind Kenntnisse über die Identität und Einstufung der verwendeten biologischen Agenzien in Risikogruppen nach § 3 der Biostoffverordnung.

- Risikogruppe 1: Biologische Arbeitsstoffe, bei denen eine Erkrankung des Menschen unwahrscheinlich ist.
- Risikogruppe 2: Biologische Arbeitsstoffe, die für Beschäftigte gefährlich sein können, die die Bevölkerung außerhalb des Unternehmens allerdings nicht gefährden können. Wirksame Vorbeugungs- und Behandlungsmethoden sind verfügbar.
- Risikogruppe 3: Biologische Arbeitsstoffe, die schwere Erkrankungen bei Mitarbeitern hervorrufen können und sich auch in der Bevölkerung ausbreiten können. Wirksame Vorbeugungs- und Behandlungsmethoden sind verfügbar.
- Risikogruppe 4: Biologische Arbeitsstoffe, die schwere Erkrankungen bei Mitarbeitern hervorrufen können und sich auch in der Bevölkerung ausbreiten können. Wirksame Vorbeugungs- und Behandlungsmethoden sind normalerweise *nicht* verfügbar.

Im Amtsblatt der Europäischen Gemeinschaft L 268/73 vom 29.10.1993 wurden entsprechende Listen mit den Risikogruppen zugeordneten Mikroorganismen publiziert und 1997 bereits wieder leicht verändert.

Weiterhin muß aus tätigkeitsbezogenen Informationen, Betriebsabläufen, Art und Dauer der Tätigkeit, Übertragungswegen und Exposition der Mitarbeiter entschieden werden, ob es sich um gezielte oder ungezielte Tätigkeiten nach § 2 der Biostoffverordnung handelt. Gezielte Tätigkeiten liegen dann vor, wenn biologische Arbeitsstoffe exakt definiert sind, die Tätigkeiten genau auf diese ausgerichtet sind und die Exposition der Beschäftigten bekannt oder abschätzbar ist. Das Ergebnis der Gefährdungsbeurteilung ist Grundlage der durch den Unternehmer festzulegenden „Schutzstufen". Den Schutzstufen 2 bis 4 sind in den Anhängen II bis IV der Biostoffverordnung bauliche und organisatorische Maßnahmen zwingend oder optional zugeordnet. Auch im Gentechnikgesetz werden 4 Sicherheitsstufen geschaffen, die analog den Schutzstufen der Biostoffverordnung bauliche Ausstattung und Organisation der Tätigkeit reglementieren. Von wesentlicher Bedeutung ist die bauliche und technische Ausstattung der Arbeitsbereiche, deren bauliche und organisatorische Abgrenzung von der Umgebung, Arbeitsbekleidung und persönliche Schutzausrüstung der Mitarbeiter sowie die Festlegung von Betriebsanweisungen bzw. Hygieneplänen für die entsprechenden Bereiche. Die Mitarbeiter sind vor Aufnahme der Tätigkeit und bei Änderungen aktenkundig zu unterweisen. Betriebsstörungen und Unfälle sind zu dokumentieren und auszuwerten.

Der Arbeitgeber hat die Beschäftigten vor Aufnahme von Tätigkeiten mit biologischen Arbeitsstoffen und danach regelmäßig arbeitsmedizinisch untersuchen und beraten zu lassen. In Abhängigkeit von der Festlegung der Risikostufe hat der

Unternehmer gegenüber der zuständigen Behörde genau definierte Anzeige- und Aufzeichungspflichten.

6.5
Haftung

6.5.1
Vertragliche Haftung

Vertragshaftung bedeutet: Eine Vertragspartei haftet für ihre Pflichten aus einem abgeschlossenen, rechtsgültigen Vertrag[70]. Diese Pflichten können darin bestehen, bestimmte Handlungen vorzunehmen oder Zahlungen zu leisten. Wenn eine Vertragspartei ihren vertraglichen Pflichten nicht nachkommt, können die anderen Parteien auf dem ordentlichen Gerichtsweg sie dazu zwingen.

6.5.2
Gesetzliche Haftungsarten

Haftung bedeutet grundsätzlich, daß eine natürliche oder juristische Person für eine Handlung oder ein Unterlassen – außerhalb des Strafrechts auch für den Zustand einer Sache – einzustehen hat. Je nach Rechtskreis kann unterschieden werden:

- Strafrechtliche Haftung: Nur natürliche Personen können sich strafbar machen. Dies setzt ein schuldhaftes Tun oder Unterlassen voraus, das auch darin bestehen kann, daß die betreffende Person fahrlässig gehandelt hat. Strafhaftung besteht im Umweltbereich für mit Strafe bewehrte spezielle Handlungen, ferner für Körperverletzung (s. Kap. 3).
- Öffentlich-rechtliche Haftung: Eine natürliche oder juristische Person (z.B. ein Unternehmen) ist Adressat einer behördlichen Anordnung (belastender Verwaltungsakt) und verpflichtet, der Anordnung Folge zu leisten. Die damit u.U. verbundenen Kosten trägt der Adressat.
- Zivilrechtliche Haftung: Eine natürliche oder juristische Person ist gegenüber Dritten zu bestimmten Leistungen verpflichtet, die dieser Dritte auch gerichtlich (d.h. vor den ordentlichen Gerichten) durchsetzen kann.

---

[70] Ein Vertrag ist rechtsgültig, wenn er nicht gegen Gesetze oder die Guten Sitten verstößt und wenn er nicht aus Vertragsgründen unwirksam geworden ist. Um Verträge davor zu schützen, wegen einer einzelnen unwirksamen Vertragsklausel insgesamt unwirksam zu sein, findet sich in Verträgen sehr oft die sog. „salvatorische Klausel": „Werden Teile dieses Vertrages unwirksam, so berührt dies die Wirksamkeit der anderen Teile nicht". Ergänzend oft auch: „An die Stelle unwirksamer Bestimmungen tritt im Wege ergänzender Auslegung oder, soweit erforderlich, durch eine Änderung des Vertrages diejenige Regelung, die gesetzlich zulässig ist und die den Absichten der Vertragsparteien, wie sie aus der Gesamtheit der Bestimmungen dieses Vertrages zu ersehen sind, am besten entspricht. Die Vertragsparteien verpflichten sich, an einer eventuell erforderlichen Änderung dieses Vertrages im genannten Sinn mitzuwirken."

Zu rechtlichen Einzelheiten, insbesondere der Gerichtsbarkeit, s. Kapitel 2. Nachfolgend wird die *zivilrechtliche Haftung* dargestellt. Zu den grundsätzlichen zivilrechtlichen Haftungsbeziehungen innerhalb und außerhalb eines Unternehmens am Beispiel einer Kapitalgesellschaft s. Abb. 6.5.

6.5.3
Zivilrechtliche Haftung

6.5.3.1
Unterteilung der zivilrechtlichen Haftung

Die gesetzliche zivilrechtliche Haftung im Umweltbereich kann gegliedert werden in

– verschuldensabhängige Haftung,
– verschuldensunabhängige Haftung,
  a) nachbarrechtlicher Ausgleichsanspruch nach § 906 Abs. 2 BGB,
  b) Gefährdungshaftung.

In den gesetzlich bestimmten Fällen, in denen Vertragsfreiheit herrscht, können Vertragsparteien die gesetzliche Haftung ausschließen oder begrenzen.

6.5.3.1.1
Verschuldensabhängige Haftung für
entstandene Schäden nach § 823 BGB

Hat jemand einem anderen schuldhaft einen Schaden (an Leib und Leben, Gesundheit, Eigentum oder anderem gesetzlich geschützten Rechtsgut) zugefügt, so ist er zur Wiederherstellung des schadensfreien Zustandes verpflichtet. Wenn dies nicht möglich ist, muß er einen Schadenersatz in Geld leisten. Die Haftungshöhe ist unbegrenzt, d.h. jede natürliche Person haftet mit ihrem gesamten Privatvermögen, jedes Unternehmen entsprechend der gesellschaftsrechtlich vorgegebenen Haftungshöhe. Der Geschädigte muß seinen Haftungsanspruch gegenüber dem Schädiger durchsetzen und dabei beweisen, daß dieser ursächlich für den Schaden verantwortlich war. Dies ist im Fall von Umweltschäden mitunter schwierig. Auch bei Folgeschäden können sich daraus Abgrenzungsprobleme ergeben.

6.5.3.1.2
Verschuldensunabhängige Haftung

a) *Nachbarrechtlicher Ausgleichsanspruch nach § 906 Abs. 2 BGB.* § 906 BGB bestimmt, daß die „Zuführung unwägbarer Stoffe" (Immissionen; § 906 enthält dazu eine Definition) zu dulden ist, wenn der Verursacher über eine dazu berechtigende Genehmigung verfügt. Darüberhinaus sind Ansprüche und Schäden des Nachbarn aufgrund § 14 BImSchG und § 23 GenTG begrenzt: Sein Anspruch auf Einstellung des Betriebes bleibt ausgeschlossen (zivilrechtlicher Bestandsschutz der förmlichen Genehmigung; man verwendet auch den Begriff „zivilrechtsgestaltende Wirkung"). Alle weiteren Schäden und Nachteile des Nachbarn sind aber vom Anlagenbetreiber zu ersetzen, wenn er nicht zu wirksamen Emissionsminderungsmaßnahmen verpflichtet werden kann.

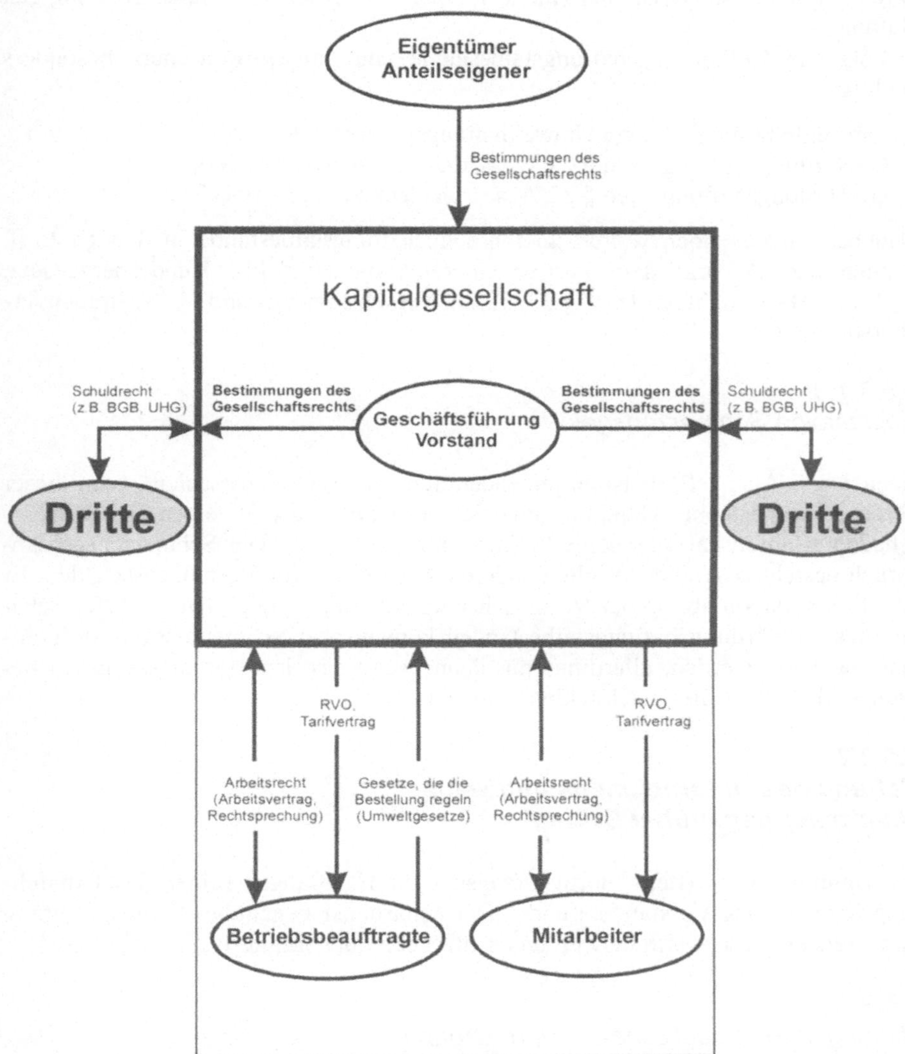

Abb. 6.5. Struktur der zivilrechtlichen Haftungsbeziehungen innerhalb und außerhalb einer Kapitalgesellschaft

b) Gefährdungshaftung in besonderen Fällen, die alle per Gesetz genau definiert sein müssen: In gesetzlich nicht definierten Fällen gibt es keine Gefährdungshaftung. Die Gefährdungshaftung setzt kein Verschulden voraus, sondern resultiert allein daraus, daß jemand durch eine Sache oder Einrichtung, die ihm zuzurechnen ist, eine Gefahr begründet. Diese Gefahr ist aber rechtlich zulässig (z.B. der Betrieb eines KfZ; wenn jemand unverschuldet mit dem eigenen Fahrzeug einen anderen schädigt, so muß er trotzdem Schadenersatz leisten). Die Gefährdungshaftung gilt immer zusätzlich (nicht alternativ!) zu der verschuldensabhängigen Haftung.

Folgende Gefährdungshaftungstatbestände sind im Umweltschutz besonders wichtig:

- Umwelthaftung nach dem Umwelthaftungsgesetz (UHG),
- Gefährdungshaftung nach § 22 Wasserhaushaltsgesetz (WHG),
- Gefährdungshaftung nach § 32 Abs. 1 Gentechnikgesetz (GenTG).

Daneben gibt es noch weitere Gefährdungshaftungstatbestände in den §§ 25 ff. Atomgesetz i.V. mit dem Pariser Übereinkommen, § 114 Bundesberggesetz, §§ 1, 2, 3 Haftpflichtgesetz, §§ 33, 52 Luftverkehrsgesetz und § 7 Straßenverkehrsordnung.

6.5.3.1.3
Rechtsfolge Schmerzensgeld

Nach § 847 Abs. 1 BGB ist an jemanden Schmerzensgeld zu zahlen, wenn dieser durch eine unerlaubte Handlung eine Körperverletzung oder einen Gesundheitsschaden erfahren hat oder seine Freiheit entzogen wurde. Der Schmerzensgeldanspruch besteht zusätzlich zu allen anderen Ansprüchen für Vermögensschäden. Er hängt nicht davon ab, ob der Verursacher schuldhaft gehandelt hat; auch für Schäden aus Gefährdungshaftungstatbeständen können also Schmerzensgeldforderungen abgeleitet werden, allerdings nur dann, wenn das den Haftungsanspruch begründende Gesetz dies ausdrücklich vorsieht.

6.5.3.2
Haftung des Unternehmens und seiner Mitarbeiter gegenüber Dritten

Ein Unternehmen haftet – normalerweise – für Handlungen seiner Geschäftsführung (bzw. seines Vorstandes) und seiner Mitarbeiter gegenüber Dritten. Umfang und Grenzen dieser Haftung werden nachfolgend kurz erläutert; s. auch [Müg94].

6.5.3.2.1
Haftung einer Gesellschaft für ihre Organe

§ 31 BGB bestimmt für den Verein: „Der Verein ist für den Schaden verantwortlich, den der Vorstand, ein Mitglied des Vorstandes oder ein anderer verfassungsmäßig berufener Vertreter durch eine in Ausführung der ihm zustehenden Verrichtungen begangene, zum Schadenersatze verpflichtende Handlung einem Dritten zufügt".

Begeht ein Vorstandsmitglied in Ausführung der ihm zustehenden Verrichtung eine unerlaubte Handlung, so haftet der Verein nach §§ 31, 823 BGB ohne die Möglichkeit eines Exkulpationsbeweises (zum Begriff Exkulpation s.u.).

Das Verschulden des Organs ist Verschulden des Vereins selbst.

§ 31 BGB gilt auch – mangels abweichender Regelungen – für die handelsrechtlichen Sonderformen des Vereins, nämlich AG, GmbH und Genossenschaft, gem. § 89 BGB auch für Stiftungen und analog für die OHG, die KG und den nicht rechtsfähigen Verein, nicht aber für die Gesellschaft bürgerlichen Rechts.

Die Haftung für Organe besteht auch dann, wenn ein Vertreter einer Gesellschaft seine Kompetenzen überschreitet. Die Gesellschaft haftet auch in diesem Fall, es sei denn, die Kompetenzüberschreitung ist für Außenstehende ohne Weiteres ersichtlich, was im Zweifelsfall von der Gesellschaft bewiesen werden muß.

6.5.3.2.2
Haftung einer Gesellschaft für ihre Mitarbeiter

Für die Haftung des Unternehmens für Schäden, die Mitarbeiter und Betriebsbeauftragte verursacht haben, ist § 831 BGB einschlägig. Das Gesetz kennt hierfür den Begriff des sog. *Verrichtungsgehilfen* eines *Geschäftsherrn*. § 831 BGB sagt aus: „Wer einen anderen zu einer Verrichtung bestellt, ist zum Ersatze des Schadens verpflichtet, den der Andere in Ausführung der Verrichtung einem Dritten widerrechtlich zufügt. Die Ersatzpflicht tritt nicht ein, wenn der Geschäftsherr bei der Auswahl der bestellten Person und, sofern er Vorrichtungen oder Gerätschaften zu beschaffen oder die Ausführung der Verrichtung zu leiten hat, bei der Beschaffung oder der Leitung die im Verkehr erforderliche Sorgfalt beobachtet oder wenn der Schaden auch bei Anwendung dieser Sorgfalt entstanden sein würde.“

Das bedeutet: Der Geschäftsherr kann sich *exkulpieren*, wenn er beweisen kann, daß er die notwendige Sorgfalt geleistet hat oder wenn der Schaden ohne die Verletzung seiner Sorgfalt auch (infolge der Verfehlung des Verrichtungsgehilfen) entstanden wäre. Er trägt dafür die Beweislast. In diesem Fall haftet also nicht ein Unternehmen, sondern sein Mitarbeiter für den Dritten entstandenen Schaden im Rahmen der üblichen Bestimmungen unmittelbar.

Die Verantwortlichen des Unternehmens sind dazu verpflichtet, die Betriebsabläufe so zu gestalten und die Mitarbeiter auf Einhaltung zu verpflichten, daß keine Schäden entstehen können. Dies und die Zuverlässigkeit der Mitarbeiter ist ständig zu überprüfen, wozu es eine umfangreiche Rechtsprechung gibt.

Gelegentlich bestehen Abgrenzungsprobleme des Verrichtungsgehilfen gegenüber dem von der Gesellschaft unabhängig (aber in deren Auftrag handelnden) Dritten. Verrichtungsgehilfe ist nicht, wer über seine Person frei verfügen kann und insbesondere Zeit und Umfang seiner Tätigkeit frei bestimmen kann. Verrichtungsgehilfe ist jeder, dem die Gesellschaft bestimmte Handlungen auch untersagen kann (es kommt nicht darauf an, daß sie es nicht getan hat). Bei Leiharbeitern kommt es darauf an, ob der verleihende oder entleihende Arbeitgeber die Tätigkeit des entliehenen Arbeitnehmers beschränken, entziehen und nach Zeit und Umfang bestimmen kann (BGH NJW 71, S. 1129). Der Bauunternehmer bleibt

Geschäftsherr seiner Arbeiter, auch wenn eine Bauoberleitung mit Überwachungs- und Weisungsrecht vorhanden ist.

Der Schaden muß in Ausführung, nicht nur gelegentlich der Verrichtung zugefügt sein.

6.5.3.2.3
Haftung von Mitarbeitern gegenüber
dem Unternehmen (Durchgriffshaftung)

a) Haftung von GmbH-Geschäftsführern und Vorständen. Von besonderer Bedeutung ist die Haftung des GmbH-Geschäftsführers und des Vorstandes der AG gegenüber der Gesellschaft.

Die Haftung des GmbH-Geschäftsführers ist in § 43 GmbH-Gesetz, die Haftung des Vorstandes der AG in § 93 Abs. 2 Aktiengesetz geregelt. Der GmbH-Geschäftsführer und der Vorstand der AG haftet gegenüber der Gesellschaft für alle Schäden aus Verletzungen ihrer Obliegenheiten. Hierzu gehören *sämtliche* Haftungsschäden, die die Gesellschaft erleidet, wenn diese aufgrund von Obliegenheitsverletzungen an die Gesellschaft gerichtet sind. Insbesondere betrifft dies das sog. Organisationsverschulden der Geschäftsführung, wenn ein Mitarbeiter oder Betriebsbeauftragter nicht mit der erforderlichen Sorgfalt ausgewählt und unterrichtet wurde. Die Haftung besteht auch dann noch, wenn das Unternehmen in Konkurs gegangen ist. In diesem Fall haben die Gläubiger des Unternehmens die bisherigen Ansprüche des Unternehmens gegenüber seinen Verantwortlichen und Mitarbeitern.

b) Mitarbeiter. Nach der arbeitsrechtlichen Rechtsprechung für den Bereich der sog. gefahrgeneigten Arbeit (GmS-OBG 1/93; in [Müg94]) haftet der Arbeitnehmer gegenüber dem Arbeitgeber bei nur leichter Fahrlässigkeit nicht für die von ihm angerichteten Schäden. Bei normaler oder grober Fahrlässigkeit gelten andere Regelungen: So haftet bei Vorsatz und grober Fahrlässigkeit (etwa wenn er übermüdet oder angetrunken zum Dienst erscheint) der Mitarbeiter voll, bei mittlerer Fahrlässigkeit wird der Schaden zwischen Arbeitnehmer und Arbeitgeber geteilt (es kommt auf den Einzelfall an, in welchem Verhältnis). Es kommt also für das Unternehmen darauf an, dem in Anspruch genommenen Mitarbeiter den Grad seiner Fahrlässigkeit nachzuweisen. Der Arbeitnehmer hat in den Fällen, in denen er einem Betriebsfremden Schaden zugefügt hat, gegen den Arbeitgeber einen *Freistellungsanspruch* (bei Vermögenslosigkeit oder bei Bestehen einer Haftpflichtversicherung gegen Versicherer, s. [Pal93, § 611 Rn 163]).

c) Betriebsbeauftragte. Betriebsbeauftragte haben nicht nur aus ihrem Arbeitsverhältnis herrührende, sondern auch gesetzliche Pflichten. Sie müssen also in besonderer Weise Sorgfalt üben. *Die besonderen Pflichten der Betriebsbeauftragten begründen trotzdem keine weitergehenden zivilrechtlichen Haftungspflichten als solche, die für andere Mitarbeiter im Bereich der sog. gefahrgeneigten Arbeit auch gelten.* Der Betriebsbeauftragte haftet also nur dann für Schäden, die das Unternehmen anrichtet, wenn er seinen Pflichten nicht nachgekommen ist, und der Schaden darauf zurückzuführen ist.

6.5.3.2.4
Sonderfälle

a) Mitverschulden des Arbeitgebers (§ 254 BGB). Immer dann, wenn ein Mitarbeiter, auch ein Betriebsbeauftragter, ganz oder teilweise haftet, kann diese Haftung durch ein Mitverschulden des Arbeitgebers gemindert sein. Das Mitverschulden kann sich daraus ergeben, daß der Arbeitgeber es unterlassen hat, den drohenden Schaden abzuwenden oder den bereits eingetretenen Schaden zu mindern. Das Mitverschulden kann bis zur völligen Haftungsverschonung des Mitarbeiters oder Betriebsbeauftragten gehen.

b) Haftung gegenüber Arbeitskollegen. Personenschäden im Betrieb und auf dem Weg zur und von der Arbeit sind als Arbeitsunfälle grundsätzlich von der berufsgenossenschaftlichen Unfallversicherung des Betriebes gedeckt. Die Berufsgenossenschaft kann aber bei grober Fahrlässigkeit und Vorsatz den verursachenden Arbeitnehmer in Anspruch nehmen. Bei Sachschäden an Eigentum der Kollegen besteht dieselbe Haftungshöhe wie gegenüber dem Arbeitgeber (d.h. bei leichter Fahrlässigkeit keine, bei mittlerer Fahrlässigkeit anteilige und bei grober Fahrlässigkeit und Vorsatz volle Haftung). Die Haftungslücke muß der Arbeitgeber dem geschädigten Arbeitnehmer ersetzen.

6.5.3.3
Unternehmenshaftung nach dem Umwelthaftungsgesetz

Da die verschuldensabhängige Haftung nach § 823 BGB dem Geschädigten die Beweislast sowohl für die Kausalität als auch für das Verschulden des möglichen Schädigers auferlegt, ergaben sich für aus Umwelteinwirkungen Geschädigte gelegentlich Probleme. Ohne Kenntnis der Betriebsabläufe eines benachbarten Unternehmens, das möglicherweise einen Umweltschaden verursacht hat, ist es für den Geschädigten schwer, überhaupt zu erkennen, wodurch der Schaden entstanden sein kann (Kausalität) und ob der fragliche Unternehmer schuldhaft gehandelt hat. Hinzu kommt, daß größere Industrieanlagen auch latente Risiken darstellen können, die unabhängig vom Verschulden des Anlagenbetreibers bestehen.

Der Gesetzgeber hat daher mit dem Umwelthaftungsgesetz (UHG) eine umfassende Gefährdungshaftung mit *Ursachenvermutung* in das Umweltrecht eingeführt. Die Gefährdungshaftung bedeutet, daß es auf ein Verschulden nicht ankommt. Die Ursachenvermutung bedeutet, daß bei denjenigen Anlagen, die unter das UHG fallen, von vornherein unterstellt wird, daß sie den Schaden angerichtet haben. Der Geschädigte muß zunächst keinen Kausalitätsbeweis erbringen, sondern den Schaden durch die Anlage behaupten. Beweist der Inhaber der Anlage (dies ist derjenige, der die Anlage auf eigene Rechnung benutzt, die Verfügungsgewalt besitzt und die Kosten für die Unterhaltung aufbringt), daß er die Anlage bestimmungsgemäß betrieben hat, entfällt gem. § 6 Abs. 2 UHG die Ursachenvermutung. Ein bestimmungsgemäßer Betrieb liegt vor, wenn keine Betriebsstörung vorliegt und wenn die sog. besonderen Betriebspflichten aus verwaltungsrechtlichen Zulassungen, Auflagen, vollziehbaren Anordnungen und Rechtsvorschriften eingehalten sind, die die Verhinderung von solchen Umwelteinwirkungen bezwekken, die als Schadensursache in Frage kommen. In diesem Fall liegt die Beweislast für die Ursächlichkeit der Anlage am Schaden, d.h. für die Kausalität, wieder bei dem Geschädigten.

Kann der Inhaber der Anlage den bestimmungsgemäßen Betrieb nicht beweisen, so muß er die Ursachenvermutung anders entkräften (wenn die Anlage den Schaden nicht tatsächlich verursacht hat). Er könnte dann beweisen, daß die Anlage überhaupt nicht in der Lage war, den Schaden zu verursachen, oder daß eine andere Anlage den Schaden tatsächlich verursacht hat.

6.5.3.3.1
Haftungsvoraussetzungen

Die Haftung nach UHG besteht nur, wenn gleichzeitig folgende Voraussetzungen vorliegen: a) Anlage gemäß eines Anlagenkataloges in Anhang 1 zum UHG (dort sind 95 Anlagentypen aufgeführt), zur Anlage gehören gemäß § 3 Abs. 3 auch „...Maschinen, Geräte, Fahrzeuge und sonstige ortsveränderliche technische Einrichtungen und Nebeneinrichtungen, die mit der Anlage oder einem Anlagenteil in einem räumlichen oder betriebstechnischen Zusammenhang stehen und für das Entstehen von Umwelteinwirkungen von Bedeutung sein können." b) Der Schaden ist durch eine Umwelteinwirkung entstanden, indem er durch Stoffe, Erschütterungen, Geräusche, Druck, Strahlen, Gase, Dämpfe, Wärme oder sonstige Erscheinungen verursacht wird, die sich im Boden, Luft oder Wasser ausgebreitet haben (§ 3 Abs. 1).

6.5.3.3.2
Erfaßte Schäden

Für folgende Schäden wird nach dem UHG gehaftet: a) Personenschäden und Vermögensschäden, die aus Personenschäden folgen, und zwar im einzelnen: Kosten der Heilung und versuchten Heilung im Falle der Tötung, Vermögensnachteile aufgrund Erwerbsunfähigkeit oder –minderung oder vermehrten Bedürfnissen auch bei anschließendem Tod; Rente bei Erwerbsunfähigkeit gem. § 843 Abs. 2 bis 4 BGB; Beerdigungskosten bei Tod; Unterhaltspflichten des Getöteten gegenüber Dritten, auch ungeborenen Kindern. b) Sachschäden; die übliche Sachhaftung ist in der Form erweitert, daß die Wiederherstellungskosten für Sachen, die zugleich Beeinträchtigungen von Natur und Landschaft sind, bis zur Haftungshöchstgrenze und nicht nur bis zum Wert der Sache gehen können. Die Haftungshöchstgrenze beträgt pro Schadensereignis einheitlich 160 Mio. DM.

Eine Besonderheit des UHG ist, daß zu den erfaßten Schäden auch sog. Entwicklungsrisiken *der genannten Schadensarten* gehören, d.h. die Haftung besteht auch für Schäden, die im Rahmen des genehmigten Anlagenbetriebes entstehen oder erst in der Zukunft wirken (s. § 2). Der Grund für diese Regelung ist, daß es bis heute Umweltschäden gibt, die aus einem früher einmal zulässigen Anlagenbetrieb herrühren, aufgrund des allgemeinen Rückgriffsverbotes von Gesetzen aber vom Anlagenbetreiber nicht getragen werden (Anm.: Altlastenrechtliche Spezialregelungen ausgenommen).

Für andere Schäden, auch Schmerzensgeld, wird nach dem UHG nicht gehaftet. Das schließt natürlich die Haftung aufgrund anderer Gesetze nicht aus, da diese durch das UHG nicht verdrängt werden!

Für den Abschluß von Umwelthaftpflichtversicherungen ist es für Unternehmen daher wichtig, darauf zu achten, daß auch die Haftung aufgrund anderer Gesetze von der Versicherung erfaßt ist.

6.5.3.3.3
Deckungsvorsorge

Gem. § 19 UHG können die Inhaber von Anlagen gem. Anhang 2 UHG auf behördl. Anordnung zu einer Deckungsvorsorge für mögliche Umweltschäden nach dem UHG verpflichtet werden. Dies kann durch Haftpflichtversicherung oder Bankbürgschaft erfolgen. Diese Vorschrift soll durch eine Rechtsverordnung nach § 20 UHG konkretisiert werden[71]. Das Fehlen einer ausreichenden Deckungsvorsorge kann nach § 21 UHG strafbar sein.

6.5.3.4
Gefährdungshaftung nach § 22 Wasserhaushaltsgesetz

§ 22 WHG bestimmt:

> „(1) Wer in ein Gewässer Stoffe einbringt oder einleitet oder wer auf ein Gewässer derart einwirkt, daß die physikalische, chemische oder biologische Beschaffenheit des Wassers verändert wird, ist zum Ersatz des daraus einem anderen entstehenden Schadens verpflichtet. ... (2) Gelangen aus einer Anlage, die bestimmt ist, Stoffe herzustellen, zu verarbeiten, zu lagern, abzulagern, zu befördern oder wegzuleiten, derartige Stoffe in ein Gewässer, ohne in dieses eingeleitet oder eingebracht zu sein, so ist der Inhaber der Anlage zum Ersatz des daraus einem anderen entstehenden Schadens verpflichtet; Absatz 1 Satz 2 gilt entsprechend. Die Ersatzpflicht tritt nicht ein, wenn der Schaden durch höhere Gewalt verursacht ist. (3) Kann ein Anspruch auf Ersatz des Schadens gemäß § 11 nicht geltend gemacht werden, so ist der Betroffene nach § 10 Abs. 2 zu entschädigen. Der Antrag ist auch noch nach Ablauf der Frist von 30 Jahren zulässig.“

Für die Gefährdungshaftung ist der genannte Abs. 2 maßgeblich. Von diesem werden nicht nur Havarien, sondern auch die sog. Allmählichkeitsschäden erfaßt. Dies hat in der Vergangheit bei den Betreibern von Anlagen schon zu unliebsamen Überraschungen geführt. So hat man z.B. lange Zeit nicht damit gerechnet, daß chlorierte Kohlenwasserstoffe Beton durchdringen und ins Grundwasser gelangen können. Derartige Grundwasserschäden müssen vom Verursacher vollständig getragen werden, und zwar auch hinsichtlich eventueller wirtschaftlicher Nachteile, die ein Dritter dadurch hat! Nutzt der Dritte das Grundwasser in berechtigter Weise, z.B. für einen Mineralwasserbetrieb, so muß der Verursacher des Allmählichkeitsschadens auch den wirtschaftlichen Verlust ersetzen, falls durch den Schadstoffeintrag die Mineralwassergewinnung beeinträchtigt wird.

§ 11 WHG begrenzt Ansprüche Dritter gegen den Inhaber einer Bewilligung nach § 8 WHG für den Fall, daß dieser angeordnete Auflagen der Bewilligung

---

[71] 6/99 lag diese Rechtsverordnung noch nicht vor.

erfüllt. Umgekehrt ist jeder, der ein Gewässer in zulässiger oder genehmigter Weise (d.h. mit Erlaubnis oder Bewilligung) benutzt, umfassend in seiner wirtschaftlichen Entfaltung geschützt: Jeder Dritte, der diese Nutzung beeinträchtigt, haftet *unbegrenzt* für den dadurch entstehenden wirtschaftlichen Schaden.

Nach einem neueren Urteil des Bundesgerichtshofes vom 6.5.1999 (Aktenzeichen III ZR 89/97) haftet der Verursacher einer Gewässerverunreinigung sogar in folgendem Fall: Der Kläger hatte wegen einer Baumaßnahme auf seinem Grundstück den Grundwasserspiegel abgesenkt und das Wasser in die Kanalisation eingeleitet. Weil das Grundwasser von einem benachbarten Betrieb mit Phenolen verschmutzt war, mußte es vor der Einleitung gereinigt werden. Die Kosten für die Reinigung mußten vom Eigentümer des Nachbarbetriebs übernommen werden.

6.5.3.5
Haftung nach § 32 Gentechnikgesetz

§§ 32-36 GenTG legen für den Fall, daß jemand infolge von Eigenschaften eines Organismus, die auf gentechnischen Arbeiten beruhen, getötet wird oder einen Schaden an Leib oder Eigentum erfährt, Haftungsbestimmungen fest, die weitgehend dem Umwelthaftungsgesetz entsprechen. In § 37 GenTG ist geregelt, daß die §§ 32-36 nicht angewendet werden, wenn ein Arzneimittel nach dem Arzneimittelgesetz den Schaden hervorgerufen hat. Dies gilt auch für Produkte, die gentechnisch veränderte Organismen enthalten, wenn eine Freisetzungsgenehmigung nach § 16 GenTG vorliegt. Weitere Einzelheiten können dem Gesetzestext entnommen werden.

6.5.4
Haftpflichtversicherung

6.5.4.1
Betriebshaftpflichtversicherung für Umweltschäden

Die Versicherungswirtschaft hat für die oben dargestellten Haftungstatbestände Versicherungsmodelle entwickelt, die modular aufgebaut sind. Eine ausführliche Darstellung kann [Gan97] entnommen werden.

Ein Unternehmen sollte darauf achten, daß – natürlich unter Berücksichtigung des Einzelfalls – die Inanspruchnahme durch Dritte aufgrund der unterschiedlichen haftungsbegründenden Gesetze versichert ist. So sollte die Umwelthaftpflichtversicherung die Gefährdungshaftung nach § 22 WHG umfassen, wenn mit wassergefährdenden Stoffen umgegangen werden soll.

Der Versicherer ermittelt für die Prämienkalkulation sein Risiko, das z.B. dann reduziert werden kann, wenn der Versicherte ein Umweltmanagementsystem einführt und in dessen Rahmen regelmäßig überprüft, ob die gesetzlichen Vorschriften eingehalten werden (s. Abschn. 6.6). Dann kann nämlich die Beweislast vom haftenden Unternehmen genommen werden (s. Abschn. 6.5.3.3).

Je nach Vertragsgestaltung kann der Versicherungsschutz aber auch wegfallen, wenn das Unternehmen gegen Vorschriften verstößt. In einem solchen Fall wird ein Umweltmanagmentsystem zu einem elementaren Selbstschutzinstrument des Versicherten. Hier empfiehlt sich, das „Kleingedruckte" im Versicherungsangebot zu lesen und das Angebot von einem versierten Rechtsanwalt prüfen zu lassen.

6.5.4.2
Haftpflichtversicherung für die persönliche Haftung

Auch für die oben dargestellten persönlichen Haftungsrisiken von GmbH-Geschäftsführern, Vorständen und Mitarbeitern mit herausgehobener Verantwortung hat die Versicherungswirtschaft Haftpflichtversicherungsmodelle entwickelt. Der Abschluß derartiger Versicherungen ist für den Geschäftsführer und Vorstand ebenso wie für den Betriebsbeauftragten anzuraten. Dabei kann es Bestandteil der Vertragsgestaltung sein, daß das Unternehmen die Prämienleistung übernimmt, was finanzielle Vorteile für beide Seiten hat.

Führt ein für einen Betriebsstandort verantwortlicher Geschäftsführer oder Vorstand ein Umweltmanagementsystem dieses Standorts ein, so kann dies als Nachweis dafür gelten, daß er seinen Obliegenheiten gegenüber dem Unternehmen nachgekommen ist. Dies bedeutet, daß er dann für Umweltschäden, die dadurch entstanden sind, daß im Unternehmen – anders als erwartet – dennoch gegen Umweltvorschriften verstoßen wurde, dem Unternehmen nicht haftet. Es kann auch bedeuten, daß damit erst der Versicherungsschutz für die persönliche Haftpflicht besteht! Die für die Haftpflichtversicherung des Betriebes getroffenen Aussagen gelten auch hier. Darüberhinaus entfällt in der Regel seine Strafhaftung für derartige Schäden.

6.6
Umweltmanagementsysteme, EG-Umwelt-Audit [72]

Grundidee des Umweltmanagements ist, daß Unternehmen eine aktive Rolle im Umweltschutz einnehmen und nicht lediglich auf repressive Maßnahmen des Staates reagieren sollen (s. Abschn. 3.5.1). Nach der „Verordnung (EWG) Nr. 1836/93 des Rates vom 29. Juni 1993 über die freiwillige Beteiligung gewerblicher Unternehmen an einem Gemeinschaftssystem für das Umweltmanagement und die Umweltbetriebsprüfung"[73] können Unternehmen *freiwillig* an einem oder mehreren *Betriebsstandorten* sog. Umweltaudits durchführen. Zum Nutzen s. Abschn. 6.6.2. Wesentliche Merkmale des Umweltaudits sind:

1. Das Unternehmen verpflichtet sich, am Standort von sich aus eine Verbesserung des betrieblichen Umweltschutzes herbeizuführen und benennt dabei konkret, um welche Verbesserungen es sich handeln soll.
2. Die Anforderungen an den Ablauf des Umweltaudits sind relativ formal, aber die Auswahl der Ziele und dafür durchzuführenden technischen Maßnahmen ist freigestellt.
3. Das Unternehmen veröffentlicht eine Umwelterklärung, in der u.a. diese Ziele dargestellt sind.
4. In einer ersten, sog. Umweltprüfung und wiederkehrenden Umweltbetriebsprüfungen wird festgestellt, ob die Umweltschutzvorschriften am Standort eingehalten werden und ob Schwachstellen des betrieblichen Umweltschutzes vorliegen bzw. ob die selbstgesetzten Umweltziele erreicht wurden (Schwachstellen können z.B. überalterte Anlagen mit zu hohen Emissionen sein, die bald ersetzt werden müssen).
5. Das Unternehmen erhält bei erfolgreicher Durchführung der vorgesehenen Schritte das Recht zur Standortwerbung (nicht zur Produktwerbung, da es sich ja um den betrieblichen Umweltschutz am Standort, nicht um den produktbezogenen Umweltschutz handelt). Das bedeutet: Das Unternehmen kann z.B. auf dem Firmenbriefbogen damit werben, daß der betreffende Standort ein Umweltaudit nach dem Gemeinschaftssystem erfolgreich durchlaufen hat.
6. In Deutschland wurde mit dem Umweltauditgesetz (UAG) das Zulassungsverfahren für Umweltgutachter und die Registrierung der nach den Bestimmungen der EG-Umwelt-Audit-Verordnung geprüften Betriebsstandorte geregelt. Demnach werden Umweltgutachter von der per Rechtsverordnung[74] dazu beliehenen „Deutschen Akkreditierungs- und Zulassungsgesellschaft für Umweltgutachter mbH" (DAU) nach einer besonderen Prüfung zugelassen. Diejenigen Betriebsstandorte, deren Umwelterklärung vom Umweltgutachter für gültig erklärt (validiert) wurde, werden von den Industrie- und Handelskammern bzw. den

---

[72] Ich danke Herrn Dr.-Ing. Hagen Hilse, GICON GmbH Dresden, und Herrn Dr. Torsten Hohe, Siemens AG, Werk Braunschweig, für die Anregungen zu diesem Abschnitt.

[73] auch: EMAS-Verordnung; EMAS = Eco Management and Audit System entprechend dem englischsprachigen Original-Verordnungstext

[74] Verordnung über die Beleihung der Zulassungsstelle nach dem Umweltauditgesetz (UAG-Beleihungsverordnung – UAGBV) v. 18.12.1995

Handwerkskammern registriert. Die Validierung der Umwelterklärung stellt den jeweils wiederkehrenden, erfolgreichen Abschluß des Umweltaudits dar.

7. Teilnahmeberechtigt sind gewerbliche Unternehmen, deren Tätigkeit an dem Betriebsstandort unter die Abschnitte C und D der statistischen Systematik der Wirtschaftszweige in der EG gem. Verordnung (EWG) 3037/90 fällt (NACE-Code). Hinzu kommen Unternehmen, die Strom, Gas, Dampf oder Heißwasser an dem Standort erzeugen sowie Entsorgungsunternehmen (lt. Verordnung sind davon die Tätigkeiten Recycling, Behandlung, Vernichtung oder Endlagerung von festen oder flüssigen Abfällen erfaßt). Die Mitgliedstaaten dürfen diesen Katalog erweitern; dies ist in Deutschland durch die „Verordnung nach dem Umweltauditgesetz über die Erweiterung des Gemeinschaftssystems für das Umweltmanagement und die Umweltbetriebsprüfung auf weitere Bereiche (UAG-Erweiterungsverordnung – UAG-ErwV)" geschehen, die seit dem 10.2.1998 in Kraft ist. Danach werden auch Körperschaften öffentlichen Rechts und Unternehmen einbezogen, soweit sie im Anhang der UAG-ErwV aufgeführt sind.

Derzeit wird die EG-Umwelt-Audit-Verordnung überarbeitet; Kernpunkte der künftigen Verordnung werden voraussichtlich sein, daß zukünftig eine organisatorische Definition des Standortes gelten soll und das Gemeinschaftssystem für alle Branchen gilt. Die Umweltmanagementsysteme sollen entsprechend den Anforderungen von DIN EN ISO 14001 Abschnitt 4 aufgebaut werden.

Neben dem Umweltaudit nach der EG-Umwelt-Audit-Verordnung gibt es die Möglichkeit, Umweltmanagementsysteme gemäß der privatwirtschaftlichen Norm DIN EN ISO 14001 aufzubauen. Diese geht weniger weit als die EMAS-Verordnung; zu Gemeinsamkeiten und Unterschieden der beiden Systeme s. Abschn. 6.6.3.

6.6.1
Ablauf des Umweltaudits nach dem EG-Umwelt-Audit-System

Die wesentlichen Schritte sind:

Der Bewerber muß die *Umweltpolitik* des Unternehmens auf der höchsten Managementebene formulieren. Darin sollen Leitlinien und Handlungsgrundsätze formuliert werden, die als Grundlage die künftigen umweltrelevanten Entscheidungen des Unternehmens prägen sollen. Es handelt sich dabei um solche Leitlinien und Handlungsgrundsätze, die das Unternehmen als Ganzes betreffen.

Für den Inhalt der Umweltpolitik fordert die Verordnung,

– alle einschlägigen Umweltvorschriften einzuhalten,
– die Anforderungen des Anhangs I der Verordnung einzuhalten (insbesondere gute Managementpraktiken),
– den betrieblichen Umweltschutz in angemessener Weise kontinuierlich zu verbessern (Fachausdruck dafür: EVABAT = Economically Viable Application of the Best Available Technology).

Im Anschluß hieran wird von einem betriebsangehörigen oder externen sog. *Umweltbetriebsprüfer* eine *Umweltprüfung* durchgeführt. Die Umweltprüfung ist eine Bestandsaufnahme über die Situation des betrieblichen Umweltschutzes, insbesondere die Einhaltung aller Vorschriften und der Auswirkungen des Standortes auf die Umwelt. Letzteres kann günstig in Form von Eingangs-Ausgangs-Bilanzen von Stoff- und Energieströmen durchgeführt werden.

Die Verordnung definiert den Umweltbetriebsprüfer als eine Person oder Gruppe, die zum Unternehmen gehören oder unternehmensfremd sein kann, im Namen der Unternehmensleitung handelt, einzeln oder als Gruppe über die in Anhang II Teil C der Verordnung genannten Qualifikationen verfügt und deren Unabhängigkeit von den geprüften Tätigkeiten groß genug ist, um eine objektive Beurteilung zu gestatten. Qualifikationsnachweise werden nicht vorgeschrieben[75].

Aufgrund der Ergebnisse der Umweltprüfung müssen ein *Umweltprogramm* aufgestellt und ein *Umweltmanagementsystem* geschaffen werden. Das Umweltprogramm enthält die aus der Umweltpolitik des Unternehmens für den Standort abgeleiteten *Umweltziele* (Ziele), Maßnahmen zur Umsetzung dieser Ziele, Fristen, Verantwortlichkeiten und Budgets. Dieses wird aufbauorganisatorisch oft so verankert, daß ein Beauftragter für das Umweltmangement geschaffen wird. Oft liegt die Verantwortung für das Umwelt- und das Qualitätsmanagement bei den gleichen Personen (in Linienverantwortung!), was sich aufgrund der ähnlichen Zielsetzung auch anbietet. „Umweltmanagementsystem" wird in der Verordnung definiert als „... Teil des gesamten übergreifenden Managementsystems, der die Organisationsstruktur, Zuständigkeiten, Verhaltensweisen, förmlichen Verfahren, Abläufe und Mittel für die Festlegung und Durchführung der Umweltpolitik einschließt".

Zur Information der Öffentlichkeit muß das Unternehmen eine *Umwelterklärung* erstellen, in der die Tätigkeit des Unternehmens am Standort, die Umweltpolitik, das Umweltprogramm und die Ziele definiert und das Umweltmanagementsystem erklärt werden. Weiterhin müssen dort die Umweltauswirkungen der Tätigkeiten des Unternehmens dargestellt und eine Bewertung dieser Auswirkungen vorgenommen werden.

Diese Umwelterklärung muß im nächsten Schritt vom Umweltgutachter *für gültig erklärt* (=validiert) werden. Sie wird dann zur Registrierungsstelle, der zuständigen IHK, geschickt, die von sich aus eine Anfrage an die zuständigen Behörden richtet (fester Verteiler, von Bundesland zu Bundesland verschieden; Regierungspräsidium wird in der Regel beteiligt). Wenn die Behörden binnen einer Frist von 4 Wochen keine Einwände äußern, wird der Unternehmensstandort von der IHK registriert. Zum Schluß erhält das Unternehmen von der IHK die Teilnahmeerklärung mit Registrier-Nr., die zur Standortwerbung berechtigt.

Spätestens nach drei Jahren muß das Umweltaudit wiederholt werden. An Stelle der Umweltprüfung beim ersten Mal tritt beim nächsten Mal die Umweltbetriebsprüfung, bei der zusätzlich auch das bestehende Umweltmanagementsystem auf seine „Funktionsfähigkeit" hin überprüft wird.

Werden bei der Umweltbetriebsprüfung Mängel festgestellt, so sind diese abzustellen. Im günstigen Fall erklärt der hierzu bestellte Umweltgutachter die Um-

---

[75] Weiterbildungseinrichtungen haben hier – in vielleicht dem Markt vorauseilender Weise – Ausbildungsinhalte und Qualifikationsnachweise für den Umweltbetriebsprüfer erschaffen.

welterklärung erneut für gültig. Ein Sanktionsfall bei auf dem Wege der Umweltbetriebsprüfung festgestellten Gesetzesverstößen besteht darin, daß der Standort aus dem Standortregister wieder gestrichen wird. (Dies erfolgt auch dann, wenn das Unternehmen von sich aus auf eine Fortsetzung des Umweltaudits verzichtet, den Standort aufgibt oder die Registrierungsgebühren nicht bezahlt.)

6.6.2
Aufwand und Nutzen

Umweltmanagementsysteme nach der EG-Umwelt-Audit-Verordnung

- bieten vor allem die in Abschn. 6.5.4 aufgeführten Vorteile im Bereich der Haftung und Haftpflichtversicherung,
- können Kosteneinsparungen z.B. beim Verbrauch von Energie und Wasser und bei der Abfallentsorgung, aber auch bei der Beschaffung bewirken,
- führen zu einer Verbesserung (hauptsächlich der internen) Unternehmenskommunikation und
- zu Imagevorteilen in den Außenbeziehungen des Unternehmens [Ste98].

In einigen Bundesländern soll es zukünftig darüberhinaus Erleichterungen in den Berichtspflichten des Unternehmens geben (s. Abschn. 6.2.1 und Tabelle 6.1), so daß, wie z.B. in Bayern oder Sachsen, zukünftig die meisten gesetzlich vorgeschriebenen Umweltberichte in der Umwelterklärung zusammengefaßt abgegeben werden können. Nachteile des EG-Umwelt-Audit-Systems liegen – vor allem für kleinere Unternehmen – im relativ bürokratischen Ablauf [Ste98]. Erleichterungen im Behördenverkehr werden etwa im selben Ausmaß wie zusätzliche Prüfungen durch die Behörden, die durch das System erst ausgelöst werden, beobachtet [ASU97].

Von befragten Unternehmen wurde geäußert, daß die fehlende Möglichkeit zur Produktwerbung und der relativ bürokratische Ablauf Nachteile des Systems seien [Ste98].

Die Angaben für die Kosten für die Einführung von Umweltmanagementsystemen variieren stark [ASU97, Ste98]. Sie hängen von der Komplexität und der Größe des Standortes ab.

6.6.3
Umweltaudit nach der DIN EN ISO 14001 – Vergleich

Die weltweit gültige privatwirtschaftliche Norm DIN EN ISO 14001 weicht in folgenden Merkmalen von der EG-Umwelt-Audit-Verordnung ab [Krc98]:

- Es ist keine Umwelterklärung erforderlich,
- es wird nur eine mittelbare Verbesserung des betrieblichen Umweltschutzes gefordert (kontinuierlicher Verbesserungsprozeß des Umweltmanagementsystems),
- es gibt keine Standort- und Branchenbeschränkung,
- die erste Umweltprüfung ist freiwillig,

- die Zeitvorgaben für die regelmäßige Überprüfung sind weniger straff[76],
- der Einsatz der besten verfügbaren, wirtschaftlich vertretbaren Technik wird nicht explizit vorgeschrieben,
- die Darstellung des Umweltmanagementsystems ist stringenter,
- die Vorgaben zur Dokumentenlenkung sind genauer.

Die Regelungen nach DIN EN ISO 14001 wurden von der EG-Kommission gem. Artikel 12 der EG-Umwelt-Audit-Verordnung unter bestimmten Voraussetzungen anerkannt. Das bedeutet, daß Umweltmanagementsysteme und Umweltbetriebsprüfungen nach der DIN EN ISO 14001 weitgehend die Voraussetzungen der EG-Umwelt-Audit-Verordnung erfüllen und in ihr System integriert werden können.

---

[76] Es werden lediglich externe Audits in dreijährigem Abstand und jährliche Überwachungsaudits vorgeschrieben.

Literatur

[Abs98]   Abstände zwischen Industrie- bzw. Gewerbegebieten und Wohngebieten im Rahmen der Bauleitplanung und sonstige für den Immissionsschutz bedeutsame Abstände (Abstandserlaß), RdErl. d. Ministeriums für Umwelt, Raumordnung und Landwirtschaft - V B 5 - 8804.25.1 (V Nr. 1/98) - v. 2.4.1998

[Agg87]   Aggteleky B (1987) Fabrikplanung Bd. 1, Carl Hanser, München Wien

[ARD96]   ARD-Wochenspiegel vom 10.3.96

[ASU97]   Arbeitsgemeinschaft Selbständiger Unternehmer (ASU) e.V. (1997) Öko-Audit in der mittelständischen Praxis – Evaluierung und Ansätze für eine Effizienzsteigerung von Umweltmanagementsystemen in der Praxis, Selbstverlag, Bonn

[Bai95]   Bailey R, Editor (1995) The True State of the Planet, The Free Press, New York

[Bay95]   Freistaat Bayern (1995) Merkblatt „Hinweise für die Auswahl von Standorten für Deponien nach der TA Siedlungsabfall und Deponien mit vergleichbaren Anforderungen, AllMBl Nr. 14/1995

[Bay98]   Bayerisches Staatsministerium des Inneren (1998) Starthilfe für Bauherren, München

[Ber84]   Bernecker G (1984) Planung und Bau verfahrenstechnischer Anlagen. Projektmanagement und Fachplanungsfunktionen. VDI Verlag Düsseldorf

[Bla97]   Blass E (1997) Entwicklung verfahrenstechnischer Prozesse, 2. Aufl. Springer Verlag, Berlin Heidelberg New York

[Böh92]   Böhnert R (1992) Bauteil- und Anlagensicherheit. Vogel Buchverlag, Würzburg

[Bun71]   BT-Drucksache 6/2710, 1971

[Bun76]   Umweltbericht der Bundesregierung 1976, BT-Drucksache 7/5687

[Bun94]   Bunge Th (1994) Umweltverträglichkeitsprüfung. In: Kimminich, v. Lersner, Storm, HdUR 1994 pp.2478-2497, Erich Schmidt Verlag, Berlin

[Bun99]   Bunge Th (1999) persönliche Mitteilung

[Crei99]   Weber K (ed) Creifelds Rechtswörterbuch 15. Aufl. C.H. Beck´sche Verlagsbuchhandlung, München

[Dan90]   Daniel B, Gihr R, Gramatte A, Rippen G, Wiesert P (1990) Altlastenanalytik, Landsberg/Lech

[Dat97]   Umweltbundesamt, Daten zur Umwelt Ausgabe 1997, Erich-Schmidt-Verlag, Berlin

[DFG]   Deutsche Forschungsgemeinschaft, MAK- und BAT-Werte-Liste. VCH, Weinheim, erscheint jährlich

[Erb96]   Erbguth W, Schink A (1996) Gesetz über die Umweltverträglichkeitsprüfung. Kommentar. 2. Aufl. Beck, München

[Fat87]   AUSTAL (1987) (Fath J, Lühring P-G) Ausbreitungsrechnungen nach TA Luft. - Anwenderhandbuch zur Durchführung mit dem Programmsystem AUSTAL 86. Erich Schmidt Verlag, Berlin (UBA-Materialien 2/87)

[FAZ98]   Frankfurter Allgemeine Zeitung vom 29.10.1998

[FAZ99]   Frankfurter Allgemeine Zeitung vom 9.7.1999

[Fel99]   Feldhaus G (1999) Bundes-Immissionsschutzrecht, Kommentar, 2. Auflage, C. F. Müller (Loseblattsammlung, Stand Juni 1999)

[Fis94]   Fischer B, Köchling P (1994) Praxisratgeber Altlastensanierung, WEKA, Augsburg

[Froe87]   Landschafts- und Ortsplanung Froehlich und Sporbeck, Umweltverträglichkeitsprüfung für die A 33 im Raum Bickfeld-Süd, Bochum 1987

[Gan97]   Ganse J, Gasser V, Jasch A (1997) Öko-Audit Umweltzertifizierung – Basis einer neuen Unternehmenskultur. Gerling Akademie Verlag, Köln

[GdT99]   Gemeinschaftsausschuß der Technik (1982) Zielvorstellungen für die Systematisierung überbetrieblicher technischer Festlegungen, Sachstandsbericht des Arbeitsausschusses vom 28.5.1982

[GewO69]   Krug PH (Hrsg. 1870) Gewerbeordnung für den Norddeutschen Bund vom 21. Juni 1869 nebst den darauf bezüglichen im Königreiche Sachsen gültigen Gesetzen und Verordnungen. Druck und Verlag der Roßberg'schen Buchhandlung, Leipzig

[Gus93]   Gustin JL (1993) Ablauf durchgehender Reaktionen sowie Auswahl und Führung von sicheren Prozessen. In: Chemie-Ingenieur-Technik 65/1993, Nr. 4 pp. 415-422. VCH Verlagsgesellschaft mbH, Weinheim

[Hak79]   Hake B (1979) Der BERI-Index-ein Frühwarnsystem für Auslandinvestoren. Industrielle Organisation 48 Nr. 6 pp. 281-283

[Har84]   Hartwig S (1984) Prognostische Konsequenzermittlung bei größeren Störfällen. In: Lange S, Ermittlung und Bewertung industrieller Risiken, pp. 75-88, Springer Verlag, Berlin Heidelberg New York

[Hau98]   Hauth M (1998) Vom Bauleitplan zur Baugenehmigung, 5. Auflage, Beck-Rechtsberater im dtv, München

[HBG]   Betriebswacht. Hauptverband der gewerblichen Berufsgenossenschaften – Berufsgenossenschaftliche Zentrale für Sicherheit und Gesundheit – BGZ, 53754 Sankt Augustin, Tel. 02241-231-149

[HdUR94]   Kimminich O, von Lersner H, Storm P C (1994) HdUR-Handwörterbuch des Umweltrechts 2. Auflage, Erich-Schmidt-Verlag, Berlin

[Her93]   Hermann K (1993) Direktkondensation notentspannter Dampf-Gas-Gemische in Strahlkondensatoren, Dissertation, Verlag Shaker, Aachen

[Her74]   Herbert W (1974) Planung und Bau von Chemie-Anlagen. In: Ullmanns Encyclopädie der technischen Chemie, 4. Aufl. Band 7 pp. 70-156, VCH, Weinheim

[IAEA95]   IAEA (1995) Guidelines for Integrated Risk Management in Large Industrial Areas, Selbstverlag, Wien

[IHK96]   Reif W, Simon A (1996) Das neue Abfallnachweisverfahren, Selbstverlag Deutscher Industrie- und Handelstag, Fax: 0228-104-158

[IVV93]   IVV Verkehrsforschung und Infrastrukturplanung GmbH & Co Braunschweig (1993) Datenbanksystem PROSA

[Jain98]   Jain R (1998) Editorial, in: Environmental Engineering and Policy, Springer-Verlag, Berlin

[Jan98]   Janicke L (1998) Ausbreitungsmodell LASAT, Arbeitsbuch LASAT 2.6 versus LASAT 2.8. Ing.-Büro Dr. Lutz Janicke, Dunum

[Jan98b]   Janicke, L (1998) Ausbreitungsmodell LASAT, Referenzbuch zu Version 2.6. Ing.-Büro Dr. Lutz Janicke, Dunum

[Jar93]   Jarass H D (1993) Bundes-Immissionsschutzgesetz, Kommentar, 3. Auflage

[Jes95]   Jeske J, Barbier H D (Hrsg. 1995) So nutzt man den Wirtschaftsteil einer Tageszeitung, Societäts-Verlag, Frankfurt/Main

[Job98]   Jobstvogt M (1998) Immissionsschutz in der Bauleitplanung - Vermeidung von Nachbarschaftskonflikten durch vorausschauende Planung, in: VDI-KUT, Jahrbuch 1998/1999, VDI, Düsseldorf

[Kal86]   Kalmbach S, Schmölling J (1986) Technische Anleitung zur Reinhaltung der Luft. 2. Auflage. Erich Schmidt Verlag, Berlin

[Kem89]   Kemper M (1989) Das Umweltproblem in der Marktwirtschaft, Duncker & Humblot, Berlin

[Klo98]   Kloepfer M (1998) Umweltrecht, 2. Auflage, Beck Verlag, München

[Krc98]   Krcmar H, Dold G, Scheide W, Kreeb M, Wörner C, Pape J (1998), Umweltmanagement in der Praxis. Teilergebnisse eines Forschungsvorhabens zur Vorbereitung der 1998 vorgesehenen Überprüfung des gemeinschaftlichen Öko-Audit-Systems, Teil III. Im Auftrag des Umweltbundesamtes, Forschungsbericht 201 03 198, Texte 20/98

[Kru98]   Kruber S, Schöne H (1998) The application of decision analysis in the remediation sector, Environmental Engineering and Policy pp. 25-35

[LAI94]   Länderausschuß Immissionsschutz (1994) Messung, Beurteilung und Verminderung von Erschütterungsimmissionen, Richtlinie v. 28.9.1994

[LAI97]   LAI (1997) Merkblatt: Anforderungen an die meteorologischen Eingangsdaten für Ausbreitungsrechnung nach TA Luft. Hrsg.: Landesamt für Umweltschutz und Gewerbeaufsicht Rheinland-Pfalz, Mainz

[Lan99]   Landmann K (ed) Landmann/Rohmer - Umweltrecht, Kommentar, Band II, C.H. Beck'sche Verlagsbuchhandlung, München (Loseblattsammlung, Stand 15.3.1999)

[Lee80]   Lees FP (1980) Loss prevention in the process industries, Butterworths, London

[Lew92]   Lewis RL (1992) Sax's Dangerous Properties of Industrial Materials Report, VNR Information Services Vol. 8 No. 1, 2. New York, Van Nostrand Reinhold Co.

[Lor73]   Lorenz K (1997) Die acht Todsünden der zivilisierten Menschheit, Piper, München

[LUK99]   Landesunfallkasse Freie und Hansestadt Hamburg, Arbeitshilfe Prüfpflichtige Anlagen und Einrichtungen. Landesunfallkasse, Postfach 760325, 22053 Hamburg

[LVZ99]   Leipziger Volkszeitung vom 8.4.1999

[Mar86]   Marschall HW (1986) Verzeichnis technischer Regeln und Rechts- und Verwaltungsvorschriften zur Störfall-Verordnung (12. BImSchV), Hrsg. v. Umweltbundesamt, Berlin

[MUB88]   Ministerium für Umwelt Baden-Württemberg (1988) Altlasten-Bewertung. Altlastenhandbuch Teil I, Stuttgart

[Müg94]   Müggenborg H-J (1994) Die Haftung des Umweltschutzbeauftragten und seines Unternehmens: Zivilrechtliche Haftung – öffentlich-rechtliche Verantwortlichkeit. In: Fortbildungszentrum Gesundheits- und Umweltschutz Berlin e.V., Lehrgang „der Betriebsbeauftragte für Abfall" 2.-4.Mai 1994, Tagungsband

[Nöt99]   Nöthe M (1999) Erfahrungen mit neuen Vorgaben des Abfallrechts, in: EntsorgungsPraxis 6/1999

[PAAG]   Der Störfall im chemischen Betrieb; Verhütung durch: Prognose, Auffinden der Ursachen, Abschätzen der Auswirkungen, Gegenmaßnahmen; zu beziehen bei der Internationalen Sektion der I.V.S.S., Sekretariat: Berufsgenossenschaft der chemischen Industrie, Postfach 101480, Heidelberg

[Pal93]   Palandt (1993) Kommentar zum BGB, 52. Auflage, Beck-Verlag, München

[Pil80]   Pilz V (1980) Risikoermittlung und Sicherheitsanalysen in der chemischen Technik. In: Chemie-Ingenieur-Technik 52 (1980) Nr. 9, S. 703-711

[Pil84]   Pilz V (1984) Planung, Entwicklung und Betrieb sicherer Produktionsverfahren in der chemischen Industrie. In: Lange S (1984) Ermittlung und Bewertung industrieller Risiken. Springer Verlag, Berlin Heidelberg New York

[Pil85]   Pilz V (1985) Sicherheitsanalysen zur systematischen Überprüfung von Verfahren und Anlagen – Methoden, Nutzen und Grenzen. In: Chemie-Ingenieur-Technik 57 (1985) Nr. 4, S. 289-307, VCH, Weinheim

[Pla82]   Plate E J (1982) Engineering Meteorology, Elsevier, Amsterdam

[Püt97]   Pütz M, Buchholz KH (1997) Anzeige- und Genehmigungsverfahren nach dem Bundes-Immissionsschutzgesetz. Erich Schmidt Verlag, Berlin

[Rem88]   Remmert H (1988) Naturschutz, Springer-Verlag, Berlin

[Run98]   Runge K (1998) Umweltverträglichkeitsuntersuchung: internationale Entwicklungstendenzen und Planungspraxis. Springer Verlag, Berlin Heidelberg New York

[Sac94]   Rat der Sachverständigen für Umweltfragen, Umweltgutachten 1994

[Schä85]   Schäfer H K (1985) Sicherheitstechnik und Arbeitsschutz im chemisch-technischen Betrieb, in: Peters O H, Meyna A (1985) Handbuch der Sicherheitstechnik Bd. 1 pp. 561 - 621, Carl Hanser Verlag, München

[Scha86]   Schatzmann M, Lohmeyer A, Ortner G (1986) Windkanalversuche zur Ausbreitung rauchgashaltiger Kühlturmschwaden bei starkem Wind. In: Staub-Reinhaltung der Luft, B. 46, Nr. 3, pp. 152-158

[Scha87]   Schatzmann M, König G (1987): Wind tunnel modeling of small-scale meteorological processes. In: Boundary-Layer Meteorology 41, pp. 241-29

[Schä97]   Schädler G, Rühling A, Lohmeyer A. (1997) Stuttgart 21 - Kaltluft- und Windfeldberechnungen für den Stuttgarter Raum und Vergleich mit Messungen. In: Fachtagung METTOOLS^{III} des Fachausschusses „Umweltmeteorologie" (AKUMET) der Deutschen Meteorologischen Gesellschaft e.V. in der Universität Freiburg vom 10. bis zum 12. März 1997. Hrsg.: Meteorologisches Institut der Universität Freiburg.

[Schi95]   Schierenbeck H (1995) Grundzüge der Betriebswirtschaftslehre, Oldenbourg, München Wien

[Schö93]   Schöne H (1993) Optimierung der Hausabfallsammlung mit Aufbauwechselsystemen durch kombinierte Standort- und Tourenplanung, Praxiswissen, Dortmund

[Schö96]   Schöne H (1996) Verfahrensbeschleunigung bei der Zulassung von Industrie- und Entsorgungsanlagen durch Projektmanagement. In: UPR Umwelt-und Planungsrecht – Zeitschrift für Wissenschaft und Praxis 3/1996, pp. 94-98

[Schö99]   Schöne H (1999) Bodenschutzgesetz – Ansiedlungsanreiz für Industrieunternehmen auf Altlaststandorten? in: Kramer M, Brauweiler H C (1999) Internationales Umweltrecht. Gabler-Verlag, Wiesbaden

[Scho96]   Scholz, in Maunz/Dürig, Grundgesetz-Kommentar Stand Oktober 1996, Artikel 20a GG Rn 19ff., zitiert in [Klo98]

[Sei97]   Seiler H J (1997) Risk Based Regulation: Konzept, Stand der Diskussion, rechtliche Fragen. Projektbericht Phase 1 Schweizerischer Nationalfonds-Projekt Nr. 1115-045606.95/1, Hansjörg Seiler, Terrassenweg 31, CH-3110 Münsingen

[Sev97]   Richtlinie 96/82/EG des Rates zur Beherrschung der Gefahren bei schweren Unfällen mit gefährlichen Stoffen, Amtsblatt der Europäischen Gemeinschaften L 10/13 vom 14.1.97

[Sie92]   Siebert H (1992) Economics of the Environment, Springer-Verlag, Berlin

[Sim95]   Simon J L (1995) The State of Humanity, Blackwell, Oxford UK & Cambridge USA.

[SLU98]   Sächsisches Landesamt für Umwelt und Geologie (1998) Sanierungsuntersuchungen - Handbuch zur Altlastenbehandlung in Sachsen Teil 8, Seminar am 3.11.1998 in der Akademie für Wirtschaft und Verwaltung GmbH (Tagungsband)

[SMWA]   Sächsisches Staatsministerium für Wirtschaft und Arbeit, Prüfung der Umweltverträglichkeit bei Straßenbauvorhaben – UVP-Leitfaden. Selbstverlag, Dresden

[Sta95]   Statistisches Bundesamt (Hrsg.) Statistisches Jahrbuch 1995 für die Bundesrepublik Deutschland, Stottgart, Metzler-Poeschel

[Ste98]   Steger U (1998) Umweltmanagement in der Praxis. Teilergebnisse eines Forschungsvorhabens zur Vorbereitung der 1998 vorgesehenen Überprüfung des gemeinschaftlichen Öko-Audit-Systems, Teil I. Im Auftrag des Umweltbundesamtes, Forschungsbericht 201 03 198, Texte 20/98

[Sto91]   Stober R (1991) Umweltrecht, Kohlhammer Verlag, Stuttgart

[Stu90]   Stumm W, Güttinger H (1990) Ökotoxikologie am Beispiel der Rheinverschmutzung durch den Chemie-Unfall bei Sandoz in Basel. Naturwissenschaften 77, pp. 253-261, Springer Verlag, Berlin

[Trö99]   Tröndle/Fischer (1999), Strafgesetzbuch mit Nebengesetzen, Beck-Verlag, München

[UBA97]   Umweltbundesamt (Hrsg.) Daten zur Umwelt – Der Zustand der Umwelt in Deutschland – Ausgabe 97, Erich Schmidt Verlag, Berlin

[Uth99]   Uth H-J, persönliche Mitteilung an den Verfasser
[VCI]   Verband der Chemischen Industrie, Zusammenlagerungskatalog für Chemikalien. VCI, Karlsstr. 21, 60329 Frankfurt/Main, Fax 069-25561471
[VDI98]   VDI-Nachrichten vom 30.1.1998
[Wag98]   Wagner K (1998) Störfallverordnung und Seveso II-Richtlinie. In: CHEManager 6/98
[Wei90]   Weimann J (1990) Umweltökonomik, Springer-Verlag, Berlin
[Wic89]   Wicke L (1989) Umweltökonomie, 2. Aufl., Vahlen, München
[Zen98]   Zenger A (1998) Atmosphärische Ausbreitungsmodellierung. Grundlagen und Praxis. Springer Verlag, Berlin Heidelberg New York
[Zür92]   Direktion des Innern des Kantons Zürich, Koordinationsstelle für Störfallvorsorge, CH-8090 Zürich (1992) Schadenausmasseinschätzung − Referenzbeispiele und Hilfsmittel

Bezugsquellen für europäisches Umweltrecht. Gemeinschaftsrecht wird amtlich publiziert im Amtsblatt (ABl.) der EG Teil L (= Rechtsvorschriften), zitiert nach dem Jahrgang, Teil, Nummer des Jahrgangs, Seite der Nummer.
Europäische Rechtsakte können bezogen werden über

- Verlag Bundesanzeiger, Amsterdamer Str. 192, 50735 Köln oder
- im Internet auf dem Europa-Server in der Datenbank CELEX.

Anschriftenverzeichnis

1. Bundespolitik

Deutscher Bundestag   Tel.:   030/227-0
10870 Berlin
(Jeder Bundestagsabgeordnete ist
über diese Anschrift zu erreichen.)

Ausschuß für Umwelt, Naturschutz und   Tel.:   030/227-2650
Reaktorsicherheit im Deutschen Bundestag
Herr Christoph Motschie, Ausschußvorsitzender
Deutscher Bundestag
10870 Berlin

Bundesministerium für Umwelt,   Tel.:   0228/305-0
Naturschutz und Reaktorsicherheit   Fax: 0228/305-3225
Postfach 12 06 29
53048 Bonn

Bundesministerium für Wirtschaft   Tel.:   0228/6150
und Technologie   Fax: 0228/615-4436
Postfach   Tel.:   030/2014
53107 Bonn
oder
Scharnhorststraße 36
10109 Berlin

Bundesministerium für Verkehr, Bau   Tel.:   0228/300-0
und Wohnungswesen   Fax: 0228/300-3428
Postfach 20 01 00
53170 Bonn
oder
Krausenstraße 17-20   Tel.:   030/2097-0
10117 Berlin

Umweltbundesamt   Tel.:   030/8903-0
Postfach 33 00 22   Fax: 030/8903-2285
14191 Berlin

Bundesamt für Naturschutz Konstantinstraße 110 53179 Bonn	Tel.: 0228/8491-0 Fax: 0228/8491-200
Bundesamt für Strahlenschutz Postfach 10 01 41 38201 Salzgitter	Tel.: 05341/188-0 Fax: 05341/188-188
Bundesanstalt für Gewässerkunde Kaiserin-Augusta-Anlagen 15-17 56068 Koblenz	Tel.: 0261/1305-0 Fax: 0261/1305-302
Bundesamt für Wirtschaft (BAW) Frankfurter Straße 29-31 65760 Eschborn	Tel.: 06196/4040 Fax: 06196/942260
Statistisches Bundesamt Gustav-Stresemann-Ring 11 65189 Wiesbaden	Tel.: 0611/751 Fax: 0611/724000
Deutscher Bundesrat Ausschuß für Umwelt, Naturschutz und Reaktorsicherheit Görresstraße 15 53113 Bonn	Tel.: 0228/91002-30 Fax: 0228/91002-48

2. Landespolitik

Landtage

Landtag von Baden-Württemberg Ausschuß für Umwelt und Verkehr Konrad-Adenauer-Straße 3 70173 Stuttgart	Tel.: 0711/2063-0 Fax: 0711/2063-299
Bayerischer Landtag Ausschuß für Landesentwicklung und Umweltfragen Maximilianeum 81627 München	Tel.: 089/4126-0 Fax: 089/4126-1392
Abgeordnetenhaus von Berlin Ausschuß für Umweltschutz Abgeordnetenhaus 10111 Berlin	Tel.: 030/2325-0 Fax: 030/2325-1308

Brandenburgischer Landtag   Tel.:   0331/966-0
Ausschuß für Umwelt, Naturschutz   Fax: 0331/966-1174
und Raumordnung
Am Havelblick 8
14473 Potsdam

Bremische Bürgerschaft   Tel.:   0421/3607-0
Deputation für Umweltschutz   Fax: 0421/3607-133
Haus der Bürgerschaft
28069 Bremen

Hamburgische Bürgerschaft   Tel.:   040/3681-0
Ausschuß für Umwelt   Fax: 040/3681-2558
Rathaus
20095 Hamburg

Hessischer Landtag   Tel.:   0611/350-0
Umweltausschuß   Fax: 0611/350-434
Schloßplatz 1-3
65183 Wiesbaden

Landtag Mecklenburg-Vorpommern   Tel.:   0385/52527-71
Umweltausschuß   Fax: 0385/52527-88
Stellingstraße 14
19053 Schwerin

Niedersächsischer Landtag   Tel.:   0511/3030-0
Ausschuß für Umweltfragen   Fax: 0511/3030-2806
Postfach 44 07
30044 Hannover

Landtag Nordrhein-Westfalen   Tel.:   0211/884-0
Ausschuß für Umweltschutz und   Fax: 0211/884-2258
Raumordnung
Platz des Landtages
40221 Düsseldorf

Landtag von Rheinland Pfalz   Tel.:   06131/208-0
Ausschuß für Umwelt und Forsten   Fax: 06131/208-447
Postfach 30 40
55020 Mainz

Saarländischer Landtag   Tel.:   0681/5002-0
Ausschuß für Umwelt, Energie und Verkehr   Fax: 0681/5002-388
Franz-Josef-Röder-Straße 7
66119 Saarbrücken

Landtag von Sachsen	Tel.: 0351/4935-0
Ausschuß für Umwelt und Landesentwicklung	Fax: 0351/4935-900
Holländische Straße 2	
01067 Dresden	

Landtag von Sachsen   Tel.: 0351/4935-0
Ausschuß für Umwelt und Landesentwicklung   Fax: 0351/4935-900
Holländische Straße 2
01067 Dresden

Landtag von Sachsen-Anhalt   Tel.: 0391/560-0
Ausschuß für Umwelt, Energie und   Fax: 0391/560-1123
Raumordnung
Domplatz 6-9
39104 Magdeburg

Schleswig-Holsteiner Landtag   Tel.: 0431/988-0
Umweltausschuß   Fax: 0431/988-1115
Düsternbrooker Weg 70
24105 Kiel

Landtag von Thüringen   Tel.: 0361/377-00
Umweltausschuß   Fax: 0361/377-2016
Arnstädter Straße 51
99096 Erfurt

Landesministerien

Ministerium für Umwelt und Verkehr   Tel.: 0711/126-0
Baden-Württemberg   Fax: 0711/126-2880
Postfach 10 34 39
70029 Stuttgart

Bayerisches Staatsministerium   Tel.: 089/9214-0
für Landesentwicklung und Umweltfragen   Fax: 089/9214-2266
Postfach 81 01 40
81901 München

Senatsverwaltung für Stadtentwicklung,   Tel.: 030/24710
Umweltschutz und Technologie Berlin   Fax: 030/24710-76/04/05
Am Köllnischen Park 3
10173 Berlin

Ministerium für Umwelt,   Tel.: 0331/8660/8667000
Naturschutz und Raumordnung   Fax: 0331/866-7240
des Landes Brandenburg
Postfach 60 11 64
14411 Potsdam

Der Senator für Bau, Verkehr,   Tel.:   0421/3610
Stadtentwicklung und Umweltschutz   Fax: 0421/361-6171
Große Weidestraße 4-16
28195 Bremen

Umweltbehörde Hamburg   Tel.:   040/7880-0
Postfach 26 11 51   Fax: 040/7880-3244
20501 Hamburg

Hessisches Ministerium für Umwelt,   Tel.:   0611/815-0
Landwirtschaft und Forsten   Fax: 0611/815-1941
Postfach 31 09
65021 Wiesbaden

Umweltministerium Mecklenburg-Vorpommern   Tel.:   0385/588-0
Schloßstraße 6-8   Fax: 0385/588-8008
19053 Schwerin

Niedersächsisches Umweltministerium   Tel.:   0511/120-0
Archivstr. 2
30162 Hannover

Ministerium für Umwelt, Raumordnung   Tel.:   0211/4566-0
und Landwirtschaft des Landes   Fax: 0211/4566-388
Nordrhein-Westfalen
40190 Düsseldorf

Ministerium für Umwelt und Forsten in   Tel.:   06131/16-0
Rheinland-Pfalz   Fax: 06131/16-4646
Postfach 31 60
55021 Mainz

Ministerium für Umwelt, Energie   Tel.:   0681/501-00
und Verkehr des Saarlandes   Fax: 0681/501-4521
Postfach 10 24 61
66024 Saarbrücken

Sächsisches Staatsministerium   Tel.:   0351/564-0
für Umwelt und Landwirtschaft   Fax: 0351/564-2209
Postfach 12 01 21
01002 Dresden

Ministerium für Umwelt, Naturschutz   Tel.:   0391/567-01
und Raumordnung Sachsen-Anhalt   Fax: 0391/567-3368
Postfach 37 69
39012 Magdeburg

Ministerium für Umwelt, Natur und   Tel.:   0431/988-0
Forsten des Landes Schleswig-Holstein   Fax: 0431/988-7239
Postfach 62 09
24123 Kiel

Ministerium für Landwirtschaft,   Tel.:   0361/66600
Naturschutz und Umwelt des   Fax: 0361/6421657
Freistaates Thüringen
Postfach 10 03
99021 Erfurt

Obere Landesbehörden im Umweltschutz

Landesanstalt für Umweltschutz   Tel.:   0721/983-0
Baden-Württemberg   Fax: 0761/983-1456
Postfach 21 07 52
76185 Karlsruhe

Bayerisches Landesamt   Tel.:   089/1210-0
für Wasserwirtschaft   Fax: 089/1210-1435
Lazarettstraße 67
80636 München

Bayerisches Landesamt für   Tel.:   089/9214-0
Umweltschutz   Fax: 089/9214-4491
Rosenkavalierplatz 3
81925 München

Landesumweltamt Brandenburg   Tel.:   0331/2323-0
Berliner Straße 21-25   Fax: 0331/2323-223
14467 Potsdam

Freie Hansestadt Hamburg   Tel.:   040/42845-0
Umweltbehörde   Fax: 040/42845-3293
Billstraße 84
20539 Hamburg

Hessische Landesanstalt für Umwelt   Tel.:   0611/6939-0
Rheingaustraße 186   Fax: 0611/6939-555
65203 Wiesbaden

Landesamt für Umwelt und Natur   Tel.:   03843/777-0
Mecklenburg-Vorpommern   Fax: 03843/777-106
Boldebucker Weg 3
18276 Gülzow

Niedersächsisches Landesamt für Ökologie   Tel.:   05121/509-0
An der Scharlake 39   Fax: 05121/509-193
31135 Hildesheim

Landesanstalt für Ökologie,   Tel.:   02361/305-1
Bodenordnung und Forsten   Fax: 02361/305-215
Leibnitzstraße 10
45659 Recklinghausen

Landesumweltamt NRW   Tel.:   0201/7995-0
Wallneyer Straße 6   Fax: 0201/7995-446
45133 Essen

Landesamt für Wasserwirtschaft   Tel.:   06131/6301-0
Rheinland Pfalz   Fax: 06131/6301-48
Am Zollhafen 9
55118 Mainz

Landesamt für Umweltschutz und   Tel.:   06133/9450-0
Gewerbeaufsicht Rheinland Pfalz   Fax: 06133/9450-155
Amtsgerichtsplatz 1
55276 Oppenheim

Landesamt für Umweltschutz des Saarlandes   Tel.:   0681/8500-0
Don-Bosco-Straße 1   Fax: 0681/8500-384
66119 Saarbrücken

Sächsisches Landesamt für Umwelt   Tel.:   0351/8928-0
und Geologie   Fax: 0351/8928-225
Zur Wetterwarte 11
01109 Dresden

Geologisches Landesamt Sachsen-Anhalt   Tel.:   0345/5212-0
Köthener Straße 34   Fax: 0345/5229910
06118 Halle

Landesamt für Umweltschutz Sachsen-Anhalt   Tel.:   0345/5704-1
Reideburger Straße 47   Fax: 0345/5704-190
06116 Halle/Saale

Landesamt für Natur und Umwelt   Tel.:   04347/704-0
des Landes Schleswig-Holstein   Fax: 04347/704-102
Hamburger Chaussee 25
24220 Flintbek

Thüringer Landesanstalt für Geologie   Tel.:   03643/556-0
Carl-August-Allee 8-10   Fax: 03643/556-155
99423 Weimar

Thüringer Landesanstalt für Umwelt   Tel.:   03641/684-0
Prüssingstraße 25   Fax: 03641/684-222
07745 Jena

3. Länderübergreifende Gremien

Bund-Länder-Ausschuß Forschung   Tel.:   0228/6154-630
und Technologie   Fax: 0228/6154-524
c/o Bundesministerium für Wirtschaft
Heilsbachstraße 16
53123 Bonn

Länderarbeitsgemeinschaft Wasser (LAWA)   Tel.:   030/6585-10
Salvador-Allende-Straße 78-80 e
12559 Berlin

Arbeitsgemeinschaft für die Reinhaltung   Tel.:   040/3807324-2
der Elbe (ARGE Elbe)   Fax: 040/3807324-8
Wassergüterstelle Elbe
Neßdeich 120-121
21129 Hamburg

Bei den folgenden Gremien wechselt der Vorsitz und die Geschäftsführung zwischen den Umweltministerien, die aktuelle Adresse ist bei jedem Umweltministerium zu erfahren:

Umweltministerkonferenz der Länder und des Bundes (UMK)
Bund-Länder-Ausschuß für Umweltchemikalien (BLAU)
Länderarbeitsgemeinschaft Abfall (LAGA)
Länderausschuß für Immissionsschutz (LAI)
Länderarbeitsgemeinschaft für Naturschutz, Landschaftspflege und
Erholung (LANA)
Länderarbeitsgemeinschaft Bodenschutz (LABO)
Arbeitsgemeinschaft der Länder zur Reinhaltung des Rheins (ARGE Rhein)
Arbeitsgemeinschaft der Länder zur Reinhaltung der Weser

4. Europäische Politikebene

Das Europäische Parlament

Parlement Européen	Tel.: 003388/174001
Palais de l´Europe	Fax: 003388/256501
F-67006 Strasbourg cedex	

Parlement Européen
Palais de l´Europe
F-67006 Strasbourg cedex
Tel.: 003388/174001
Fax: 003388/256501

Europäisches Parlament
Informationsbüro für Deutschland
Kurfürstendamm 102
10711 Berlin
Tel.: 030/8930122
Fax: 030/8921733

Parlement Européen
Ausschuß für Umweltfragen
97-113, rue Belliard
B-1047 Bruxelles
Tel.: 00322/2842111
Fax: 00322/2306933

Europäische Kommission

Commission Communautés Européennes
200, rue de la Loi
B-1049 Bruxelles
Tel.: 00322/2991111
Fax: 00322/2965967

Europäische Kommission
Vertretung in der Bundesrepublik Deutschland
Zittelmannstraße 22
53113 Bonn
Tel.: 0228/53009-0
Fax: 0228/53009-50

Europäische Kommission Vertretung in Berlin
Kurfürstendamm 102
10711 Berlin
Tel.: 030/8960930
Fax: 030/8922059

Europäische Kommission Vertretung
in München
Erhardtstraße 27
80331 München
Tel.: 089/202101-1
Fax: 089/202101-5

Generaldirektion Umwelt,
nukleare Sicherheit und Katastrophenschutz
Direction Générale XI
200, rue de la Loi
B-1049 Bruxelles
Tel.: 00322/2991111
Fax: 00322/2969560

Europäische Umweltagentur	Tel.: 004533/333671-00
European Environment Agency (EEA)	Fax: 004533/333671-99
Generalsekretariat	
Kongens Nytorv 6	
DK-1050 Kopenhagen	

Ministerrat

Conseil de l'Union Europénne	Tel.: 00322/234-6111
Secretariat Général	Fax: 00322/234-7381
175, rue de la Loi	
B-1048 Bruxelles	

Ständige Vertretung der Bundesrepublik	Tel.: 00322/2381811
Deutschland bei der EU (Botschaft)	Fax: 00322/2381978
19-21, rue Jacques de Lalaing	
B-1040 Bruxelles	

Weitere europäische Gemeinschaftsinstitutionen

Europäischer Gerichtshof	Tel.: 00352/4303-1
Cour de Justice	Fax: 00352/4303-2600
Palais de la Cour de Justice	
L-2925 Luxembourg	

Wirtschafts- und Sozialausschuß	Tel.: 00322/5469-011
Comité Economique et Social	Fax: 00322/5469-822
2, rue Ravenstein	
B-1000 Bruxelles	

Ausschuß der Regionen	Tel.: 00322/5462211
Comité des Régions	Fax: 00322/5462896
2, rue Ravenstein	
B-1000 Bruxelles	

EU-Büros der Länder

EU-Informationsbüro	Tel.: 00322/7417711
Baden-Württemberg	Fax: 00322/7417799
9, square Vergote	
B-1200 Bruxelles	

EU-Informationsbüro   Tel.:   00322/7430440
des Freistaates Bayern   Fax: 00322/7323225
18, boulevard Clovis
B-1000 Bruxelles

EU-Informationsbüro Berlin   Tel.:   00322/7380070
71, avenue Michel-Ange   Fax: 00322/7324746
B-1040 Bruxelles

EU-Informationsbüro des   Tel: 00322/741094-1
Landes Brandenburg   Fax: 00322/741094-9
80, boulevard St. Michel
B-1040 Bruxelles

EU-Informationsbüro der   Tel: 00322/230-2765
Freien Hansestadt Bremen   Fax: 00322/230-3658
41, boulevard Clovis
B-1000 Bruxelles

EU-Informationsbüro der Länder   Tel: 00322/28546-40
Hamburg und Schleswig-Holstein   Fax: 00322/28546-57
20, avenue Palmerston
B-1000 Bruxelles

EU-Informationsbüro Hessen   Tel: 00322/7324-220
19, avenue de l´Yser   Fax: 00322/7324-813
B-1040 Bruxelles

EU-Informationsbüro   Tel: 00322/741095-1
Mecklenburg-Vorpommern   Fax: 00322/741095-9
80, boulevard St. Michel
B-1040 Bruxelles

EU-Informationsbüro Niedersachsen   Tel: 00322/230-0017
24, avenue Palmerston   Fax: 00322/230-1320
B-1000 Bruxelles

EU-Verbindungsbüro Nordrhein-Westfalen   Tel: 00322/73917-75
8-10, avenue Michel-Ange   Fax: 00322/73917-07
B-1040 Bruxelles

EU-Verbindungsbüro Rheinland Pfalz   Tel: 00322/7369729
60, avenue de Tervuren   Fax: 00322/7330872
B-1040 Bruxelles

EU-Verbindungsbüro Saarland   Tel: 00322/7430790
46, avenue de la Renaissance   Fax: 00322/7327370
B-1000 Bruxelles

EU-Verbindungsbüro des Freistaates Sachsen   Tel: 00322/741092-1
80, boulevard St. Michel   Fax: 00322/741092-9
B-1040 Bruxelles

EU-Verbindungsbüro Sachsen-Anhalt   Tel: 00322/741093-1
80, boulevard St. Michel   Fax: 00322/741093-9
B-1040 Bruxelles

EU-Informationsbüro des Freistaates Thüringen   Tel: 00322/736-2060
111, rue Frédéric Pelletier   Fax: 00322/736-5379
B-1030 Bruxelles

Sonstiges

Amtsblatt der Europäischen Union   Tel.:   0221/2029-0
Bundesanzeiger VerlagsGmbH   Fax: 0221/2029-278
Postfach 10 05 34
50445 Köln

5. Internationale Umweltinstitutionen

Internationale Kommission zum Schutz   Tel.:   0391/5410-761
der Elbe (IKSE)   Fax: 0391/5410-995
Postfach
39006 Magdeburg

Internationale Kommission   Tel.:   0261/12495
zum Schutz des Rheins (IKSR)   Fax: 0261/36572
Hohenzollernstraße 18
56068 Koblenz

Umweltprogramm der   Tel.:   0228/26922-16
Vereinten Nationen (UNEP)   Fax: 0228/26922-51
Adenauerallee 214
53113 Bonn

6. Wirtschaftsverbände

Arbeitsgemeinschaft Selbständiger   Tel.:   0228-343044
Unternehmer e.V. (ASU)   Fax: 0228-347036
Mainzer Straße 238
53179 Bonn

Bundesverband der Deutschen   Tel.:   0221/3708-565
Industrie e.V. (BDI)   Fax: 0221/3708-730
Gustav-Heinemann-Ufer 84
50968 Köln

Deutscher Industrie- und Handelstag (DIHT)   Tel.:   0228/104-0
Adenauerallee 148   Fax: 0228/104-158
53113 Bonn

Bundesverband Junger Unternehmer (BJU)   Tel.:   0228/95459-0
Mainzer Straße 238   Fax: 0228/95459-90
53179 Bonn

Verband der Chemischen Industrie e.V. (VCI)   Tel.:   069/2556-0
Karlsstraße 21   Fax: 069/2556-1471
60329 Frankfurt/Main

Bundesverband der Deutschen   Tel.:   0221/934700-0
Entsorgungswirtschaft (BDE)   Fax: 0221/934700-90
Schönhauser Straße 3
50968 Köln

Bundesverband Sekundärrohstoffe   Tel.:   0228/98849-0
und Entsorgung   Fax: 0228/98849-99
Hohe Straße 73
53119 Bonn

7. Umweltverbände

Bundesverband Bürgerinitiativen   Tel.:   0228/21403-2
Umweltschutz e.V. (BBU)   Fax: 0228/21403-3
Prinz-Albert-Straße 43
53113 Bonn

Bund für Umwelt und Naturschutz   Tel.:   0228/40097-0
Deutschland e.V. (BUND)   Fax: 0228/40097-40
Im Rheingarten 7
53225 Bonn

Deutscher Naturschutzring (DNR)	Tel.:	0228/3590-05
Am Michaelshof 8-10	Fax:	0228/3590-96
53177 Bonn		

Greenpeace e.V. — Tel.: 040/31186-0, Fax: 040/31186-141
Große Elbstraße 39
22767 Hamburg

Grüne Liga e.V. — Tel.: 030/229-9271, Fax: 030/229-1822
Friedrichstraße 165
10117 Berlin

Naturschutzbund Deutschlands e.V. (NABU) — Tel.: 0228/97561-0, Fax: 0228/97561-90
Herbert-Rabius-Straße 26
53225 Bonn

Umweltstiftung WWF Deutschland — Tel.: 069/6050030, Fax: 069/617221
Hedderichstraße 110
60596 Frankfurt am Main

8. Sonstiges

Kreditanstalt für Wiederaufbau (KfW) — Tel.: 069/7431-0, Fax: 069/7431-2944
Palmengartenstraße 5-9
60325 Frankfurt/Main

Deutsche Ausgleichsbank (DTA) — Tel.: 0228/831-0, Fax: 0228/831-2255
Wielandstraße 4
53173 Bonn

Umweltgutachterausschuß — Tel.: 0228/914814-0, Fax: 0228/914814-4
Reuterstraße 161
53113 Bonn

Sachverzeichnis